国外海洋政策研究报告
(2022)

主　编　李双建
副主编　周怡圃　曲艳敏

海洋出版社
2024年·北京

图书在版编目(CIP)数据

国外海洋政策研究报告. 2022 / 李双建主编；周怡圃，曲艳敏副主编. — 北京：海洋出版社，2024.6

ISBN 978-7-5210-1252-1

Ⅰ. ①国… Ⅱ. ①李… ②周… ③曲… Ⅲ. ①海洋开发-政策-研究报告-国外-2022 Ⅳ. ①P74

中国国家版本馆 CIP 数据核字(2024)第 074215 号

审图号：GS(2024)1898 号

国外海洋政策研究报告(2022)

Guowai Haiyang Zhengce Yanjiu Baogao(2022)

责任编辑：苏 勤

责任印制：安 淼

海洋出版社 出版发行

http://www.oceanpress.com.cn

北京市海淀区大慧寺路 8 号 邮编：100081

鸿博昊天科技有限公司印刷 新华书店经销

2024 年 6 月第 1 版 2024 年 6 月北京第 1 次印刷

开本：787 mm×1092 mm 1/16 印张：31.75

字数：508 千字 定价：298.00 元

发行部：010-62100090 总编室：010-62100034

《国外海洋政策研究报告(2022)》
编 委 会

前　言

在百年未有之大变局和新冠病毒交织背景下，以《联合国海洋法公约》为核心的全球海洋治理体系向纵深调整，对全球能源、航运、贸易、供应链造成严重冲击，引发各国积极调整海洋政策和行动。一方面，大国战略竞争全面投射到海洋领域，各国围绕深海、极地等新疆域的战略布局、治理机制变革加快，制度性权利争夺日趋激烈；另一方面，全球海洋治理新领域和新议题取得新进展，国际社会大力推动海上清洁能源开发利用，各国积极响应联合国“海洋科学促进可持续发展十年”计划，海洋领域应对气候变化行动全面推进。各国和国际组织在海洋领域的新战略、政策、计划、行动等为我国提升海洋治理体系和治理能力现代化水平、全面深度参与全球海洋治理和加快推动构建海洋命运共同体提供了多元化视角。

在中国特色海洋强国建设新征程中，不仅要“强本固基”，更要“伸展触角”，深刻洞察国际海洋发展态势，总结提炼海洋发展规律，准确把握海洋发展进程，使我国的海洋强国事业始终遵循内在逻辑、适应外在形势、走在时代前沿。国家海洋信息中心立足建设新型高水平特色海洋智库的发展定位，秉持长期开展国际海洋政策分析和战略研究的优势，倾力打造海洋政策研究特色产品。2018 年起，中心开始面向社会公开出版年度《国外海洋政策研究报告》，至今已连续五年。本书在延续以往报告风格和体例的基础上，为提高可读性和实用性，对各章节的内容和篇幅做了进一步调整和优化，将主要国家和国际组织最新海洋政策合并为一篇，方便读者更直观、更全面地了解国际最新海洋态势。

本书共由四个部分组成。第一篇全面回顾分析了 2021 年国际海洋形势，聚焦大国海洋博弈、俄乌冲突后的北极局势变化、海洋能源和矿产资源问题、海洋领域应对气候变化的最新举措以及联合国“海洋科学促进可持续发展十年”的进展等；第二篇立足全球海洋热点问题，从海洋战略竞争、蓝色金融创新、全球海洋治理、海洋产业发展、海洋领域新兴议题、极地活动动态等角度，精选了 18 个年度海洋热点问题开展分析；第三篇聚焦主要国家和国际组织最新海洋政策，对美国、俄罗斯、澳大利亚、欧盟、北极理事会、太平洋岛国论坛等国家和国际组织的22项海洋战略政策、法律法规、行动计划、研究报告进行了翻译和整理，反映世界主要国家和国际组织在海洋领域的重大动向和最新举措；最后以附录形式收录2021年国际海洋大事记，覆盖海洋管理、海洋经济、海洋科学技术、海洋气候变化和防灾减灾、海洋生态环境保护、极地和深海等领域。

本书的编写得到多位领导、专家学者和业内同仁的鼎力支持与悉心指导，在此致以衷心的感谢。同时感谢长期奋斗在海洋政策研究一线的科研人员为本书付出的辛勤劳动。

本着“精进不休，臻于至善”的态度，编者期待本书能够为政府决策和海洋管理提供“运筹帷幄，未雨绸缪”的服务支撑，为广大学者和研究人员提供“书山探宝，学海求知”的专业工具，也为社会公众提供“关心海洋，认识海洋”的信息参考。但鉴于编者水平有限，疏漏之处在所难免，敬请广大读者批评指正。

李双建

2022年秋于天津

目　录

第一篇　2021 年国际海洋形势

第二篇　全球海洋热点问题

第三篇 主要国家和国际组织海洋政策

第一篇

2021年国际海洋形势

第一章　大国战略竞争全面投射海洋领域

第一节　拜登政府印太政策蓝图初现

拜登政府将印太地区的联盟建设放在首位，印太政策表现出灵活性、专注性和务实性。1月，拜登政府任命奥巴马"重返亚太"战略的关键设计者库尔特·坎贝尔（Kurt Campbell）出任国家安全委员会印太事务协调员。拜登上任伊始，对印太地区进行一系列高层访问和线上接触，分别与日本首相、印度总理进行通话和线下会晤，强调增进印太地区的共同利益。10月，拜登在东盟峰会上指出，美国坚定支持东盟对印太和基于规则的地区秩序的展望。美国新任国务卿布林肯、国防部长奥斯汀频频与印太盟友伙伴开展互动。12月，布林肯首访东南亚，在印度尼西亚发表"自由开放的印太地区"演讲，此次讲话可视作新版印太战略框架和观点的基本呈现。美国兰德公司称，拜登政府至少有三个关键点已明确，即愿意与任何真正追求共同价值观的盟友和伙伴合作；将政策对话从美国盟友和伙伴是否会联手对抗中国转向关注共同挑战；承认美中正处于激烈竞争，但这种竞争不应失控，并能为美国印太政策提供蓝图。

第二节　美日澳印四方安全对话机制化加强

四方安全对话作为国家集团已登上国际舞台，逐渐机制化。2月，四方安全对话外长会议线上召开，就海上安全、基础设施建设、气候变化等多项议题进行商讨，致力于每年定期举行该会议。3月，四方安全对话举行首次峰会并发表联合声明。9月，美日澳印四方安全对话峰会举行，白宫发布四国联合声明。四方在以下方面达成共识，即促进自由、开放、基于规则的秩序，促进印太地区和其他地区的安全与繁荣；支持法治、航行和飞越自由、和平解决争端、民主价值观；坚决支持东盟的团结和中心地位以及东盟对印太的看法；在关键技术、高质量基础设施投资、救灾和海洋等领域应对气候变化和共同挑战；优先重视国际法特别是《联合国海洋法公约》(简称“《公约》”)在海洋领域的作用，以应对基于规则的海洋秩序面临的挑战。

第三节　澳英美启动澳英美三边安全联盟，印太地区军事威慑力量加码

9月，澳英美三国领导人宣布建立具有里程碑意义的新防务和安全伙伴关系澳英美三边安全联盟(AUKUS)，以进一步加强联合能力和互操作性，保护和捍卫其在印太地区的共同利益。该联盟的第一项举措是在澳大利亚皇家海军的未来核动力潜艇建造上开展合作。11月，澳大利亚防长达顿同英美两国驻澳外交官签署协议，允许交换敏感的海军核动力推进系统信息，这是AUKUS建立以来的首份合作协议。12月，AUKUS三边联合指导小组成立会议确定将尽早开展澳大利亚核潜艇部署的实质性推进工作，并将维护印太地区的安全与稳定。AUKUS的成立意味着印太地区安全架构正在转型，AUKUS被纳入印太安全框架是地区安全架构向深层次、结构化、现代化发展的开始。

第二章　北极事务主要参与方战略部署密集开展

第一节　美国国会、政府、军方密集布局北极

受利益驱动，美国国会两党对北极利益的热情日益高涨。6月，美国参议院北极核心小组联席主席，即缅因州参议员安格斯·金(Angus King)和阿拉斯加州参议员丹·沙利文(Dan Sullivan)共同提交《2021年北极安全倡议法案》，要求国防部对北极地区进行安全评估并制定北极安全倡议。11月，美国众议院外交事务委员会欧洲、能源、环境和网络小组委员会举行"北极气候变化对国家安全的影响"听证会。与会者认为，北极气候变化、美俄中竞合并存均对美国国家安全产生影响；美国需与北约盟友合作，共同应对北极安全和环境挑战；美国需加大北极投入，如建设深水港、部署破冰船、发射卫星等。

美国海陆空三军的北极战略已完备，各军种在北极的职责更加清晰。继2020年7月美国空军发布《美国空军部门北极战略》之后，2021年，美国海军、陆军相继发布北极战略。1月，美国海军部长、海军作战部长、海军陆战队司令官联合签发名为《蓝色北极：北极战略蓝图》的文件，提出在北极地区展示海军力量，持续开展军事演习和行动，以推动海军、海军陆战队与海岸警卫队一体化；加强伙伴关系，健全协商机制，共同应对破坏北极秩序的对手；在北极建立强大的海军力量，发展分布式海上作战等新作战概念，并加大对基础设施和军事力量的投资。3月，美国陆军发布《重获北极主导权》的北极战略，强调了美国陆军军队建设、与北极盟友合作、维护美国国家利益和地区稳定。

美国涉北极的政府职能部门逐步提升北极战略部署与治理能力。1月，美国国土安全部批准了首份《北极国土安全战略方针》。这份文件提出三大战略目标：一是通过持续存在和全领域感知实现国土安全；二是强化北极地区的进入、响应和适应能力；三是通过国际合作推进北极治理和基于规

则的秩序。6 月，美防长劳埃德·奥斯汀宣布，五角大楼计划建立北极安全研究区域中心——泰德·史蒂文斯北极安全研究中心，该中心将加强美国与其他北极国家的合作，维护基于规则的秩序和应对气候变化等共同挑战。

第二节　俄罗斯担任北极理事会轮值主席国，加紧推动北极发展

俄罗斯于 5 月 20 日接任北极理事会轮值主席国，并于 6 月 29—30 日举行第一次执行会议。俄罗斯担任轮值主席国期间的主题是“负责管理可持续北极”，目标是为促进北极地区可持续发展采取集体行动，加强与其他区域平台的协同作用，执行北极理事会的战略计划。12 月，俄罗斯担任北极理事会轮值主席国期间的首次高级官员会议在俄罗斯举行，俄罗斯将北极地区与原住民之间的联系作为优先事项。

俄罗斯政府批准了《北极地区社会经济发展国家计划》，作为《2035 年前俄罗斯北极地区发展和国家安全保障战略》的主要实施机制，实施期限为 2021—2024 年。计划措施包括改善北极居民生活质量，创建新的社会保障体系；为北极投资项目提供支持，鼓励北极地区的资源开发，在国家监管前提下扩大私人投资对北极大陆架开发项目的参与；支持原住民传统经济活动等。此外，俄政府向杜马提交关于简化中小企业进驻北极地区程序的法律草案，并批准了北极原住民传统经济活动的国家支持纲要。

第三节　北欧国家与欧盟相继出台北极战略

继 2020 年瑞典政府发布《北极地区战略》、挪威政府发布北极政策白皮书《人民、机遇及挪威在北极的利益》后，2021 年，荷兰与芬兰也相继出台了北极战略。3 月，荷兰外交部在发布的《极地战略 2021—2025》中强调，荷兰将在北极地区加紧外交努力，致力于保护人类利益、环境以及国际安全与稳定。6 月，芬兰总理办公室发布《芬兰北极政策战略》，明确了到 2030 年芬兰政府的北极政策目标，并确定了实现目标的优先事项，包括减缓和适应气候变化、民生福祉、北极专业知识以及基础设施和物流。

欧盟委员会发布《欧盟提升北极参与度，维护北极和平、可持续和繁荣》，将自己定位为北极地区的地缘政治参与者，对北极资源开发给予了高度关注。依据该战略，欧盟将进一步实施化石燃料开采禁令，并将与合作伙伴努力构建旨在停止购买北极化石燃料的多边法律框架。同时，通过实施《欧洲绿色协议》以及《可持续蓝色经济新方法》，提供缓解和适应气候变化的欧洲方案，并将继续与在该地区的合作伙伴发展可持续的合作关系，加强北极海洋治理。

第四节　北极利益攸关国印度与韩国加快北极战略编制

1月，印度政府发布《北极政策——可持续参与路线图(草案)》，并开展公众咨询。该草案概述了印度北极利益，回顾了印度参与北极事务的历史过程并从科学研究活动、经济和人类发展合作、交通和互联互通、治理和国际合作、国家能力建设五个方面对印度参与北极事务做出详细安排。12月，韩国海洋水产部提出拟编制"2050北极活动战略"，指出韩国将改变以科学研究为主的北极政策，将北极活动拓展至以下领域：一是建立北极圈综合观测网和极地数据库，积极参与应对气候变化、保护北极海洋生态系统等全球性议题；二是与北极国家合作，建立互惠伙伴关系；三是参与北极航道、绿色能源、环保船舶、可持续水产业、极地生物资源等北极可持续发展活动，支持韩国企业参与俄北极能源项目；四是建立北极政策协商机制，培育北极相关领域专业人才。

第三章　海洋可再生能源开发利用势头良好

第一节　国际社会大力推动海洋能开发利用

为实现净零目标，国际社会大力倡导并推动海上可再生能源发展。《2021 年全球风能报告》称，全球风电增长必须在未来十年增加两倍才能实现净零目标。21 世纪可再生能源政策网络(REN 21)发布《2022 年可再生能源全球状况报告》指出，海洋能源潜力巨大，虽然海洋能技术在可再生能源市场中所占份额较小，但目前正稳步迈向商业化，其中潮汐能和波浪能是海洋能开发工作的重点。9 月，国际可再生能源署(IRENA)发布《海上可再生能源部署行动议程》，明确支持风能、波浪能、潮汐能、海洋热能和漂浮式光伏等海上可再生能源技术商业化普及，积极推进 G20 议程，以寻求在全球范围内加大海上可再生能源部署。同月，国际可再生能源署与全球风能理事会(GWEC)签署《全球海上风能契约》，以推动“可持续发展目标 7”和《巴黎协定》目标的实现。《全球海上风能契约》指出，到 2030 年，IRENA 和 GWEC 将通过增加利益攸关方的参与、能力建设和技术援助，大幅提高海上风能在全球能源结构中的份额。

英国、欧盟、印度、澳大利亚等加大对潮汐能的财政支持与研发。英国政府提出每年将资助约 2700 万美元用于潮汐发电项目，作为每年 3.8 亿美元可再生能源资助项目总体计划的一部分。欧盟加速浮式潮汐能商业部署，欧盟“地平线 2020 计划”将向苏格兰轨道海洋动力公司(Orbital Marine Power)潮汐能项目“FORWARD-2030”提供 2050 万欧元的赠款支持，以加速浮式潮汐能商业部署。印度一个议会小组提交报告要求新能源和可再生能源部在最具成本效益的位置(如卡奇湾)设立潮汐发电试点项目。澳大利亚潮汐能小组公开了来自塔斯马尼亚和北领地两个地点的潮汐能数据集，以帮助评估澳大利亚潮汐能资源及其对未来能源结构的潜在贡献。

第二节　美国启动全政府方法推进海上风电开发

美国将发展海上风电作为气候战略的关键任务，目标是建立一个强大的海上风电产业，并集中推出海上风电发展的诸项政策磋商。4 月，美国白宫宣布，内政部、能源部、商务部和运输部将采取协调一致的“全政府”方式，从推进海上风电项目、投资基础设施、提供研发资金三个方面支持海上风电发展。6 月，美国内政部海洋能源管理局（BOEM）和美国陆军工程兵团（USACE）达成一项支持规划和审查外大陆架（OCS）可再生能源项目的协议。该协议将允许 USACE 为 BOEM 提供评估 OCS 海上风电项目所需的科学和技术支撑。10 月，美国内政部宣布了推进海上风能商业开发的三个重要事项，北卡罗来纳州近海的长湾风能开发租赁；对五月花风能公司提出的马萨诸塞州近海商业风能项目进行环境影响评估；要求进一步提供评估墨西哥湾风能租赁商业利益所需的信息。10 月，拜登政府宣布关于海上风电开发的首个长期战略，计划到 2025 年新建 7 个大型海上风电场，投资 120 亿美元。

美国在联邦和州一级利用多个杠杆来推动海上风电部署，连续批准多项位于东海岸的海上风电场建设项目。2 月，拜登政府推翻前总统特朗普做出的决定，宣布重启“葡萄园风电”项目的许可审查。5 月，美国内政部和商务部发表联合声明称，政府已正式批准在马萨诸塞州建设“葡萄园风电”项目，该项目是国内首个大型海上风电场项目，预计在 2023 年正式投入运营。5 月，美国内政部长、国家气候顾问、国防部副部长、加利福尼亚州州长共同宣布，将在加利福尼亚州北部和中部沿海地区推进海上风电。7 月，美国新泽西州公共事业委员会批准大西洋海岸和海洋风能（二期）大型风电场项目。11 月，美国内政部批准罗得岛州近海南福克风电项目的建设和运营。

第三节　欧洲掀起海上风电开发浪潮

欧盟与西班牙出台海上风电发展政策规划。10 月，欧盟通过《波罗的海海上风电工作新计划》，除海上风电外还包括以海上风电开发为重点的海洋空间规划、促进适度融资的合作以及特定海上项目许可等领域。西班牙的目标是成为海上浮式风电领域的“欧洲范例”。12月，西班牙政府批准首份海上风电发展路线图，该路线图包括到2030年实现海上风电装机容量达3吉瓦、海上浮式风电装机容量超1吉瓦等20条行动路线，旨在加快海上风电部署，将西班牙打造成为欧洲技术研发中心，保障海洋可再生能源开发的可持续性。

德法英加大对海上风电的支持力度。德国政府向海上风电开发商提供经济补贴作为对新兴产业的扶持，直到该行业自身实现盈利。法国国家石油与新能源研究院宣布采用更先进的数字模型，降低不确定性，计划将海上风电的成本降低至少9%。英国首相约翰逊宣布，政府将投资1.6亿英镑(约合人民币13.8亿元)支持大型海上浮式风电项目，以实现到2030年通过海上浮式风电提供1吉瓦能源的目标。

丹麦、波兰、德国、俄罗斯推动海上风电场建设。1月，丹麦计划在波罗的海博恩霍尔姆岛与北海的人工岛各兴建一座“能源岛”，以作为海上风电中枢。9月，波兰能源局与丹麦沃旭能源公司达成协议，拟在波罗的海波兰海域建设首个海上风电场。10月，德国联邦海事和水文局批准了位于德国北海的风电优先开发区。10月，俄罗斯在摩尔曼斯克东北部建设北极圈内最大的风电场——科尔斯卡亚风电场，该风电场将成为俄罗斯最大的风电场之一。

第四节　亚太地区有望引领海上风电市场

随着城市化和工业化快速发展，向脱碳和可持续发展转型，中国、日本、韩国和越南等国对电力需求强劲，对可再生能源的需求大幅增加，正在加快部署海上风电，以实现能源结构多元化和碳减排目标。全球风能理事会(GWEC)《2022年全球风电报告》指出，中国已超越英国成为全球累计装机容量最大的海上风电市场。为将海上风电输送到首都经济圈及关西地区，日本经济产业省计划铺设国内最大的海底电缆，以充实输电网。2月，韩国总统文在寅提出到2030年韩国成为世界五大海上风电强国的目标，并承诺政府将大力支持该项目。11月，韩国东西电力公司与挪威国家石油公司签署了一项合作协议，将在韩国开发首个商业浮式海上风电场，共同推动韩国能源转型和海上风电产业的发展。越南试图通过国际合作挖掘本国海上风电潜力。2月，越南举办平顺省罗干海上风电项目桩基和后勤港供应合作备忘录签署仪式，该项目由丹麦哥本哈根基础建设基金、亚洲石油集团和越南新亚洲能源公司联合开发。5月，亚洲开发银行批准了1.16亿美元的绿色贷款，用于在越南建设和运营三个风电场。11月，挪威海上风电巨头阿克集团的可再生能源子公司阿克地平线与越南富强公司合作，在越南南部朔庄省建设一个1.4吉瓦的海上风电场，这是东南亚最大的海上风电项目。

第四章　联合国“海洋科学促进可持续发展十年”开局良好

2021 年是联合国“海洋科学促进可持续发展十年”(简称“海洋十年”)开局之年，作为指定的海洋科学能力评估机构和“海洋十年”综合行动方案的协调机构，联合国政府间海洋学委员会(IOC)通过宣传、指导、机制建设、行动计划发布等积极推进“海洋十年”，区域与国家层面围绕“海洋十年”的行动逐步启动，开局势头良好。

第一节　联合国政府间海洋学委员会积极推进“海洋十年”

IOC 积极推动“海洋十年”的宣传指导。3 月，IOC 为“海洋十年”开设首个海洋科普课程，该课程由全球海洋教师学院(OTGA)领导开展，汇集了社会各界从业者和管理人员。4 月，IOC 在纳米比亚举行了为期两天的“《保护水下文化遗产公约》区域会议”，将水下文化遗产保护纳入“海洋十年”全球议程。6 月，IOC 与奥多比系统公司、惠普公司和其他主要合作伙伴共同宣布正式启动“‘海洋十年’展”，旨在提高人们对海洋重要性和未来发展的认识，并推动国际社会通过基于海洋知识的解决方案来实现可持续发展目标。6 月，《“海洋十年”宣传册——参与行动，打造我们所希望的海洋》发布，介绍了“海洋十年”行动、参与方、指导方针、愿景、相关机构、实施方式及参与机制等内容，鼓励各国都积极参与到“海洋十年”行动中。

IOC 发布一系列指导文件，理顺并完善“海洋十年”机制。3 月，《利用海洋知识促进海洋经济可持续发展》发布，主要阐述“海洋十年”计划与可持续海洋经济高级别小组之间的协同合作。4 月，《“海洋十年”协作中心和实施合作伙伴操作指南》发布，详述机构的职责、任务、运营和申请步骤。7 月，《“海洋十年”的海洋素养行动框架》发布，旨在让所有利益攸关方进一步了解海洋素养如何支持“海洋十年”进程以及如何制定海洋素养发展行动以促进“海洋十年”目标的实现。7 月，《“海洋十年”国家委员会运作指南》发布，为“海洋十年”国家委员会的运作、职责、作用以及与区域和全球层面的其他相关机构的联系提供指导。11 月，IOC 在第 26 届联合国气候变化大会(COP26)期间组织召开“海洋十年”边会活动，讨论了基于海洋的解决方案，以应对气候变化等全球挑战，并发布《“海洋十年”与COP26》报告。12 月，IOC 秘书处设立的“‘海洋十年’数据协调小组第一届会议”召开，首个“‘海洋十年’技术与创新非正式工作组”启动。

IOC 公布两批“海洋十年”行动计划，推动项目落实。6 月，IOC 公布首批“海洋十年”行动计划。华东师范大学河口海岸学国家重点实验室“大河三角洲：寻求可持续问题的解决方案”项目和香港城市大学海洋污染国家重点实验室发起的“全球河口监测计划”入选首批行动计划。10 月，IOC发布了新通过的 94 项“海洋十年”行动，第二批行动主要由非洲、小岛屿发展中国家和最不发达国家的相关机构牵头实施。IOC 还启动了新一轮的“海洋十年”行动倡议，侧重于解决海洋污染、海洋生态系统的多重压力、海洋与气候联系等领域议题以及支持“海洋十年”的协调和行动的资金筹措问题。

第二节　“海洋十年”区域行动计划陆续制订

6 月，海洋研究中心领衔的国际工作组制订的《海洋十年——北极行动计划》发布，该计划是首个“海洋十年”区域行动计划。7 月，太平洋岛国论坛正式启动“海洋十年”行动计划，提出三大优先事项：一是强化小岛屿发展中国家的能力建设及海洋技术转让；二是与他国建立融资伙伴关系，并从他国政府或非政府组织处获取海洋数据；三是将南太地区的传统知识融入新时期的海洋管理工作。8 月，IOC 组织召开“西太平洋及其邻近地区联合国海洋十年启动会”，对“十年行动孵化器”提案进行审议，标志着该区域范围内国家努力制订和实施联合国“海洋十年”行动计划的开始。12 月，IOC 非洲分委会与埃及国家海洋与渔业研究所合作召开“联合国海洋科学促进可持续发展十年非洲启动会议”。会议包括七个目标：为“海洋十年”启动提供非洲平台；评估非洲海洋观监测现状；突出前沿科学知识；

确定差距和优先研究领域，改善非洲地区的海洋管理；明确非洲海洋科技面临的挑战和机遇；促进非洲机构在研究和开发领域合作；审查和支持非洲“海洋十年”的实施。

第三节 各国积极争取纳入“海洋十年”行动计划

1月，挪威确定了“海洋十年”对挪威最有意义的十大优先领域，挪威科研理事会海洋秘书处负责协调和推进“海洋十年”相关工作。2月，挪威首相作为高级资助人加入海洋研究十年互助小组。2月，美国海洋研究委员会召开“海洋十年”启动会议，会议议题包括气候和生态系统变化、可持续发展、观测技术与实施、将数据转化为知识等。4月，巴西正式启动“海洋十年”，巴西科学、技术和创新部负责与IOC共同推动巴西的“海洋十年”行动，并将与IOC合作制订巴西的《国家十年执行计划》。5月，第九届欧洲全球海洋观测系统(EuroGOOS)国际会议召开，发布《EuroGOOS政策简介——对“海洋十年”的建议》，以在海洋科学领域实现共同倡导、公众参与。6月，日本海洋政策学会和笹川和平基金会海洋政策研究所联合发布日本“海洋十年”的倡议，提出了远景目标、具体行动、相关执行机构、应用领域、面临的挑战、跨部门及国际合作。8月，日本文部科学省宣布将在“亚太地区全球挑战科学项目”下投入21万美元，用于建立“全球利益攸关方论坛”并推动“海洋十年”全球活动的开展，加强其对“海洋十年”的承诺。11月，摩纳哥阿尔贝二世亲王基金会同IOC签署合作协议，正式确立双方在“海洋十年”框架内的合作伙伴关系，并确定了未来三年合作领域。

第五章　海洋领域应对气候变化行动全面推进

第一节　多家国际组织发布关于海洋领域应对气候变化的报告

世界资源研究所发布《加强国家自主贡献：基于海洋的气候行动机会》报告，提出将基于海洋的气候解决方案纳入国家自主贡献，并指出了四个行动领域，即海岸带蓝碳生态系统、远洋和沿海渔业、海洋可再生能源以及海洋运输。《联合国气候变化框架公约》秘书处与多家合作机构共同发布了《实施国家适应计划（NAPs）的沿海适应气候变化和基于自然的解决方案：制定绿色气候基金（GCF）提案的考虑因素》，报告提出通过高质量的GCF提案为海洋领域基于自然的解决方案提供资金支持。世界自然基金会（WWF）发布《活力星球蓝图：海洋-气候综合战略四项原则》，提出指导海洋和气候综合行动的原则，包括提高雄心目标并采取更有力和持续的减缓和适应行动；采取基于自然的解决方案；以人为本；加强气候和海洋金融机制。

第二节　海洋大国开展海洋领域应对气候变化的政策设计

拜登签署行政令，在国务院内部设立临时机构“气候变化支持办公室”，负责与其他行政部门和机构协调，支持在国际论坛上涉及清洁能源、航空、航运、北极、海洋、可持续发展等内容的工作，并推进美国应对全球气候危机的倡议。法国正式启动“海洋-气候优先研究计划”，计划围绕“海外领地、深海、极地、法国本土沿海生态系统”四个优先区域，针对预测海洋对气候变化的反应和适应情况、可持续利用海洋并保护其生物多样性和生态系统效用、减少海洋污染三个主要目标展开。澳大利亚将蓝碳确定为2021年五大优先发展的减排方式之一，并发布《沿海蓝碳：对政策制定者的简介》《国际框架及公约下的沿海蓝碳生态系统》以及“蓝色碳汇方法”系列报告，以谋求持续推进其所主导的“国际蓝碳伙伴关系”。英国交通部和外交部联合发布《欧洲休闲船舶行业脱碳路线图》，为英国、法国、荷兰、希腊、塞浦路斯和马耳他六个主要欧洲市场的行业和政策制定者提供了脱碳指导和路线引领，同时发布《北海海上风电运维脱碳创新路线图》报告，分析了海上风电的行业现状、脱碳障碍因素及行业和政府可采取的干预措施。韩国海洋水产部发布海洋领域“2050碳中和路线图”，提出普及环保船舶和环保技术，使用波浪能、潮汐能等海洋能替代化石燃料，利用滩涂、海草床、海藻场的碳汇能力，落实氢能港口建设计划。

第三节　国际社会充分挖掘蓝碳在应对气候危机方面的潜力

联合国框架下推动实施蓝碳战略指导与合作协调。联合国教科文组织发布了《联合国教科文组织海洋世界遗产——地球蓝碳资产的守护人》评估报告，为寻求遗产地保护和实施蓝碳战略的国家、区域和地方社区指明了发展道路。IOC宣布担任“蓝碳国际伙伴关系”协调员，旨在推动各国扩大保护全球蓝碳资产的雄心，协助制定关于蓝碳和基于自然的气候变化、生物多样性和生计的解决方案，并促进相关行动措施。

非政府组织积极呼吁加强对蓝碳生态价值的重视和项目开发。世界自然保护联盟（IUCN）发布首个在欧洲和地中海区域设计及实施蓝碳项目的指南——《欧洲和地中海蓝碳项目创建手册》。IUCN发布《坦桑尼亚和莫桑比克的沿海蓝碳储量》报告，建议恢复蓝碳生态系统，以确保和加强碳储存能力，缓解气候变化。海洋保护协会联合英国环保组织“让英国回归荒野”发布报告《蓝碳：基于海洋的解决方案以应对气候危机》，呼吁英国政府立即采取行动，制定并实施国家蓝碳战略。环境正义基金会发布《我们的海洋：蓝碳是应对气候危机的解决方案》，敦促各国在国家自主贡献实施计划中设定具有法律约束力的保护和修复蓝碳环境目标。蓝色海洋基金会发布《蓝碳：保护的新前沿？》《英国北海碳捕获与封存评估报告》等报告，呼吁提高对蓝碳重要性的认识，加强蓝碳栖息地保护，强调立即在全球范围内采取行动，将蓝碳项目作为优先事项，加强合作。

科研机构加大蓝碳潜力评估等方面的研究。德国基尔世界经济研究所、德国亥姆霍兹基尔海洋研究中心、德国生物多样性综合研究中心等机构的最新研究计算出相关国家的年度平均蓝碳封存潜力地图，估算了全球沿海生态系统的碳储存价值。结果显示，澳大利亚、美国和印度尼西亚是蓝碳封存潜力最大的三个国家。澳大利亚迪肯大学蓝碳实验室负责人彼得·麦克里迪(Peter Macreadie)教授与其他蓝碳专家合作，发布了全球首个基于蓝碳的自然气候解决方案全球潜力评估报告，提出恢复蓝碳生态系统应该成为“联合国生态系统恢复十年”行动计划的重点。英国国家海洋学中心联合环保组织 Ulster Wildlife 和英国赫尔大学共同发布了《北爱尔兰蓝碳栖息地恢复可行性研究》报告，指出通过栖息地保护和恢复措施，该地区海洋保护区网络中的蓝色碳汇储存量可增加三倍。

第四节　多方推进航运领域脱碳的政策设计与行动计划

国际海事组织大力推动海事领域脱碳。4 月，“海上运输脱碳全球合作生态系统倡议”(NEXTGEN)举行首届会议，讨论海事领域脱碳及数字化相关议题，促进海洋和能源供应链协作行动。6 月，国际海事组织(IMO)海洋环境保护委员会批准一项禁止在北极水域使用重油的措施，禁止 2024 年 7 月 1 日之后北极水域的船舶使用重油和运输重油。9 月，IMO 与新加坡海事和港务局推出海洋脱碳门户网，该网站是一个在线协作的全球海洋运输脱碳倡议系统，旨在鼓励信息共享，创建重要的合作机会，并促进能力建设。11 月，IMO 在第 77 届海洋环境保护委员会(MEPC)会议上公布了一项决定，鼓励成员国应对黑碳排放的威胁，并敦促成员国和船舶运营商在北极地区或附近作业时使用替代燃料。

相关领域非政府组织出台航运脱碳战略。航运脱碳行动联盟制定《2030 年航运脱碳高级别路线图》，敦促海洋运输在 2050 年完全脱碳，并支持零排放船舶在 2030 年具备商业可行性。路线图提出了国际、区域和国家层面的行动方案。10 月，“零排放联盟”发布了《零排放航运业转型战略》，全面研究了各国政府、行业和国际机构实现到 2050 年零排放转型需采取的必要行动。

多国号召并推动航运领域脱碳行动。在 COP26 期间，由英国牵头，包括美、法、德、澳、日在内的 19 个国家共同发起了《克莱德班克宣言》，号召在全球范围内建立“绿色航运走廊”，旨在两个或多个港口之间建立零排放的海上航线。欧盟正式提出推动航运业绿色转型的欧洲绿色协议提案，包括将航运业纳入欧盟碳配额交易体系(EU ETS)、欧盟海运燃料(Fuels EU Maritime)提案以及可再生能源指令的修订(RED)等一揽子计划。新加坡海事和港务局与环球航运集团、东太平洋航运公司、必和必拓公司等签署合作备忘录，为建立新加坡海事脱碳中心提供资金，进一步推动海事领域的绿色环保计划。

第六章　暂停深海采矿的国际呼声日渐高涨

第一节　国际组织采取多元手段呼吁暂停深海采矿

9月，世界自然保护大会投票通过了WWF的“暂停深海采矿，保护深海生态系统和生物多样性”议案，向世界传达出不赞同深海采矿作业的明确信号，并敦促各国向国际海底管理局提出启动暂停深海采矿的谈判。谷歌、宝马、沃尔沃、三星SDI等公司成为首批签署WWF暂停深海采矿倡议的公司，该倡议要求禁止深海采矿活动，直到人们充分了解深海采矿的风险。绿色和平组织派遣“彩虹勇士号”帆船悬挂“暂停深海采矿”标语，高喊“保护海洋生态环境”等口号，与深绿金属公司下属船只进行海上对峙，阻止其开采太平洋深海矿产。海洋危机组织发布《深海采矿：噪声污染》报告，指出应规范和限制深海采矿的噪声污染；采取政策措施，暂停相关采矿许可，直至获取关于深海采矿噪声排放影响的可靠数据；制定相关条例，确保作业区内的水下噪声得到严格控制。包括WWF和绿色和平组织在内的六个环保组织呼吁挪威停止在其外大陆架区块进行深海勘探和采矿活动的计划。

第二节　科学界积极呼吁暂停深海采矿

来自44个国家的317名海洋科学家共同呼吁暂停深海采矿，直到获得充分和有力的科学资料。科学家们指出，应重视以科学证据为基础的决策，特别是在全球大规模工业资源开发决策方面，必须根据预防原则暂停所有深海采矿，推动科学研究，以了解深海采矿的风险和影响。英国埃克塞特大学、绿色和平研究实验室等在《海洋科学前沿》上撰文质疑深海采矿的必要性，并强调商业采矿活动可能对生态系统和生物多样性造成威胁。贝尔法斯特女王大学的研究人员称，在深海采矿许可的区域(如印度洋)物种受威胁等级更高，而在已建立海洋保护区的其他热液喷口地点，有很高比例的物种被评估为无危物种。德国可持续发展高级研究所（IASS）发布《深海采矿支付机制的综合方法》政策简报，呼吁决策者在批准深海采矿前需高度谨慎并深思熟虑，必须考虑到对当代和后代人带来的成本和风险。

第三节　南太国家反对深海采矿的立场更为坚决

3 月，南太平洋地区掀起了“反对全球深海采矿”民间运动，并率先在斐济召开了首次集会活动。4 月，太平洋岛国非政府组织协会、太平洋青年理事会、库克群岛 Te Ipukarea 协会、汤加民间社会论坛 4 家机构联名致信英国政府，敦促该国利用在海洋领域的国际领导力，阻止国际海底管理局继续开展《“区域”内矿产资源开发规章》谈判，并要求国际海底管理局暂停向各国颁发国际海底区域勘探合同。5 月，太平洋岛国非政府组织协会、太平洋教会理事会等多个南太区域组织发起“反对深海采矿”运动，并公开发布面向世界各国的“太平洋蓝色界线”声明，以呼吁各方能够确定好海洋开发及保护的界限，并禁止在全球任何水域开展深海采矿活动。8 月，在美国皮尤慈善信托基金会、澳大利亚海洋保护协会等环保组织以及渔民、科学家和社区的长期努力下，澳大利亚北领地政府永久禁止深海采矿。

第二篇

全球海洋热点问题

第七章　美国对加入《联合国海洋法公约》最新立场与前景分析

《公约》是目前最广泛、最翔实、最具影响力的管理和规范各类全球海洋活动的国际公约，已经并将持续对国际政治、经济和社会产生重大影响。① 美国尽管全程参与了《公约》的制定进程，但始终出于各种原因没有正式加入《公约》。美国国内对于是否加入《公约》的争论长期存在，尽管美多数人士均认可加入《公约》获得的战略收益，但受限于国内政治状况与保守派势力的反对，美历届政府在入约问题上举步维艰。美国对《公约》的考量主要基于实现国家利益和维护霸权地位两个方面。拜登政府上台后，重新回归多边主义，重视海洋规则制定权的争夺，美国或将再一次推动入约进程。未来不排除美国在某一时刻选择正式加入《公约》，进而对全球海洋事务与秩序造成颠覆性的影响。

第一节　美国国内加入《公约》呼声日益高涨

一段时间以来，美国官方层面与民间的媒体、智库等机构均不同程度地表现出希望拜登政府在合适的时机加入《公约》的想法与立场。美国各方多次在公开场合阐述关于美国加入《公约》的理由与益处，敦促拜登政府加快推进加入《公约》进程。

2021 年 5 月 20 日，美国总统拜登在康涅狄格州发表演讲时称，美国长久以来为海上航线的开放与安全做出了巨大贡献，并制定了相关规则来保障各国共享海洋资源，尽管美国不是《公约》的缔约国，但美国在未来打算遵守该公约。12 月 8 日，拜登总统提名的美国参谋长联席会议副主席克里斯托弗·格雷迪(Christopher Grady)表示支持美国批准《公约》。他指出，美国在海洋领土争端中不偏袒任何一方，但在确保争端和平解决中具有国家安全利益，美国要求其他国家接受这些规则，而自身却不遵守，削弱了

① 付玉. 美国与《联合国海洋法公约》. 太平洋学报，2010(8)：88.

美国的影响力。此外，《公约》有利于美国确立位于北冰洋的外大陆架界限。12 月 9 日，美国海岸警卫队司令卡尔·舒尔茨(Karl Schultz)也表示将全力支持美国批准 UNCLOS，并认为应由白宫或参议院外交关系委员会成员等决策者推动。2022 年 2 月 3 日，美国国会众议院在《美国竞争法案》中纳入并通过了一项“国会共识”(Sense of Congress)修正案，称正式批准《公约》符合美国的最佳利益。美国约翰霍普金斯大学高级国际研究学院外交政策研究所的高级研究员詹姆斯·博顿(James Borton)撰文称，虽然美国-东盟特别峰会有助于解释美国的印太使命，并加强了对国际法的承诺，但美国如果批准《公约》，将会使东盟成员国相信美国不再只是提供空洞的承诺。美国乔治城大学教授罗伯特·贝克曼认为批准《公约》符合美国的最佳利益。亚洲海事透明倡议主任格雷戈里·波林(Gregory Poling)认为，越来越多的分析人士认为，美批准《公约》有益于强化其在印太的战略地位，批准《公约》将赋予美国更大的筹码，如美国将有法律资格向国际争端解决机构提起诉讼，从而避免在南沙群岛与中国海军和准军事渔船发生直接冲突。目前，美国承认《公约》的大部分内容为习惯国际法，但相比批准《公约》的力度要弱得多，这也使美国容易受到中国的批评。因未批准《公约》，美国的航行自由和打击非法、未报告和无管制(IUU)捕捞等行动缺少法律支撑。

综合来看，美国政府和学界基本认同《公约》对于促进美国国家长远发展利益的重要价值，承认加入《公约》是大势所趋。美国军方是批准加入《公约》的坚定一方，多位美军高层人物均认可加入《公约》能够在维护国家安全方面发挥重要作用，可为美军军事和执法行动提供更坚实的基础，维护基于规则的海洋秩序。美国学界则从国家战略的角度出发，认为无论是在印太地区或是世界其他区域，加入《公约》后的美国将拥有更多的政策选项与对外灵活性，这将有助于美国国家利益的实现。

第二节　美国加入《公约》的现实驱动因素

多方面的现实因素驱动着美国拜登政府重新思考加入《公约》的政策选项，其核心内容是通过《公约》这一重要工具平台最大化地实现美国在全球海洋领域之中的国家利益，增强美国对国际海洋事务的发言权和影响力，塑造美国遵守国际法的正面形象，维护以美国和西方为主的世界海洋秩序。

一、拜登政府回归多边主义的政策需要

对美而言，随着国际海洋形势的演变发展与美国自身综合实力的相对下降，《公约》所体现出的海洋政治力量对比态势发生变化，美国在国际公共海洋事务中的存在感和话语权有所降低，游离在《公约》之外的战略成本持续上升。美国作为海洋强国，一直力图主导海洋领域内国际规范与制度走向构建，塑造对美有利的机制模式。拜登政府执政后力图重回多边主义的政策框架，专注于恢复特朗普政府频繁“退群”而导致的美国孤立主义局面，并在恢复的基础上进行新的构建与拓展，坚持其“选择性多边主义”。彼时加入《公约》可最大限度提振国际社会对美国重新融合多边主义与开放意识的信心与好感，激活美国在国际海洋领域的外交活力，在航行自由、外大陆架划设、谋求主导国际海底区域制度建设等诸多方面促进美国国家利益的实现。在此背景下，美国意在抢夺规则制定权，依靠《公约》提供的制度框架和行为规范更新其政策工具，完善其鼓吹的基于规则的海洋秩序，帮助美国在一系列战略利益上重新获得领导权，继而在国际海洋秩序的新一轮竞争中占据优势地位。

二、应对大国竞争的战略紧迫性与日俱增

拜登政府颁布的最新版《国家安全战略》认为当前国际环境与以往相比发生深刻变化，中国是美国面临的最大地缘政治挑战，而且是唯一一个既有重塑国际秩序意图，并同时具备实现目标的经济、外交、军事和技术实力的竞争者。俄乌冲突的爆发，也使得约束俄罗斯成为十分紧要的任务。为应对大国战略竞争的压力，美国迫切需要维护以掌控海洋控制权为核心的国家权力。在西太、北极、黑海等全球热点海区，《公约》将为美国的行动赋予更多的合法性内涵，而在深海和全球公共海域，入约将有助于美国谋求主导国际海底区域制度建设的战略野心，满足其海洋利益诉求，继续维护其全球海洋霸权。

三、以《公约》为抓手旨在赢得国际海洋秩序主导权

对美而言，随着国际海洋形势的演变发展与美国自身综合实力的相对

下降，《公约》所体现出的海洋政治力量对比发生变化，美国在国际公共海洋事务中的存在感和话语权有所降低，在联合国保护海洋生物多样性公约（BBNJ）以及北冰洋渔业协定谈判等一系列国际磋商中，美国受到越来越大的阻力与反对声音。在此背景下，美国意在抢夺规则制定权，依靠《公约》提供的制度框架和行为规范更新其政策工具，完善其鼓吹的基于规则的海洋秩序，帮助美国在一系列战略利益上重新获得领导权，在国际海洋秩序的新一轮竞争中占据优势地位。

第三节　美国加入《公约》的多重影响

美国在《公约》问题上与国际社会不合作的做法并不是特殊的现象，而是其当代国际法实践的一个组成部分，其宗旨是服务于美国全球海洋霸主地位不受挑战。作为全球海洋领域中的大国，一旦加入《公约》，出于其自身的利益衡量和政策导向，美国必将依据自身实力和所处优势地位，对《公约》的规则制定、解释、谈判等各项事务施加影响，《公约》的公平性、正义性或受到重大的颠覆性影响。

一、美将对《公约》有争议条款进行基于国家利益的需要的解释与适用

《公约》是特定历史背景下的产物，很多内容是世界各国互相谈判、妥协后的成果，因此部分条款具有概括性、模糊性的特征。如《公约》中关于规定海岸相向或相邻国家间专属经济区、大陆架界限划定的内容，既没有规定明确的划界原则，也无介绍具体划界方法，在实际操作中会出现多种不同观点。① 再如《公约》规定所有国家船舶享有无害通过领海的权利，回避了军用船舶与非军用船舶的区别。美国一直宣称所有船舶，包括军舰都享有无害通过领海的权利，而无需事先通知或审查批准。加入《公约》后美国能够以缔约国的身份根据其需要解释和适用《公约》，不断拓展美国的国防、经济、政治与外交利益，延伸其长臂管辖范围。

① 吴慧. 美国批准加入《公约》的影响. 世界经济与政治论坛，2012(9)：3.

二、对大陆架尤其是北极地区的争夺将白热化

对北极利益的战略诉求是刺激美国批准加入《公约》的重要因素之一，考虑到美国天然优越的地理位置，一旦美国加入《公约》，必然会在大西洋和太平洋寻求获得辽阔面积的大陆架，而在北极地区，美将利用阿拉斯加的地理位置，主张其专属经济区、大陆架和外大陆架，展开对北极的新一轮争夺。与此同时，加入《公约》后的美国将具备向大陆架界限委员会推荐和选择委员的权利，进而在大陆架界限委员会的工作中发挥美国影响力，利用大陆架界限委员会等公约机构，谋取自身利益。

三、挑战《公约》规定的资源分配制度

《公约》第八十二条规定，沿海国可就其外大陆架行使开采权，前提是获得大陆架界限委员会的批准，并向大陆架界限委员会缴纳开采的费用或实物，而这些费用或实物由大陆架界限委员会根据公平的原则分配给《公约》缔约国，再分配过程中，重点保护发展中国家、最不发达国家、内陆国以及地理位置不利国家的权益。1982 年里根政府明确表示拒绝签署《公约》时的解释就是美国担心《公约》第十一部分建立的国际海底开发机制成为发展中国家借联合国之力在国际层面寻求财富重新分配的工具，可以预见，美加入《公约》后必定将对体现公平标准的资源分配制度提出质疑与挑战。此外，在国际海底区域制度建设方面，美国将质疑国际海底管理局规定的区域资源开采付费制度的透明性，并要求区域资源开发上要适用自由市场原则，竭尽全力满足美国公司对深海采矿等业务的需求。

第四节　美国加入《公约》的前景预测

可以预见，美国若做出入约决定，在程序上必将同时采取国内立法的单边行动，通过发表声明或谅解书，并将其纳入美国国会的批约同意书，从而掌握自身海洋政策的灵活性。在实质内容上，美国将充分利用《公约》第十五部分涉及对争端解决条款进行保留的规定，确保自身军事行动不受国际法庭的管辖，并保留在自身利益受到严重威胁时退出《公约》的权利。

一、美国对《公约》和国际海洋法体系的影响持续存在

尽管美国综合国力有所下降，但仍能凭借其自身实力，在国际海洋事务中发挥重要影响。联合国坚持与美协商，并形成《关于执行〈联合国海洋法公约〉第十一部分的协定》，反映出国际社会希望争取美国加入的强烈意向。但美国一方面通过国内立法加强海洋力量与管理，另一方面活跃在制定各项重要商事、环境标准与责任规则的国际海事组织，在管理民事、经济类事务的海事秩序中发挥《公约》所不能赋予的领导性作用。

二、美国国内因素成为是否加入《公约》的关键变数

是否加入《公约》已融入了国内政治因素，成为两党博弈以及总统和国会各派政治较量的侧面。几乎每次入约进程都会在美国国内引发激烈争论，这表明美国政治阶层中的保守势力仍十分强大，以美国传统基金会为代表的保守主义势力屡次阻挠克林顿、小布什、奥巴马政府的入约努力，显示出美国国内保守主义力量不愿美国受到国际法制约，寄希望于美国强大的综合国力特别是海洋综合实力在国际海洋事务中依照本国利益行事的强权思维。对于是否加入《公约》，美国决策的实质是单边行动与国际合作的抉择，相较于共和党政府，民主党政府更愿意开展多边行动，实行多元化的海洋政策模式，但考虑到民主党在 2022 年的美国国会中期选举中未能控制参众两院基本盘，近期拜登政府推动加入《公约》意向很难实现，但不排除其利用国内外各种压力与突发事件突然向国会施压，进而加速入约进程的情况出现。

第八章　美拜登政府海洋领域应对气候变化最新策略研究

自工业革命之初以来，人类向地球大气排放了约 20 000 亿吨二氧化碳，使大气中的二氧化碳含量增加了 50%，海洋上层的二氧化碳含量增加 30%①。二氧化碳持续增加对海洋产生了热压力与化学压力两大类影响。在热压力之下，海洋热浪发生概率与强度不断提升，2014—2016 年大型海洋热浪"The Blob"在美国西海岸肆虐，使局部海域海面温度比平均温度高出近 7 摄氏度②，给当地海洋生态系统造成了毁灭性的打击，2021 年，《自然 · 通信》杂志文章称，"The Blob"热浪造成了东北太平洋从浮游植物、浮游动物和鱼类种群到海洋哺乳动物和鸟类等的广泛影响，并且降低了海洋作为固定大气碳的碳汇的生物作用③。除此之外，在热压力之下，海平面上升、海洋脱氧、珊瑚白化、物种迁移等海洋危机也不断加剧。在化学压力之下，海洋上层吸收二氧化碳造成海洋酸化，侵蚀海洋中的牡蛎、蛤蜊、虾、珊瑚礁以及其他海洋生物造壳和骨骼所依赖的矿物质。

基于海洋的气候变化缓解策略被认为是一种基于自然的、低成本的缓解方式，海底碳含量是大气中碳含量的约 50 倍，如果能将该比率提高 1%~2%，就能对降低大气中的二氧化碳浓度、减缓甚至可能逆转气候和海洋危机产生巨大影响④。由海洋与气候平台、世界自然保护联盟和保护国际基金会牵头，世界自然基金会、大自然保护协会和湿地国际等联合编

①④ Brad Ack, How to Reverse the Ocean-Climate Crisis, PEW, August 24, 2022, https：//www.pewtrusts.org/en/trend/archive/winter-2022/how-to-reverse-the-ocean-climate-crisis.

② Looking Back At The Blob. Record Warming Drives Unprecedented Ocean Change, NOAA FISHERIES, September 26, 2019, https：//www.fisheries.noaa.gov/feature-story/looking-back-blob-record-warming-drives-unprecedented-ocean-change.

③ Sachia J. Traving, Colleen T. E. Kellogg etc., Prokaryotic responses to a warm temperature anomaly in northeast subarctic Pacific waters, Communications Biology, 22 October, 2021.

制的分析报告《各国最新国家自主贡献中利用海洋生态系统作为基于自然的解决方案》①指出，越来越多的国家意识到海洋在减缓和适应气候变化方面的重要作用，并利用蓝色 NbS(即利用海洋生态系统作为基于自然的解决方案)积极应对气候变化。

美国作为典型的海洋强国，高度重视气候变化，拜登总统在上任首日重新加入《巴黎协定》②。2021 年 1 月，拜登政府发布《关于应对国内外气候危机的行政令》(以下简称《气候行政令》)，将应对气候变化上升为“国策”，明确提出“将气候危机置于美国外交政策与国家安全的核心”③，强调应对气候变化涉及清洁能源、航运、北极、海洋、可持续发展等广泛议题，致力于重新树立在应对气候变化领域的国际领导力，将海洋作为一种重要的气候缓解手段与载体，开展了一系列基于海洋的气候减缓和适应行动。

第一节　成立相关组织机构
增加海洋应对气候变化的投资

根据拜登政府针对气候问题的关切与《气候行政令》要求，成立多个负责气候变化的相关组织机构，采取行动建立气候抵御能力，确保气候变化危机得到足够的重视及妥善应对。一是在白宫设立国内气候政策办公室，负责协调国内气候政策制定过程；协调向总统提供的国内气候政策建议；确保国内气候政策决定和计划与总统的既定目标相一致，并且得到有效实现；监督总统国内气候政策议程的实施。二是设立总统气候问题特使，并在总统气候问题特使领导下成立国家气候特别工作组。工作组成员涵盖美国政府重要职能部门，以促进政府范围内应对气候危机方法的组织和部

① Blue Solutions, You Want to Implement Your Blue Ndcs? 2021. 11. 02, https://news.bluesolutions.info/you-want-to-implement-your-blue-ndcsnbsp.

② 奥巴马政府 2016 年签署了《巴黎协定》，特朗普在 2017 年大选后退出该协定，于 2017 年 11 月 4 日生效。

③ The White House, Executive Order on Tackling the Climate Crisis at Home and Abroad, JANUARY 27, 2021, https://www.whitehouse.gov/briefing-room/presidential-actions/2021/01/27/executive-order-on-tackling-the-climate-crisis-at-home-and-abroad/.

署。三是在国务院内部设立一个临时机构“气候变化支持办公室”(CCSO)①，负责与其他行政部门和机构协调，支持在国际论坛上涉及清洁能源、航空、航运、北极、海洋、可持续发展等内容的工作，并推进美国应对全球气候危机的倡议。

值得注意的是，拜登政府任命多位海洋专业人士担任气候部门要职，显示出海洋在应对气候变化领域的重要性。如：任命拥有丰富联邦政府工作经验的海洋生态学家、奥巴马政府期间美国国家海洋与大气管理局(NOAA)局长简·卢布琴科(Jane Lubchenco)出任白宫科学和技术政策办公室副主任，负责气候和环境挑战相关工作②。2021 年 10 月，美国白宫环境质量委员会主席与白宫科技政策办公室主任召开了海洋政策委员会拜登-哈里斯政府第一次会议，会议三项战略重点之一即为制订海洋气候行动计划，将机构行动重点放在基于海洋的减缓气候变化影响方面③。

此外，拜登政府重视海洋领域应对气候变化的投资，美国 NOAA 提出共 70 亿美元的 2022 财年预算请求，比 2021 财年预算增加了 15 亿美元，在气候变化研究(增加 1.493 亿美元)、观测和预测(增加 3.682 亿美元)、生态和海岸恢复(增加 2.593 亿美元)、海上风能(增加 2040 万美元)等方面增加了预算④。这些领域均涉及基于海洋的气候变化应对策略。

---

① Executive Order on the Establishment of the Climate Change Support Office, The White House, MAY 07, 2021, https://www.whitehouse.gov/briefing-room/presidential-actions/2021/05/07/executive-order-on-the-establishment-of-the-climate-change-support-office/.

② Timothy Gardner, Marine ecologist Lubchenco to lead climate in White House science office, March 19, 2021, https://www.thechronicleherald.ca/news/world/marine-ecologist-lubchenco-to-lead-climate-in-white-house-science-office-565934/.

③ Readout of the First Ocean Policy Committee Meeting, The White House, OCTOBER 29, 2021, https://www.whitehouse.gov/ostp/news-updates/2021/10/29/readout-of-the-first-ocean-policy-committee-meeting/.

④ NOAA FY 2022 budget advances America's response to the climate crisis, NOAA, May 28, 2021, https://www.noaa.gov/budget-finance-performance/news-release/noaa-fy-2022-budget-advances-americas-response-to-climate-crisis.

第二节 加快海洋产业结构调整减少海洋领域碳排放

一、加快海洋清洁能源转型 以全政府方式推进海上风电发展

拜登政府制定了到2035年实现100%清洁电力，到2050年实现净零排放的目标。为实现碳排放目标，在海洋领域开展系列举措加快清洁能源转型。具体表现在以下方面。

（1）限制近海油气勘探并暂停沿海油气租赁项目，《气候行政令》要求暂停在公共土地或近海水域开设新的油气租赁项目，2021年1月，拜登签署《关于保护公众健康和环境并恢复科学以应对气候危机的行政令》①，要求暂停与北极国家野生动物保护区沿海平原油气租赁项目实施相关的活动，等待法律和政策审查；恢复关闭美国北极和白令海峡北部大片联邦近海水域进行油气勘探的政策；恢复白令海北部气候适应区。

（2）以全政府方式推进海上风电发展，发展海上风电是美国气候战略的关键任务。2021年3月底，美国白宫召开会议宣布，内政部、能源部、商务部和运输部采取协调一致的全政府方式，从三个方面支持海上风电发展。一是推进海上风电项目，内政部、能源部和商务部将联合制定到2030年在美国部署30吉瓦海上风电的目标；二是加强风电基础设施投资，运输部、能源部宣布为风电基础设施提供资金；三是提供海上风电研发资金，由能源部和纽约州能源研究与发展局创建的国家海上风电研发联合会将向海上风电研发项目提供奖金②。拜登政府推翻前总统特朗普决定，宣布重

① Executive Order on Protecting Public Health and the Environment and Restoring Science to Tackle the Climate Crisis, The White House, JANUARY 20, 2021, https://www.whitehouse.gov/briefing-room/presidential-actions/2021/01/20/executive-order-protecting-public-health-and-environment-and-restoring-science-to-tackle-climate-crisis/.

② Interior Joins Government-Wide Effort to Advance Offshore Wind, U.S. Department of the Interior, March 29, 2021, https://www.doi.gov/news/interior-joins-government-wide-effort-advance-offshore-wind.

启美国最大离岸风电场建设计划——葡萄园风(Vineyard Wind)离岸风电场许可审查程序。随后，在国家、州及地方层面大力发展海洋风电项目，致力于实现2030年海上风电目标。5月，美国内政部长、国家气候顾问、国防部副部长、加利福尼亚州州长共同宣布，在加利福尼亚州北部和中部沿海地区推进海上风力发电。确定了“莫罗贝(Morro Bay)399”区域建设3吉瓦海上风电场①；6月，美国内政部海洋能源管理局(BOEM)和美国陆军工程兵团(USACE)达成一项支持规划和审查外大陆架(OCS)可再生能源项目的协议，允许USACE为BOEM提供评估OCS海上风电项目所需的科学和技术支撑②；7月，美国新泽西州公共事业委员会批准大西洋海岸(Atlantic Shores)和海洋风能二期(Ocean Wind II)两个大型风电场项目，总装机容量达2.7吉瓦③；10月，美国内政部长宣布，海洋能源管理局计划到2025年新建7个大型海上风电场，投资120亿美元，选址分别位于缅因湾、纽约湾、墨西哥湾、大西洋中部海岸、北卡罗来纳州、加利福尼亚州和俄勒冈州附近水域，该建设项目每年可减少7800万吨二氧化碳排放④；11月，美内政部批准联邦水域第二项大型海上风电项目——罗得岛州近海南福克(South Fork)风电项目，将提供超过19吉瓦的清洁能源⑤。

(3)探索发展清洁氢、聚变能等新型清洁能源，除了目前广受关注的氢能，美国白宫科技政策办公室还特别关注聚变能，聚变过程可以提供近

① FACT SHEET: Biden Administration Opens Pacific Coast to New Jobs and Clean Energy Production with Offshore Wind Development, The White House, MAY 25, 2021, https://www.whitehouse.gov/briefing-room/statements-releases/2021/05/25/fact-sheet-biden-administration-opens-pacific-coast-to-new-jobs-and-clean-energy-production-with-offshore-wind-development/https://www.doi.gov/press-releases/biden-harris-administration-advances-offshore-wind-pacific.

② BOEM and USACE Collaborate to Meet Offshore Wind Goals, The Bureau of Ocean Energy Management, U.S. Department of the Interior, June 14, 2021, https://www.boem.gov/boem-and-usace-collaborate-meet-offshore-wind-goals.

③ Le New Jersey attribue deux parcs éoliens pour un total de près de 2.7 GW, Mer et Marine, July 02, 2021, https://www.meretmarine.com/fr/content/le-new-jersey-attribue-deux-parcs-pour-un-total-de-pres-de-27-gw.

④ Biden Admin Plans Major Offshore Wind Expansion, EcoWatch, Oct 14, 2021, https://www.ecowatch.com/biden-offshore-wind-2655297870.html.

⑤ Interior Department Approves Second Major Offshore Wind Project in U.S. Federal Waters, U.S. Department of the Interior, 2021.11.24, https://www.doi.gov/pressreleases/interior-department-approves-second-major-offshore-wind-project-us-federal-waters

乎无限的安全和持续的清洁电力来源，聚变发电可使用地球上丰富的燃料，例如来自海水的氘和锂①。美国目前将聚变能纳入储备发展行列，为这个潜在的可以改变游戏规则的领域的清洁能源科技创新进行了历史性投资②。

二、促进海上运输业节能减排

拜登政府将促进航运业脱碳作为海洋领域应对气候变化的重要举措之一，拜登政府的气候问题特使约翰·克里多次在《联合国气候变化框架公约》第二十六次缔约方大会、第12届摩纳哥蓝色倡议大会等国际会议上表示，美国支持“航运业零排放使命行动”，将大力推动海上运输系统和港口减排，推动绿色航运与绿色港口建设，目标是到2050年实现航运业零排放。在2022年“我们的海洋”大会上，克里表示，美国将与丹麦和马绍尔群岛合作，力争将《2050年零排放航运宣言》的签署国数量增加一倍③。彰显出了新任政府在航运业脱碳领域的决心。

拜登政府上台后，针对航运业脱碳采取了一系列举措，如2022年初，洛杉矶和上海宣布建立城市、港口、航运公司和货主网络的合作伙伴关系，打造全球首个跨太平洋绿色航运走廊，使中国和美国最大港口之间的货物运输脱碳④；2021年，美国加利福尼亚州立法者为加利福尼亚大学圣迭戈分校斯克里普斯海洋研究所拨款3500万美元，设计和建造“加利福尼

① Sally Benson. The Next Energy Revolution Begins Now, The White House, March 31, 2022, https://www.whitehouse.gov/ostp/news-updates/2022/03/31/the-next-energy-revolution-begins-now-2/.

② Statement by Dr. Alondra Nelson on the Intergovernmental Panel on Climate Change's Working Group III Report, The White House, APRIL 04, 2022, https://www.whitehouse.gov/ostp/news-updates/2022/03/31/the-next-energy-revolution-begins-now-2/.

③ Our Ocean Conference Keynote Remarks by Special Presidential Envoy for Climate John Kerry, U.S. Department of State, APRIL 13, 2022, https://www.state.gov/our-ocean-conference-keynote-remarks-by-special-presidential-envoy-for-climate-john-kerry/.

④ Naida Hakirevic Prevljak. China, US to create world's 1st transpacific green shipping corridor, January 31, 2022, https://www.offshore-energy.biz/china-us-to-create-worlds-first-transpacific-green-shipping-corridor/.

亚”号氢混合动力研究船，将实现零排放①。但目前美国缺少国家海事脱碳战略②，通过战略来明确美国实现国内和国际气候目标的途径，针对海事脱碳的国家目标、联邦政府支持的零排放技术研究、开发和部署计划、海洋清洁能源转型带来的新经济机遇、海事脱碳监管或法规、港口和涉海陆上基础设施的脱碳途径等内容做出部署。

第三节　重视海洋生态保护与修复巩固与拓展蓝色碳汇

一、注重海洋栖息地保护与修复

保护和修复沿海生态系统是减缓和适应气候变化影响的基于自然的战略。2013 年，联合国政府间气候变化专门委员会首次认识到红树林、海草、盐沼可在全球减缓气候变化方面发挥作用，美国自 2017 年以来将沿海湿地纳入温室气体排放和碳汇清单③。《气候行政令》呼吁，沿海社区通过保护和恢复湿地、海草床、珊瑚礁和牡蛎礁、红树林等沿海生态系统以及保护脆弱的海岸线、支持生物多样性等方式，巩固和提升海洋碳汇能力，在减缓气候变化和增强恢复力方面发挥作用。政府增加了海洋与沿海生态修复与恢复的支持力度，国家海岸恢复力基金会(NCRF)为美国国家鱼类和野生动植物管理局以及 NOAA 拨款 3950 万美元，用于支持 49 个海岸恢复力项目④，项目包括恢复泛洪平原、红树林和湿地，提高应对洪水和海平面上升的能力，改善野生动物栖息地。

① Naval Architect Selected for UC San Diego's New California Coastal Hybrid-Hydrogen Research Vessel, Scripps Institution of Oceanography , Aug 02, 2022, https: //scripps. ucsd. edu/news/naval-architect-selected-uc-san-diegos-new-california-coastal-hybrid-hydrogen-research-vessel.

② The Need for a National Maritime Decarbonization Strategy: A Letter to the U. S. House of Representatives, The Aspen Institute, March 30, 2022, https: //www. aspeninstitute. org/blog-posts/sdi-letter-to-congress/.

③ Coastal "Blue Carbon": An Important Tool for Combating Climate Change, PEW, October 1, 2021, https: //www. pewtrusts. org//en/research-and-analysis/issue-briefs/2021/09/coastal-blue-carbon-an-important-tool-for-combating-climate-change.

④ NOAA and NFWF grant $ 39. 5 million for national coastal resilience projects, NOAA, November 18, 2021, https: //www. noaa. gov/news-release/noaa-and-nfwf-grant-395-million-for-national-coastal-resilience-projects.

拜登政府将海洋保护区作为一种提高气候适应力的方法，重视海洋保护区建设，提出了保护至少30%的陆地和海洋的目标。2021年5月6日，美国内政部、农业部和商务部以及白宫环境质量委员会发布一份为期10年的路线图——《保护和恢复美丽美国》的报告，旨在到2030年保护美国至少30%的陆地和海洋①。通过新设立海洋保护区以及拓展现有海洋保护区实现该保护目标。2021年，美国NOAA将墨西哥湾的花园浅滩国家海洋保护区的规模扩大了近两倍，面积从约56平方英里(约145平方千米)扩大到约160平方英里(约合414.4平方千米)，以保护墨西哥湾重要海洋栖息地②，并设立新的国家海洋保护区——威斯康星州沉船海岸国家海洋保护区③，还针对指定加利福尼亚州中部海岸外7000平方英里(约1.8万平方千米)的海域为新的国家海洋保护区征求公众意见④。目前，美国共有15个国家海洋保护区和2个海洋国家历史遗迹，保护了超过62万平方英里(约160.6万平方千米)的海洋和五大湖水域⑤。美国白宫科技政策办公室官员表示，海洋保护区，尤其是受到高度保护的海洋保护区是适应和减缓气候变化以及保护生物多样性有效的、基于自然的解决方案⑥。

二、探索二氧化碳捕获与封存技术

拜登政府上台后，美国高度重视基于海洋的二氧化碳移除(CDR)技术

---

① Report: The 10-year plan for conserving and restoring "America the Beautiful", NOAA, May 6, 2021, https://www.noaa.gov/news/report-10-year-plan-for-conserving-and-restoring-america-beautiful.

② NOAA expands Flower Garden Banks National Marine Sanctuary in the Gulf of Mexico, NOAA, January 19, 2021, https://www.noaa.gov/media-release/noaa-expands-flower-garden-banks-national-marine-sanctuary-in-gulf-of-mexico.

③ NOAA designates new national marine sanctuary in Wisconsin's Lake Michigan, NOAA, June 22, 2021, https://www.noaa.gov/news-release/noaa-designates-new-national-marine-sanctuary-in-wisconsin-s-lake-michigan.

④ NOAA announces process to designate national marine sanctuary off central California, NOAA, November 9, 2021, https://www.noaa.gov/news-release/noaa-announces-process-to-designate-national-marine-sanctuary-off-central-california.

⑤ Let's Celebrate 50 Years of Ocean Conservation and Stewardship, NOAA's Office of National Marine Sanctuaries, https://sanctuaries.noaa.gov/50/.

⑥ New global partnership to elevate marine protected areas as tool in climate response, NOAA, June 2, 2021, https://www.noaa.gov/news-release/new-global-partnership-to-elevate-marine-protected-areas-as-tool-in-climate-response.

发展，探索利用该技术减缓乃至扭转大气二氧化碳带来的气候危机。基于海洋的 CDR 是一个处于起步阶段但发展迅速的领域，本质上是模仿、增强或加速已经在进行的海洋生物和地质过程，譬如大规模海藻养殖或人为控制海水营养物含量以促进生物固碳等方法，帮助平衡二氧化碳排放，助力实现碳排放目标。美国阿斯彭研究所能源与环境项目发布《基于海洋的脱碳项目报告指南：制定行为准则的路径》①指出，基于海洋的脱碳技术可在应对气候变化方面发挥重要作用，其中一些技术还可能为海洋和海洋社区提供可衡量的效益。美国主导的国际组织海洋愿景联盟②召集了来自多个学科、机构和地区的专家，围绕基于海洋的 CDR 技术展开研究，并于 2021 年 9 月 21 日发布《海洋碳封存研发路线图》③，概述基于海洋的 CDR 技术、当前面临的主要技术障碍及加速其开发的首要任务，旨在促进全球参与基于海洋的 CDR 技术研发。美国国家科学院等科研机构发布报告《基于海洋的二氧化碳移除与封存研究战略》④，概述了六种基于海洋的 CDR 方法的可行性、风险和回报，包括：大规模养殖海藻；在海洋表面喷洒磷、氮或铁等以加速浮游植物光合作用；通过化学方法增加海水碱度以吸收二氧化碳；通过电流调整海水酸碱度以增强海洋储存二氧化碳的能力；保护和恢复海洋生态系统加强碳捕获及碳封存；人为改变海洋上升流和下降流。

---

① Guidance for Ocean-Based Carbon Dioxide Removal Projects Report, The Aspen Institute, DECEMBER 7, 2021, https://www.aspeninstitute.org/publications/ocean-carbon-dioxide-removal/;

② 海洋愿景联盟（Ocean Visions）是由活跃于海洋管理领域的研究机构和组织构成的国际组织，其机构分为海洋愿景研究联盟与海洋愿景加速和影响合作伙伴，其中海洋愿景研究联盟由包括伍兹霍尔海洋研究所、斯克里普斯海洋研究所在内的 13 家美国海洋研究机构、高校构成。海洋愿景加速和影响合作伙伴则不仅限于美国机构。

③ Ocean Visions Unveils Road Maps to Accelerate Development and Testing of Ocean-Based Carbon Sequestration Methods, Ocean Visions, September 21, 2021, https://oceanvisions.org/ocean-visions-unveils-road-maps-to-accelerate-development-and-testing-of-ocean-based-carbon-sequestration-methods/.

④ New Report Assesses the Feasibility, Cost, and Potential Impacts of Ocean-Based Carbon Dioxide Removal Approaches; Recommends U.S. Research Program, The National Academies of Sciences, Engineering, and Medicine, December 8, 2021, https://www.nationalacademies.org/news/2021/12/new-report-assesses-the-feasibility-cost-and-potential-impacts-of-ocean-based-carbon-dioxide-removal-approaches-recommends-u-s-research-program.

三、以国际合作方式推动海洋保护

此外，美国还通过国际合作手段，推进海洋保护区作为应对气候变化的基于自然的解决方案的作用。2021 年 6 月，美国、英国、智利、哥斯达黎加和法国宣布建立“海洋保护区、生物多样性和气候变化”全球伙伴关系，参与合作的政府机构包括：英国联合自然保护委员会、智利环境部、美国 NOAA 国家海洋保护区办公室、哥斯达黎加能源和环境部、法国生物多样性办公室。美国 NOAA 代理局长表示，全球合作是实现海洋保护区气候效益的关键，伙伴关系致力于分享知识并合作解决科学知识差距。

气候变暖是全人类的共同危机，美国拜登政府高度重视气候变化问题，在海洋领域应对气候变化方面，加强组织机构建设，增强海洋应对气候变化的资金投入，能源脱碳方面，以全政府方式推进海上风电发展，加快海洋清洁能源转型，同时大力促进海上运输业减排，重视海洋生态保护与修复，积极探索基于海洋的二氧化碳移除技术，在研究重视程度、资金投入及技术储备方面均走在了国际前列，对世界有一定的借鉴和启发作用。

第九章　关于美国命名及界定“南大洋”范围的影响研判

2021 年 6 月 8 日，适逢世界海洋日来临之际，美国国家地理学会在其刊物上公开宣布，已将南纬 60°以南至南极大陆的水域正式定名为“南大洋”，并承认“南大洋”为世界第五大洋。此事一经宣布即引起国际主流媒体广泛关注。实际上，“南大洋”命名及范围界定的争议由来已久，国际水道测量组织(IHO)虽组织了多次研讨会议，但时至今日仍在该议题下未有明确定论。近年来，随着南极大陆领土主权的冻结，“南大洋”已成为各国拓展南极治理能力的新区域、新方向，美国此番动作不排除是以学术外衣为包装，实则为其扩大南极治理影响力预做前期工作，应引起各方的广泛关注。

第一节　各方对美国命名及界定“南大洋”范围的舆情关注度

除美国国家海洋与大气管理局①外，目前尚未有任何国家的政府机构或政界人士对此公开发表看法，似乎各方均欲以“冷处理”方式作为应对。但反观国际舆论场，美国命名“南大洋”却引起了不小反响。在美国《华盛顿邮报》、美国全国广播公司等该国主流媒体的轮番炒作下，英国广播公司、英国《卫报》、澳大利亚广播公司等具有较大国际影响力的媒体也跟进报道，进而吸引了中国、俄罗斯、加拿大、西班牙、印度、巴西等多国媒体的转载。

综合分析此次舆情，发现西方主流媒体大多以美国国家地理学会官网新闻、美国华盛顿邮报采访报道作为新闻源头，内容也多聚焦于“南大洋”地理范围、“南大洋”特殊地质结构及生态环境、“南大洋”命名的环保意

① 2021 年 6 月 8 日，美国国家海洋与大气管理局在其官网发布新闻称，“包括美国在内的大多数国家现在均承认南部(南极)水域为第五大洋”。

义、“南大洋”命名历史等科普性文字，并未有明显政治性评价性语言。值得一提的是，美国有线电视新闻网等媒体强调了“南大洋”范围目前在国际社会仍存在争议，并特别指出澳大利亚历来将其本土以南的全部水域均视为“南大洋”。

第二节 “南大洋”命名的历史沿革及学界争议焦点

“南大洋”生成于距今3400万年前，当南极大陆和南美洲分离时，环绕南极大陆的洋流才开始出现。16世纪早期，西班牙探险家瓦斯科·努涅斯·德·巴尔沃亚最早将其命名为“南大洋”，但由于人们对该片海域知之甚少，并未发现其有别于其他大洋的特性和特征，因此彼时各国政府对该水域的名称及地理范围尚未有统一定论，如英国1834年制定并颁布的《南澳大利亚法案》，就仅将南澳大利亚南部边界以南的水域称为“南大洋”(图9-1)。1915年，美国国家地理学会在出版全球第一套现代世界地图时，也未将“南大洋”在图上单独标注和命名。1928年，国际水道测量组织(IHO)发布首版《海洋边界》，对“南大洋”地理范围进行了界定①(图9-2)，并在1937年的指导方针中承认了“南大洋”的名称、定义和概念，将其纳入正式的文件和标准。但后来由于陆续收到多数国家的反对意见，IHO最终在1953年第三版《海洋边界》中取消了“南大洋”的划定，并将其归为大西洋、印度洋和太平洋的延伸。从那时起，IHO就恢复了对于“南大洋”的审议，但尚未得到其成员的完全同意。此后经过40余年的研讨，IHO于2000年再次就“南大洋”划定及命名向成员国征求意见。在反馈的28个国家中，有14个国家支持以南纬60°作为“南大洋”的地理界限。此外，美国地名委员会也早在1999年便开始事实使用“南大洋”称谓，其国家海洋与大气管理局更是于2021年2月宣布正式承认“南大洋”。

尽管国际社会对存在“南大洋”这一独立环流的接受程度在增加，但关

---

① 国际水道测量组织当时划定的“南大洋”地理范围为“南极大陆以北，南美洲、非洲、澳大利亚及新西兰以南之间的水域”。

图 9-1　1863 年英国出版地图将南澳大利亚以南水域标为“南大洋”

图片来源：澳大利亚国家图书馆

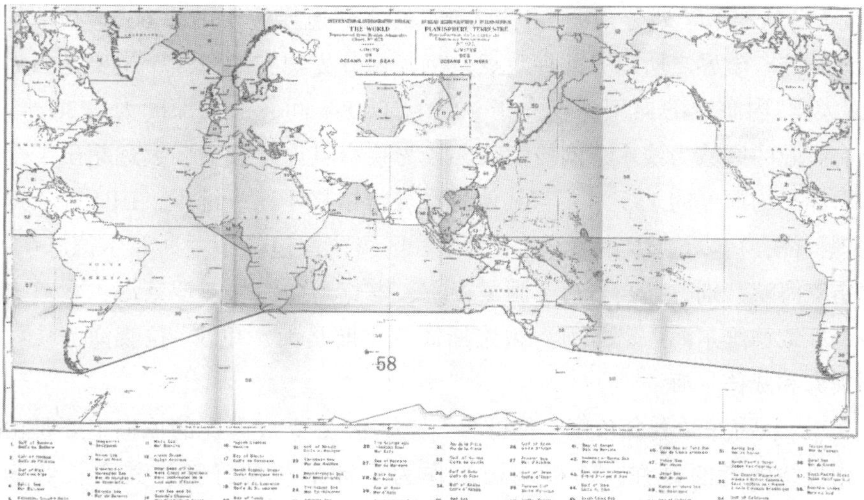

图 9-2　国际水道测量组织在 1928 年首版《海洋边界》中对“南大洋”地理范围的界定

图片来源：美国国家海洋与大气管理局官网(标红区域第 58 号)

于该水域的单独命名及地理范围界定却仍存在争议。在单独命名问题上，支持者认为其具有特殊性的洋流及生态系统，就足够其分离成为单独的一个大洋；而反对者则认为，该水域是太平洋、大西洋和印度洋的南部延伸，缺乏大洋中脊①，仅是围绕南极大陆的一片拥有独特特征的水域，不符合以往设立大洋的标准。在地理范围界定问题上，IHO 于 2000 年就“南大洋”范围的意见征求中，28 个反馈国家共提出南纬 60°以南、南纬 50°以南、南纬 35°以南三种方案。学界亦难以对该问题形成共识，部分学者支持以《南极条约》规定的南纬 60°以南作为“南大洋”的北部边界；而另一些学者则认为，应按季节变化波动形成的南极辐合带作为“南大洋”的北部边界。

第三节　学界对“南大洋”的四类常见划分依据

在国际社会对“南大洋”命名及范围界定保持长期争议的过程中，学界从地理学、海洋学、气候环境、生物学和生态学四个角度，形成了划分“南大洋”的常见依据，并由此提出了相应的科学解读。

(1)从地理学划分角度，“南大洋”的北部边界位于南纬 60°，其不与陆地相邻。学界之所以有此种观点，将其划分为独立的海洋，主要是因为“南大洋”内海域的典型深度介于 4000～5000 米间，最大深度为 7236 米，只有有限的区域为浅水。南极大陆架较为狭窄且深度较大，远远超出了全球海洋平均深度的 133 米，与其他海洋显得格格不入。综上，IHO 曾依据地理特征，初步认定“南大洋”由数个分区组成，包括布兰斯菲尔德海峡、德雷克海峡、别林斯高晋海、阿蒙森海、麦克默多海峡、罗斯海、索莫夫海、杜蒙德维尔海、莫森海、戴维斯海、宇航员海、里瑟-拉森海、拉扎列夫海和威德尔海。

(2)从海洋学划分角度，能够将“南大洋”独立成海洋的依据主要是由于南极绕极流的存在。南极绕极流作为全球最长的洋流，其全长约为 21 000 千米，目前每秒输送 1.3 亿立方米的水。南极大陆的冷水、下沉水

① 与“南大洋”相比，其他已被承认的四大洋均有着大洋中脊，太平洋的大洋中脊位于东太平洋海岭；大西洋的大洋中脊与两岸近乎平行，向北一直延伸至北冰洋区域；印度洋的大洋中脊则以“Y”字形分为了三支；与“南大洋”相对应的北冰洋同样也存在大洋中脊，为哈克尔海岭。

等从海底流向北部海域，在海面上被印度洋、太平洋、大西洋的暖水取代，温暖的海水与寒冷的南极海水相交的环状区域被称为南极辐合带。南极辐合带被大多数支持“独立成洋”学者认为是对“南大洋”北部边界的最佳自然定义，印度洋、太平洋、大西洋是由将其包围的大陆进行定义，而“南大洋”则是由被称为南极辐合带的洋流进行定义。

(3)从气候环境划分角度，海洋在气候系统调节中具有关键作用，其作为全球最大的碳库，储存量是大气圈的50倍。海洋内部的流通性变化深刻影响着海洋碳库在“源”和“汇”之间的转变。迄今为止，“南大洋”通过吸收大量的大气热量和碳，对全球变暖的减缓做出了重大贡献。

(4)从生物学和生态学划分角度，“南大洋”海域内生活着较多海洋动植物，多数海洋动物依赖于南极辐合带附近丰富的浮游植物而生存。由于南极绕极流的存在，使得“南大洋”水域保持了有别于其他大洋的生物独特性和生态独特性，是鲸、企鹅和海豹等海洋生物的重要栖息地。值得一提的是，“南大洋”与其他海域存在着生态廊道，如座头鲸以南极大陆附近的磷虾为食，而后逐步迁徙至中南美洲附近海域过冬。

第四节　命名及界定“南大洋”范围对现有国际公约的影响研判

一、对《南极条约》体系的影响

《南极条约》体系是由《南极条约》本身、《南极条约》缔约方会议所采纳建议、《关于环境保护的南极条约议定书》、《南极海豹保护公约》和《南极海洋生物资源养护公约》等多份国际南极公约组成的多元监管体系。尽管上述国际南极公约的适用区域涉及“南大洋”，但在文本中却均未出现明显带有“南大洋”的字眼。

(1)《南极条约》作为本质上是关于南极大陆的条约，其将适用区域规定为“南纬60°以南的地区，包括所有冰架”，实际并不包括“南大洋”区域。但由于“以陆控海”的国际法原则，“南大洋”同《南极条约》适用的南极大陆之间会存在一些权利和权利执行上的关系。

(2)《关于环境保护的南极条约议定书》适用区域与《南极条约》保持着

高度一致，侧面体现在该公约第 16 条“根据本议定书全面保护南极环境及相关生态系统的目标，缔约方承诺制定南极条约区内发生的且本议定书所涵盖的活动所造成损害的责任有关的规则和程序。这些规则和程序应包括在依据第 9 条第 2 款通过的一个或多个附件中”。这意味着该公约所涉及内容同“南大洋”的重叠较少。更为重要的是，该公约并未直接定义或使用“南大洋”一词，而仅使用了“南极条约区”作为范围限定词。

(3)《南极海豹保护公约》适用区域在其开篇便详细列出“本公约适用于南纬 60°以南的全部海域，并符合《南极条约》第四条的诸多条款”。但尽管该公约的适用区域与“南大洋”有着较多重合，但公约却并未直接定义或使用“南大洋”一词，而是使用“南纬 60°以南的全部海域”作为范围限定词。

(4)《南极海洋生物资源养护公约》适用区域在其第 1 条第 1 款中便予以明文规定：“本公约适用于南纬 60°以南地区的南极海洋生物资源以及该纬度和南极辐合带之间地区的南极海洋生物资源，它们构成南极海洋生态系统的一部分。”由此可以看出，《南极海洋生物资源养护公约》适用区域大于“南纬 60°以南”。尽管该公约适用区域同“南大洋”有着绝大部分重合，但该公约也未有直接定义或使用“南大洋”一词，而是使用“南纬 60°以南地区”和“南极辐合带之间地区”作为范围限定词。

综上，由于《南极条约》体系中的任何条约均未提及“南大洋”字眼，其边界属性亦不会影响条约执行的程序和机制，因此命名及界定“南大洋”范围不会对《南极条约》体系造成任何实质影响。

二、对现有海事国际公约与规则的影响

海洋是人类赖以生存的生命支持系统。南极水域作为人类最后一片净土，其重要性不可低估。“南大洋”储存了全球 90% 的淡水资源，在推动全球海洋环流的同时，还对整个气候起到了调节作用。在最基本的层面上，地球的所有系统都依赖于“南大洋”。南极大陆也是全球气候变化最快的地区之一。然而，日益增多的海上船舶数量，无疑给“南大洋”的海洋环境带来潜在污染风险。如何减少商船对海洋环境的污染以及更好地保护海洋环境是国际海事组织重要的议题。在过去十几年间，国际海事组织针对海洋环境保护，已经制定并实施了多项有关的公约、规定和规则，如《极地水

域保护规则》《极地水域船舶航行安全规则》《极地海上搜救规则》等，为规范和监管在南极水域航行船舶做出了巨大的努力并取得了一定的成就。因此，当“南大洋”的法律地位正式确立后，国际海事组织仍将进一步展开对该水域各类污染防治规定的讨论、更新和实施。同时，也将推动《联合国海洋法公约》、南极各类保护组织与机构以及其他联合国咨询机构开展进一步合作和研究，针对“南大洋”生物多样性保护、温室气体减排等问题展开更深入的合作。

第十章　韩国南极活动管理日趋完善

韩国主要通过南极相关法律和计划，系统管理南极科考活动。2021 年是《第三次南极研究活动振兴基本计划(2017—2021)》的收官之年。韩国通过实施该计划，在南极环境研究方面取得了世界级成就。在此基础上，韩国颁布《极地活动振兴法》，进一步完善南极活动法律体系。未来五年，韩国将以建设核心研究基础设施和强化南极研究能力为抓手，提高韩国在南极治理中的地位，同时发展生物产业，加强国际合作，力求成为南极科研十大先导国。

第一节　韩国的南极活动取得重要进展

一、建立南极活动基本政策框架

1986 年韩国成为南极条约成员国并加入南极海洋生物资源养护委员会，1989 年正式成为南极条约协商国。但是，由于韩国国内在对极地资源开发以及极地研究事务统筹机制的成立问题上无法达成共识，一直到 2000 年以后南极相关政策框架才搭建起来。

韩国主要通过法律和基本计划对南极活动进行管理。2004 年，韩国颁布《南极活动与环境保护法》及施行令、实施规则，近 20 年来韩国政府依据该法制定南极政策。该法规定韩国人可以在南极地区开展科学调查、安装设施、探险、旅游等活动。与此同时，明令禁止韩国人在南极从事矿物资源勘探、采集、加工、运输、储藏相关活动。2007 年以来，韩国海洋水产部依据《南极活动与环境保护法》规定，每五年编制一部《南极研究活动振兴基本计划》，在掌握美国等主导南极研究的主要国家最新政策方向和科研动向的基础上，提出韩国的南极发展方案。

二、圆满完成第三次基本计划

2021 年，韩国圆满完成《第三次南极研究活动振兴基本计划》①，在多项科学研究方面取得了重要成果。

(一)在南极环境研究方面成绩斐然

(1)在世界上首次阐明南极冰架上形成的融化池并不引起冰架崩塌。韩国与美国、意大利合作研究发现，夏季时南森冰架融化池上的水通过冰架裂缝流入海洋，因此冰架依然保持稳定。这一研究推翻了已有的学说，即融化池引起冰架崩塌，2100 年全球海平面约上升 2 米。②

(2)在世界上首次发现西兰蒂亚-南极地幔。韩国和美国在联合勘探“南大洋”的“澳大利亚-南极中央海岭”时发现，“西兰蒂亚-南极地幔”分布在南极-新西兰-澳大利亚东部区域。这一发现推翻了已有的学说，即澳大利亚-南极不整合(Australia-Antarctic Discordance)是太平洋地幔和印度洋地幔的界限。③

(3)在世界上首次查明南极东西方冰川融化速度不同的原因。据分析，在高度较低的西南极，从相对温暖的海洋向大陆方向吹的高气压风带来热量，使中纬度海水流入大陆，从而强化了气候变暖现象。而在高度较高的东南极，高气压风从寒冷的大陆向海洋方向吹，起到了降低气温的作用。但是，如果地球温度持续升高，东南极的变暖调节能力将遭遇瓶颈，东南极也会急剧变暖。

(二)在基础设施方面为进军南极大陆奠定了基础

(1)在南极大陆打通 1740 千米长的勘探路线，韩国将成为世界第七个进军南极大陆的国家。勘探路线包括从张保皋科考站至法国和意大利公用的康考迪亚站共计 1310 千米的勘探路线和到冰下湖勘探路线为 430 千米。打通勘探路线不仅为韩国在南极大陆建立新的科考站奠定了基础，还为利

① 관계부처합동：《제3차남극연구활동진흥기본계획》,2017년4월.

② 남극빙붕(氷棚) 위흐르는강((江)이해수면상승늦춘다,해양수산부，2017. 4. 20，https：//www. mof. go. kr/iframe/article/view. do? articleKey = 15929&boardKey = 10.

③ 남극중앙해령에서신규맨틀의존재확인,극지연구소，2019. 01. 28，https：//www. kopri. re. kr/kopriold/html/comm/0502. html? mode = V&no = b9ce58e73d5b20b34d44bf6685b1ce89.

用其他国家先进基础设施创造了条件。①

（2）构建世界顶级远程协诊系统，为韩国南极科考队提供了医疗保障。该系统通过人造卫星连接韩国医院和南极科考站，通过网络实时交换信息。②

（三）在南极资源利用方面发展了生物医药产业

（1）利用南极海洋微生物研发血液冷冻保存剂技术。这是世界上最早研发成功的技术，在 2018 年完成技术转化，目前正准备商业化运用。该技术将血液保存期限从目前的 35 日延长到半年。③

（2）利用南极生物遗传基因研发耐寒抗旱农作物。韩国研究团队利用在南极发草中发现的 DaADF 基因改变水稻性能，④ 提高水稻在极端气候条件下的生存率。

（3）利用南极低温蛋白酶发展生物催化产业。南极的低温蛋白酶具有去除污渍的作用，而且在洗涤剂中使用该酶能减少用水量，属于环保生物催化剂。韩国极地研究所计划利用南极低温蛋白酶开拓环保生物催化剂市场。⑤

三、南极治理参与度大为提高

（1）韩国参与提出划设新的南极特别保护区。2019 年 7 月 1—11 日，在捷克布拉格举行的第 42 届南极条约协商会议（ATCM）和第 22 届环境保护委员会（CEP）会议上，中国、韩国和意大利共同提议在南极恩克斯堡岛设立新的南极特别保护区。⑥ 2021 年 6 月 14—24 日，在法国巴黎召开的第 43 届南极条约协商会议上，批准设立南极恩克斯堡岛特别保护区。恩克斯

---

① 극지연구소，남극대륙에1천740km육상루트개척성공,매일경제，2021. 12. 28，https：//www. mk. co. kr/news/it/view/2021/12/1212586/.

② 남극에서아프다면? 남극기지의료24시,신동아， 2019. 05. 06， https：//shindonga. donga. com/3/all/13/1715188/1.

③ 남극미생물서얻은천연물로혈액보존기간6배로늘려,한경닷컴S， 2020. 06. 21， https：//www. hankyung. com/it/article/202006211250l.

④ 극지연구소，남극에서벼냉해저항성획기적상향유전자발견,경기신문， 2021. 10. 13， https：//www. kgnews. co. kr/news/article. html? no=671122.

⑤ 남극미생물로친환경세제만든다,서울신문， 2021. 09. 17， https：//www. seoul. co. kr/news/news-View. php? id=20210917500050.

⑥ 남극에제2의펭귄마을생긴다,해양수산부，2019. 07. 08，https：//www. mof. go. kr/article/view. do? menuKey=971&boardKey=10&articleKey=26735.

堡岛是阿德利企鹅和威德尔海豹的栖息地，此次在该岛设立的保护区面积为 3. 31 平方千米，韩国与中意两国协商管理该保护区。①

(2)成功举办南极地球科学国际研讨会。2019 年 7 月 22—26 日，在韩国仁川举行第十三届南极地球科学国际研讨会，这是继日本(1991 年)、印度(2015 年)之后，在亚洲举行的第三次研讨会。该会议为韩国加强南极科学研究合作、成为共同应对气候变化的国际社会重要成员提供了重要契机。②

(3)韩国政府成功推动韩国人担任“南极研究科学委员会”主席。2021—2025 年，金礼东将负责支援南极研究科学委员会所属组织的研究活动、引领南极科学相关中长期项目。以此为契机，韩国积极参加国际南极科学研究活动相关重要决策，韩国研究者尤其活跃在地球科学、人文、社会等领域。③

第二节　韩国的南极活动法律制度体系确立

2021 年，韩国颁布《极地活动振兴法》④，将法律管辖范围确定为本国所开展的一切极地活动，这弥补了 2004 年《南极活动与环境保护法》仅限于南极环境科考的局限性。

一、通过立法全面保障国家南极利益

《极地活动振兴法》由 4 章 16 条构成，立法目的明确为系统培育和支持极地活动。

(1)编制基本计划，为系统推进极地政策提供方向。海洋水产部负责五年一次编制极地活动振兴基本计划，作为今后韩国推动极地事务的总体落实方案；并根据基本计划，制订详细的实施计划，制定具体推进方案。

---

① 해양수산부,환경부. 남극인익스프레시블섬, 펭귄마을에이어보호구역지정, 2021. 06. 25.

② 남극지구과학올림픽한국에서열린다,해양수산부, 2019. 07. 22, https://www. mof. go. kr/article/view. do? menuKey=971&boardKey=10&articleKey=26850.

③ 김예동前극지연구소장, 남극연구과학위원회의장선출,해양수산부, 2021. 03. 25, https://www. mof. go. kr/article/view. do? articleKey=38235&boardKey=10&menuKey=521.

④ 해양수산부. 극지활동진흥법, 2021년4월.

(2)确立职责明确的组织体系和极地法律法规体系，为极地政策的实施提供机制保障。确立由海洋水产部主导、政府协调、中央机关协作、国会监督、海洋相关机构分工的实施机制；《极地活动振兴法》的具体实施则通过颁布总统令和实施规则推进，总统令是法律的重要补充，未纳入该法的内容，也可以通过总统令予以规定。

(3)推进极地基础设施的开放与共享。极地基础设施向民间开放是该法中的一大特点。该法规定韩国政府有义务采取措施开放基础设施(包括科考基地、破冰船等船舶、飞机、极地活动支持设施以及总统令规定的仪器)以供学界和产业界利用，激励大学、研究机构和企业更好地开展科学研究、调查、基础设施建设、探险和旅游等极地活动合作研究。

(4)以符合人类共同利益和环境保护为理念，建立环境保护与安全管理体系。《极地活动振兴法》要求在极地开展活动，要考虑环境因素，努力避免污染；通过建立安全管理体系，有效预防事故和迅速应对紧急状况。

(5)明确现状调查制度及相关机构的资料提供义务。为及时了解极地相关国内外态势，主动应对外部条件变化，掌握人文、社会、科学领域的研究现状，对各国当前实力和未来潜力做出准确预判，《极地活动振兴法》为海洋水产部统筹协调调查资料，赋予了法律权力，政府部门以及相关机构有义务向海洋水产部提供所需资料。现状调查结果将会直接反映在基本计划和实施计划当中。

(6)开展极地教育宣传，争取国民舆论支持。韩国认为，在南极科考活动方面，韩国落后于美国、英国等发达国家。为了提升韩国极地实力，增加国民的支持和理解，韩国政府将针对国民开展极地教育宣传，宣传极地活动的价值、重要性和普及极地知识。

二、确定以科学研究为主的发展目标

规定南极活动依然以科学研究为主，指出韩国政府有责任遵守韩国与其他国家和国际组织缔结的极地相关条约、推进国际合作以及和平利用南极，以为在开展极地振兴活动时，消除国际社会的担忧和警惕。

三、在国际合作和新领域开拓方面仍存在不足

相较于发达国家，韩国的南极活动明显存在不足：①南极科研地理范

围局限。在南极科研先导国中，除了德国以外，其他国家均在距离南极海岸500千米以外的陆地设有科考站，但韩国的科考站在乔治王岛和特拉诺瓦湾；②南极议题设置能力不足。韩国虽然有数量庞大的南极相关研究成果，但具有世界影响力的优秀成果少，韩国尚未提出意义重大的南极议题，也未提供全世界认可的解决方案；③南极事务国际合作有限。目前，韩国南极事务国际合作排名第30位，与韩国确立的成为十大先导国目标差距较大。

第三节 韩国南极科考活动的未来发展方向

一、力求通过科学研究扩大南极治理影响力

在《南极条约》体系下，南极事务中占据主导地位必须以科研成果为基础。但是，由于过去五年韩国设定的南极发展目标过高，具体计划未能按时完成，有些工作都未能启动。因此，未来五年韩国计划以建设核心研究基础设施和强化南极研究力量为两个抓手，提高韩国在南极治理中的地位。

从美国、英国、中国等南极科考大国的动向来看，南极大陆科研基地是未来主导南极科考的核心研究设施。韩国为了跻身于南极科考十大强国行列，计划在南极大陆建立三大科考基地作为未来南极科考重要发展方向。韩国将在南极大陆建设移动式冰川深部研究基地、蓝冰研究基地、天文观测基地，继美国、法国、意大利、俄罗斯、中国、日本之后，成为世界第七个南极大陆研究国家。对3000米厚冰川进行采样、对2000米厚蓝冰进行灭菌试钻探、在南极大陆高寒条件下进行天文观测，需要高难度技术和高端装备。韩国将集聚国内研究力量，攻克这些南极科研难题，从而扩大南极治理影响力。①

二、力求通过南极生态环境保护获取发言权

韩国是远洋渔业大国，强化南极生态环境保护、扩大南极海洋保护区面积与其经济利益存在一定的冲突。但以目前韩国的南极地位，无论其反

① 관계부처합동. 제4차남극연구활동진흥기본계획，2022년4월.

对与否都无法在南极事务中起到决定性作用。因此，韩国计划强化气候变化、生态环境研究能力，力求通过科学语言表达韩国主张，防止在海洋保护区的划设范围和适用方法上发生僵化的情况。①通过考察300万年前和2000年前南极气候、环境变化，分析人类活动对气候变暖产生的影响；②通过制作南极气候变化影响分布图，阐明南极气象和气候对世界气候变化产生的影响；③通过阐释南极融冰原因，提高海平面上升、地质灾害的预测能力；④制作罗斯海海洋保护区生物资源分布图，开展生态系统健康综合评价；⑤利用遥感技术长期观测南极栖息环境变化与生物适应过程，提高南极生态系统变化预测能力。[①]

三、力求通过加强国际合作赢得国际支持

未来韩国打算改变国际南极科考秩序，从科考活动参与国变成科考主导国家。为此，将采取拉拢国外南极专家、帮助南极研究落后国提高科研能力等措施，赢得国际支持。①以国外专家为核心，组建"国际组织活动咨询委员会"；②积极利用韩国每年召开的"国际极地科学论坛"，策划国际共同研究项目；③支持南极研究落后国家加强能力建设；④优化韩国极地研究评价体系，鼓励向国际组织提出南极议题。[②] 在这一过程中，韩国有可能形成一股南极势力，通过集体发声的手段争取南极利益。

① 합동. 제4차남극연구활동진흥기본계획，2022년4월.

② 관계부처합동. 제4차남극연구활동진흥기본계획，2022년4월.

第十一章　欧盟和欧洲国家最新北极政策综合评述

在大国竞争加剧和气候变化加速的共同影响下，北极地区的地缘政治变化错综复杂。在此背景下，近年来欧盟、欧洲国家尤其是北欧国家陆续出台或更新其北极战略①，重新明确北极身份、规划发展目标和优先事项，了解其北极政策主要变化和未来趋势，对中国参与北极事务具有重要意义。

第一节　对北极定义及身份定位存在差异

一、北欧国家强化北极身份并严格定义北极地区的范围

瑞典重申北极地区的独特性在于其由主权国家包围的海洋(北冰洋)组成，北极地区是指北极圈以北地区和八个北极国家，致力于维护北极国家的特殊作用和地位。瑞典强调北极国家身份，在北极有特殊利益，并从政治角度将北博滕省、西博滕省均纳入北极地区。挪威明确了“北极”“高北”及“挪威北部”的定义，称北极是指北极点至北极圈之间的海域和陆域，并出于行政管理实际，在挪威版政策文件中将“北极”定义囊括了整个诺尔兰郡；高北地区是基于地缘政治考虑，包括南部海尔格兰(地区)到西部格陵兰海和东部伯朝拉海(巴伦支海东南角)之间的海域和陆域；挪威北部是指挪威最北端地区，通常包括北极和高北地区的一部分。此外，位于北极圈内的斯瓦尔巴群岛也是挪威北极地区的一部分。芬兰从地理角度出发，拉普兰区是其北极地区，但是为了进一步强化北极国家身份，将整个芬兰视

---

① 2020年11月，瑞典政府发布英文版《北极地区战略2020》；2021年1月，挪威政府发布高北地区白皮书《人民、机遇及挪威在北极的利益》的英语版摘要；2021年6月，芬兰总理办公室发布了《芬兰北极政策战略》；丹麦政府也计划于2021年底更新其北极战略。2020年12月，荷兰外交部发布《极地战略2021—2025》。2021年10月，欧盟发布北极战略最终报告《欧盟提升北极参与度，维护北极和平、可持续和繁荣》。

为北极国家，并强调芬兰在北极和南极都是关键角色。

二、荷兰和欧盟赋予自身参与北极事务的合理身份

荷兰认为北极在地理或行政意义上不是单一区域，其边界没有清晰划定，通常将北极圈以北的区域定义为北极。荷兰作为非北极国家并且是北极理事会的观察员国，在其极地战略中明确表示南极和北极都是对人类和地球生态系统具有独特重要性的领域。此外，荷兰认为其是邻近北极的国家。欧盟认为其位于北极地区，作为一个地缘政治共同体，在北极地区具有战略性和普遍性的利益，并指出北极地区面临的挑战超出了北极区域边界。

第二节　北极安全问题成为重要关注点

一、北欧国家空前重视北极安全问题

地处北极的北欧国家空前重视北极安全问题，在各自北极战略中重点关注北极安全和外交政策，均强调要维护北极地区的和平稳定，将北极安全问题提升到国家安全的重要高度。瑞典致力于确保北极和平、安全与稳定，继续加强在北部及邻近地区作战的军事能力，提出以欧洲北极、北卡洛特和北大西洋地区为重点，确保北极安全稳定，重视欧洲国家和美国对北极地区的安全承诺，希望进一步深化欧洲大西洋安全与防务政策合作。挪威强调通过北约增强对大西洋海上安全的关注，同时增强与美国等盟友和芬兰、瑞典、丹麦等邻国的军事合作，协同推进北极地区安全与发展，此外坚持防御与威慑平衡策略，重视国防以应对俄罗斯威胁。芬兰认为北欧的安全问题日益相互关联，波罗的海地区、芬兰北极地区和北大西洋安全局势密切相关，强调就北极安全、外交和防务进行持续的双边和多边对话和合作，希望设置平台处理北极理事会职权范围外的安全问题。

二、荷兰和欧盟强调北极和平稳定的重要性

荷兰提出极地地区关乎国际安全和稳定，应当促进北极所有参与方的协商和合作，维护北极地区的和平与稳定。此外，作为北约成员国，荷兰

重视北约在北极安全问题方面发挥重要作用，强调北约内部应统一北极安全政策发展问题。欧盟坚持在不断变化的地缘政治格局中维持北极地区的和平稳定，保证各北极行为体的建设性对话与合作，通过提高北极问题的外部接触，加强区域合作共同应对新出现的安全挑战。

第三节　强调基于国际法处理北极问题

瑞典认为北极地区不存在法律真空，除《公约》等条约外，还有北极理事会的制度规定以及双边协议等，尊重国际法及基于规则的国际秩序符合瑞典的整体利益，是北极和平与稳定的基础，强调在国际法框架下努力维护良好的国际关系和合作形式，建设性地应对北极的机遇和挑战，主张所有参与北极地区事务的域外参与者必须遵守国际公约和规则。挪威强调要尊重国际法并维护国际法律秩序，支持以国际法管辖北极地区。《公约》为北极治理提供了基本框架，在环境保护、研究、外大陆架划界和交通运输方面都有相关规定。芬兰认为主要目标是加强现有的国际法框架，没有必要制定一项涵盖整个北极地区的广泛公约。强调加强极地地区公约和国际法的有效执行。荷兰强调在北极地区要加强以《公约》为基础的国际法律秩序和行政框架，北极的经济活动应遵守相关国际协议和标准，包括《保护东北大西洋海洋环境公约》《斯瓦尔巴条约》《极地水域船舶航行安全规则》等。欧盟提出北极行动必须基于其价值观和原则，包括法治、人权、可持续发展、性别平等、多样性和包容性、支持基于规则的多边主义以及对国际法，特别是《公约》的尊重。此外，欧盟强调管理斯瓦尔巴群岛及其水域的国际法律制度必须得到充分尊重。

第四节　气候环境、经济发展、极地科研和民生福祉是优先事项

一、普遍关切相似但各有侧重

(1)挪威注重北极经济利益，坚持北极油气开采。挪威重点关注北极气候及环境、北部地区社会发展、产值创造及能力发展、基础设施和信息

通信、民生保障等事项。在资源开采问题上，挪威强调大陆架油气开发以促进北部地区产值创造及能力发展。

(2)瑞典和芬兰坚持环保至上，注重北极气候问题。瑞典重点部署气候与环境、极地研究和环境监测、经济可持续发展与商业利益、居民良好生活条件等领域的任务。芬兰将减缓和适应气候变化、民生福祉、萨米原住民权利、生计和前沿专业知识、基础设施和物流列为优先事项。在资源开采问题上，瑞典和芬兰重点关注绿色转型、清洁能源和可持续经济。

(3)欧盟和荷兰重点强调北极地区的包容性和可持续性。荷兰极力强调努力遏制和适应气候变化，保护极地地区的生态系统和环境，加强国际合作并确保经济活动可持续性，荷兰在极地战略中重点阐述了人文和社科科研以及提高民众极地意识的重要性。欧盟的北极政策目标聚焦应对气候变化带来的生态、社会、经济和政治挑战，支持北极地区的包容性和可持续发展，使北极居民获益。在资源开采问题上，欧盟强调禁止在北极地区开发新的石油、煤炭和天然气等资源。

二、原住民问题成为重要内容

(1)北欧国家保障和维护原住民权利。瑞典保障北极原住民的文化和传统生活方式，维护原住民权益，鼓励科研人员与原住民的知识交流，促进传统知识和科学研究的融合。挪威将原住民问题作为优先事项，重点提升北部地区的人居环境，确定萨米语作为国家文化遗产具有与挪威语同等重要的地位，并致力于增加国民对本国历史与国家身份的认同感。芬兰将进一步增强萨米人参与北极合作和决策的机会，重视发展和保护萨米人的语言、文化和艺术，采取措施保护萨米人知识产权。

(2)荷兰、欧盟更注重原住民充分参与北极事务。荷兰重视保护原住民的生存环境、传统和文化，促进原住民社会和经济的可持续发展，改善健康状况，将支持原住民组织充分参与北极理事会的各项工作。欧盟认为原住民受到的气候影响尤其严重，强调欧盟对包括原住民在内的居民生计负有共同责任，重点关注原住民更多地参与北极的决策。

第五节　对不同行为体参与北极事务态度迥异

一、对非北极国家参与北极事务态度有别

(1)北极国家欢迎非北极国家参与北极气候治理。挪威反对非北极国家以“北极冰层融化对北极域外国家造成影响，因此北极地区的发展应受到全球关注”为依据，要求获取参与北极管理的权利，强调在尊重现有国际法的基础上、在现有的国际合作框架内，与非北极国家展开合作。瑞典欢迎北极域外国家加入北极理事会，对更多的国际支持和承诺持积极态度，尤其是应对气候变化对北极的影响，强调北极理事会需要与非北极国家参与者加强合作，特别是在可持续发展等相关重要问题上。芬兰希望促进与非北极国家的建设性对话与合作，通过全球减排，尤其是域外国家的减排减缓气候变化对北极的影响。

(2)非北极国家极力促进北极国际合作。荷兰本身就是北极域外国家，认为加强北极地区与更广泛的国际社会合作是必要的。欧盟将促进北极国家和非北极国家在北极理事会的基础上加强合作，特别是促进北极更能抵御气候变化和环境退化。

二、普遍支持欧盟参与北极事务

(1)欧盟成员国积极为欧盟争取北极理事会观察员地位。其中，瑞典、芬兰、荷兰作为欧盟成员国，支持欧盟发挥更积极的作用，将推动欧盟成为北极理事会的观察员。瑞典对于欧盟更加关注北极地区表示欢迎，将努力在欧盟框架下促进北极可持续发展。芬兰认为欧盟是一个重要且有建设性的北极行动者，有潜力发挥更积极的作用，有机会获得财政资源，有能力制定全球性的高标准，并且拥有广泛的专业知识，其目标是与瑞典和丹麦一起保持其作为欧盟北极成员国的领导地位。荷兰认为北极地区对欧盟具有重要战略意义，并且欧盟参与了北极理事会观察员的所有活动，是北极理事会事务的事实参与者。此外，瑞典和芬兰重视“北方维度”①框架下

① “北方维度”于1999年在芬兰倡议下建立，旨在加强欧盟与北极地区的区域合作关系，包括欧盟、冰岛、挪威和俄罗斯四个合作伙伴。

与挪威、俄罗斯的地区合作。

(2)挪威保持与欧盟在北极地区的良好合作。挪威认为挪威和欧盟在北极地区拥有许多重要共同利益，未来将与欧盟的北欧成员国保持北极政策对话畅通，优先为欧盟的北极政策提供实质性投入，并积极参与“北方维度”框架下的合作。

三、谨慎看待中国参与北极事务并保留合作空间

挪威、荷兰、欧盟对中国持客观谨慎态度，保留一定的合作空间。挪威在尊重国际法和现存合作框架的基础上支持与中国和其他非北极国家开展合作，支持中国参与北极理事会的工作组，特别是气候和环境问题的相关工作组，同时赞赏与中国在极地科研等领域的合作基础，认可中国在一定范围内享有参与北极事务的权利，同时对中国在北极事务中应进一步发挥的作用和扮演的角色持保留态度。荷兰认为目前没有任何迹象表明中国破坏现有北极国际法律秩序，但中国对北极日益增长的兴趣关乎经济和安全利益，仍需对中国保持警惕。欧盟提出将把北极问题纳入与中国的对话中，由于中国对全球关键基础设施、海底电缆、航运和网络空间等领域的活动越来越感兴趣，可能会给北极带来挑战。

第六节　欧洲北极域内外行为体北极政策变化对中国的启示

一、以低敏感领域入手寻求北极合作切入点

在气候变化深刻影响北极的背景下，瑞典和芬兰希望拉拢非北极国家共同应对挑战，挪威虽警惕非北极国家以此为由扩大北极权利，仍认可中挪北极科研合作成果。未来，中国应考虑从北极生态环境、应对气候变化、生物多样性、绿色转型和极地人文社科研究等低敏感领域寻求北极合作切入点，推动北极科研合作，包括邀请科学家参与我国北极科研项目，共同发起国际合作计划等方式①。

① 吴雷钊. 北极地缘政治和安全态势及我国参与的北极治理. 世界知识，2021(1)：21.

二、坚持以国际法为基础处理北极治理问题

北极域内外行为体之间以及北极国家之间存在一定程度的利益冲突与竞争，因此欧洲北极域内外行为体均强调基于国际法处理北极问题，尤其强调尊重包括《公约》在内的国际法框架。为此，中国应强调依据《公约》《斯瓦尔巴条约》等国际法在北极地区享有相应权利，并基于北极理事会、国际海事组织等北极主要国际组织制定的区域性条约或非正式协定、习惯国际法、国际法原则等，合法开展相关活动，并推动北极安全稳定、维护原住民权益和可持续发展①。

三、北欧国家和欧盟强化在北极事务中的整体力量

欧洲北极域内外国家均支持欧盟参与北极事务并发挥积极作用，此外欧盟已经深入介入北极科研活动，未来或在北极活动中释放其规范性力量②。欧盟关于北极的态度与中国存在共同点，在尊重北极国家主权的同时，强调应当共同承担保护北极的责任。目前，欧盟对中国参与北极事务虽然保持谨慎，但仍持开放包容态度，适时加强中欧北极合作或成为中国深度参与北极治理的突破口。

四、增强与原住民的联系和合作提升中国北极影响力

一方面，北极域内外国家都尊重和重视原住民参与北极事务的权利。另一方面，近年来北极原住民组织正在努力影响和重塑北极问题的治理理念、权力结构、身份认同与地理空间。中国推崇的极地多元化治理理念契合原住民需求，加强与北极原住民的联系和合作，借助其倡议和传播中国北极治理理念，逐步加强在整个北极事务中的参与度，形成全球利益攸关方共同参与的多元北极治理格局，是维护中国北极利益的重要方式③。

① 白佳玉. 中国参与北极事务的国际法战略. 政法论坛，2017(6)：144-145.

② 常欣. 欧盟参与北极理事会的实践探析. 学术探索，2021(6)：71.

③ 阮建平，等. 北极原住民：中国深度参与北极意志力的路径选择. 河北学刊，2019(6)：205.

第十二章 《生物多样性公约》COP15 取得丰硕成果

生物多样性是人类生产生活和经济社会可持续发展的基础，近年来全球生物多样性丧失对人类生存和发展构成重大风险①，世界各国也越来越紧密合作共同应对日益严峻的全球性生物多样性危机②。联合国《生物多样性公约》第十五次缔约方大会(COP15)的胜利召开，既是我国重要主场外交活动，也是全球生物多样性保护的新起点。

第一节 背景及意义

《生物多样性公约》(CBD)旨在促进生物多样性保护、可持续利用以及公平公正地分享因利用遗传资源③及相关传统知识所产生的惠益④，1992年由签约国在联合国环境与发展会议上签署，于1993年12月生效。CBD缔约方大会是公约最高议事和决策机制，每两年举行一次。中国于1992年6月11日签署公约⑤。2016年12月，中国获得COP15主办权⑥。

在中国政府与CBD秘书处多次研究讨论的基础上，主题定为“生态文明：共建地球生命共同体”，第一次将生态文明理念在主场外交的活动中嵌入联合国大会议程⑦。COP15已于2021年10月11—15日在中国昆明顺利召开了第一阶段会议，第二阶段会议计划将于2022年召开。COP15旨

---

① 杨建乐，杨旭东，谭江华，等. 生物多样性您了解多少. 云岭先锋，2021(11)：36.

② 陈曦，王溁. 生物多样性国际发展援助作用、现状与中国行动思考：基于CBD履约视角. 生物多样性，2021，29(2)：247-258.

③ 步雪琳. 从昆明到蒙特利尔一场期待已久的胜利. 环境经济，2023(1)：14-23.

④ 薛达元.《生物多样性公约》履约新进展. 生物多样性，2017，25(11)：1145-1146.

⑤ 《生物多样性公约》及其《卡塔赫纳生物安全议定书》《关于获取遗传资源和公正和公平分享其利用所产生惠益的名古屋议定书》《卡塔赫纳生物安全议定书关于赔偿责任与补救的名古屋-吉隆坡议定书》. 外交部，2020-10-19.

⑥ 中国昆明能否挽救全球生物多样性？中外对话，2019-03-22.

⑦ 万夏林，邹玥屿，王茜璐，等.《生物多样性公约》第十五次缔约方大会与生态文明理念的国际传播. 环境保护，2020，48(22)：55-58.

在倡导推进全球生态文明建设，强调人与自然是生命共同体，强调尊重自然、顺应自然和保护自然，努力达成公约提出的到 2050 年实现生物多样性可持续利用和惠益分享，实现“人与自然和谐共生”的美好愿景①，第一阶段会议取得了丰硕成果，为后期编制“2020 年后全球生物多样性框架”奠定了基础②。

第二节 议题进展和成果

2021 年，国际社会积极从政策机制、资金保障、国际合作等多个层面共同推进 CBD 有效开展。COP15 全面总结全球在该领域研究实践中的宝贵经验，筹划未来发展愿景，COP15 是 CBD 历史上非常重要的里程碑。

一、COP15 通过多项涉海宣言、倡议和基金

（1）通过“昆明宣言”。“昆明宣言”指出，注意到需要采取组合措施来遏制和扭转生物多样性丧失，包括采取行动解决土地和海洋利用变化，加强生态系统的保护和恢复、减缓气候变化、减少污染、控制外来入侵物种和防止过度开发以及采取行动变革经济和金融体系，确保可持续生产和消费，减少浪费，认识到任何单一措施或这些措施的部分组合都是不够的，每项措施的效力都因另一项措施而增强③；注意到诸多国家呼吁，到 2030 年通过采取连通性良好的保护地体系和其他有效的区域保护措施，以保护和养护 30%的陆地和海洋面积④；承诺加大行动力度，减少人类活动对海洋的负面影响，保护海洋和沿海生物多样性，增强海洋和沿海生态系统对气候变化的韧性⑤；承诺进一步加强与《联合国气候变化框架公约》《联合国防治荒漠化公约》和生物多样性相关公约等现有多边环境协定以及和 2030 年可持续发展议程及相关国际和多边进程的合作

① 2021“COP15”将在昆明举办 生态文明成为大会主题. 中华人民共和国生态环境部. 2020-09-07.

② COP15 第一阶段会议成果丰硕. 新华网. 2021-10-16.

③④⑤ 2020 年联合国生物多样性大会（第一阶段）高级别会议昆明宣言. 环境经济，2021（19）：14-15.

与协调行动，以推动陆地、淡水和海洋生物多样性的保护、保育、可持续管理和恢复，同时，为其他与2030年可持续发展议程协同一致的可持续发展目标做出贡献①。

“昆明宣言”是COP15主要成果，充分体现196个缔约方共识，高度凝聚各个国家同舟共济、共存共荣的观念，同时也贡献中国智慧、中国方案。“昆明宣言”达成的国际共识将有利于解决全球遗留的主要问题，并将成为加强生物多样性保护、推进全球生态文明建设、实现“人与自然和谐共生”的行动指引。

（2）创建“昆明生物多样性基金”。2021年10月12日习近平主席在COP15领导人峰会上的主旨讲话中提出：中国将率先出资15亿元人民币，成立“昆明生物多样性基金”，支持发展中国家生物多样性保护事业②。该基金将以国际化运作方式开展，并将和国际机构合作管理，初步计划建立健全该基金的管理组织和运作机制，以保障该基金能够顺利高效运作。

（3）发布“中国-东盟红树林保护倡议”。在COP15非政府组织平行论坛中，与会者针对基于自然的气候变化解决方案、中国-东盟红树林现状及保护存在的问题、中国NGO保护红树林案例等内容展开热烈讨论，会议最后，中国-东盟红树林保护网络发起人之一艾路明宣布“中国-东盟红树林保护倡议”正式发布。中国及东盟5个国家，即中国、泰国、印度尼西亚、越南、缅甸、菲律宾的19家民间机构加入该倡议。当日发布的倡议包括，阻止非法砍伐红树林行为，开展科学的红树林修复工作和后期管护；加强生物多样性保护的区域联动，遏制红树林生态系统退化和生物多样性丧失③；联合各利益攸关方共同实施基于红树林生态系统的气候变化解决方案，探索区域生态治理的新路径和新方向④。

二、多国成立加入“自然与人类雄心联盟”推进COP15进展

2021年1月11日，在由哥斯达黎加、法国、英国共同主持的“一个星

① 2020年联合国生物多样性大会（第一阶段）高级别会议昆明宣言. 环境经济，2021（19）：14-15.

②③ 步雪琳. 从昆明到蒙特利尔一场期待已久的胜利. 环境经济，2023（1）：14-23.

④ 中国-东盟红树林保护倡议正式发布。https：//baijiahao. baidu. com/s? id = 1712100754194152246&wfr = spider&for = pc。

球峰会”上，自然与人类雄心联盟正式启动，旨在 COP15 上达成一项雄心勃勃的协议，实现到 2030 年至少保护 30%的世界陆地和海洋的目标，以扭转生物多样性丧失的严重趋势，恢复对物种和人类生存至关重要的生态系统。

联盟成员。自然与人类雄心联盟由哥斯达黎加和法国共同担任主席，英国担任海洋联合主席，在“一个星球峰会”期间，多国宣布加入该联盟。自然与人类雄心联盟成员还在继续扩大中。

开展的活动。2021 年 8 月，在哥伦比亚主办的 COP15 预会上，自然与人类雄心联盟、全球海洋联盟和“领导人对自然的承诺”共同发表联合保护自然的声明，呼吁在 COP15 上取得雄心勃勃的成果，表示决心共同努力，将共同承诺转化为《全球生物多样性框架》中的具体协议和目标，确保在实地采取变革性行动，找到建设性解决方案，以克服面临的挑战。11 月 3 日，自然与人类雄心联盟、全球海洋联盟和“领导人对自然的承诺”的《联合国气候变化框架公约》第二十六次缔约方大会（COP26）联合高级别活动举办，会议主题为“前进之路：弥合 COP26 到 COP15 的自然差距”。

三、全球多措并举合力推进 CBD

（1）发布重要政策。联合国 CBD 秘书处公布最新的“全球生物多样性框架”正式草案。草案设定了 2050 年要达到的主要目标，涉及改善生态系统、物种和遗传多样性的完整性；自然对发展目标的贡献；遗传资源共享及融资问题。同时，该草案也制定了到 2030 年要实现的 21 个具体目标，阐明了要实施的改革范围和种类。草案重申了以有效和公平的方式保护 30%的陆地和海洋的目标。草案还强调要恢复 20%的重点生态系统，将污染减少到健康无害的水平。最后谈及融资问题，草案提出每年取消 5000 亿美元对生物多样性有害的政府补贴、向发展中国家提供 2000 亿美元用于生物多样性保护等。

环境正义基金会发布《我们的海洋：蓝碳是应对气候危机的解决方案》。报告显示，储存在海洋生态系统（如红树林和海草）中的碳有助于保护我们免受全球变暖的影响，但政策制定者在很大程度上忽视了这类碳的作用。报告强调联合国 CBD 谈判的重要性，必须制定具有约束力、可衡量的生物多样性恢复和保护目标，并为发展中国家提供技术和财政支持，以实现这些目标。报告敦促各国领导人，在国家自主贡献实施计划中设定保护和恢复蓝碳环境且具有法律约束力的目标，承诺30%海洋保护计划，国际社会暂停深海采矿以保护深海免受不可逆转的大规模损害。

(2)提供金融指导和支撑。CBD秘书处等组织发布《生物多样性公约金融行业指南》，介绍金融机构并了解自然对金融行业的重要性，为金融机构参与CBD进程并在生物多样性方面采取积极行动提供指引，具体行动包括：与其他金融机构合作并加入支持生物多样性的倡议；调整投资战略；衡量对生物多样性的影响；制定与2020年后全球生物多样性框架一致的目标；公开报告对生物多样性的积极和消极贡献。

美国皮尤慈善信托基金会发文称，盐沼、红树林和海草床等沿海湿地在气候调节中发挥关键作用，但世界范围内的沿海湿地严重退化、甚至消失。迄今，对沿海湿地保护的投资尚不足以防止其退化，但针对气候变化的新行动催生融资新机遇。塞舌尔、伯利兹和哥斯达黎加通过更新国家自主贡献以保护、管理和恢复沿海湿地，但资金短缺仍是沿海湿地保护的主要障碍之一。各国应承诺为生物多样性保护提供更多资金，并在CBD“2020年后全球生物多样性框架”中制订国家生物多样性融资计划。

(3)开展国际合作。政府间海洋学委员会和摩纳哥阿尔贝二世亲王基金会在联合国教科文组织第41届会议期间签署合作协议，正式确立双方在“联合国海洋科学促进可持续发展十年”框架内的合作伙伴关系，确定未来三年合作领域，包括围绕海洋科研和高级别研讨活动开展密切合作，以探索“联合国海洋科学促进可持续发展十年”合作伙伴关系、最佳融资模式及应对全球海洋科研与管理挑战。此外，政府间海洋学委员会和摩纳哥阿尔贝二世亲王基金会将在《联合国气候变化框架公约》和CBD缔约方会议框架内开展合作。

CBD秘书处与联合国环境规划署、联合国政府间海洋学委员会、联合国开发计划署等机构共同加入新启动的全球联盟——“海洋行动2030”。该组织旨在通过提供财政和技术方面的保障，推进可持续海洋计划的有效制订和顺利实施。其成员机构可持续海洋经济高级别小组发布《百分百可持续海洋管理：可持续海洋计划介绍》，深入探讨可持续海洋计划的发起时间、地点、方式、人员以及计划的组成部分等重要内容①。

10 月 14 日，在 COP15 上，东亚-澳大拉西亚迁飞区伙伴关系与亚洲开发银行和国际鸟类联盟合作，发起区域迁飞区倡议，旨在加强东亚-澳大拉西亚迁飞区内重要湿地生态系统的可持续管理与恢复。区域迁飞区倡议主要包含以下四个领域：以湿地生物多样性和迁徙水鸟为主的生物多样性保护；经济社会效益最大化；“自然向好”、社会包容性发展；气候变化问题的解决。

第三节 COP15 对我国生物多样性保护的影响

目前，世界生物多样性保护形势严峻。COP15 会议期间达成的国际共识和取得的丰硕成果将对今后一段时期内全球生物多样性保护具有重大的现实意义和深远影响，为我国生物多样性保护工作指明前进方向。

一、海洋生物多样性保护成为国际关注焦点

COP15 通过多项涉海宣言、倡议，联合国 CBD 秘书处公布最新的“全球生物多样性框架”正式草案，重申了以有效和公平的方式保护 30%的陆地和海洋的目标，可见，海洋生物多样性保护将日益受到国际重视。我国要切实履行 CBD、加强海洋生物多样性保护。控制海洋生物资源利用强度，建立能够代表各种海洋生态类型的自然保护区，建立健全符合我国国情并与国际接轨的法律体系，以使海洋生物多样性保护有法可依。

二、2020 年后生物多样性保护需要建立健全资金机制

根据 CBD 信息交换所的数据，目前各缔约方每年对本国生物多样性保护的投资额度占其当年国内生产总值比例比较小，同时有研究表明，目前全球每年生物多样性保护资金的缺口至少 500 亿美元，未来十年还有更大

① 全球联盟“海洋行动 2030”启动，http：//aoc. ouc. edu. cn/_t719/2021/1220/c9829a359994/page. htm.

的资金缺口①。目前已有资金渠道较为单一且存在一定局限性，远未满足生物多样性保护行动的要求。因此国际社会急需建立新的资金机制从而保障实施全球生物多样性保护行动计划。“昆明生物多样性基金”的建立急需且必要，而且亟待进一步完善该基金的增资和管理细节。建议可适当考虑引入绩效评估机制，将经费与任务目标关联，提高资金使用效率，支持发展中国家生物多样性保护行动②。

三、生物多样性保护达成全球共识将促成更广泛更深入的国际合作

“昆明宣言”的通过提振了全球保护生物多样性的政治决心、凝聚了全球生物多样性治理的合力、有助于推动制定并实施兼具雄心务实和平衡的“2020 年后全球生物多样性框架”③，强化公平合理、合作共赢的全球生物多样性治理体系④。因此，我国要把握这一宝贵契机，加强在海洋生物多样性保护领域的国际科技合作，主导参与该领域的国际环境合作、国际会议以及国际上相关条约、公约的制定与执行⑤；健全政府与海洋生物资源科研机构的合作机制，增强我国参与国际合作组织的决策力。

①② 魏伟，申小莉，刘忆南. 2020 年后生物多样性保护需要建立新的资金机制. 生物多样性，2021，29(2)：259-268.

③ 杨建乐，杨旭东，谭江华，等. 生物多样性您了解多少. 云岭先锋，2021(11)：36.

④ 《生物多样性公约》第十五次缔约方大会高级别会议创造了历史，取得三大成果. 上观新闻，2021-10-13.

⑤ 邓佳轩. 我国海洋生物资源保护国际合作研究. 中国地质大学，2014.

第十三章　多方推动“30×30 目标”实现的新进展

2020 年，联合国《生物多样性公约》“2020 后全球生物多样性框架”预稿提出，2030 年行动目标之一是“确保形成得到有效和公平管理、具有生态代表性和连通性良好的保护区系统并采取其他有效的基于区域的保护措施，使全球陆地和海洋区域的至少 30%得到保护，尤其是保护对生物多样性及人类所做贡献特别重要的区域，并将这些区域纳入更广泛的陆地景观和海洋景观”。“30×30 目标”得到众多国家和国际组织的广泛支持，但相关数据显示，当前，全球仅有 7. 74%的海洋得到保护。2021 年，美国、加拿大、巴拿马等国家，欧洲、南太平洋等地区，联合国、世界自然基金会、环境正义基金会、世界经济论坛、七国集团等国际组织以及全球海洋联盟等海洋保护联盟，持续通过多元化方式支持并推动“30×30 目标”实现，特别是政府间联盟“自然与人类雄心联盟”的正式成立，有力推动了海洋及海洋生物多样性保护取得新进展。

第一节　沿海国家和地区

一、欧洲涉海计划重申“30×30 目标”承诺

《欧盟生物多样性战略 2030》提出，将保护欧盟 30%的海洋，并构建生态廊道，以扭转生态系统退化和生物多样性丧失的趋势。随后，欧盟在多个涉海计划中重申并推动实现“30×30 目标”。2021 年 5 月，欧盟委员会发布《欧盟实现可持续蓝色经济的途径》，再次强调，到 2030 年，必须将海洋保护覆盖率提高至 30%，以实现欧盟 2030 目标和气候中性目标。①

① Communication from the Commission to the European Parliament, the Council, the European Economic and Social Committee and the Committee of the Regions on a new approach for a sustainable blue economy in the EU Transforming the EU's Blue Economy for a Sustainable Future, European Commission, May 17, 2021. https：//eur-lex. europa. eu/legal-content/EN/TXT/? uri = COM：2021：240：FIN.

9月，欧盟委员会在“地平线欧洲”计划下启动五项新任务，重申到2030年实现“保护欧盟30%的海洋”的目标，恢复海洋生态系统和2.5万千米河流，保护海洋生物多样性，实现海洋净零排放。① 12月，欧盟“恢复我们的海洋和水域”计划启动第一次提案征集，预算约为1.14亿欧元，旨在以2030年为目标，推动实现“保护欧盟30%的海洋”等目标。②

此外，地中海和波罗的海等地区也作出推动“30×30目标”实现的承诺。9月，第四届世界海洋论坛在突尼斯比塞大举行，摩纳哥阿尔贝二世亲王、法国海洋部长、葡萄牙海洋部长、地中海联盟秘书长等出席，超1.8万人线上与会。作为地中海南部唯一专门探讨海洋问题的国际会议，论坛呼吁国家和地区决策者、国际机构和可持续蓝色经济参与者采取实质性措施，到2030年保护30%的海洋，并确保其中10%得到严格保护，扩大海洋保护区面积，打击塑料污染和过度捕捞，并发展绿色航运。③ 12月，第22届《保护地中海海洋环境和沿海地区公约》缔约方会议召开，通过《地中海国家海洋战略（2022—2027）》，并商定18项具体措施，包括建立海洋保护区体系。④ 10月，《保护波罗的海海洋环境公约》缔约方通过更新的《保护波罗的海行动计划》，其中，“到2030年将波罗的海至少30%的海域划设为海洋保护区”是重要行动之一。⑤

二、美国多措并举推动“30×30目标”实现

美国国会议员曾于2020年就“到2030年保护美国30%的陆地和海洋”提交决议案，建议美国联邦政府确立“30×30目标”。除了推动相关立法

---

① Questions and answers: EU missions, European Commission, September 29, 2021, https://ec.europa.eu/commission/presscorner/detail/en/QANDA_21_4748.

② Mission “Restore our Ocean and Waters” a powerful wave of actions for our ocean, seas and waters!, European Commission, December 16, 2021, https://ec.europa.eu/oceans-and-fisheries/news/mission-restore-our-ocean-and-waters-powerful-wave-actions-our-ocean-seas-and-waters-2021-12-16_en.

③ Le Forum Mondial de la Mer-Bizerte 2021, Institut Méditerranéen D'océanologie, October 4, 2021, https://www.mio.osupytheas.fr/fr/le-forum-mondial-de-la-mer-bizerte-2021.

④ Méditerranée: Contrôler les Émissions Pour Mieux Lutter Contre la Pollution, la Fédération Francaise des Associations de Protection de la Nature et de L'environnement, December 12, 2021, https://fne.asso.fr/communique-presse/mediterranee-controler-les-emissions-pour-mieux-lutter-contre-la-pollution.

⑤ Marine protection: EU signs up to updated regional action plan for a clean and healthy Baltic Sea, European Commission, October 20, 2021, https://ec.europa.eu/environment/news/marine-protection-eu-signs-updated-regional-action-plan-clean-and-healthy-baltic-sea-2021-10_en.

外，美国还通过签署行政令、出台行动计划和发布研究报告等多种方式持续推进“30×30 目标”实现。2021 年 1 月，美国总统拜登签署《关于应对国内外气候危机的行政令》，承诺到 2030 年保护美国 30%的陆地和海洋，并鼓励多方参与，要求制定相关战略并提交评估报告。① 2 月，美国环境研究与政策中心和前沿两盟联合发布《海洋新生命：海洋保护如何确保海域的原生状态》报告，回顾了加利福尼亚州海峡群岛海洋保护区网络、佛罗里达州德赖托图格斯国家公园和生态保护区、夏威夷帕帕哈瑙莫夸基亚国家海洋保护区、华盛顿州埃德蒙兹水下公园等海洋保护区的成功实践，并呼吁各级政府承诺到 2030 年保护 30%的海洋。② 5 月，美国内政部、农业部、商务部、白宫环境质量委员会联合发布《保护和恢复美丽美国》十年计划（表 13-1），概述了到 2030 年保护美国 30%的陆地和海洋的八项原则与六个优先领域，要求扩大国家海洋保护区系统，呼吁美国国家海洋与大气管理局保护受威胁和濒危物种，并将创建“美国保护和管理地图集”来监测海洋保护区。③

表 13-1 《保护和恢复美丽美国》十年计划

目标	到 2030 年保护美国 30%的陆地和海洋
原则	①寻求合作和包容的方法以保护环境
	②保护美国的陆地和海洋以造福人类
	③支持地方领导和计划的保护工作
	④尊重部落自治权和私有财产权
	⑤寻求可创造就业机会、支持社区健康的保护和恢复方法
	⑥支持土地私有者和渔民的自愿管理工作
	⑦以科学为导向
	⑧基于现有工具和战略，强调灵活性和适应性方法

① Executive Order on Tackling the Climate Crisis at Home and Abroad, The White House, January 27, 2021, https://www.whitehouse.gov/briefing-room/presidential-actions/2021/01/27/executive-order-on-tackling-the-climate-crisis-at-home-and-abroad/.

② New Report Provides Roadmap for Fully Protected Oceans, Our Daily Planet, February 8, 2021, https://www.ourdailyplanet.com/story/new-report-provides-roadmap-for-fully-protected-oceans/.

③ National marine Sanctuary Foundation Statement on the Biden-Harris Administration's "America the Beautiful" Initiative, United States Department of The Interior, May 6, 2021, https://www.doi.gov/pressreleases/biden-harris-administration-outlines-america-beautiful-initiative.

续表

目标	到2030年保护美国30%的陆地和海洋
优先领域	①在自然匮乏的社区建立更多公园，提供更多安全的户外活动机会
	②支持部落领导的保护和恢复优先事项
	③深化保护鱼类和野生动物栖息地与廊道的合作
	④增加户外娱乐的机会
	⑤激励渔民、牧场主、农民和森林所有者的自愿保护意识
	⑥投资恢复和修复项目，创造就业机会

三、加拿大新建海洋保护区并投入资金

为实现“30×30目标”，加拿大致力于扩大海洋保护区，保护范围将扩大至生物多样性关键区域、碳储存区以及其他关键自然区域。① 根据2021年预算，加拿大将在未来五年提供9.768亿加元，承诺到2025年将加拿大海洋保护覆盖率提高至25%，力争到2030年提高至30%。为此，加拿大将有效管理现有的海洋保护区(MPA)和提供其他有效的区域保护措施(OECM)，新建MPA和OECM，在海洋空间规划和蓝色经济战略框架下推进海洋保护，并与其他国家共同倡导到2030年保护全球30%的海洋。②

四、巴拿马扩大海洋保护区及物种保护

巴拿马致力于推动“30×30目标”实现，于2021年宣布扩大海洋保护区的范围。6月，巴拿马承诺将科伊瓦海洋保护区的面积增加至目前的三倍。若实现，巴拿马将成为世界上最早实现“30×30目标”的国家之一。扩建后的海洋保护区将对一系列海底山脉进行保护，为蓝鲸、抹香鲸和长须鲸等受威胁的海洋物种提供栖息地。③ 10月，巴拿马在迪拜世博会上宣布，将

① How to conserve 30% of the planet by 2030, World Economic Forum, April 23, 2021, https://www.weforum.org/agenda/2021/04/conservation-30-by-30-canda-eu-usa-japan-climate-change-earth/.

② Canada's 2025 Marine Conservation Targets, Fisheries and Oceans Canada, July 22, 2021, https://www.canada.ca/en/fisheries-oceans/news/2021/07/canadas-2025-marine-conservation-targets.html.

③ Panama doubles the size of its protected marine areas, The Wilderness Society, June 15, 2021, https://wilderness-society.org/great-news-panama-doubles-the-size-of-its-protected-marine-areas/.

于 2023 年举办“我们的海洋”大会，届时将有 190 多个国家和地区分享保护环境和应对气候变化的相关进展，所有会议都将在“30×30 目标”指导下进行。①

五、南太平洋岛国海洋保护成效褒贬不一

南太平洋岛国在实现海洋保护目标和建设海洋保护区方面走在世界前列。早在 2018 年，汤加就承诺到 2020 年将其 30%的海域划设为海洋保护区，提前实现“30×30 目标”。密克罗尼西亚联邦也于 2020 年宣布已实现 30%海洋的保护承诺。除此之外，新西兰和萨摩亚分别通过推动立法和签署协议的方式承诺划设海洋保护区，推动“30×30 目标”实现。2021 年 9 月，在联合国大会上，斐济总理表示，该国已将 30%的海域划设为海洋保护区，并全面禁止在管辖海域内开展深海采矿。②

但与此同时，也有专家学者批评大部分海洋保护区均未起到实际保护效果。澳大利亚新南威尔士大学教授约翰·特恩布尔指出，在澳大利亚政府划设的海洋保护区中，有 3/4 可开展捕捞活动，甚至有些可进行商业捕捞。澳大利亚对话网评论称，澳大利亚自诩拥有世界最大的海洋保护区网络，但相关数据却显示，其仅有 1/4 的海洋保护区得到真正保护。各国若想到 2030 年实现保护全球 30%的陆地和海洋目标，则必须对已划设的保护区实施严格管理。③ 2021 年 11 月，针对基里巴斯政府计划在世界最大海洋保护区之一的菲尼克斯群岛保护区开放商业捕鱼一事，保护国际负责人理查德·乔表示，希望政府重新考虑其决定，以实现到 2030 年保护 30%的陆地和海洋目标。④

---

① Panamá sediará a Conferência Global de Conservação Marinha em 2023, EL Estrella de Panamá, October 19, 2021, http://laestrella.com.pa/.

② Nauru's seabed mining pitch out of step with Pacific, Radio New Zealand, September 29, 2021, https://www.rnz.co.nz/international/pacific-news/452543/nauru-s-seabed-mining-pitch-out-of-step-with-pacific.

③ 75% of Australia's marine protected areas are given only "partial" protection. Here's why that's a problem, The Conversation, January 14, 2021, https://theconversation.com/75-of-australias-marine-protected-areas-are-given-only-partial-protection-heres-why-thats-a-problem-149452.

④ What's behind Kiribati's move to open marine reserve to fishing?, Australian Strategic Policy Institute, November 18, 2021, https://www.aspistrategist.org.au/whats-behind-kiribatis-move-to-open-marine-reserve-to-fishing/.

第二节　涉海国际组织和机制

一、联合国系统推动“30×30 目标”国际制度建设

2021 年 5 月，联合国秘书长海洋事务特使与世界经济论坛、海洋行动之友共同主持召开线上海洋对话会议，来自中国、美国、英国、日本、澳大利亚、挪威和法国等国的 39 位代表签署《海洋超级年宣言》，呼吁各方在联合国《生物多样性公约》“2020 年后全球生物多样性框架”下达成到 2030 年保护至少 30%的海洋目标。①

7 月，联合国《生物多样性公约》秘书处发布“2020 年后全球生物多样性框架”初稿，列出到 2050 年实现“人与自然和谐相处”的四大目标以及到 2030 年的 10 个里程碑、21 个行动目标，包括“30×30 目标”，即“到 2030 年，通过有效和公平地管理保护区和其他有效的基于区域的保护措施，按照保护区系统的生态代表性和连通性原则，保护全球至少 30%的陆地和海洋”。② 对此，世界自然基金会表示支持，但同时也指出，草案缺乏扭转生物多样性丧失趋势和确保十年内建立于自然有益的世界所必需的目标，虽将 30%的陆地和海洋纳入保护目标，但其全球保护政策未覆盖河流、湖泊和湿地等栖息地。③

11 月，在《联合国气候变化框架公约》第二十六次缔约方大会(COP26)上，美国总统气候问题特使约翰·克里表示，美国支持“30×30 目标”和“航运业零排放使命行动”；英国环境、食品和农村事务部的凯特·道森表示，英国支持“30×30 目标”和海洋领域“基于自然的解决方案”。除此之外，可持续海洋经济高级别小组呼吁 COP26 缔约方承诺到 2030 年，可持续管理国家管辖范围内海洋区域。小组成员已承诺，到 2025 年，实现国家

① Ocean Declaration to Fast-Track Ocean Health In 2021, Friends of Ocean Action, May 26, 2021, https://www.weforum.org/friends-of-ocean-action/closing-statement.

② A New Global Framework for Managing Nature Through 2030: 1st Detailed Draft Agreement Debuts, Convention on Biological Diversity, July 12, 2021, https://www.cbd.int/doc/press/2021/pr-2021-07-12-gbf-en.pdf.

③ New Global Framework for Nature Must Priorities Freshwater Biodiversity, World Wild Fund for Nature, August 16, 2021, https://wwf.panda.org/wwf_news/?3391966/New-global-framework-for-nature-must-priorities-freshwater-biodiversity.

管辖范围内 100%海洋区域的可持续管理，这意味着全球近 40%的海岸带和 30%的专属经济区将纳入综合管理计划。①

二、涉海基金会建议重视“30×30 目标”实施进展

2021 年 2 月，世界自然基金会地中海海洋计划研究小组发布《恢复地中海生物多样性和重建鱼类种群的方案》报告称，在处于“受保护”状态的 9.68%地中海海域中，实际上只有 1.27%得到真正保护。为推动“30×30 目标”的实现，世界自然基金会与其他环保机构呼吁建立有效的海洋保护区网络和其他有效的地区保护措施网络，并为意大利提出提升海洋保护区管理效果的具体措施。② 考虑到全球气候变暖及其对海洋生态系统的影响，世界自然基金会意大利分会主席多纳泰拉·比安奇表示，现在比以往任何时候都更有必要关注海洋保护区，以实现到 2030 年保护至少 30%的海洋目标。③

7 月，环境正义基金会发布《我们的海洋：蓝碳是应对气候危机的解决方案》的报告。报告显示，蓝碳有助于减缓全球变暖的影响，但决策者在很大程度上忽视了蓝碳的作用。报告强调联合国《生物多样性公约》谈判的重要性，建议制定具有约束力的、可衡量的生物多样性保护和恢复目标，并为发展中国家提供技术和财政支持。报告敦促各国在国家自主贡献实施计划中设定保护和恢复蓝碳的目标，承诺 30%的海洋保护计划并建立有效的海洋保护区网络，实现生态效益最大化。④

---

① Scientific Call For Ocean-Based Action to Tackle the Climate Crisis, High Level Panel for a Sustainable Ocean Economy, November 2, 2021, https://www.oceanpanel.org/news/scientific-call-to- action-cop.

② Tutelare il 30% del Mediterraneo per rigenerare la biodiversità e sostenere la pesca. Italia in forte ritardo, The Green Report, February 25, 2021, https://www.greenreport.it/news/aree-protette-e-biodiversita/tutelare-il-30-del-mediterraneo-per-rigenerare-la-biodiversita-e-sostenere-la-pesca-italia-in-forte-ritardo/.

③ WWF. Climate Change Is Converting Mediterranean into a "Tropical sea", Breitbart News Network, June 16, 2021, http://www.breitbart.com/environment/2021/06/16/wwf-climate-change-converting-mediterranean-tropical-sea/#disqus_thread.

④ Our Blue Beating Heart: Blue Carbon Solutions in the Fight against the Climate Crisis, Environment Justice Foundation, July 26, 2021, https://ejfoundation.org/resources/downloads/EJF-Blue-Carbon-Brief_Global_2021-final.pdf.

三、涉海论坛和机制呼吁有效执行“30×30 目标”

考虑到人类正面临着海洋塑料污染、珊瑚白化死亡、海洋生物濒危、海洋酸化和脱氧等诸多挑战，2021 年 2 月，世界经济论坛达沃斯议程发布“拯救海洋十项计划”，其中之一就是推动“30×30 目标”的实现，并呼吁研发和应用新技术以管理和保护海洋资源。①

5 月，多国海洋科学家联名呼吁，希望七国集团在 6 月举行的峰会上探讨海洋保护议题，并列出七项可操作的海洋保护措施，其中包括扩大海洋保护区，确保全球至少 30%的海洋得到有效保护。② 5 月 21 日，七国集团环境与气候部长宣布采取行动，到 2030 年保护全球至少 30%的陆地和海洋，以扭转生物多样性丧失的趋势。对此，绿色和平组织表示，七国集团在推动“30×30 目标”实现方面迈出勇敢一步，并强调，必须充分保护全球 30%的陆地和海洋，以保护生物多样性、减缓气候变化和恢复鱼类种群。③

第三节　海洋保护联盟

一、全球海洋联盟扩员并合力保护海洋

全球海洋联盟于 2019 年由英国成立，旨在倡导建立海洋保护区及实施其他区域海洋保护措施，以实现“30×30 目标”。截至 2020 年 10 月，已有 30 个国家加入该联盟。2021 年 2 月，澳大利亚政府宣布加入全球海洋联盟。澳大利亚环境部长表示，政府已承诺投资 6740 万澳元(约合人民币 3.4 亿元)用于保护海洋及海洋生态系统，并将积极协助南太平洋岛国

① A 10-step plan to save our seas, World Economic Forum, February 19, 2021, https://www.weforum.org/agenda/2021/02/a-10-step-plan-to-save-our-oceans/.

② Marine scientists call on G7 countries to prioritize ocean protections, South Pacific Regional Environment Programme, May 20, 2021, https://pipap.sprep.org/news/marine-scientists-call-g7-countries-prioritize-ocean-protections.

③ Greenpeace USA Response to G7 Commitment to “Conserving or Protecting at least 30% of Global Land and at least 30% of the Global Ocean by 2030.” Greenpeace, May 21, 2021, https://www.greenpeace.org/usa/news/greenpeace-usa-response-to-g7-commitment-to-conserving-or-protecting-at-least-30-of-global-land-and-at-least-30-of-the-global-ocean-by-2030/.

保护海洋。

二、自然与人类雄心联盟成立并聚焦海洋保护

早在 2019 年第 74 届联合国大会上，哥斯达黎加、法国和英国等就宣布计划成立自然与人类雄心联盟（High Ambition Coalition for Nature and People），并在《联合国气候变化框架公约》第 25 次缔约方大会期间召开会议，就其重点领域和路线图达成共识，核心目标就是推动“30×30 目标”的实现。2021 年 1 月，自然与人类雄心联盟在“一个星球”峰会上正式成立。自然与人类雄心联盟是政府间联盟，由哥斯达黎加和法国共同担任主席，英国担任海洋联合主席，拥有上百个成员国（2022 年 7 月数据），并不断扩大。迄今，已有欧盟、日本和墨西哥在内超半数的成员国明确承诺实现“30×30 目标”。

自成立以来，自然与人类雄心联盟就积极致力于海洋保护及其相关领域活动。2021 年 8 月，在《生物多样性公约》第十五次缔约方大会预会上，自然与人类雄心联盟、全球海洋联盟和“领导人自然承诺”共同发表联合声明，重申保护自然的决心，并承诺采取行动，探索建设性的解决方案。11 月，自然与人类雄心联盟参加 COP26 高级别活动，强调“30×30 目标”对减缓和适应气候变化、扭转生物多样性丧失趋势的重要性，呼吁各国从基于自然的气候解决方案中汲取经验，统筹考虑国家自主贡献与国家生物多样性战略。①

① High Ambition Coalition，https：//www. hacfornatureandpeople. org/.

第十四章 《联合国气候变化框架公约》COP26 意义重大

目前，人类正面临严峻的气候变化危机。以联合国政府间气候变化专门委员会为代表的国际组织警告称，创纪录的大气温室气体含量和热量积累将对今世和后代产生深远的影响，2050 年前北极夏季至少出现一次海面无冰的情况，21 世纪末沿海地区将经历一次极端海平面高度①。为此，各国政府亟需努力遏制全球温室气体排放量的上涨趋势，推动人类走向净零排放之路。《联合国气候变化框架公约》第二十六次缔约方大会(COP26)提供了契机，联合国秘书长古特雷斯表示，COP26 是将世界从气候变化临界点拉回来的"最后、最好的机会"②。

第一节 COP26 会议背景及意义

2021 年 10 月 31 日至 11 月 13 日，COP26 在英国格拉斯哥召开，近 200 个国家和 1700 余个国际组织派代表参与了本次会议。会议围绕气候融资、能源转型、可持续交通等多个主题开展讨论，COP26 的成功召开对全球气候治理具有重要意义。

会议确定了《巴黎协定》实施细则，推动全球气候治理进程步入全面履约的新阶段。协定第 6 条的构想是构建一个由联合国监督的全球碳交易市场，即减排成本低的国家可以将自己的减排量售卖、转让给减排成本高的国家，以实现资源的有效配置③。然而由于碳排放跨境交易的机制较为复

① Climate Change 2021: The Physical Science Basis, The Intergovernmental Panel on Climate Change, August 09, 2021, https://www.ipcc.ch/report/ar6/wg1/.

② Reynard Loki, COP26: Will humanity's "last and best chance" to save earth's climate succeed?, Nation of Change, November 4, 2021, https://www.nationofchange.org/2021/11/04/cop26-will-humanitys-last-and-best-chance-to-save-earths-climate-succeed/.

③ 肖兰兰，孙晓凤．格拉斯哥气候大会对全球气候治理的影响及中国应对．阅江学刊，2022，14(03)：39-50，173. DOI：10.13878/j.cnki.yjxk.20220412.001.

杂，各方对于如何避免重复计算减排量等问题存在分歧，导致第 6 条的谈判进程处于停滞状态。COP26 最终完成了关于《巴黎协定》第 6 条具体实施细则的谈判，为建立成熟的国际碳市场奠定了重要基础，启动了向《巴黎协定》新的碳交易制度的过渡进程①。

会议明确了全球气候治理进展现状，落实未来行动方向。①确定了决心努力将气温升幅限制在 1.5 摄氏度以内的目标，要求各缔约方重新审视其 2030 年的减排目标，每年召开一次高级别部长级会议，进一步增强各国实现低碳转型的动力②。②首次在联合国气候大会上提及减少使用煤炭和化石能源等高碳能源，敦促各方逐步减少对未加装减排设施的煤电和低效的化石燃料补贴。③增强对适应问题的关注度，敦促缔约方进一步将适应气候变化纳入地方、国家和区域规划，启动实施期为两年的“格拉斯哥-沙姆沙伊赫工作计划”，以提高各方关于全球适应目标的理解③。④承认气候融资进展落后，发达国家尚未实现到 2020 年每年为发展中国家调动 1000 亿美元的目标，强调国际社会要在 2025 年之前实现这一目标。⑤承认气候变化已经造成并将越来越多地造成损失和损害，将进一步投入运作“圣地亚哥网络”，推动相关组织、机构和专家为容易受到气候变化不利影响的发展中国家提供技术援助。

会议通过了一系列倡议及承诺，为减缓和适应气候变化行动提供保障。如 100 余个国家签署《全球甲烷减排承诺》；中国等 40 多位世界领导人通过《格拉斯哥突破议程》承诺十年内大幅扩大并加快清洁技术的开发和部署；美国、加拿大、英国等联合承诺到 2022 年底前终止对海外化石燃料项目的融资；40 余个国家签署《全球煤炭向清洁能源转型声明》宣布逐步淘汰燃煤发电并终止对新燃煤电厂的支持；美国、加拿大、英国等政府承诺为适应基金承诺筹集 2.32 亿美元资金；世界银行承诺到 2025 年每年将 250 亿美元用于气候融资④。

---

① 王云鹏．论《巴黎协定》下碳交易的全球协同．国际法研究，2022(3)：91-109.

② Report of the Conference of the Parties on its twenty- sixth session, held in Glasgow from 31 October to 13 November 2021. Part one: Proceedings, March 8, 2022, https://unfccc.int/sites/default/files/resource/cp2021_12C.pdf

③ Glasgow-Sharm el-Sheikh work programme on the global goal on adaptation, May 30, 2022, https://unfccc.int/topics/adaptation-and-resilience/workstreams/glasgow-sharm-el-sheikh-WP-GGGA#eq-1

④ COP26 要闻全纪录．可持续发展经济导刊，2021(11)：10-13.

第二节　COP26期间涉海议题进展

海洋是气候变化重要的“调节器”，随着越来越多的人深刻认识到基于海洋的气候行动的重要性，海洋议题在国际气候治理中的角色受到越来越多的关注。《联合国气候变化框架公约》第二十五届缔约方大会主席卡罗琳娜·施密特移交主席职位时表示，缔约方大会已经变成蓝色，今后所有的大会都将是蓝色的。

一、基于海洋的气候行动热度攀升

大会重要成果文件中越来越多地提及海洋相关内容。COP26的主要成果《格拉斯哥气候协议》不仅在序言部分重申确保海洋生态系统的完整性，还强调必须保护、养护和恢复森林、海洋等生态系统，将其作为温室气体的汇和库，从而实现公约的长期全球目标。协议呼吁公约相关机构审议如何将基于海洋的行动纳入其现有任务和工作计划中，呼吁附属科学技术咨询机构主席自2022年6月开始，每年通过对话巩固基于海洋的气候行动，编写非正式报告，并在当年年底向缔约方大会汇报①。

越来越多的国家认识到海洋在减缓和适应气候变化方面的重要作用，着手采取基于海洋的气候行动。在COP26之前提交的120份国家自主贡献中，约80份提到了海洋行动。世界自然基金会等机构的分析报告中指出，利用海洋生态系统作为基于自然的解决方案的国家数量稳步增长，多个国家明确提出在海洋和沿海地区实施强有力的国家自主贡献战略②。美国总统气候问题特使约翰·克里在会上表示，美国将支持“30×30目标”和“航运业零排放使命行动”，美国内政部长也呼吁各国加入美国行列，扩大海上风电建设。英国环境、食品和农村事务部官员凯特·道森在会上表示，英国支持“30×30目标”以及海洋领域“基于自然的解决方案”。

---

① Glasgow Climate Pact, November 13, 2021, https://unfccc.int/sites/default/files/resource/cp2021_L13C.pdf.

② Coastal and Marine Ecosystems as Nature-based Solutions in New or Updated Nationally Determined Contributions, Ocean and Climate, June 8, 2021, https://ocean-climate.org/wp-content/uploads/2021/06/coastal-and-marine-ecosystem-2806.pdf.

二、英国牵头发起《克莱德班克宣言》

全球航运行业的总货量约占全球贸易的80%，航运行业减排潜力巨大。根据国际海事组织(IMO)《第四次国际海事组织温室气体研究》报告，2018年航运行业温室气体排放量达10.76亿吨，航运排放占全球人为排放比重的2.89%，若不加以控制，到2050年航运温室气体排放量将比2018年增加50%①。为此，IMO确定了到2050年将船舶温室气体排放总量较2008年相比减少50%的目标。

COP26进一步推动了航运减排进展，英国交通部在会上牵头发起关于绿色航运走廊的《克莱德班克宣言》，美国、德国、法国、日本、澳大利亚等22个国家签署了这一宣言，承诺将确定并探索解决实施绿色走廊的阻碍，考虑在制订国家行动计划时纳入绿色走廊相关规定，并努力确保建立绿色航运走廊时能够更广泛地考虑环境影响及可持续性②。宣言的目标是到2025年在全球两个或多个港口间至少建立6条绿色航运走廊，到2030年进一步扩大绿色航运走廊数量，到2050年实现航运业脱碳。

三、多国签署第三次“因为海洋”宣言

在COP26开幕当天，英国、法国、澳大利亚、印度尼西亚等国代表在爱丁堡大学的特别活动中签署了第三次“因为海洋”宣言。宣言中关于海洋行动的内容逐渐细化丰富，前两次宣言分别发表于第21次缔约方会议和第22次缔约方会议。第一次宣言向政府间气候变化专门委员会发出了制作《气候变化中的海洋和冰冻圈特别报告》的邀请，并认为现在是在UNFCCC下推动海洋行动计划的时候③。第二次宣言鼓励UNFCCC缔约方考虑尽量减少气候变化对海洋的不利影响，发挥海洋在全球气候行动议程中的作

---

① Fourth Greenhouse Gas Study 2020, International Maritime Organization, https://www.imo.org/en/OurWork/Environment/Pages/Fourth-IMO-Greenhouse-Gas-Study-2020.aspx.

② COP 26: Clydebank Declaration for green shipping corridors, April 13, 2022, https://www.gov.uk/government/publications/cop-26-clydebank-declaration-for-green-shipping-corridors/cop-26-clydebank-declaration-for-green-shipping-corridors.

③ First Because the Ocean Declaration, November 29, 2015, https://www.becausetheocean.org/wp-content/uploads/2018/11/First_Because_the_Ocean_Declaration_2015.pdf.

用，并呼吁通过现有的公约文件激发对海洋相关项目的支持①。第三次宣言鼓励 UNFCCC 所有缔约方在其《巴黎协定》的实施计划中更好地处理海洋、气候和生物多样性之间的相互作用，并认识到要在各个层面上以更大的雄心来应对气候变化并保护海洋②。签署者作出以下承诺：①逐步降低国际航运温室气体排放量；②促进海上清洁能源的发展；③与多边开发银行、气候基金等国际金融机构开展合作，加强对气候适应和海洋减排领域的投资；④与政府间气候变化专门委员会合作，促进相关知识和良好做法交流。

四、西印度洋国家启动“蓝色长城”倡议

肯尼亚、毛里求斯、塞舌尔等 10 个西印度洋国家及世界自然保护联盟、联合国非洲经济委员会等国际组织联合发起“蓝色长城”倡议。该倡议以非洲“绿色长城”项目为蓝本，旨在推动西印度洋地区发展可持续蓝色经济，保护和恢复沿海与海洋生物多样性，抵御气候变化③。在可持续蓝色经济方面，“蓝色长城”倡议的目标是推动生态廊道的创新、投资和转型改革，支持建立环境保护企业，到 2030 年创造 1000 万个蓝色就业岗位，并支持其他地区开展类似工作。在生物多样性保护方面，“蓝色长城”倡议的目标是通过创建相互连通的海洋保护区网络，到 2030 年有效地保护该地区 30%的海洋。在抵御气候变化方面，“蓝色长城”倡议的目标是到 2030 年实现红树林、海草床和珊瑚礁等关键生态系统的净收益，保护和恢复超过 200 万公顷的关键生态系统，并封存超过 1 亿吨的碳。

五、美洲国家建立跨界海洋保护区

厄瓜多尔、哥伦比亚、哥斯达黎加和巴拿马的领导人共同签署一份文件，宣布将在哥斯达黎加科科岛、厄瓜多尔加拉帕戈斯群岛、哥伦比亚马尔佩洛岛和巴拿马科伊瓦岛之间建立跨界海洋生物圈保护区，形成西半球面积最大的海洋保护区，包含马尔佩洛岛动植物保护区、科科岛国家公

① Second Because the Ocean Declaration, November 14, 2016, https://www.becausetheocean.org/wp-content/uploads/2018/11/Second_Because_the_Ocean_Declaration_2016.pdf.

② Third Because the Ocean Declaration, October 31, 2021, https://www.becausetheocean.org/wp-content/uploads/2021/11/Final-Draft-BtO3_31_Oct_2021_Edinburgh.pdf.

③ Great Blue Wall Objectives, May 30, 2021, https://www.greatbluewall.org/objectives/.

园、科伊瓦岛国家公园等多处世界自然遗产地，这一保护区的设立也收获了世界遗产中心的认可。保护区覆盖了海龟、鲸、鲨鱼和蝠鲼的迁徙路线，已确定保护 160 种濒危物种，使其免受捕捞船队的影响。英国宣布为该保护区的建设提供支持，包括派遣海洋专家为其提供技术援助，并通过世界银行 PROBLUE 基金捐助 200 万英镑。

第三节 COP26 对我国气候治理启示

自 2016 年《巴黎协定》正式实施以来，全球气候治理进入“后巴黎时代”①。COP26 作为“后巴黎时代”召开的一次承上启下的重要会议，进一步强调了绿色航运走廊、生态修复、海洋能源等海洋领域应对气候变化解决方案的重要性，对未来全球气候治理的理念、方式和路径产生重要影响，也对中国气候治理能力提出更高要求。中国海洋国土总面积约为 300 万平方千米，应充分发挥利用我国海洋资源优势，从“减排”与“增汇”两方面着手，释放其应对气候变化的潜力。

一、发展绿色航运建设

绿色、低碳、节能已成为当前全球航运业发展的重要方向，世界各国纷纷助推“绿色航运”行动。为稳步推进“双碳”战略，我国在替代能源研发、船舶脱碳改造、港口运营等方面持续发力，开展绿色航运实践，与洛杉矶港共同建设绿色航运走廊，以清洁、低碳的方式开展货物运输②。我国应充分利用实施“双碳”战略的重要契机，发展绿色航运：①完善国内航运减排相关立法及管理机制，秉持共同但有区别的责任原则，制定相关法规政策文件，构建切实可行的航运减排激励机制，使航运市场形成低碳产品需求；②协调航运产业链多元市场主体，加大绿色船舶设计及绿色燃料开发方面的投入力度和政策扶持，引领科技创新，推动航运业产业结构转型；③提升国际航运减排领域话语权，积极为航运减排规则和方案的制定

① 张慧智，邢梦如．后巴黎时代的全球气候治理：新挑战、新思路与中国方案．国际观察，2022(2)：99-127.

② 章强，陈舜．“双碳”战略背景下绿色航运走廊建设路径研究．航海，2022(3)：3-6. DOI：10. 3969/j. issn. 1000-0356. 2022. 03. 003.

贡献中国智慧，努力倡导符合中国航运业发展利益的碳排放交易国际框架，推动制定绿色节能减排技术相关行业标准①。

二、加强沿海和海洋生态系统的保护与恢复

沿海和海洋生态系统具有较高储碳潜力，研究数据表明，沿海栖息地的碳储量是热带森林的10倍，若得到有效保护和恢复，红树林、海草床、盐沼和海藻林的碳汇每年可达2亿吨②。近年来，各国凝聚政治支持、科学研究和财政力量，着力扩大海洋生态系统的保护与恢复规模。中国政府积极响应国际公约与倡议，结合自身需求与实际状况，不断完善政策制度，积极开展“蓝色海湾”整治、海洋生态堤防建设、围填海管控和滨海湿地保护等海洋保护修复工作，取得显著成效③。随着全球海洋生态系统保护修复进程进入关键时期，我国应参照国际生态保护恢复公约倡议中的重要技术和政策要点，继续加强沿海和海洋生态系统的保护与恢复：①发展海洋生态系统碳汇核算，为设立针对沿海和海洋生态系统的减排目标提供有力数据支撑；②将海洋保护区作为重要手段，加强海洋生态廊道保护修复力度，遏制生境破碎化趋势；③与各国统筹协调，共同打造科学合理、符合各方利益的全球海洋生态系统保护修复治理体系，推广生态保护修复技术和服务。

三、发挥海洋可再生能源优势

研究显示，发展海洋可再生能源预计可减少0.24亿~2.48亿吨二氧化碳排放④。随着各国认识到海洋能源开发利用对于减排的重大意义，美、英等发达国家大力发展海洋可再生能源技术研发。我国海洋可再生能源资

① 徐峰，陈光硕．绿色航运政策与法律制度存在问题与对策研究．浙江海洋大学学报（人文科学版），2021，38(1)：8-16.

② Our blue beating heart：Blue carbon solutions in the fight against the climate crisis，Environment Justice Foundation，July 26，2021，https：//ejfoundation. org/resources/downloads/EJF-Blue-Carbon-Brief_Global-2021-final. pdf.

③ 段克，刘峥延，梁生康，等．国际海洋生态保护修复公约倡议与中国行动．中国科学院院刊：1-12.［2023-02-23］. DOI：10. 16418/j. issn. 1000-3045. 20211215005.

④ Enhancing Nationally Determined Contributions：Opportunities for Ocean-Based Climate Action，World Resource Institute，January 19，2021，https：//www. wri. org/research/enhancing-nationally-determined-contributions-opportunities-ocean-based-climate-action.

源总量丰富，仅近海海域的海洋可再生能源资源技术可开发量就超过 70 吉瓦，深远海海域的波浪能资源更是远超近岸海域①。在此情境下，我国应充分发挥可再生能源潜力：①统筹谋划海洋可再生能源战略定位，明确不同类型资源的优先发展顺序，制定海洋可再生能源发展各阶段目标及任务，促进海洋可再生能源产业化发展；②保障海洋可再生能源技术研究与开发经费，加大专项资金投入，推动实现海洋可再生能源科技创新重大突破，研究出台配套产业激励政策，引导和扶持企业向清洁低碳能源企业转型；③在开发过程中关注海洋能源开发对生物多样性问题及海洋生态状况的风险，开展有关评估，择取适宜地点，确保实现海洋能源可持续发展。

① 王项南，麻常雷．"双碳"目标下海洋可再生能源资源开发利用．华电技术，2021，43(11)：91-96. DOI：10.3969/j. issn. 1674-1951. 2021. 11. 011.

第十五章　联合国“海洋科学促进可持续发展十年”正式启动

2021 年，联合国“海洋科学促进可持续发展十年(2021—2030)”正式启动。根据联合国大会决议，联合国教科文组织政府间海洋学委员会(IOC)作为指定的官方海洋科学能力评估机构，负责协调“海洋十年”的综合行动方案。为推动“海洋十年”的进程，IOC 先后发布了一系列指导文件并公布了纳入“海洋十年”框架的行动方案清单。国际社会为支持“海洋十年”的正式启动，也积极开展区域和国际磋商与对话，制定相关政策计划。这些都将成为国际社会推动未来十年全球海洋科学发展及支撑全球海洋治理制度规则建设的决策依据，对各国积极参与相关行动具有重要指导意义。

第一节　IOC 发布重要指导文件，推动“海洋十年”进程

在“海洋十年”启动年，IOC 发布了一系列指导文件，将海洋科学与海洋经济、国际合作、气候领域解决方案和海洋素养等领域紧密联系起来，促进人们认识全球海洋在实现可持续发展目标进程中所面临的巨大挑战和机遇并确定需优先发展的与可持续发展相关的海洋科学领域，以推动科学研究和创新技术发展。

一、“海洋十年”与可持续海洋经济

为推动海洋科学与可持续发展的联系，IOC 发布《利用海洋知识促进海洋经济可持续发展》①，主要阐述发挥“海洋十年”计划与可持续海洋经济高级别小组(HLP)之间的协同合作，通过组织成员国、合作伙伴和利益攸

---

① IOC-UNESCO, Ocean Knowledge for a Sustainable Ocean Economy, http://unesdoc.unesco.org March 2021.

关方之间的密切协调努力来实现海洋经济可持续发展潜力。文件提出六方面建议：确定海洋知识需求和有利的发展环境，支持疫情后的中短期经济激励措施；为可持续的海洋规划制订和实施提供科学支持并保持密切合作；加强“海洋十年”数据协调平台和海洋数据行动联盟之间的对话与合作；提升主要利益攸关组织在可持续海洋经济对话中的参与度；投资海洋科学领域，将其作为可持续海洋经济的核心支撑；提高人们对海洋科学知识在可持续海洋经济中作用的认识。

二、“海洋十年”的合作伙伴关系

为促进“海洋十年”的合作，IOC 发布《“海洋十年”协作中心和实施合作伙伴操作指南》①，详述机构的职责、任务、运营和申请步骤。指南提出“海洋十年”协作中心将由成员国、国际组织或主要区域非联合国组织提议设立，并将在区域或专题层面推动“海洋十年”行动，以支持“海洋十年”协调办公室的工作。“海洋十年”实施合作伙伴将包括非联合国区域或国际利益攸关方组织，它们不属于正式管理和协调机构，但会就“海洋十年”实施的各方面向“海洋十年”协调机构提供有针对性的支持。IOC 还发布了《“海洋十年”宣传册——参与行动，打造我们所希望的海洋》，介绍了“海洋十年”行动、参与方、指导方针、愿景、相关机构、实施方式及参与机制等内容，鼓励各国积极参与到“海洋十年”行动中。

三、“海洋十年”与应对气候变化

为推动基于海洋的气候解决方案的制定，IOC 发布《“海洋十年”与 COP26》。报告强调健康和有复原力的海洋对于解决气候问题和改善人类健康和福祉的重要性以及“海洋十年”对气候行动发挥的重要作用。报告提出“海洋十年”将支持可再生能源技术的开发和应用计划，维持和加强海洋碳吸收的行动以及促进低排放海洋运输和粮食生产；鼓励各国将基于海洋的解决方案纳入其国家气候行动战略和国家自主贡献中；已成立的“海洋十年联盟”将利用和增加财政投入和实物资源来支持“海洋十年”目标的实现；“海洋十年”将为基于自然的气候解决方案提供新知识和新科学技术，以提

① IOC-UNESCO, Decade Collaborative Centres and Decade Implementing Partners, http://unesdoc.unesco.org April 2021.

高气候适应能力。

四、“海洋十年”与“海洋素养”活动

为加强海洋素养行动，IOC 发布《“海洋十年”的海洋素养行动框架》①，旨在让所有利益攸关方进一步了解海洋素养如何支持“海洋十年”进程以及如何制定海洋素养发展行动以促进“海洋十年”目标的实现。文件包含三部分内容：介绍海洋素养(涉及海洋认知、海洋意识、海洋教育和海洋文化等)及其对“海洋十年”的重要作用；提出海洋素养行动框架；描述现有海洋素养发展措施与“海洋十年”参与机制之间的相互联系。

第二节　区域和国家行动方案被纳入“海洋十年”框架中

IOC 将“海洋十年”的行动分为多个层级，主要包括：计划、项目、行动和资助贡献。6 月 8 日，IOC 公布了 67 项“海洋十年”行动方案②(含 28 项计划、33 项资助贡献和 6 项联合国领导的行动)。这些行动方案的主题包括：扩大深海研究和探索神秘的海洋暮色带(200~1000 米深度)；开发海洋领域解决方案，以减少气候变化、生物多样性下降、水下噪声和污染等对海洋生态系统的多重压力；利用创新技术收集海洋状况数据，并利用这些数据做出海洋治理相关决策；改善鱼类种群可持续管理，提升其复原力等。其中，美国牵头的方案有 21 项，在公布的行动方案中占比最大。我国仅有华东师范大学和香港城市大学的 2 项计划位列其中。值得注意的是，有一些计划/项目在这次公布之前就已经启动，且有多年运营基础。例如，由美国国家海洋与大气管理局(NOAA)牵头的“全球海洋数据库计划”(WOD)和“推动 2030 年海底和海洋绘制计划”，美国国家科学基金会牵头的“国际大洋发现计划”(IODP)以及日本基金资助的“海底 2030 项目”(Seabed 2030)等。这些已启动的项目再次纳入“海洋十年”行动方案中，透露出项目牵头国家希望利用“海洋十年”国际框架来助推项目的开展并扩大其在实现可持续发展方面的国际影响力之意图。

① IOC-UNESCO, A Framework for Action, http://unesdoc.unesco.org, July 2021.

② IOC-UNESCO, LIST OF ENDORSED PROGRAMMES, http://unesdoc.unesco.org, June 2021.

10月13日，IOC又公布了94项“海洋十年”行动方案①(含7项计划、84个项目和3项资助贡献)，我国仅有厦门大学的1个项目位列其中。这批次行动方案涵盖世界四大洋，主要由非洲、小岛屿发展中国家和最不发达国家的相关机构牵头实施，这表明了“海洋十年”行动“不让任何国家掉队”的决心。这批公布的项目旨在提高海洋生态系统的可持续性、可预测性和复原力，加强海洋科学能力建设，并为全球利益攸关方与决策者的交流和联系提供平台，共同解决围绕海洋污染、气候变化和海洋科学发展的优先挑战。

此外，一些重要的“海洋十年”区域行动方案也在制定中。例如，5月，根据《“海洋十年”实施计划》中的建议，“南大洋”共同体成员成立了特别工作组来制订“南大洋”行动计划。这项行动计划将为“南大洋”利益攸关方提供一个框架，以制定和发展支持十年愿景的具体活动。6月，在德国柏林召开的“海洋十年”高级别启动大会正式发布了由丹麦海洋研究中心领衔的国际工作组制订的《“海洋十年”——北极行动计划》②。该计划为“海洋十年”计划下的首个区域行动计划，旨在为与海洋相关的可持续发展提供重要的动力。该计划明确了北极地区所面临的挑战以及在北极事务磋商中实现“海洋十年”目标的多个壁垒，确定了未来十年中北极地区行动及优先事项，提出变革性的海洋科学解决方案，制定战略以有效协调国际合作，共谋人类健康福祉，打造清洁、具有复原力、富饶多产、安全的海洋。

第三节　多国设立“海洋十年”国家委员会推进本国的“海洋十年”进程

“海洋十年”国家委员会(National Decade Committees)是“海洋十年”架构中，负责从国家层面协调各利益攸关方参与“海洋十年”进程的机构。国家委员会可以是已有机构或新成立机构，协助推动“海洋十年”的国际共同

① IOC-UNESCO, LIST OF ENDORSED PROGRAMMES, http://unesdoc.unesco.org, Oct. 2021.

② Danish Center for Marine Research and IOC-UNESCO, Ocean Decade-Arctic Action Plan, http://www.oceandecade.org, June 2021.

行动的制定和实施。为此，IOC 发布了《“海洋十年”国家委员会运行指南》①，明晰了“海洋十年”国家委员会的运行、职责和发挥的作用，并为其与区域和全球层面相关机构的联系提供指导，协助和支持各国利益攸关方深入参与“海洋十年”工作。

截至 2021 年 11 月，“海洋十年”共批准了 24 个国家委员会，涉及美国、英国、瑞典、西班牙、土耳其、俄罗斯、葡萄牙、挪威、尼日利亚、新西兰、墨西哥、韩国、日本、印度、意大利、伊朗、德国、法国、芬兰、哥伦比亚、智利、佛得角、巴西和安哥拉。其中发达国家占大多数，部分发展中国家和欠发达国家也成立了国家委员会，如安哥拉、巴西和佛得角等。

国家委员会主要由三类部门牵头组建。①主管国家科技和海洋的政府部门，如巴西科技创新部、芬兰政府战略部、印度政府地球科学部等；②国家级科研院所，如美国国家科学院、工程院和医学院，韩国海洋科学技术院、挪威海洋研究委员会等；③各国政府间海洋学委员会（IOC）牵头，如法国、德国、葡萄牙等。此外，少数国家委员会牵头部门是基金会或大学，如日本以笹川和平基金会海洋政策研究所和东京大学牵头。但整体上，各个国家委员会的牵头部门都与 IOC 有密切联系，或是 IOC 在各个国家挂靠的部门，或机构中有人员在 IOC 任职高级别官员。这也符合“国家委员会操作指南”中“需由 IOC 国家联络人申请注册国家委员会”这一要求。

在人员构成上，按照“海洋十年”要求，国家委员会人员构成需包含政府、科研院所、企业、高校、非政府组织（NGO）等多类型机构代表。此外，志愿者和青年从业人员也是国家委员会强调出现的一类，如英国就公开发布了志愿者招募通知，美国国家委员会中单独强调了青年从业人员开展的活动，巴西国家委员会中单独设立了青年协调小组分支。

部分发达国家的国家委员会已经成立了专用网站，并在“海洋十年”网站上公布。网站主要负责定时更新“海洋十年”进展，招募参与单位，开展相关活动宣传等，扩大“海洋十年”影响力。

---

① IOC-UNESCO, National Decade Committees OPERATIONAL GUIDELINE, http://unesdoc.unesco.org June 2021.

第四节　我国参与“海洋十年”活动的几点建议

“海洋十年”是今后相当长一段时期联合国体系内最重要的海洋科学计划，其科学成果将转化为全球海洋治理的依据和工具，对国际规则生成和实施产生直接影响。深入参与其框架下的海洋科技项目、规则制定等国际相关议程，是我国构建海洋命运共同体，深度参与全球海洋治理，维护我国海洋权益，实现我国双碳目标的重要抓手。应以落实“海洋十年”为契机，强化我国海洋科学能力建设，完善海洋科学发展机制建设，以此作为我国共建“蓝色伙伴关系”和“21 世纪海上丝绸之路”的发力点。可考虑重点做好以下七方面工作。

(1)加快组建我国的“海洋十年”国家委员会。美国已于 2020 年 5 月先期成立了“海洋十年”国家委员会，从而一定程度上引领了“海洋十年”运作机制的形成。建议尽快组建我国的“海洋十年”国家委员会，明确委员会机构设置、任务、职责；积极谋划制订我国针对“海洋十年”的发展规划或具体行动计划。委员会还将负责审定我国参与“海洋十年”的年度活动计划并评估其进展；遴选海洋领域重大科技进展，并推进其在国内外海洋综合治理中的应用；组织和参加“海洋十年”国际重大活动；促进我国涉海各界积极参与“海洋十年”活动。未来，还可考虑通过国家委员会与国际组织、东盟或周边国家签署“海洋十年”合作备忘录或共同宣言，合作发起国际海洋科学计划和项目，提升我国对“海洋十年”的参与度与显示度。

(2)加强我国“海洋十年”行动方案的申报工作。鉴于目前我国仅有三项科研院校的项目纳入已公布的“海洋十年”行动方案清单，未来，可考虑借鉴美西方国家经验，鼓励我国部属研究机构加强与涉海部门、大专院校、科研院所合作，联合申报海洋科学联合调查、科学数据共享、海洋空间规划、海洋生态保护修复、海洋气候变化的社会经济影响评估等领域更多的重点项目，推动纳入“海洋十年”框架下，提高我国海洋科学创新能力，加快海洋领域关键核心技术突破，扩大国际影响力。

(3)在我国设立“海洋十年”协作中心。协作中心是“海洋十年”国际治理和协调框架的重要组成部分，积极申办区域或专题协作中心，以落实“海洋十年”目标为议题开展国际科学研究合作与能力建设活动，有助于我国发挥在海洋空间规划、蓝色经济发展、应对气候变化、实现生态系统健康等领域的优势，助力解决我国在海洋科技创新资源配置、科研成果转化应用和人才培养方面面临的挑战，推动我国海洋发展理念、技术、标准走出去，还可树立我国积极响应联合国倡议和努力实现可持续发展目标的大国形象。

(4)派员加入“海洋十年”咨询委员会和协作中心等重要协调和管理机构。向 IOC、“海洋十年”重要协作中心等国际机构派出更多我国海洋工作人员，深入参与“海洋十年”指导文件的编制及相关决策等国际进程，加强与各国利益攸关方的交流与合作，对于我国落实《联合国可持续发展议程》、特别是目标 14 的承诺，深度参与并引领全球海洋科学发展进程，调整我国海洋科技发展政策都具有重要作用。

(5)扩大对发展中国家和小岛屿国家影响力。以落实“海洋十年”为契机或可成为我国开展“蓝色外交”的切入点，进一步推动小岛屿国家海洋部长圆桌会议、小岛屿国家论坛等现有机制向国际组织实体化方向发展，成立常设机构、常态化高层对话机制等，并提高会晤机制级别(如将部长级会议升级为国家首脑级会议)，加强对发展中国家的海洋援助。

(6)发挥中国海洋发展基金会等 NGO 在“海洋十年”中的特有优势与作用。向“海洋十年”作出我国在资金和技术方面的务实承诺和切实支持，特别是在科学经费投入、人才能力建设、数据获取和管理水平等领域，与国际社会一道资助小岛屿发展中国家和最不发达国家，借此传递我国支持联合国“海洋十年”计划的意愿和承担国际责任的努力。

(7)与东盟国家合作发起“海洋十年”——南海行动计划。基于我国与东盟国家在海洋科学领域的良好合作基础，积极寻求在东盟地区论坛(ARF)、中国-东盟中心或处理南海潜在冲突研讨会框架下，发起“海洋十年”国际工作组，每年召开例会，搭建海洋科学领域对话、交流与合作平台，研究制订“海洋十年”南海区域行动计划，为地区海洋可持续发展提供变革性解决方案和科学路线图，提升我国在南海低敏感领域合作的话语权和显示度。

第十六章 “海床 2030”推动国际海底地形图绘制发展

联合国教科文组织政府间海洋学委员会(IOC-UNESCO)于 2017 年 6 月 6 日在纽约联合国总部举办海洋大会期间，与项目合作方日本基金会(The Nippon Foundation)共同宣布启动“海床 2030”(Seabed 2030)项目，这是由日本基金会和全球通用大洋水深制图(GEBCO)指导委员会共同推动的项目，目标是在 2030 年前绘制完整的世界海床地图。

第一节 “海床 2030”项目概况

全球通用大洋水深制图(GEBCO)旨在通过全世界范围内科学家的共同努力，收集水深数据，完成大洋海底水深图的绘制。绘制全球海底地图的理念最早是由摩纳哥王子阿尔伯特一世(Prince Albert I)在 1899 年提出的倡议，以 1903 年开始收集测深数据为标志，进入正式的组织实施阶段。1929 年国际水文局 IHB(IHO 的前身)开始承担制图工作，1973 年改为由 IHO 和 IOC 联合指导的国际合作项目。① 截至目前，GEBCO 已经编辑出版 5 版全球海底地形图。随着技术的不断进步，GEBCO 从 20 世纪 90 年代开始，制作并发布了不同种类的有关海底地形的数字产品，在推动人们了解海底地形地貌、促进海底科学研究方面发挥了重要作用。

GEBCO 的主要工作方式是搭建国际组织和各国科学研究机构的合作机制，汇集、分析和管理大洋水深数据，绘制海底地形图件，在此基础上实现海底制图技术的进一步发展。同时该组织还编制了海底地名辞典，实现了全球海底地理实体名称的科学化和系统化，为积累和深化人们对全球海底的探索和认知打下了坚实的基础。②

---

① GEBCO's early years and development of its paper chart series, Project history, http://www.gebco.net/about_us.

② 李四海. 通用大洋水深制图(GEBCO)的发展与启示. 海洋信息，2015(2).

虽然有较为完善的运行和管理机制，但是GEBCO的数据收集和制图工作一直面临经费不足的问题，任务工作开展十分困难，由于项目规模较小，也限制了获取数据、图件制作等具体工作的进行。为争取到更多的资金来源，GEBCO也尝试争取各国政府、科研机构的援助，并通过自身挖掘，提升价值，开拓更多的资金来源，特别是在数据和产品的销售方面，通过收取数据使用版权费等方式获得自身发展所需要的资源。此外，GEBCO也在其网站上公布了一些行动计划，邀请世界各地的企业或者研究人员参与其中，共同完成深水数据的收集和制图工作。

2017年，日本基金会宣布"海床2030"项目开始运营。该项目由日本基金会和GEBCO共同支持，目标是在2030年之前绘制整个海底地形图，将把所有可用的和新收集的测深数据汇编成一个高质量、高分辨率的海底数字模型。日本基金会每年将提供资助200万美元，并呼吁全球海洋界提供支持。"海床2030"项目将全球海洋划分为四大区域（北太平洋与北冰洋、大西洋与印度洋、南太平洋与西太平洋、南部海洋），每个区域都设有资料整合协调中心，分别搜集现有数据和新数据。英国国家海洋研究中心（NOC）将作为全球中心，由四个区域中心支持，同时，它还作为协调通用数据标准和处理工具的中心点，将各区域数据整合成一张全球海洋地势图，并将数据分发给世界各地的最终用户。

第二节 "海床2030"的最新进展

一、项目运行以来进展迅速

2022年，联合国教科文组织宣布，将在2030年完成至少80%的全球海床面积的测量与绘制。从2017年"海床2030"项目正式启动以来，一直在协调声呐的部署并采集数据，目前多个国家公开表达了对项目的支持，并分享本国近海海床相关数据。"海床2030"启动之时，只有6%的海床按照现代标准完成了测绘，而在5年之后，这一比例已上升到20%。

该组织的专家经过估算后认为，为了实现这一目标，还需要一个规模庞大的资金和技术体系进行支撑，大致应当包括由50艘船只组成的专业海底测绘船队；更广泛地将声呐配备在不同类型的船舶上；特别是要呼吁各国政府和重要的企业提交已经掌握的、庞大的制图数据。对此，联合国教科文组织助理总干事拉比宁表示，将在2023年建立一个全球监测系统。此外，教科文组织的专家认为，项目预计的资金需求总计约为50亿美元。

二、技术水平的飞速发展推动海底地形图绘制

进入21世纪，在海底探测技术、卫星遥感技术、数据处理与管理等信息技术飞速发展的条件下，了解海床的深度和地形对于掌握海洋断层的位置、洋流和潮汐的规律以及沉积物的迁移至关重要。这些数据使科学家能够预测地震和海啸风险，确定需要保护的地域及可持续开发的渔业资源；这些数据还有利于规划海上基础设施建设，有效应对油料泄漏、空难和沉船等灾难；还在评估气候变化的未来影响，包括全球升温和海平面上涨等方面发挥着重要作用。

同样，深海海底地形图对各类海洋活动的价值开始提升。首先是导航、铺设海底电缆和管线，再者是渔业管理和保育。此外，海床的深度和形状还会影响洋流的行为和海水的垂直混合，绘制海床有助于了解海洋对地球气候的影响。随着未来几年全球海洋经济的成长，海床资料能帮助增进了解海洋生态系统和海洋生物相关知识，乃至未来的粮食供应模式。

数据获取和信息管理技术的发展，让诸如Google和ESRI等一批公司企业利用先进的信息技术获得了丰富的信息资源，并拥有和掌握了更全面、更及时、更高质量的水深数据。GEBCO收集数据的来源也由之前通过机构、组织或科学家的分享向多种科技手段获取方面转型，主要包括：电子海图、船舶、AUV、水下滑翔器、浮标、卫星等。目前“海床2030”项目已经绘制了约3200万平方千米或15%的海洋GIS地图。从获得的数据范围来看，主要集中在深远海、大洋以及南北极海域，缺少近海、大陆或岛屿陆地近岸区域的水深测量数据。另外，在数据获取方式上，经过多波束探测器测量的海底只是全球海底面积的1/10，大量的水下区域仍需要进行探测。

2021年，美国施密特海洋研究所（Schmidt Ocean Institute）、日本基金会和GEBCO就“海床2030”项目共同签署了一项谅解备忘录，以与该项目共享所有收集的GIS地图数据。施密特海洋研究所具有独特的价值，因为它专注于绘制需要高分辨率海底图像以帮助扩展或提供额外保护的偏远地

区的地图。它的一些大的映射的努力都集中在夏威夷帕帕哈瑙莫夸基亚国家海洋保护区、哥斯达黎加科科岛国家公园、基里巴斯菲尼克斯群岛保护区。对于施密特海洋研究所而言，这100万平方千米的数据是一个巨大的里程碑，他们共发现了14个新的水下特征。施密特海洋研究所将提供GIS地图数据，但还将利用其自己的研究船Falkor进行专用的地图探险，例如“Mapping the Gaps”，以帮助填补先前收集的地图数据中的漏洞。

另外，多种观测方式本身获取的数据精确度差异较大，对不同来源数据进行整合处理是项目进行中面临的一大挑战。不仅要预先制定各类数据的分析处理以及再加工流程，还要对信息数据整合技术进行研究开发。

三、更多新技术投入推动海底观测

新的观点认为，不断发展的科学技术将成为大洋地势图计划发展的核心动力。更先进的数据获取方式和多样的实体正在进入这一领域。“无限海洋公司”(Ocean Infinity)是一家专门从事海底勘探的英美合资公司，目前正通过一家名为“阿玛达”(Armada)的海洋技术及数据子公司建造一个机器人水面舰队，而这家初创公司的总经理丹·胡克(Dan Hook)表示，低成本无人驾驶的船只将成为“海床2030”填补偏远地区某些缺口的唯一途径。

到目前为止，“海床2030”项目最大的数据贡献者并不是政府或者研究机构，而是一些公司，其中比较突出的是荷兰能源勘探公司Fugro和深海测绘公司Ocean Infinity。这两家公司都参与了针对2014年失踪的马来西亚客机MH370的搜索任务。

自“海床2030”项目正式推进以来，可以看到更多来自不同领域的公司凭借其独有的装备技术加入绘制全球海底地形图的任务中来。这些公司和技术的加入，在未来可能极大地改变过往绘制海底地形图的模式，可以预计一个多方参与的新框架将随着地形图的绘制被建立起来。

(1)机器人的设计和使用，将为海底地形绘制提供更多的可能。2021年由能源巨头壳牌(Shell)下属公司“海洋发现XPRIZE”主办了一场全球竞赛，为可以自主开发、快速、拥有高分辨率的海洋探测技术的团队提供700万美元。来自“海床2030”的一个团队最终胜出，他们开发的远程操作机器人可以在极深的海域工作，并独立地绘制地形图。而配备传感器的水下机器人车辆可以比以往更快、更便宜地收集数据。但是这些车辆中的许多依赖于寿命有限的电池，并且需要返回船上或岸边充电，这使得它们难以绘制更偏远的海洋部分。

(2)能源技术的改进使得数据获取的活动范围更加广阔。一家由海洋学家创立的、名为 Seatrec 的创业公司准备迎接挑战。公司创始人利用其为美国宇航局工作所获得的经验，开发了通过利用海洋“自然温差”为海洋机器人提供动力的技术。这将使机器人的绘图工作更加环保，更加便宜。这项技术的重点在于当机器人在较冷和较温暖的海洋水层之间移动时，模块内的材料反复融化或凝固，从而产生压力，进而产生热能，为机器人的发电机供电。该公司表示，“所以它们几乎可以无限期地延长寿命”。但从长远来看，获得免费的可再生能源以及在水中停留更长时间的能力使数据收集的成本仅为原来的 1/5。Seatrec 估计，在接下来的 10 年中，Seatrec 需要 3000 个浮标才能对海洋进行全面调查。该公司已经筹集了 200 万美元的启动资金，以扩大其能量收集系统的生产。

(3)新的信息通信技术可以在海底数据获取和传输方面发挥重要的作用。另一家初创公司 Bedrock Ocean Exploration 表示，通过使用配备声呐、摄像头和激光器的自主电动潜艇，可以比传统方法快 10 倍的速度提供海底区域调查，然后在 Bedrock 自己的云平台上分析数据。

(4)一些重要的改进技术将推动海底制图作业更加完善。而为了完成海底测绘任务，美国公司 Global Oceans 将改装一种作业深度达 6000 米的拖曳系统 Ocean Explorer 6000，搭载多波束声呐，未来也会支持该项目其他使用模块化自适应研究船(Modular Adaptive Research Vessel，MARV)的计划。MARV 是 Global Oceans 开发的一种作业模式，可调动模块化的工作空间和资源，供需要包船的科学研究计划租用。这样的模式利用世界各地大量闲置未用的海上服务船(Offshore Service Vessels，OSVs)，这些船队可以配备收集数据所需的研究工具，协助达成“海床 2030”的目标。Ocean Explorer 6000 则是一款可以从 MARV OSV 部署的拖曳系统。加装最先进的多波束声呐测深仪并升级影像技术后，这种遥控载具将能够渲染出更大面积的海底高分辨率图像。

第三节　“海床 2030”对我国的影响和启示

如上所述，全球海底地形图绘制完成率已超过 20%，虽然公开的信息显示部分沿海国家政府、各国研究机构以及私营公司都做出了自己的贡献，但是也有专家指出，这些新增数据的主要来源并非新开展的海底探测工作，而是基于各国政府正在逐步公开的数据，而且其中还有 10%~15% 的数据并未披露，因为会涉及国家安全和敏感信息。目前“海床 2030”项目已经被列入“海洋十年”计划，今后我国应密切关注项目进展以及国际海底地形测绘的前沿动态，考虑适时参与其中，提升我国参与国际海底绘图的能力和影响力。

（1）密切关注，适时参与。了解“海洋十年”框架下，联合国相关机构在推进“海床 2030”项目中的地位和作用，明确参与方向，找准定位，发挥我自身特点参与和融入项目当中。探索除数据分享之外的其他合作方式，丰富项目内容，通过多样化，真正体现自身价值。

（2）推动国际合作和数据共享平台及机制的发展。目前我国在深远海区域的地形测绘主要依靠 GEBCO 数据及其他国外信息资料。随着我国海洋调查和测绘体系建设不断发展和完善，加强资料共享和国际合作，能够促进我国海图测绘技术发展，提升我国掌握资料数据的精确性，展现我国为全球海底制图所做的贡献。

（3）抓住海底测绘技术发展机遇，提升深海科学的能力和水平。目前全球海底数据量尚不足 30%，受限于资金和装备等条件限制，获得更大范围全球海底地形数据仍然需要时间和资源，因此，利用各领域发展的新技术开展调查，将是今后需要关注的方向。

（4）加强应用，推动海底地形图件和数据在海洋管理、空间规划、防灾减灾、海上搜救、海洋科学、生态保护、海洋开发利用等领域的应用，更好地发挥社会价值和经济价值，从而促进海底绘图领域的深入发展。

第十七章　海洋领域基于自然的解决方案得到广泛应用

自2020年世界自然保护联盟发布《基于自然的解决方案(NbS)全球标准》以来，NbS在应对气候变化及生物多样性保护等问题的应用不断扩展，海洋成为提供和应用NbS的重要领域。2021年，多国政府、学术机构和国际组织不仅开展了大量海洋领域NbS的研究，实施了一系列NbS项目用于海洋生态保护和修复，更是推动海洋领域国际公约及其行动方案中纳入NbS。

第一节　海洋领域NbS的理论研究

20世纪90年代，在关于生物多样性的讨论中首次出现了NbS的概念。2008年，世界银行发布报告——《生物多样性、气候变化和适应性：来自世界银行投资的NbS》，首次在官方文件中提出"基于自然的解决方案"这一概念。基于生态系统的适应之友网络与环境和减少灾害风险伙伴关系共同发表题为"促进2020年后全球生物多样性框架中基于自然的解决方案"指出：NbS作为一个概括性术语，涉及多项与自然相关的解决方法。世界自然保护联盟将NbS定义为"通过保护、可持续管理和修复自然或改良的生态系统，从而有效和适应性地应对社会挑战，并为人类福祉和生物多样性带来益处的行动"，并在《基于自然的解决方案全球标准》中提出应用NbS的标准、原则和具体指标。2021年11月，世界自然保护联盟成立首个NbS国际标准委员会，负责监督《基于自然的解决方案全球标准》的实施，为标准的应用提供指导、推广经验并促进标准的优化和改进。

海洋和沿海生态系统是抵御气候变化的缓冲区，加强红树林、海草床、滨海沼泽和大型海藻等生态系统保护，有助于减缓和适应气候变化。在海洋领域实施NbS，不仅能够有效保护海洋生态系统及海洋资源，减少海洋灾害风险，更是在实现海洋碳封存并应对气候变化方面发挥不可替代的作用。2021 年，多个国际组织、科研机构开展海洋领域 NbS 研究，从海洋环境保护、应对气候变化、防灾减灾、蓝色基础设施建设、推动投融资等方面为 NbS 的实施和推广提供指导。

在海洋环境保护方面，NbS 已经从海洋生态系统保护与修复行动拓展至水产养殖方面，实现资源开发利用和海洋保护的双赢。世界自然保护联盟发布 4 份全球案例研究汇编，说明水产养殖可以作为基于自然的解决方案纳入海洋保护工作，在产生经济效益的同时，还使整个生态系统受益，有利于海洋资源可持续管理。大自然保护协会等机构发布《涡轮机底部礁体：基于自然的设计以改善美国海上风电设施》技术报告，指出科学家和工程师使用基于自然的设计方案，在近海风电涡轮机底部创建人工珊瑚礁，为鱼类、贝类和其他物种创造和扩大海洋栖息地，改善渔业状况。

在海洋防灾减灾方面，全球变化加剧了沿海洪灾风险，并促使人们转向以自然为基础的沿海防御，多个机构研究通过 NbS 应对海洋灾害风险，并提出应对方案和指南。荷兰皇家海洋研究所、代尔夫特理工大学等的研究证明了盐沼可以减少洪水和风暴潮破坏防御工程的风险，即盐沼在防洪工程设施失效时，能够通过填补防洪漏洞来降低洪水强度，在海平面上升情境下也十分有效。这一发现为基于自然的洪灾缓解机制和收益提供了新的见解，并将激励利用不同自然沿海防御功能的新型安全设计的发展。2 月，大自然保护协会、美国国际开发署等机构联合发布《海岸恢复力蓝色指南》，提出将基于自然的解决方案纳入减少灾害风险（DRR）规划，利用沿海生态系统的防护效益降低气候灾害风险。

在海洋碳封存和应对气候变化方面，红树林、海草床、海藻等海洋生态系统的储碳能力得到广泛认同。研究表明，海草床有着巨大的蓝碳储存能力，作为基于自然的解决方案具有重要的潜力，1 公顷海草床每年吸收的二氧化碳相当于 15 公顷雨林同期所吸收的二氧化碳。5 月，海洋保护协会联合英国环保组织“让英国回归荒野”发布《蓝碳：基于海洋的解决方案以应对气候危机》报告，研究了海草床及湿地修复等案例，指出有效的蓝碳解决方案对于英国到 2050 年实现净零排放的重要性，呼吁英国政府制定并实施国家蓝碳战略，加大海洋生物多样性和蓝碳的研究力度，将蓝碳纳入气候缓解和环境管理政策。此外，联合国全球契约组织发布《海藻作为基于自然的气候解决方案愿景声明》，指出海藻在应对气候变化方面的重要价值。

在海洋领域基础设施建设和推动投融资方面，“灰色”基础设施建设的理念逐渐被摒弃，建设工程与自然和生态系统相结合的“灰-蓝”“灰-绿”的建设理念得到推广。世界自然保护联盟及其设立的蓝色自然资本融资基金共同发布《蓝色基础设施融资：采用 NbS 方法提高滨海复原力》和《多边开发银行参与：将蓝色 NbS 纳入基础设施融资主流》报告，前者建议将工程基础设施建设与 NbS 理念方法相结合，增强滨海基础设施的复原力，在一定程度上提高滨海生物多样性和蓝色碳汇，帮助开发商、政策制定者和金融家在沿海地区发展蓝色基础设施；后者探讨多边开发银行如何根据 NbS 理念和方法转换传统的滨海基础设施项目投资组合，从而促进政府和私营部门对 NbS 的投资，以维持蓝色自然资本。湿地国际发布《加大对沿海和河流基于自然解决方案的投资》白皮书，指出将 NbS 应用于建筑，为各国提供了一种将人口、经济增长、基础设施发展与气候适应和自然保护相协调的、投资成本更低的方法，提出了克服普遍存在的公共和私人投资障碍、扩大对此类方案投资的建议。

第二节　海洋领域 NbS 的技术进展

海洋领域 NbS 在应对气候变化、生态修复、防灾减灾等问题中的作用日益突出，人们对 NbS 的关注也逐渐从阐释其概念和理论拓展到应用技术、方法和工具上。

大自然保护协会较早重视海岸带生态系统在抵御海岸带灾害方面发挥的重要作用，与合作伙伴共同开发海岸带恢复力工具，用于评估海岸带灾害风险及其分布，帮助规划单位、政府机构以及周边社区制定风险规避、岸线修复以及增强恢复力的空间规划与策略。研究人员还对自然生态系统及基础设施的“生态屏障”功能进行探索，提出多种基于自然的方法应对气候变化及其引发的海洋灾害，包括基于自然的海岸防御——“活岸线”方法、将植被与传统工程组设施结合起来的“海啸缓解公园”、通过人工育滩等 NbS 建立“海岸变化管理区”应对海平面上升导致的海岸侵蚀。此外，荷兰格罗宁根大学和荷兰皇家海洋研究所的科研人员研究了如何通过盐沼的自然管理并减少盐沼侵蚀，将天然盐沼生境与传统堤坝相结合，建立基于自然的海岸防御，为全面防洪提供一个更具有可持续性、更经济的替代方案。上述方法充分采用了 NbS，或单独利用栖息地等自然屏障，或结合自然与人工设施建设，进行可持续海岸风险管理。

在将海洋领域 NbS 应用于防灾减灾的技术手段上，研究人员利用技术模型、地理信息和数据，开发出具有可操作性的系统以指导实践。为解决利用 NbS 时面临的难以确定最佳实施位置及效果的挑战，7 月，英国环境风险分析公司等将地理信息和水文学信息整合到一个专门建模系统中，并与已有的洪水风险管理工具结合使用，能够确定减少洪水损失的最佳位置和最佳解决方案，将预防成本降至最低。

海洋领域 NbS 的技术研究也需要与其他技术相结合，尤其是离不开基础研究数据的支撑。科研人员分析哥白尼和欧洲海洋观测与数据网络的数据发现，自 20 世纪 90 年代初以来，全球平均海平面上升了 8 厘米以上，且继续以每年 3.3 毫米的速度上升，为实施海洋领域 NbS 以适应和减缓气候变化的重要性和急迫性提供了依据。

第三节　各国海洋领域 NbS 相关项目和行动

在应对气候变化过程中，各国已经意识到 NbS 的重要性。当前，一些国家通过保护和恢复沿海湿地，如红树林、海草床、盐沼栖息地等，既有利于减少二氧化碳排放，又有利于支持当地社区适应日益变化的环境。新加坡公司成立新的自然基金，关注基于自然的气候变化解决方案，如修复热带森林、红树林和泥炭地。2021 年，多个国家和国际组织或单独、或联合开展海洋领域 NbS 项目，推广 NbS 方案的实施，推动生态系统修复，应对气候变化。

许多国家通过海洋领域 NbS 项目的实施，推动生态系统的保护和改善，以抵御气候变化造成的影响。美国巴尔的摩市推进海滨修复项目，通过实施 NbS 改善野生动物栖息地适应海平面上升，具体包括恢复湿地、红树林、沼泽、牡蛎礁及其他自然景观，减缓气候变化的影响，增强生态系统恢复力。多米尼加内水和领海的珊瑚礁面积约为 88.05 平方千米，受气候变化影响严重，多米尼加自然资源环境部着手制订珊瑚礁保护和恢复计划，旨在通过 NbS 提高珊瑚礁的适应和恢复能力，减少温室气体排放，增加碳封存能力。同时，该部将与海洋研究机构合作进行珊瑚礁人工繁殖计划的监测和评估，并与中美洲国家开展合作项目，共同构建珊瑚礁保护金融创新机制。

还有许多海洋领域 NbS 项目和行动直接应对气候变化。欧盟委员会在"关于去除、回收和可持续储存碳的建议"中指出，为减缓二氧化碳排放的影响，欧盟需要从大气、海洋和沿海湿地中去除和储存更多碳，制定"蓝碳倡议"，在沿海湿地和水产养殖中实施 NbS，为恢复海洋生态系统、确保粮食安全提供惠益，实现欧盟"到 2050 年气候中性"目标。塞舌尔在向《联合国气候变化框架公约》第二十六次缔约方大会提交的气候行动计划中承诺，到 2030 年保护其全部的红树林和海草床，将温室气体排放量减少 24%。同时，塞舌尔政府借助海岸带规划与管理活动以及 NbS 提高其应对气候变化的能力。

越来越多的国家认识到海洋在减缓和适应气候变化方面的重要作用，并利用蓝色 NbS（即利用海洋生态系统作为基于自然的解决方案）积极应对气候变化。11 月，世界自然基金会、大自然保护协会和湿地国际等联合编制的一份分析报告《各国最新国家自主贡献中利用海洋生态系统作为基于自然的解决方案》显示，在各国更新的国家自主贡献中，应用蓝色 NbS 的国家数量稳步增长，在 118 个已提交国家自主贡献报告的国家中，有 71 个国家提出蓝色 NbS，其中 46 个国家明确提出在海洋和沿海地区实施强有力的国家自主贡献战略。

第四节　海洋领域 NbS 的国际合作

实施海洋领域 NbS 以解决海洋生物多样性保护、生态修复、气候变化等全球性问题，离不开国际社会的通力合作。2021 年，各国家和国际组织通过发起国际倡议、建立伙伴关系和合作联盟等方式，促进海洋领域 NbS 的推广及应用。

海洋保护区，尤其是受到高度保护的海洋保护区是适应和减缓气候变化以及保护生物多样性有效的、基于自然的解决方案。6 月，美国、英国、智利、哥斯达黎加和法国宣布建立新的全球伙伴关系，并建立了一个网站，提供有关海洋保护区的工具和案例研究，以提升海洋保护区作为应对气候变化的 NbS 的作用。欧盟、法国开发署、加拿大、澳大利亚和新西兰发起“基瓦倡议”，将提供 3500 万欧元(约合人民币 2.7 亿元)，加强太平洋国家和地区的生态系统、经济和社区的复原力，推动实施 NbS 以适应气候变化和保护生物多样性。

多个国际组织将政府、企业、非政府组织、学术机构及其他利益攸关方汇集起来，依托现有联盟或成立新的海洋联盟以推广海洋领域 NbS。3 月，地中海湿地倡议、地中海保护区网络、地中海小岛屿倡议、地中海湿地保护研究中心(Tour du Valat)、国际地中海森林协会和世界自然保护联盟地中海合作中心签署谅解备忘录，成立地中海生物多样性保护联盟，以有效保护和恢复地中海生物多样性，确定和推广 NbS。5 月，在可持续海洋经济高级别小组的呼吁下，旅游行业成立了新的促进海洋可持续发展的旅游行动联盟，旨在通过显著增强海岸和海洋的保护及生态系统修复，包括实施 NbS，建立复原力，同时促进政府参与和旅行者行为的改变，推动政策变革，扩大参与范围。9 月，联合国全球契约组织成立海洋管理联盟，以期汇集各类合作伙伴并采取海洋领域 NbS 等积极行动，应对生物多样性和气候变化双重危机。同时，联合国全球契约组织呼吁提高对基于自然的解决方案的政治认同，加强科学合作提高海洋生态系统监测与风险评估能力，以保护健康的海洋。

此外，海洋风险与复原力行动联盟是一个多部门合作组织，旨在推动保险和金融部门、政府、非营利组织和利益攸关方合作，到 2030 年推动全球投资 5 亿美元应用于海洋领域 NbS，改善珊瑚礁、红树林、海草床等海洋和沿海生态系统，以降低海洋风险，增强沿海地区对新出现风险的抵御能力，应对气候变化。世界自然保护联盟、加拿大、英国等重要国际组织和国家陆续加入海洋风险与复原力行动联盟，鼓励对 NbS 进行投资。

第十八章　世界自然保护联盟发布报告划分海洋生态系统类型

生态系统是地球生物多样性的重要组成部分，是维持人类生命和福祉的自然资本。然而，世界上所有生态系统都显示出人类影响的特征，许多生态系统面临严重的崩溃风险，对物种栖息地、遗传多样性、生态系统服务、可持续发展和人类福祉造成不利后果。生态系统分类对于有效的保护行动至关重要。2021 年 3 月 1 日，世界自然保护联盟(IUCN)发布《全球生态系统类型学》①报告，指出这是首个根据生态系统的功能和组成对地球上所有生态系统进行分类和绘图的综合系统，定义了海洋、淡水、陆地和地下 108 个主要生态系统类型的关键生物物理特征，包括涉及海洋领域的 38 个生态系统类型，描述了这些生态系统的全球分布状况及其维持过程，为生态系统保护和管理提供了更加有效的方法。

第一节　生态系统分类的必要性

生态系统与物种和基因一样，都是生物多样性的组成部分。生态系统的保护和管理对生物多样性和人类福祉的未来至关重要。《生物多样性公约》第十五次缔约方大会即将通过的“2020 年后全球生物多样性框架”、联合国可持续发展目标要求采取依赖于生态系统评估的全球行动。此外，联合国环境经济核算体系实验性生态系统核算(SEEA EEA)、世界自然保护联盟生态系统红色名录(RLE)和关键生物多样性区域(KBA)等全球政策和倡议，都需要一个标准化的、全球一致的、明确的空间类型和术语来管理世界生态系统及其服务。一个包含地球所有生态系统的系统类型学，代表着生态系统功能和生物多样性的分类，有助于整合知识，为有效行动提供

① Keith D A, Ferrer-Paris J R, Nicholson E, et al. The IUCN Global Ecosystem Typology 2.0: Descriptive profiles for biomes and ecosystem functional groups. Gland, Switzerland: IUCN. 2020.

信息，以维持生态系统这一重要的自然资本。在2020年的世界自然保护大会上，世界自然保护联盟成员强烈支持074号提案，即大会通过的061号决议，通过《全球生态系统类型学》，以支持全球、区域以及国家评估和管理生态系统风险的工作。

第二节　全球生态系统类型的分类特点

一、依据生态系统功能和结构的双重表征进行分类

传统的生态分类方法以生物地理学或生物生理属性为依据，而本次分类是根据生态系统的定义(包含生物复合体、非生物复合体及其之间和内部相互作用的生态单元，占据有限的物理空间)提出了全球生态系统类型学的6个设计标准：①代表生态过程；②代表生物群落；③在整个生物圈范围内概念的一致性(在同一理论框架内、包括生物圈的所有类型)；④结构可扩展性(分类应按生态系统的层级结构或网状结构，能反映出它们的性质和规模相似之处，生态系统分析的尺度必须在概念上一致)；⑤空间单元明确(可以通过地面观测、遥感和空间建模等技术方法成图)；⑥精简实用(不应为了解释某生态系统类型再多一个说明书，应简单易用、定义清晰)。本次分类的目的不是重新考察或重复现有的生物地理分类，而是在一个框架内对它们进行补充，以支持更广泛的保护管理工作和与生态系统功能相关的其他应用。

二、绘制全球生态系统分类一张图

本次分类将全球生态系统分为6级，从高到低分别为：领域(Realms)、生物群落(Biomes)、生态系统功能群(Ecosystem Functional groups，EFG)、生物地理生态类型(Biogeographic ecotypes)、全球生态系统类型(Global ecosystem types)和地方生态系统类型(Local ecosystem types)。报告着重介绍的前3级分类，是根据生态系统的功能特性对其分类并进行补充，后3级分类侧重于生态系统的生物地理特征。

第一级将全球生态系统分为陆地、地下、淡水、海洋、大气① 5个核

① 报告指出，受研究基础限制，未讨论大气生态系统。

心领域以及海洋-陆地、地下-淡水、淡水-海洋、海洋-淡水-陆地、地下-海洋、陆地-淡水6个过渡领域，在大气领域之外的10个领域下又划分了第二级的25类生物群落和第三级的108个生态系统功能群。在全球生态系统分布图中，分别对每一个生态系统功能群的分布区域进行展示，并包括其分布的主要区域和次要区域。该分类系统对第三级生态系统的分类程度非常全面，有助于确定哪些类型的生态系统对生物多样性保护和生态系统服务的供应最为关键，哪些类型最有可能崩溃，如森林、珊瑚礁和湿地等。

海洋领域包括所有由波浪、潮汐和洋流组成的连通的咸水水域。浅水区域在短时间和局部空间尺度上传输资源和生物群，而通过深海洋流进行的全球环流则持续数百年。海洋领域中，光和养分的可得性沿海洋深度梯度递减。底物类型等显著的环境因素，影响底栖动物和地貌特征以及深海洋流的运动和局部或区域的上升流。上升流为向透光水域供应营养物质，因此是生产力和营养复杂性的关键。水温影响大多数海洋生物的代谢速率，因此区域和局部温度梯度对它们的分布至关重要。初级生产力主要来自浮游藻类，但部分大陆架中的底栖植物也可以为初级生产力做出重要贡献。

三、过渡领域及生物群落在生态系统分类中占重要地位

在上面提到的6个过渡领域中，其生态系统具有较强的适应性，如红树林，依赖于不同环境之间的独特条件和通量。过渡领域容纳了核心领域之间的连续变化。陆地和淡水之间被沼泽湿地占据，其中一些湿地在基质排水受阻的情况下堆积泥炭。淡水-海洋过渡领域是沿海的包含咸水和淡水生态系统的领域。海洋-陆地过渡领域的特征是湿度、温度、盐度、波浪和潮汐扰动等环境特征变化较大，相关生态系统特征对比鲜明。海洋-淡水-陆地过渡领域受到淡水影响，包含潮间带湿地和三角洲生态系统。地下-淡水、地下-海洋过渡领域也包含独特的生态系统。

四、本次分类划分出人类塑造的生态系统

在陆地、淡水和海洋生态系统领域以及海洋-陆地、地下-淡水过渡领域，均在第二级分类中划分了人工生态系统，如密集土地利用系统（农田、

城市和工业生态系统等）、人工湿地生物群落等。此外，本次分类还将人工海洋生物群落和人工岸线生物群落作为二级生态系统类型单独划分。水下人工构筑物包括沉船残骸、石油和天然气基础设施、人工珊瑚礁等，多在欧洲、北美、东亚和东南亚。与其他生态系统类型相比，人工海洋生态系统更易受到船舶和建筑材料以及与设施操作相关的光、噪声、化学污染以及入侵物种威胁。此外，大量水下沉船残骸属于水下文化遗产，其管理涉及空间规划、文物保护、生态系统保护等多个领域。

第三节　海洋类生态系统功能群案例

一、海草床

海草是唯一的潮下开花植物，海草床是重要的有机质来源，丰富的沉积物在细微的尺度上削弱了波浪和水流。海草复杂的三维结构为幼鱼和无脊椎动物提供了庇护，支持了多种水生生物，包括生活在海草芽和叶子上的附生动物和附生植物。与周围无植被的沉积物相比，海草床具有更高的动植物丰度和多样性，物种数量和丰度与大多数其他海洋生物栖息地相当。中型食草动物，如片脚类和腹足类，在控制海草附生藻类的生长中起着重要作用。大型动物如儒艮、海牛和海龟的生长，可能会导致海草的生长不均衡。

海草床主要分布在世界温带和热带沿海。海草生长受到氮磷养分的限制，但在富营养化水体中，高养分有效性会导致附生植物的过度生长和藻华的遮蔽，引起生态系统的崩溃。大型风暴事件和相关波浪作用也会导致海草的损失。

二、海冰

海冰生态系统是地球上最具活力的生态系统之一。共生生物存在于海冰生态系统的所有物理组成部分，包括表面、内部基质和海水通道系统、被海冰改变的海底和附近水域。海冰下和海冰内的微藻和微生物群落的初级生产力构成了食物网的基础。海冰生态系统是各种海洋动物躲避水面捕食者的避难所，也是幼虾和鱼类的重要保育场所。深水鱼类通过垂直向上迁移，以海冰下的浮游动物为食。在海冰生态系统及其边缘的磷虾等高产量的次营养级生物，支持了海豹、海鸟、企鹅和长须鲸以及北极熊等最高营养级别的生物。海冰也为鳍足类动物、北极熊和企鹅提供了休息和繁殖的栖息地。

海冰也是全球气候系统的组成部分，对远洋海洋生态系统和生物地球化学过程具有重要影响。海冰限制了大气-海洋之间的气体和能量交换，调节海水温度，反射太阳辐射，并将淡水重新分配到低纬度地区。随着海冰每年的融化，释放出生物物质、颗粒物质、溶解有机物、营养物、淡水和铁，这些物质刺激浮游植物的生长，并为浮游动物提供了主要的食物来源，在生物地球化学循环中发挥着重要作用。

三、人工岸线

人工岸线包括建成的海堤、防波堤、码头、潮汐运河、岛屿和其他沿海基础设施，在港口和其他人口居住密集的沿海地区周围形成潮间带和潮下带、底栖海洋生物群落的基质。由木材、混凝土、岩石或钢铁组成的人造结构具有平坦、均匀和垂直的表面，限制了生态位的多样性，并加剧了潮间带的干燥和温度梯度。该生态系统功能群结构简单，营养网络简单，主要是滤食性动物(如海鞘和藤壶)、底栖藻类和细菌。小型鱼类可能在温带港口占主要地位，促进形成食物网和多营养级，但过度捕捞掠食性鱼类可能会破坏食物网的稳定。

受污染的暴雨和污水溢出产生的微咸水羽状物增加了外来营养物质和有机碳，由船舶和压载水引入的外来物种易造成生物入侵。船舶航行引起的海水流动、暴雨雨水造成了海岸的侵蚀和不稳定，导致水体的长期和高度浑浊，限制了初级生产者的光合作用。有些设施经过生态工程，提供更复杂的结构，以增强生物多样性和生态系统功能。

四、潮间带森林和灌木丛

潮间带和灌木丛主要是指红树林生态系统，因其不耐低温，主要分布在全球热带和暖温带海岸线上。红树林具有气根、盐腺胎生和繁殖体浮力等特性，使其可在缺氧、含盐、移动和潮汐淹没的基质中生存。红树林在氮素利用效率和养分再吸收方面具有较高的效率，并在生长过程中产生树叶、树枝和树皮等大量的碎屑，被真菌和细菌分解，或被螃蟹等生物吞食，形成碳和营养物质的流动，成为具有高度生产力的生态系统，但其中的物种比其他沿海生态系统的物种少，主要是螃蟹。红树林特殊的根提供了一个复杂的栖息地结构，保护幼鱼免受捕食者的伤害，并作为附着藻类、无脊椎动物(如牡蛎、贻贝、海绵和腹足类)的坚硬基质。红树林生态系统通过有机物沉积，成为重要的蓝色碳汇。

因该区域属于海洋、陆地和淡水生态系统的交界区域，环境条件复杂多变，既受温度和水流等条件限制，也易受到土壤养分、水体盐度和潮汐波浪等因素的影响。来自河流等的水分和泥沙供应促进了红树林的生长，而波浪与潮汐破坏和侵蚀红树林基质，导致局部生态系统分布的动态变化。高降雨量减少了盐度，增加了邻近集水区的营养，潮汐也能调节盐度变化。

第四节　对我国生态系统保护和修复的经验借鉴

世界自然保护联盟生态系统管理委员会成员大卫·基思(David A. Keith)称："这种新的分类系统根据相似的生态系统的特征和功能进行分类，揭示了一些人们原本没有发现的联系，认识到了相关生态系统之间的相似性，并将在中国河口湾可持续管理方面学到的知识应用到尼日利亚类似河口湾中。"

目前，我国将启动实施《全国重要生态系统保护和修复重大工程总体规划(2021—2035年)》，宜深入研判该生态系统分类问题，并结合国际先进经验，将生态系统保护与管理有关问题统一考虑、统筹谋划。

(1)开展生态系统调查，绘制我国生态系统"一张图"。依托综合调查或专项调查，结合新的生态系统分类方法，摸清生态系统家底，并在全球生态系统分布图的基础上，绘制我国生态系统"一张图"，为实现陆海统筹、做好生态资源保护、确定生态脆弱区、划定生物多样性保护区和生态系统服务的关键区域提供基础信息。

(2)在海岸带规划中充分考虑新分类系统对管理和保护工作的影响。人工海洋生态系统在新的分类系统中占重要地位，尤其是水下人工构筑物和人工岸线。自然资源部牵头编制的海岸带综合保护与利用规划中，应充分考虑沉船遗址、海洋油气平台、港口等多个易被忽视生态系统类型的保护。

(3)加强深远海调查与国际合作。报告中绘制了详细的远洋海域和深海海底的生态系统分布图，展示出国际社会对公海及国际海底区域较高的了解程度。我国应加强深远海调查与国际合作，充分掌握相关生物、地理、物理、化学等数据和信息，争取在相关国际标准制定中占据有利地位。

(4)推广我国先进经验，提高国际影响力。我国的“蓝色海湾”整治修复项目获得国际认可，应利用现有国际平台及“蓝色伙伴关系”，推广我国海洋生态修复与治理的先进经验，扩大蓝色朋友圈。

第十九章　蓝色金融助力海洋经济发展

随着国际社会对发展蓝色金融的关注日益提升，国际金融领域已经认识到海洋健康为蓝色经济发展所带来的机遇。2021 年，国际金融领域为促进蓝色经济的发展，召开交流和研讨活动，制定和发布了一系列海洋金融领域的指导性文件。这类文件能推动全球经济体系在维护海洋繁荣、恢复生物多样性和海洋健康方面发挥关键作用，促进海洋领域为实现联合国可持续发展目标做出贡献，并且对于各国促进蓝色金融发展具有重要的借鉴和指导意义。

第一节　蓝色金融为海洋经济发展带来重要机遇

随着金融领域的飞速发展以及基于绿色金融或可持续发展目标的各类金融工具的出现，国际金融市场引入了透明和诚信原则，主要包括：由国际资本市场协会（ICMA）于 2014 年制定并于 2015 年修订的《绿色债券原则》（GBP）以及由贷款市场协会（LMA）于 2018 年 3 月发布的《绿色贷款原则》（GLP）。

全球针对可持续海洋经济融资的指导文件萌发于 2017 年召开的“我们的海洋”会议。欧盟等机构的代表在会上宣布将通过与金融领域合作来支持可持续蓝色经济的发展。为实现这一目标，代表们同意制定可持续性融资原则，以指导“蓝色经济”中的投融资决策，促进银行、保险公司和投资者在可持续蓝色经济领域发挥关键作用。通过对蓝色经济投融资方进行调查和对可持续蓝色金融举措的研究和分析，欧盟、世界自然基金会、世界资源研究所和欧洲投资银行于 2018 年联合提出《可持续蓝色经济金融原则》，该原则成为全球首个针对可持续海洋经济融资的指导框架。联合国环境规划署（UNEP）的《可持续保险原则》（PSI）等许多国际可持续金融倡议都认可了这些原则。这些原则也成为联合国环境规划署金融倡议（UNEP FI）于 2019 年启动的“联合国可持续蓝色经济金融倡议”①的重要组成部分。倡议的提出旨在确保与海洋领域的投融资能产生长期有益的价值，而不会对海洋生态系统、温室气体减排或依赖海洋及其资源的人们的生计产生负面影响，因而获得了欧盟的财政支持。

随着可持续的蓝色金融实践纳入金融机构的决策过程，可确保海洋经济投资项目充分考虑到环境、气候和社会等可持续要素，进而推动海洋经济金融的绿色化，为引导海洋产业走向可持续发展发挥重要的作用，这也有助于将低碳和可持续发展等绿色发展战略融入金融建设体系，以提升投融资环境和社会风险管理水平，推动全球蓝色经济长期可持续发展。

第二节　国际组织多措并举推动蓝色金融发展

一、国际组织发布蓝色金融系列指导文件并开展多项举措推动海洋经济可持续发展

为实现金融领域支持可持续蓝色经济的发展目标，UNEP FI 于 2 月发布报告《潮流：绘制新十年的海洋金融蓝图》②。报告阐述了金融市场中的新机遇、存在的差距以及影响海洋领域的贷款和投资等金融活动的发展趋势，并介绍了成功实现海洋可持续性的融资框架和金融工具。报告考察了 5 个与私营融资已建立联系的海洋领域：海洋渔业、港口、航运、沿海和海洋旅游业以及海洋可再生能源。这份具有前瞻性的报告以联合国的《可持续蓝色经济融资原则》③为基础，旨在促进金融业领域活动与可持续发展目标 14 的实现保持一致。3 月，UNEP FI 发布了《扭转局势：为可持续的海洋恢复融资》④，以《可持续蓝色经济融资原则》为基础，指导金融机构评估其在可持续蓝色经济融资中面临的潜在社会和环境风险，调整对海洋健康产生负面影响的贷款、投资和保险活动，为海洋渔业、港口、航运、海洋可再生能源和海洋旅游五大领域的融资详细列出了最佳实践方案、可

① UNEP FI, Sustainable Blue Economy Finance Initiative, http://www.unepfi.org. 2022-03.

② UNEP FI, Rising Tide: Mapping Ocean Finance for a New Decade, http://www.unepfi.org. 2021-02.

③ UNEP FI, The Sustainable Blue Economy Finance Principles, http://www.unepfi.org. 2022-03.

④ UNEP FI, Turning the Tide: How to finance a sustainable ocean recovery, http://www.unepfi.org, 2021-03.

开展的活动以及应完全避免的行为。6 月，UNEP FI 发布了面向金融机构的实用投资指南《扭转趋势：排除建议》①，指导金融机构引领可持续蓝色经济复苏。该报告提出为发展可持续蓝色经济而建议排除在融资之外的活动，原因是这些活动对海洋可造成高风险和破坏性影响。该文件通过审查各种海洋活动，确定了海产品、港口、海上运输、海洋可再生能源以及海洋旅游等主要蓝色经济领域中的不可持续资金流动方向以及排除验证方法和判定标准，可作为风险管理工具供评估公司或融资机构参考。如对于不建议融资的海洋渔业活动，需综合企业自身报告与渔业观察员、NGO、监督机构等各方分析报告加以验证排除，判定标准则包括养殖地点、污染状况和水质、捕捞物种、非本土入侵物种等。

海洋风险与复原力行动联盟于 10 月发布《海洋金融承诺》(Ocean Finance Commitment)，倡导蓝色金融理念，呼吁全球金融行业采取切实行动支持海洋可持续发展，通过贷款、投资和保险等手段，推动向健康和可持续的海洋过渡，以降低海洋风险并提高沿海社区韧性；开发金融和保险新产品，加大对海洋自然资本的投资，共同应对海洋风险带来的挑战，建立可持续、公平、具有复原力的海洋，重建海洋生物多样性。该承诺得到了海洋行动之友、世界经济论坛、联合国环境规划署金融倡议组织及世界自然保护联盟的支持，包括法国安盛保险集团在内的一些国际金融巨头将率先签署该承诺。

亚洲开发银行 12 月发布报告《为东南亚海洋恢复健康进行融资：推动蓝色金融发展的方法》指出，如果将海洋视为一个国家，它是世界第七大经济体，估值为 25 000 亿美元，融资是充分发挥蓝色经济潜力的关键。报告概述了东南亚地区蓝色经济发展状况，重点关注推动蓝色经济可持续发展的投资方法与蓝色金融机制。报告分析了蓝色金融需求与面临的挑战，提出了海洋健康信贷融资机制及相关建议。

世界经济论坛建议小岛屿发展中国家(SIDS)和其他发展中经济体可通过以下三种方式实施创新融资：①制定可行的、自上而下的国家融资路线图，充分考虑小岛屿国家特性，以数据为基础进行基准评估，并鼓励利益攸关方将资金向可持续发展目标优先领域倾斜，制定融资框架；②建立多样化融资机制，包括公私以及国内外投资，调动各利益攸关方积极参与，

① UNEP FI, Turning the Tide：Recommended exclusions, http：//www.unepfi.org. 2021-06.

以最有效的方式汇集资源并降低融资风险；③采取区域一体化合作方式，在欧盟、挪威以及其他国家的支持下，借助经合组织等力量促进区域合作，分享促进蓝色、绿色投资的最佳做法，推动各国政府降低运营成本和提高效率，有效实现互利互惠。

世界银行下属机构国际金融公司计划设计一个新融资框架，创建“蓝色”贷款和债券的新“资产类别”，鼓励新兴市场投资，以专门应对海洋塑料污染问题。

世界气象组织（WMO）、联合国开发计划署（UNDP）和联合国环境规划署（UNEP）召开了“系统观测融资机制（SOFF）资助者论坛第三次会议”。会上，WMO、UNDP 和 UNEP 宣布共同建立 SOFF，作为联合国的观测融资机构。目前各国观测数据存在巨大差距，特别是小岛屿发展中国家和最不发达国家。SOFF 将为这些国家提供有针对性的资金支持。这次会议的召开旨在讨论 SOFF 的职责范围和融资措施，并征求利益攸关方的意见。

二、区域组织积极推动地区海洋金融发展

欧盟委员会决定大力推进“蓝色投资基金”（BlueInvest Fund），旨在保护海洋环境及提升蓝色经济可持续性的项目，以推进欧洲蓝色经济和绿色协议发展，并为活跃于蓝色经济中的初创企业、中小型企业等提供股权融资，以支持企业投资于研发创新，并向欧洲绿色协议提出碳中和目标转型。

欧洲海洋能组织（OEE）计划为海洋能源行业设立欧洲保险基金，作为欧盟资助的海洋金融项目的一部分。欧洲保险基金的目标是大幅削减首批商业项目的成本，减轻创新海洋能源项目的早期风险，加速海洋能源产业的推广。OEE 海洋能源政策主管表示，海洋能源行业的规模正在扩大，保险基金等工具至关重要，该基金设立恰逢其时。

欧盟地区性基金组织 Interreg 为波罗的海地区可持续利用海洋资源的多个创新型蓝色经济项目提供支持，目前共资助了涵盖贻贝和藻类培养、海洋空间规划、渔业、海洋文化遗产、蓝色生物技术在内的 10 个领域的项目，并制订指导计划，为初创企业、中小型企业、地方政府和高校提供技术、业务、法律和市场咨询，将蓝色经济构想付诸实践，将蓝色产品推向

市场，如帮助爱沙尼亚企业使用红色微藻抗氧化剂生产护肤品，推动贻贝养殖解决海水富营养化问题。此外，Interreg 还搭建了“蓝色平台”数据库，制定《蓝色平台路线图 2021—2027》助力波罗的海地区 60 多个蓝色生物经济项目。

欧盟还与肯尼亚相关部门合作发起“Go Blue”倡议，在肯尼亚沿海地区发展可持续的蓝色经济，在保护沿海生态系统的同时，为旅游业和渔业等领域创造就业机会。欧盟将为该倡议提供资金支持，联合国环境规划署和联合国人居署也将为该地区沿海城市和社区提供资助，以应对气候变化的不利影响。该倡议还将推动沿海地区制定陆海统筹的规划和管理办法，重点恢复沿海和海洋重要生态系统，并加强肯尼亚海岸警卫队的能力。

太平洋海洋事务专员办公室在太平洋岛国论坛经济部长会议上，发布了 7 份“太平洋海洋金融报告”①，分别为《太平洋海洋债券的分析及发展》《太平洋海洋金融项目：保险》《大规模的海洋保护资金筹措：大型海洋保护区融资现状及未来发展》《基于社区的区域海洋融资管理机制的分析及发展报告》《关乎太平洋海洋健康的税收及补贴分析报告》《太平洋海洋金融研讨会报告》《太平洋海洋金融奖学金项目(2019—2020)报告》。上述报告由太平洋海洋事务专员办公室与世界银行、太平洋岛国论坛渔业局等共同编写，供太平洋岛国领导人用于海洋经济事务决策参考。图瓦卢财政、经济、规划及产业部长表示，海洋金融作为新鲜事物，为域内国家提供了全新的经济发展方式，并完善了区域气候融资及灾害融资机制。

第三节　各国积极推动蓝色金融以助力海洋经济发展

多国制定和发布金融指导政策并采取系列举措，推动蓝色金融与碳减排、海洋观测、海洋资源利用和可持续发展等领域紧密联系起来，促进蓝色金融在实现可持续发展目标进程中发挥重要作用。

① Office of the Pacific Ocean Commissioner, Funding Marine Protection at Scale, Analysis of Taxes and Subsidies Relevant to Pacific Ocean Health, Analysis and Development of A Replicable Community Anaged Marine Area Finance Mechanism, POFP Fellowship Program(2019-2020), Pacific Ocean Finance Program—Insurance, Pacific Ocean Finance Conference, Analysis & Development of a Pacific Ocean Bond, http://www.opocbluepacific.net/, Feb. 2021.

一、蓝色融资与气候领域工作相关

挪威奥德菲尔公司发起“可持续性相关债券”(SLB)，这是国际航运业的首个金融债券，也是北欧地区所有行业的首个与可持续发展相关的金融债券。债券的发布标志着北欧地区海运碳减排工作的又一个里程碑，有利于推动航运业可持续发展。

瓦努阿图气象和地质灾害部从绿色气候基金(Green Climate Fund)(《联合国气候变化框架公约》及《巴黎协定》框架下的重要资金机制)处获得巨额投资，用于建设国家海洋及气候观测网，收集海水温度、盐度、海流、潮汐、海浪等数据，并支持河流水质监测仪等关键设备。

二、金融机制推动海洋资源的可持续利用

越南获得亚洲开发银行批准的绿色贷款，用于在越南建设和运营三个风电场。亚洲开发银行表示，在越南中北部沿海地区的风电场项目将使越南的风电容量增加30%，平均每年减少约16万吨二氧化碳排放。亚洲开发银行还指出，这是为越南风电项目提供的第一笔融资，并获得了气候债券倡议组织的认证。

德国可持续发展高级研究所(IASS)发布《深海采矿支付机制的综合方法》政策简报。简报提出建议以指导“金融机制”迈向更加可持续的发展：①金融机制应反映与深海地区采矿有关的所有费用和风险；②机制必须对包括原住民和社会民众以及子孙后代在内的不同利益攸关方的关注点和优先事项作出充分的响应；③必须符合全人类，尤其是发展中国家的利益，而不是深海采矿承包商的利益。

俄罗斯北极发展项目办公室专家委员会提出，俄罗斯北极地区，尤其是摩尔曼斯克地区，具有发行“绿色债券”的巨大潜力，“绿色债券”可用于资助北极基础设施项目，将促进北极地区的经济发展。委员会认为，摩尔曼斯克地区的无碳区试点项目将为该地区“绿色债券”的发行创造条件。该试点项目将使用风电场每年生产1.2万吨绿色氢气用于出口。

三、海洋金融与可持续发展目标相一致

美国皮尤慈善信托基金会、澳大利亚明德路基金会、保护国际基金

会、全球环境基金等共同发起“蓝色自然联盟”行动。联盟已与各国政府和其他合作伙伴密切配合，在斐济和特里斯坦-达库尼亚群岛开展了大规模行动，并计划在加拿大、帕劳、塞舌尔和西印度洋开展行动，旨在加强对近200万平方千米海洋的保护，而且已确定在北美洲、南美洲、欧洲和亚太地区开展18项“蓝色自然联盟”行动。

英国外交部和环境、食品及农村事务部联合发布了价值5亿英镑的蓝色星球基金(Blue Planet Fund)，旨在支持发展中国家保护海洋环境及减少贫困，实现生物多样性保护、提升气候变化复原力、减少海洋污染、发展可持续海产品等可持续发展目标。

为促进海事部门生态转型，法国可持续发展总委员会起草了《蓝色金融报告》，旨在为海洋领域提供行动建议，包括：①探讨船舶去碳化、港口绿化、海洋可再生能源和可持续海洋生物经济等融资领域的技术路线图；②探讨建立一个连续的融资解决方案，具体包括建设一个合作性质的公共或私人融资平台、构建法国蓝色经济发展风险资本市场以及通过担保工具加强巴黎金融中心在航运融资上的优势；③引入生物多样性等蓝色金融的新领域，具体包括绘制海洋地图，建立海洋资源和人类活动对环境影响的数据库以及与生态旅游企业、保险公司、公共开发银行和基金会签订具有社会影响力的合同等。

亚洲开发银行发行了为亚太地区海洋项目提供资金的以澳元和新西兰元计价的蓝色债券。以澳元计价的蓝色债券价值约为1.51亿美元，由日本第一生命保险公司购买，并由美国花旗环球金融有限公司负责发行。以新西兰元计价的蓝色债券价值约为1.51亿美元，由日本明治安田生命保险公司购买，并由法国农业信贷银行东方汇理投行负责发行。上述债券是“健康海洋和可持续蓝色经济行动计划”(Action Plan for Healthy Oceans and Sustainable Blue Economies)的组成部分，为蓝色融资提供了新的标准。

第二十章　南极地理命名规则更趋规范化和科学化

由于南极在历史上一直无人居住，且环境恶劣，无法永久定居，1959年签订的《南极条约》第四条同时将主权声索行为冻结，因此南极成为世界上唯一没有国界、没有主权归属的地区，南极命名涉及国际性、科学性、政治性等许多复杂问题。① 国际南极研究科学委员会(SCAR)和国际海底地理实体命名分委会(SCUFN)为使南极命名更加规范和统一，逐步对南极地理实体命名进行标准化管理。

第一节　南极地理命名的背景

根据《南极条约》第六条的规定，南极是指“南纬60°以南的地区，包括一切冰架”，其无国界和无主权的性质，使南极地理实体处在无主地和公海区域。

一、南极海域海底命名

SCUFN是海底地理命名领域权威性的政府间国际组织，其管理的命名对象为全部或者50%以上主体位于领海以外的海底地理实体。《南极条约》第六条规定，“本条约的规定不应损害或在任何方面影响任何一个国家在该地区内根据国际法所享有的对公海的权利或行使这些权利”②，因此，在SCAR的新文件发布前，南纬60°以南全部海域的海底地理命名事项均由SCUFN管理。SCUFN的前身国际海底地理名称和地名命名分委会(Sub-Committee on Geographical Names and Nomenclature of Ocean Bottom Features)

① 南极科考近30年我国已在南极洲命名359个中文地名. http://www.gov.cn/jrzg/2013-11/01/content_2519822.htm.

② 国家海洋局极地考察办公室官网国际法规《南极条约》. http://chinare.mnr.gov.cn/catalog/detail?id=a061ea2974954f87b049245bc12542ad&from=zcfggjfg&currentIndex=3.

成立于 1975 年，旨在解决出版物或者海洋图上的海底地名不一致、未经验证或者海底地理实体不存在的不规范使用的问题，1993 年正式更名为 SCUFN，以不涉及国家间的主权争端为原则审议各国的命名提案，命名提案一经采纳，申请的地理实体名称将直接被写入《海底地名词典》。[①] 应当注意的是，SCUFN 在审议各国申请的海底地名以及向各国提供海底地名相关咨询意见时，会以《海底地名命名标准》为主要参照，因此，SCUFN 对海底命名争议的决定并不具备法律意义上的强制力。SCUFN 对命名提案争议遵循协商一致的原则，以便最大限度地保障成员国的共同协调意志。[②] 目前，SCUFN 共收录南极海底地名 251 条。

二、南极洲地理命名

南极洲由大陆、陆缘冰、岛屿组成，位于地球最南端，四周被海洋所包围。自人类首次发现南极洲后，国际组织一直没有突破对南极洲无权命名的状态，在南极洲地名的提出、使用和更改问题上缺少统一标准的国际原则和程序。

(一)南极洲地名命名的混乱状态

由于规范化和科学化的审核管理，导致各国的南极洲地名都是遵循国内法规定进行命名，在国际上长期被无序使用和管理，使南极洲的地理命名出现大量重复命名、错误翻译等混乱情况。以我国长城站所在的 King George Island(乔治王岛)为例，该岛最早于 1947 年由美国命名为 King George Island，而后英国、俄罗斯均将该岛命名为 King George Island，而作为西班牙语系国家，智利将该岛命名为 Rey Jorge，Isla(乔治国王岛)，阿根廷将该岛命名为 25 de Mayo，Isla(5 月 25 日岛)。智利的命名还是在尊重原始含义的基础上，将英文名称翻译成了西班牙语，但没有保留原始形式，在非西班牙语系国家使用时容易造成词义和地点上的混淆，而阿根廷的命名则用阿根廷革命纪念日的日期来命名，以此来纪念 1810 年 5 月 25 日推翻西班牙殖民的独立运动，该命名显然已经丧失了最早命名名称的形

① 樊妙，陈奎英，邢喆，等. 国际海底地形命名规则研究. 海洋通报，2012，31(6)：661-666.

② 余童璐，马行知. 海底地形命名的国际法分析——以 SCUFN 海底地形命名为出发点. 五邑大学学报(社会科学版)，2018，20(3)：66-69.

式和含义，完全从阿根廷国家自身的角度命名，在使用中易在确认地点时产生混乱。

（二）《南极综合地名录》的设立

1958 年，SCAR 成立，负责启动、发展和协调南极地区的高质量国际科学研究以及南极地区在地球系统中的作用①。《南极条约》签署后，SCAR 取得了南极条约协商会议的咨询机构的地位②，成为南极条约体系内的国际组织③，为南极条约体系的政策制定提供了智力支持。1992 年，在第 22 次 SCAR 会议上，SCAR 大地测量和地理信息工作组④提出设立《南极综合地名录》（CGA）的建议获得批准，并于同年开始编制 CGA，集中储存并开展全部现有地名的数据汇编，为科学界建立选择、新增或更改地理实体名称的准则。

SCAR 的《南极综合地名录》（SCAR CGA）目前已成为开发完善的网络数据库，汇总和实时更新《南极条约》体系内国家提交的南极地名，为每个地名分配了唯一的“名称标识”（Name ID）及为每个地理实体分配一个“地物标识”（Place ID），将不同地名录中的名称连接到同一个地理实体上，并提供查询服务。

截至 2021 年，SCAR CGA 收录了 24 个国家提交的 38 835 个南极地名，各国地名总量从多到少排名为：美国（13 192 个）、英国（5176 个）、俄罗斯（4808 个）、新西兰（3573 个）、澳大利亚（2561 个）、阿根廷（2545 个）、智利（1866 个）、挪威（1706 个）、保加利亚（1541 个）、波兰（365 个）、中国（359 个）、日本（345 个）、德国（299 个）、法国（227 个）、比利时（117 个）、意大利（53 个）、西班牙（35 个）、韩国（27 个）、印度

---

① 国际南极研究科学委员会官网简介，www. scar. org.

② 潘敏，胡荣．我国参与南极科学研究委员会：进程、挑战与应对．中国海洋大学学报（社会科学版），2022（1）：80-91.

③ 王婉潞，潘敏．南极条约协商会议的组织结构与运作变迁．太平洋学报，2021，29（12）：93-104.

④ 2002 年，为适应极地学科发展所需，SCAR 对工作组的机构设置进行了合并重组，将大地测量与地理信息工作组（The Working Group on Geodesy and Geographic Information，WG-GG）并入地球科学常设工作组（Globe Science Standing Group，GSSG）。2005 年再次更名为 SCAR 常设地球科学小组（SCAR Standing Scientific Group on Geosciences，SSG-GS）。2017 年，该小组更名为地球科学小组（Geosciences Group）。

(21个)、厄瓜多尔(9个)、乌拉圭(5个)、加拿大(2个)、南非(2个)、乌克兰(1个)。

第二节 新文件和新技术推动南极洲命名规范化和科学化

2021年，SCAR的新文件以及俄罗斯、美国等国对冰下勘探的新技术的开发和应用，促使南极洲命名规则更趋规范化和科学化。

一、针对南极地理命名的最新规范化文件

2021年10月，为支持标准一致和准确的地名命名工作，SCAR发布了《南极地名国际原则和程序》(以下简称《原则和程序》)，提出的主要规范化规则包括以下几项。

(一)填补南极洲命名规则空白

《原则和程序》在SCAR CGA基础上，由SCAR的南极地理信息常设委员会(SCAGI)根据《南极条约》相关规定，并通过“联合国地名专家组”(UNGEGN)决议制定，为《南极条约》的签署国命名南极地理实体提供指导，以期各国遵循“一地理实体一名称”原则。

(二)减少南极洲命名的歧义并避免混淆

《原则和程序》为使南极洲地理实体命名工作尽量减少歧义并避免混淆，提出的主要内容如下。

1. 对适用的地理范围、命名的应用范围以及基本的名称标准做出了规定

在适用的地理范围上，《原则和程序》指出其适用于南纬60°以南的所有陆地、冰架和冰下的地理实体，包括全部或主体超过50%在离岸12海里范围内的海底地理实体，但对于12海里以外的海底地理实体，应遵循《海底地名命名标准》向SCUFN申请。在命名的应用范围上，《原则和程序》明确南极洲地理命名应适用于地图、海图、出版物、数据库等的地理实体和地点，并强调新名称仅限于科研、保障和管理所需的名称。在基本

的名称标准上，《原则和程序》提出南极洲地理命名的名称应尽可能与UNGEGN的相关决议保持一致，并必须按照UNGEGN《地名标准化术语汇编》规定的正字法、与罗马字母表相关的变音符号或专用字母书写地名；如果南极洲地名命名国有非罗马字母罗马化的建议，需被UNGEGN采纳或符合命名国标准才可收录进SCAR CGA。

2. 南极洲地名应具有唯一性

南极洲地名使用通名和专名组合应具有唯一性，以能够明确识别出某一特定地理实体或地点。命名应以科研、保障和管理活动的需求为优先考虑因素，纪念南极探索成就或个人是次要考虑因素，避免不必要地引入临时、重复或非官方名称。

SCAR鼓励其他命名机构以其原始形式承认这些新名称，但允许出于实际目的，在产品上翻译名称的通名。通名需根据“SCAR地理实体类型目录”进行选择，且由相同地理实体类型(如Marble Point，Rocky Point)命名的名称应始终使用相同的通名。

为了更好地理解通名的使用，《原则和程序》以Bôzu Yama这个名字为例，假设其被应用于地物标识号为1724的地理实体。

地物标识号为1724的地点

- 日本最先命名为Bôzu Yama，其中专名Bôzu指“裸露的头骨”，通名Yama的意思是“山”。
- 美国命名为Bôzu Peak，将日本的名称翻译成英文的形式，没有保留名称的原始形式和含义。
- 俄罗斯命名为Bôzu san，其中通名san在日本也是山的意思，但这种形式使用了“山”的另一种日语读法。
- 挪威命名为Fleinskallen，意为“裸露的头骨”，但没有通名含义，仅有类似的专名含义。

如果这些国家采用相同的通名，这些名称本可以是：

- Bôzu Yama(日本)
- Bôzu Peak(美国)
- Bôzu Gora(俄罗斯)
- Bôzufjellet(挪威)

3. 明确不应用于命名的名称种类

不应用于命名的名称种类包括：来源不明或私人的姓名；宠物的名字；组织名称；商业产品或资金、设备和补给品的提供者名称；包括姓氏和名字的人物全名，或仅名字；名称的多重含义或叠字的形式；品位低劣、轻浮或无礼的名称；包含缩写或首字母缩略词的名称；与南极洲、科学或地理实体无关的人员、事件、活动、科学、物体、船只等的名称；重名；为纪念一个人，命名超过一个的地理实体；使用所有格形式的名称（如果使用所有格形式，应该去掉撇号）；地形特征并不明显的地理实体（除非在非常特殊的情况下并由国家命名机构酌情决定）；过长的名称；来自一个国家本土的名称（除非与南极洲有联系）；无法应用于每个地理实体上，或与南极地区无关联的名称；不利于科学活动、制图或现场作业需要的远程命名。

（三）南极洲命名应与相关国进行协商

命名提案应用与相关国家协商。国家命名机构应根据《原则和程序》审核提议的新南极洲地名，并与在提议命名区域内开展活动的其他国家的命名机构进行协商。命名提案应包括有关名称的完整信息、选择名称的原因、地理实体需要名称的原因以及地理实体的清晰描述，包括地理坐标的精确位置和大比例的地图、图表或图像，以显示该地理实体，并尽可能提供适当的地理范围。在新名称获得批准后，命名机构应将其添加到机构所在国的地名录中，并将其提交给 SCAR，以纳入 CGA。未经相关国家命名机构批准，不得在任何产品中使用拟定地名。

二、新技术助力加深南极地区的地理命名范围的深度和广度

在 SCUFN 和 SCAR 的引领下，南极命名规则更加规范化。同时，随着气候变化加剧以及全球科技的不断发展，南极地区的地理命名范围的深度和广度也在逐步加深，南极地理勘探技术的进步，带动南极地理名称的命名更加科学化。

（一）南极勘测和地名命名工作的地理范围进一步向下延伸

《原则和程序》明确其适用于南纬 60°以南的所有陆地、冰架和冰下的

地理实体，在气候变暖的情况下，南极地理实体变化将可能带来新的地理特征的出现，南极勘测和命名将由冰上逐步延伸到冰下。由于气候变化导致南极环境的剧烈变化，近年来南极环境保护的议题愈发得到全球的重视，南极冰架崩坍及冰雪融化也引起了美国等多个国家的关注。2021 年 2 月，俄罗斯 MTS 通信公司宣布其 NB-IoT 物联网考察设备可以更有效地探索南极冰下湖泊、冰川运动和冰山脱落等现象；同年 7 月，美国 NASA 科学家称，已经利用 ICESat-2 号卫星上最先进的地球观测激光仪器，精确绘制南极洲冰川下融水湖地图。

（二）应用先进探测技术提升提案有效性和标准化程度

《原则和程序》明确指出南极地理命名需与南极相关，为获得国际社会的普遍认可，各国或以标准化的国际规则对国内法规和已有的命名名称做出修改的提案，并利用现有或新开发的技术，更高效、更精确获取南极地理实体数据，使得对地理类型分类的认识更加清晰，提案的标准化和有效性得到更高的提升。澳大利亚新破冰船“南极光号”利用多波束测深仪对南极海底山脉进行首次测绘，获得高 2500 米、宽 2900 米、长 4500 米的地形数据，并将通过进一步测绘以获得更多数据支持后续地理命名活动。另外，随着经济社会全球化进程的加快，南极地名在航行、科考、救援等工作中的应用显著增多，对南极地名标准化工作提出了更高的要求，推动各国国内南极命名规则一致性将成为相关国际组织的重点工作之一。

第二十一章　苏伊士运河堵塞与全球海上航道安全

2021 年 3 月 23 日，在苏伊士运河的主要航路上，一艘名为“长赐”号的集装箱重型货船搁浅，该货船上装载有约 18 300 个集装箱，直接造成了苏伊士运河堵塞并导致 400 余艘船只滞留于运河中，成为苏伊士运河建成 150 多年历史中后果最为严重、影响最为深远的一次堵塞事故。为帮助“长赐”号尽快脱困，多艘挖掘机、拖船、挖泥船等陆续投入救援。历时 6 天，3 月 29 日，埃及苏伊士运河管理局发布公告证实“长赐”号已顺利起浮，且苏伊士运河航道也已完全恢复正常通航。① 此次事件虽已平息，但其造成的巨大经济损失以及给全球航运带来的巨大打击，给全球海上航道安全提出了明确的警示，值得各国深入思考。

第一节　苏伊士运河堵塞事件分析

一、苏伊士运河的重要地位

苏伊士运河是唯一一个直接把整个欧洲水域和阿拉伯海、印度洋和亚太地区各国连接起来的地区，这一得天独厚的地理位置使其拥有了重要优势。在开凿运河以前，由亚洲到欧洲之间的货物运输主要通过两条路线，其中一条是将船舶停靠在红海沿岸地区，然后再把卸出的货物沿陆路转运，最后到达地中海地区再次装船；其二则是绕道非洲南端的好望角地区，但这一航线较前者要多出 8000~10 000 千米的航程距离和 10~14 天的时间。沿苏伊士运河行驶的总路程约为 1698 英里(约 2733 千米)，相比由沙特阿拉伯吉达港至黑海的康斯坦察港口、绕好望角 11 771 英里(约 18 944 千米)的航程距离，可以节省约 86%的航程。地理位置上的重大优势，自

① “长赐”号货轮驶离苏伊士运河，新华网，http：//www. xinhuanet. com/world/2021-07/07/c_1127632734. htm.

然使苏伊士运河变成了当今世界上最繁忙的商贸航线之一。从通航开始，苏伊士运河对全球贸易不可或缺的意义就日益凸显，比如约70%由亚洲至欧洲的货船都要通过苏伊士运河，而每年经苏伊士运河运输的货物就占了全球海上运输贸易总量的40%。按照英国《劳埃德船舶日报》的估算，每天都有总值约为96亿美元的集装箱货物通过苏伊士运河，包括原油、液化天然气、成衣、家电、电子产品等，此外，由中东地区出口至西欧地区的石油超过70%都通过苏伊士运河输送。①

二、苏伊士运河堵塞事件经过

3月23日，"长赐"号按照计划由深圳市盐田港前往荷兰鹿特丹港，然而在其从红海北向驶入苏伊士运河航道的过程中突然遭遇强风和沙尘暴天气，使得货轮船身横向卡在苏伊士运河的航道中不能动弹，致使运河南北方向的通航严重受阻。"长赐"号货轮是一艘长达400米的巨轮，宽度为59米，船体自重达到20万吨，能够装运超过2万个集装箱，是当今世界上最大的远洋船之一。"长赐"号属于日本正荣汽船船舶贷款公司所有，由中国台湾长荣海运航运公司经营，悬挂巴拿马国旗，其上船员则多来自印度。②

苏伊士运河是全球航运的重要交通枢纽，每天通过该运河的集装箱载货量大约为全球海运集装箱总量的30%，每天通过该运河的货物量约为全球贸易总量的20%，因此苏伊士运河的堵塞事件即刻引起了全球的高度关注。埃及政府作为苏伊士运河的所有方迅速派遣了多艘大型吸泥船协助"长赐"号脱困，移除了体积约为八个奥运会游泳池的泥沙，并在涨潮的情况下于29日最终将卡在运河南端的"长赐"号货轮摆正了船身，并使运河恢复了正常通行。至此，持续了6天的运河堵塞危机才暂时得到解除。

然而危机解除后的法律问题接踵而至，埃及苏伊士运河管理局随后对"长赐"号的船东提出总计9.16亿美元的赔偿请求，具体包括3亿美元救

---

① "What Is the Suez Canal and Why Is It So Important?", Bloomberg, https://www.bloomberg.com/news/articles/2021-03-26/what-is-the-suez-canal-and-why-is-it-so-important-quicktake#:~:text=The%20Suez%20Canal%2C%20which%20cuts%20through%20Egypt%20to, over%20it%20since%20it%20was%20completed%20in%201869.

② Review and Analysis of Blockage of Suez Canal Region Due to Giant Container Ship, Irfan Ahmed Khan; Syed Rahman, Marine Technology Society Journal, 2021, 55(5): 39-43.

助费用、3 亿美元商誉损失及其他损失，但“长赐”号船东对此赔偿要求不予认可。[①] 4 月 13 日，按照苏伊士运河管理的要求，在埃及伊斯梅利亚市经济法院上公开发出了对“长赐”号的扣押令，然而由于双方在赔偿金额上存在较大的分歧，“长赐”号货轮被扣留在苏伊士运河航道中达三个月之久，直至 7 月 7 日才获批离开运河。[②]

三、苏伊士运河堵塞原因

5 月 30 日，埃及苏伊士运河管理局公布了“长赐”号货轮搁浅事件的调查结论，认为货轮船长对于搁浅事件负有责任。苏伊士运河管理局调查组负责人赛义德·舒爱沙(Sayed Sheaysha)称，经过分析涉事货轮的航行数据信息，调查组认为船长的错误指令是货轮搁浅的主要原因，苏伊士运河管理局派出的领航员不负有责任。然而另有两名官员认为，船长发出的错误指令与沙尘暴几乎“同时出现”，并进一步重申了天气原因并没有真正导致船舶搁浅。另一方面，“长赐”号船东代理律师则认为，苏伊士运河管理局在极端天气下准许货轮驶入运河航道，但并没有证明货轮船长在搁浅事故中有任何过失，所以该管理局应为事件承担责任。运河管理局调查组负责人对此回应称，在“长赐”号货轮以前共有三艘吨位相近的货轮先后进入运河航道并成功通过。

近年来，类似的堵塞事故屡次发生，如 2004 年，运油船“热带光辉”号由于控制系统故障在苏伊士运河中搁浅，导致运河封闭了三天，约 70 艘船舶滞留于运河两端；最近的一起搁浅事故发生于 2020 年 11 月 26 日，一艘超大型集装箱船搁浅，导致南向航行船只被滞留约 5 个小时。针对屡屡发生的堵塞事件，苏伊士运河建设完工后，埃及当局曾分别于 1980 年、1994 年和 2015 年实施过几次改造和扩建。尤其是在 2015 年，埃及政府耗资约 80 亿美元对运河航道实施了加宽拓深，并开凿了 317 米宽、35 千米长的“新苏伊士运河”，令运河中具有“旁道”的区域大大增加。即便有了这一被当时的新闻媒体赞誉为埃及“给世人的馈赠”的工程，仍然发生了此次

---

① 持续遭扣“长赐”号船东要求苏伊士运河放行诉讼被驳回，中国新闻网，https：//www.chinanews.com/gj/2021/05-24/9484258.shtml.

② 程鑫，郝志鹏.“长赐”号货轮苏伊士运河搁浅引发的司法问题解析.人民法院报，2021-06-04(008).DOI：10.28650/n.cnki.nrmfy.2021.002571.

严重的运河堵塞事故。

搁浅事故的不断出现，一定程度上归因于造船企业自身的因素，为了装载更多货物，它们倾向于修建苏伊士运河所能承载通行的最大尺寸和载重的船舶，以节约成本。然而这种巨型船舶如果失控，移动起来十分艰难，必然会造成整个运河航道的停航。但更大的问题则在于埃及方面。苏伊士运河目前全程基本仍为单向通行，一侧通过后另一侧才能通过，而且航道也十分狭窄，然而埃及政府却始终未能消除其带来的隐患。历届埃及政府的发展水平有限，财政状况也较为困难，苏伊士运河每年由 19 000 艘船舶所提供的 50 多亿美元财政收入，已经成为埃及财政的四大支柱之一，埃及政府也主要依靠这笔收入处理国内民生问题。在这一形势下，埃及政府一方面拿不出足够多的资金对运河进行大规模的改造和扩建，另一方面，扩建运河会对目前的通航造成影响，从而减少其通行费的收入。在这样多重因素的驱使下，埃及政府更关心眼前利益，却不太希望大规模扩建运河，已有的扩建项目也是虎头蛇尾，远未能达到理想的双向通行，可以说是导致此次堵塞事故的主要原因。

第二节　苏伊士运河堵塞带来的全球性影响

在苏伊士运河上，最轻微的拥堵都会扰乱重要商品和货物的正常交付，而像“长赐”号这样持续 120 小时以上的重大堵塞事件，对全球供应链等的冲击是多重且巨大的。由于“长赐”号堵塞航道，每天有 30 艘以上的重型货轮无法通行以及超过 5. 5 万个集装箱的交付被迫延迟。① 罗马尼亚 13 万头牲畜困在海上动弹不得，瑞典 110 个集装箱的家具、1200 万桶石油、全球占比 20%的咖啡豆都因此无法正常运输并及时交付。一周时间内总计 450 艘船舶受阻无法通航，产生了极为高昂的滞纳费，全球油价也因此一度飙升了约 3 美元。据德国安联保险的一项研究报告，由于搁浅货轮使得运河堵塞的近一周，估计导致全球贸易少增长了 0. 2 ~ 0. 4 个百分点，

① 苏伊士运河史上最贵“堵船”后，谁的机会来了?，新浪财经，https：//baijiahao. baidu. com/s? id = 1695555558880212490&wfr = spider&for = pc.

全球经济损失为60亿~100亿美元。①

全球供应链在新冠病毒打击下一直相当脆弱，经济复苏也遇到了瓶颈，因而此次苏伊士运河阻塞事件使得全球供应链问题愈加突出。由于此类事件在事前基本上缺乏预兆，且各方在应对此类事件的预案方面也都极为欠缺，因此一些直接受到危害的企业方必须动用大量应急储备以应对由此引发的问题，同时还需要合理及时的补救措施以应对供应中断。首先，苏伊士运河受堵进一步加剧了集装箱短缺问题。从2020年下半年开始，由于全球航运行业受到国际集装箱供应紧张、贸易复苏等因素影响，运力原本就十分紧张，国际海运价格也处于高位。而随着运河堵塞，全世界对载运大型集装箱的货船需求量暴增，连散货船都出现了短缺，除了携带着大批消费品的集装箱，不少空的货物集装箱也被滞留在了运河里。在全球供应链急需恢复的形势下，大型集装箱在欧美口岸大批搁置，加重了大型集装箱供不应求的情况，也对海运运力形成了巨大挑战。其次，航运延迟也会给保险公司带来大批赔付请求，使从事海运保险的机构承受巨大压力，进而造成再保险行业的动荡。再次，由于海运费率的不断上升，全球贸易成本随之提高，从而引发了一系列的连锁反应。

与苏伊士运河有关的供应链骤然被切断，使得全球生产链、消费链都突然陷入了停摆状态，其全方位的后果或许是无法准确估量的，也导致了原本就深受新冠病毒影响的全球供应链承受进一步打击。在现代技术发展日新月异、经济全球化不断发展的今天，运河堵塞事故直接暴露出了海上运输行业所可能遇到的局限。要评估其所带来的影响，既要考虑海上各种咽喉要道的问题，同时也需要考虑各国内河湖及近海航道的安全问题等。

第三节　苏伊士运河堵塞对全球海上航道安全的启示

对于依赖海上贸易的各国而言，全球海上航道的航行畅通至关重要。在和平时期，除去自然灾害、海盗等个别情况影响外，全球主要海上航道的无障碍通行问题基本可以得到保障，因此也基本不受世人重视。此次事故的发生除给埃及政府、船司、货主、保险公司、其他船舶及有关各方带

① 巨轮堵住苏伊士运河！蝴蝶效应，这些东西或涨价，澎湃新闻，https：//m. thepaper. cn/baijiahao_11945078.

来程度不同的损失以外，更让人惊觉这一世界主要海运咽喉的脆弱性，意识到即使在和平年代，海上咽喉要道也很可能面临通行受阻的情况。

由于海洋的面积占据地球总面积的70%以上，在世界范围内海上运输也占据了全球贸易的大头，海上交通咽喉要道的重要作用显而易见。直布罗陀海峡、苏伊士运河是地中海的两个主要贸易出口，土耳其海峡连接了地中海和里海，霍尔木兹海峡则是波斯湾与阿拉伯海之间的唯一出口，马六甲海峡是印度洋和太平洋上最便捷的咽喉要道，包括中国、日本和韩国等在内的东亚国家外贸高度依赖这一喉咙要道。作为大西洋和太平洋之间的交通要冲，白令海峡直接联系北冰洋和太平洋，巴拿马运河通行权则完全由巴拿马所掌握。“长赐”号货轮堵塞事故为全球各咽喉要道的便捷通行提供了一个让全世界海事机构都感到震撼的活生生的案例——海上要道的通行安全永远是无法回避的现实课题，也绝对不能掉以轻心。在和平时期维护海上航道安全应该注意以下几点。

(1)要有强烈的海上航行风险意识。由于海上航道情况非常复杂，在航海过程中所面临的不测情况极为复杂多变，包括自然灾害、复杂海况、海盗、撞船事故等。因此在海上航行过程中一定提高风险防范意识，不能凭借经验就不以为意，否则一旦出现类似堵塞情况，导致数百艘船舶的同时滞留及绕行，不但会平添赔偿、交货延误及保险成本等巨额损失，甚者还会连带导致直接伤害和次生损失，使相关船舶公司陷于无法了结的官司当中，并且面临难以承受的天价索赔。观察此次“长赐”号货轮可以发现，其管理方为德国贝仕船舶管理公司，主要负责亚欧路线，悬挂巴拿马国旗，船东为日本正荣汽船公司，租给中国台湾长荣海运公司运营，船员为印度人，投保联合王国保赔协会。可见，这艘货轮有着比较广泛的国际化产业特征，参与方众多，风险也比较分散，否则经过此次事故，单独的航运公司必然会面临破产倒闭的命运。

(2)要建立比较完备的海上航行预警和救助系统。现代航运业虽然尚属一个传统行业，但如今的科技装备水平远非过去可以比拟，海况、恶劣天气预警技术、救助能力等也达到了高度发达的水平，能够在很大程度上帮助海上航行防患于未然。在此次事件当中，苏伊士运河管理局未能及时对极端天气状况作出预警，还准许“长赐”号货轮驶入运河航道，在一定程度上导致了严重搁浅事故的发生。此外，最初预计 2 天内完成的“长赐”号救助工作，最终历时6天才全部完成，救助技术和能力的局限性使得损失无可避免地增多。因此完善预警系统、加强操控体系、提升救助技术和能力以及完善和提升海峡、运河处的安全通航规则，都可以成为有效规避风险的手段，同时也是十分必要的事后补救举措。

(3)亟需加快拓展多元航线作为备选方案。在新冠病毒肆虐全球之际，海上运输的停滞、崩溃和无序状况给海上公共卫生系统建设、海上供应链安全敲响了警钟。而中欧班列在此背景下却逆势而上，防疫紧急物资通过中欧班列快速运抵，生产链基本得以维系，这使人们认识到在紧迫关头欧亚大陆“生命大通道”的意义所在，并且认识到拓展多元通道的必要性。此次事件还引发了各国学者对于北极航道替代苏伊士运河可能性的讨论。2021年2月，俄罗斯国家航运公司SCF集团的一艘商船成功通过北极航道，首次实现了在冬季通航北极航道，使得北极航道未来实现全年通航的可能性大大增加。① 北极航线，包括东北航线和西北航线，如果可以实现无季节限制的通航，我国商船通过东北航线抵达波罗的海、北欧与西欧，经西北航线抵达北美洲的航运前景也将变得更加光明，这样一来可以大幅减少航程距离与航行时间(如亚欧航线的航行时间可缩短15天)，同样也能大幅节约航行成本[目前受限于集装箱尺寸与规模，北极航线运输成本还较为高昂，如以40英尺(约12米)集装箱为例进行估算，当前北极航道运输成本要比苏伊士运河运输成本高约30%]，全球货物流通将具有更多的路径选择和更高的便利度。这也证明了当前中国积极推动的海上丝路建设有着十分积极的现实意义与光明的未来发展前景。②

---

① 苏伊士运河堵塞引发“替代”航道讨论，专家：中国应有应对战略水道发生突发时的预案，环球网，https：//baijiahao. baidu. com/s？id=1695606184947118916&wfr=spider&for=pc.

② 傅梦孜．论多元航线的现实选择——苏伊士运河堵塞的警示．一带一路报道(中英文)，2021(3)：88-90.

第二十二章　全球海上制氢产业发展现状

为实现《巴黎协定》等气候目标，国际社会纷纷制定碳减排目标，对替代燃料和可再生燃料的需求不断增加，海上制氢作为全球能源技术领域的一次重大创新，为构建以新能源为核心的新型电力系统以及未来的绿色能源发展提供了新的发展方向。2021 年，世界各国加快海上制氢发展步伐，全球海上风能生产进入白热化阶段，以低碳、绿色为标志的海上氢能发展路线日益明晰。

第一节　海上制氢产业发展的背景

2015 年，《联合国气候变化框架公约》通过了《巴黎协定》，首次达成了全球意义上的气候协议。该协定的主要目标是在 21 世纪至少将全球平均气温上升幅度控制在 2 摄氏度以内，并努力达成将升温幅度控制在 1.5 摄氏度以内的目标①。国际海事组织也为海运业脱碳设定了“与 2008 年相比，到 2030 年船队的碳排放量减少 40%，到 2050 年减少 50%”的目标。为实现上述目标，各国制定了限制或消除温室气体排放、向“碳中和”经济转型的时间表和路线图，不断提升监管要求，开发并实施新的战略和技术，海上制氢作为全球能源技术领域新兴的创新手段掀起热潮。

一、作为替代燃料的绿色氢概况

替代燃料是指非常规的能源载体，如氨、甲醇、甲烷和氢气等。鉴于替代燃料可在行业实现减排目标上发挥重要作用，国际社会对替代燃料需求不断增加。氢被视为具有可行性的长期燃料解决方案，是通过化学反应过程，将其与水或碳水化合物分离而产生的。在工业中，通常用不同的颜

① Bloomberg NEF. New Energy Outlook 2021.

色来表示氢的来源，如棕色氢，即在煤的气化或碳化过程中产生；灰色氢，即通过天然气的蒸汽重整反应产生；蓝色氢，即与灰色氢相同的方式产生，但通过排放捕获，可实现净零碳足迹；绿色氢，即以水电解为动力产生，因其以可再生能源产生，不产生碳排放。其中，棕色、灰色和蓝色氢的生产都是燃烧化石燃料的副产品，而绿色氢是由水电解产生，完全由可再生能源驱动。因此，绿色氢的开发依赖于向可再生能源的持续转变，以推进绿色氢的使用形成商业规模。海上制氢主要依赖风能和太阳能为水的电解反应提供驱动力，生产的氢可以通过船舶或管道出口，也可以对其进行储存。

二、可再生能源引领绿色氢市场发展

2019 年，全球氢燃料虽然达到了约 7500 万吨的消费量，但绿色氢却只占 2%的比重。美国能源转型委员会(ETC)在 2021 年 4 月进行的一项市场分析表明，全球对氢气的需求预计将以每年 7%~9%的速度增长；预计到 2050 年，全球对氢气的需求将达到 5 亿~8 亿吨，将满足全球能源需求的 15%~20%，若要在 2050 年达到 5 亿吨氢的生产水平，需要 3000~6000 千瓦的可再生能源用于制氢①。

由于绿色氢对可再生能源的依赖，海上制氢的初步发展局限于现有或计划使用海上可再生能源系统的国家和地区。全球风能委员会报告称，英国(29%)、中国(28%)、德国(22%)、荷兰(7%)和比利时(6%)占目前世界海上风力发电量的 93%②。中国在全球海上风电市场上的占有率不断提升，2021 年，中国的新增海上风电装机容量在全球的占比为 50%，作为中国“可再生能源计划”的一部分，预计中国近年来将持续保持该发展势头。此外，全球也迎来了陆上风电向海上风电转变的热潮，如美国、日本和韩国等。

北欧国家是最有立即开发和安装绿色制氢生产设施潜力的地区，因为其有丰富的海上风能、海上基础设施和有利于替代燃料发展的政策支持。

① Energy Transitions Commission. Making the Hydrogen Economy Possible: Accelerating Clean Hydrogen in an Electrified Economy. 2021.

② Global Wind Energy Council. Global Wind Report 2021.

美国、沙特阿拉伯和澳大利亚等其他国家目前正在调查和开发大型的陆上制氢设施，并可能扩展到沿海地区甚至海上，目前因为缺乏现有的大型海上可再生能源设施而受到限制。

第二节　国际社会加快海上制氢发展步伐

针对海上制氢，近年来国际社会广泛开展了相关的研究与示范应用。欧洲作为全球海上风电产业最发达、技术最成熟的地区，其推动海上制氢的步伐也较世界其他国家和地区迈得更大，走得更快。欧洲将氢能作为其实现《欧洲绿色协议》“碳中性”目标的重要途径，并试图在该领域成为全球“引领者”。荷兰、德国、法国等相继出台国家层面的氢能战略，如《德国氢能源战略》提出到2030年投入90亿欧元开发5吉瓦电解制氢项目；法国《国家氢能战略》提出到2030年投资72亿欧元推动氢能生产与应用，达成建成6.5吉瓦电解槽的目标。

绿色氢的生产需要一种可再生能源来为电解槽系统和在生产过程中使用的任何其他设备提供输入功率①。最容易操作的可再生能源推动海上制氢的方法是利用海上风力涡轮机提供驱动力，虽然潮汐能和波浪能利用技术也可为电解反应提供必要的动力，但就当前来看，潮汐能和波浪能在海上可再生能源领域所占份额比海上风电差出一个数量级，且其相关设施一般建在港口或海岸线附近。海上太阳能所占份额更是不及海上风电的十分之一，且通常建在隐蔽的内陆池塘和湖泊上。

一、风电制氢

风电制氢技术是将风能通过风力发电机转化成电能，电能通过电解水制氢设备转化成氢气，通过将氢气输送至氢气应用终端，完成从风能到氢能的转化②。全球风电装机容量的迅猛增长暴露了一系列问题，如大量的

① Christensen A. Assessment of Hydrogen Production Costs from Electrolysis：United States and Europe. 2020.

② 孙鹤旭，李争，陈爱兵，等．风电制氢技术现状及发展趋势．电工技术学报，2019，34(19)：4071-4083.

低品质风电并网对电网安全构成极大威胁、风电场大规模聚集影响电网正常输送、风电大量并网造成电网平衡成本增加等，风电制氢技术作为一种新型的储能方式，可破解大规模风电场发电不均衡的难题，同时使风场风电的利用率得到提升。

欧盟启动了一项名为 INGRID 的氢储能项目，旨在通过氢储能系统提升可再生能源系统利用效率，同时优化间歇性再生能源电力的发电品质，以保证电网的安全性和稳定性。该项目建设地为意大利的普利亚地区，项目总储存能力为 39 兆瓦·时，由 3.5 吉瓦的太阳能、风能和生物能资源组成的发电系统，储氢容量超过 1 吨的固态储氢系统和一套 1.2 兆瓦的氢发电机组成①。

英国 Gigastack 项目与丹麦能源公司 Ørsted 的 Hornsea 2 海上风电场合作，共同致力于绿氢生产。该风电场将于 2022 年投产，致力于通过规模化应用水电解制氢，提高技术商业化应用的可能性，为英国部署可扩展电解槽技术制定蓝图。此外，伊尔姆环境资源管理咨询公司(ERM)的 Dolphyn 项目通过为浮式风力涡轮机配备脱盐设备，再采用电解槽从其产生的淡水中分解出氢气，计划在英国北海漂浮式风电场使用独立装置生产绿氢，项目将于 2023 年投运，2026 年前实现在 10 兆瓦机型上制氢。英国 H2GO 动力公司与欧洲海洋能中心合作研发“氢能人工智能”平台(HyAI)，就 AI 软件与氢能储藏技术的结合使用展开试验，通过 AI 算法预测未来的电力成本和用户需求，以对氢能存储系统的运行进行管理和优化。

德国制订了宏伟的“Power to gas”发展计划，基本路线是使用包括风能在内的可再生能源，通过电解水的方式生成氢并储存，然后注入燃气管道网络中。位于德国柏林普伦茨劳的“风氢混合电站”为全球氢气储能利用项目开了先河，其风电装机容量达到 6 兆瓦，电解槽装机容量约为 0.6 兆瓦。在此之后，德国相继启动了位于德国北部梅克伦堡-前波美拉尼亚以及位于东北部勃兰登堡法尔肯哈根的氢气储能利用项目。新加坡能源公司旗下的 Tractebel Engineering 和 Tractebel Overdick 公司，也将在德国建设名为 Energy-Plus 的海上风电制氢站，规划容量为 400 兆瓦，用于绿氢生产并通

① 张丽，陈硕翼. 风电制氢技术国内外发展现状及对策建议. 科技中国，2020(01)：13-16.

过管道外送，同时用气罐存储在生产过程中产生的少量绿色氨气，一并运输。德国风力涡轮机制造商 Siemens Gamesa 还投入了 1.2 亿欧元正在研发一种带有内置电解槽的海上涡轮机。

荷兰的 NortH2 项目是当前世界规模最大的海上制氢项目，其目标是到 2030 年利用海上风电获得 4 吉瓦的绿氢产量，到 2040 年达到 10 吉瓦，当前，该项目正在考虑电解设施的三种选择，位于现有或新建的平台上、位于现有的或专门建造的岛屿上或集成到风力涡轮机上层结构中，该项目由荷兰石油巨头壳牌公司、荷兰天然气电网运营商 Gasunie 和格罗宁根海港联合启动，随后挪威能源巨头 Equinor 也加入其中。此外，荷兰输电网运营商滕特(Tennet)公司提议在德国水域建设海上传输中心，将三个海上风电场与陆上绿色氢项目连接起来，并与丹麦、比利时签署协议，探讨建立三国海上互联网络，以便更好地进行跨境电力交易。

美国制订了 Wind2 H2 计划，旨在提高相关研究人员对可再生能源与电解水制氢关键技术的掌握水平，包括储氢技术研究、再生能源输出及成本效益分析、电解技术的影响研究等。目前，该计划已完成工业规模及社区或个人使用规模的新能源制氢设备商业化，且可直接进行风能储能。

二、潮汐能制氢

潮汐能制氢技术是通过潮汐电站将潮汐能转化成电能，然后利用电解水制氢技术和设备实现氢能的转化，通过将氢气输送至氢气应用终端，完成从潮汐能到氢能的转化。当前，全球潮汐能发电技术虽已经成熟，但目前潮汐能发电依然用蓄电池储存，易造成环境污染①。氢能作为新型清洁能源，具有储存时间长、反应时间快、无污染等优势，将潮汐能发电产生的电能通过电解水的方式转化为氢能并储存起来，无论在应用层面还是环保层面，都具有深远意义。

欧洲海洋能源中心(EMEC)成功利用英国苏格兰北部奥克尼群岛潮汐发电进行氢燃料的制取，这是全球首次利用潮汐能发电制氢的项目。该项目基地位于 EMEC 海上潮汐发电试验场，通过利用 Scotrenewables 公司生产

---

① 关春子，吴昊．小型离网潮汐能制氢装置．科技与创新，2016(19)：79.

的 SR2000、Tocardo 公司生产的 T2 涡轮机等潮汐发电转换装置，将电力输送到 EMEC 陆上变电站附近的电解槽中。制氢电解槽为一个 0.5 兆瓦的聚合物电解质膜电解槽，由 ITM 动力系统公司提供。通过该装置利用潮汐发电产生的电能将水进行电解，产生氢气和氧气。电解槽安装在一个长 20 英尺(约 6 米)、宽 10 英尺(约 3 米)的标准容器中，利用该电解槽装置，24 小时制氢可达 220 千克①。

三、波浪能制氢

波浪能制氢技术是将波浪能通过波浪发电机转化成电能，电能通过电解水制氢设备转化成氢气，通过将氢气输送至氢气应用终端，完成从波浪能到氢能的转化②。当前的波浪能发电技术存在发电功率小、电压与电流变化大、传输困难等问题，波浪能发电难以并入陆地电网。将波浪发电与海水制氢进行有机结合，可以解决波浪能发电后需要经过多级整流、滤波和调压的繁杂处理及远距离输送才能并入电网，造成发电投资较高，难以维护等难题，为波浪能利用领域开辟了一条新的道路③。

英国海洋能源技术开发公司与 Gluon 集团旗下的 Marine2o 合作开发用风能和波浪能联合制备绿色氢的综合能源系统。两家公司使用浮式风能和波浪能捕获设备生产绿色氢，为城市水道和港口的船舶提供动力。绿色氢与海洋运输相结合，可以快速便捷地向客户提供新型能源，无需安装昂贵的电力传输系统或升级现有的天然气网络。与固定式海上风电相比，该综合能源系统独特的 DualSub 专利平台技术在大规模部署时更具成本竞争力，且其浮式平台的稳定性和承载能力可以支持一系列海上系统，包括电解设备、水净化和储氢设备④。

---

① Almoghayer M A, Woolf D K, Kerr S, et al. Integration of tidal energy into an island energy system-A case study of Orkney islands. Energy, 2022, 242: 122547.

② 杨启明，华建，李丹．基于直线电机波浪能发电的制氢设计研究．可再生能源，2013，31(3)：121-124.

③ Serna Á, Tadeo F. Offshore hydrogen production from wave energy. Int. J. Hydrogen Energy, 2014, 39(3): 1549-1557.

④ Jin S, Greaves D. Wave energy in the UK: Status review and future perspectives. Renew. Sust. Energ. Rev., 2021, 143: 110932.

四、太阳能制氢

太阳能热分解水制氢是直接利用太阳能聚光器收集太阳能，将水加热到2500开氏度高温下分解为氢气和氧气。目前利用太阳能制氢的方法主要有太阳能热分解水制氢、太阳光催化分解水制氢、太阳光电电解水制氢、太阳能生物制氢等多种①。太阳能制氢杂质少，碳排放少，环境友好，同时也是对光伏发电技术的补充，能够在一定程度上解决光伏长期存在的"弃光率"高、发电量波动大等问题。

美国加利福尼亚州洪堡州立大学莎茨能源研究中心开发的太阳能制氢系统，每天可自动生产干净的氢燃料。该系统的光伏电池为9.2千瓦，与7.2千瓦(电)双极碱性电解槽匹配，最大制氢量为25升/分。当有日照时，光伏电池发出的电能直接供给压缩机，多余的电能供给电解槽制氢。当没有日照时，一台1.5千瓦的质子交换膜燃料电池，用储存的氢发电，供给压缩机。

德国一座500千瓦的太阳能制氢试验厂已投入运营，生产的氢气被用作锅炉和内燃机燃料，或用于燃料电池的运行。德国还在沙特阿拉伯建造了一个350千瓦的太阳能制氢系统，该系统是德国航天局和阿卜杜拉科学城的试验研究和培训基地，德国戴姆勒-克莱斯勒汽车公司和BMW公司利用该设施进行氢用作汽车燃料的试验研究。德国已经投资5000万马克进行工程的可行性研究，同时计划在北非沙漠地带建造太阳能光伏发电站，用其发出的电生产氢气，然后把产出的氢气利用管道经意大利输送到德国②。

五、发展储运设施保障制氢

随着化石能源勘探和生产部门的逐渐减少，退役海上油气平台被重新用于可再生能源服务。荷兰开启了首个海上油气平台绿氢项目PosHYdon，旨在利用北海油气平台及管道基础设施，实现低成本氢气输送至岸上应用终端，借助现有电气化平台和附近海上风电供电。该项目利用荷兰北海首

① 李建林，梁忠豪，李光辉，等．太阳能制氢关键技术研究．太阳能学报，2022，43(3)：2-11.
② 江涛．太阳能制氢．太阳能，1995.

个完全电气化的海上油气平台——Q13a-A实施，平台上的能源全部来自海缆供电。该项目由荷兰多家企业、机构共同承担，旨在研究海上风电制氢、创新技术，在北海建立新的能源模式，并在荷兰推广应用。海上风电制氢使远海风电场开发成为可能，海上制氢模型不再需要建设很长的电力电缆设备和升压站，也不受制于上网电价和陆地电网的消纳情况，增加了整个能源系统的灵活性和多样性。

第三节　全球海上制氢的发展展望

绿色、低碳的海上制氢不仅有助于提高电网的灵活性，还可实现可再生能源的远距离运输和分配，将脱碳难度较大的工业、建筑和交通运输领域与电力系统密切联系起来。当前国际社会开发海洋能的热情持续高涨，智能电网等技术的长足发展也为海洋能产业发展奠定了坚实基础。因此，大力发展海洋可再生能源既可以满足能源结构优化、蓝色经济空间进一步拓展的国家战略需要，也是开发利用海洋和海岛、建设生态文明的重要选择。

海水制氢的未来发展主要取决于对氢产量的需求以及电力来源的成本和可行性。目前，氢能正在世界范围内掀起第二次热潮，美国、德国等发达国家已将氢能上升为国家能源战略，我国也提出加速发展“绿氢”制、储、用等氢能产业链技术装备，促进氢能燃料电池技术链、氢燃料电池汽车产业链发展。但到目前为止，全世界氢生产几乎都是作为工业原料而不是作为能源载体使用，只有当氢能源的广泛应用带来电解水制氢规模的高度膨胀，以海水为原料的工业化制氢才有可能迎来发展机遇①。此外，目前超过95%的氢气采用化石燃料生产，能耗巨大且二氧化碳排放强度高，在陆上和海上风电产业规模不断扩大的情况下，利用可再生能源电力电解水制氢具备较强的成本竞争力。根据国际能源署分析，在当前全球制氢规模不断扩大的趋势下，到2030年，可再生能源发电成本预计能够下降30%。在保证需求的前提下，未来可再生能源发电可以保障海水制氢所需

① 万晶晶，张军，王友转，等．海水制氢技术发展现状与展望．世界科技研究与发展，2021.

的电力来源①。

截至目前，全球陆上产氢量已经超过了海上石油产量，随着这些海上制氢项目的发展以及绿氢技术不断地适用于海上制氢，海上制氢的规模将不断扩大，并在整个氢产业链中发挥更大作用，从这些项目中吸取的经验和教训也将为未来的海上制氢行业铺平道路。当前我国包括水、风、光等在内的可再生能源产业发展迅速，电解水制氢技术的发展与应用也将进入快速发展的高速路。

① 廖圣瑄，陈可仁．能源岛：深远海域海上风电破局关键．能源，2021，(5)：46-49.

第二十三章　碳捕集、利用与封存在全球海洋领域深入发展

碳捕集、利用与封存(以下简称“CCUS”)在“负排放”领域潜力巨大，同时能够搭建商业模式，因此成为各方广泛关注的减排手段。国际能源组织(IEA)认为，CCUS 的减排总量在 2030 年将达到减排总量的 10%，比 2020 年的 3%上升三倍，预计在 2050 年将占据减排总量的 19%，成为贡献最大的减排方式。[①] 在各国积极推进本国“碳达峰”进程中，CCUS 领域成为热点领域之一，陆地 CCUS 技术成熟，商业运营较为广泛，相比之下，海洋领域的相关实践虽然近年才开始兴起，但具备良好的前景和发展势头。

第一节　海洋碳捕集发展势头良好

2021 年，各国应对气候变化的行动有了新发展，主要海洋国家均制定了应对气候变化的战略，也明确将蓝色碳汇、海洋碳捕集、利用与封存(CCUS)作为有效应对气候变化、实现负排放的重要措施。根据全球碳捕集与封存研究院发布的《全球碳捕集与封存现状 2021》报告显示，截至 2021 年 9 月底，已规划的碳捕产能达到每年 1. 11 亿吨，比 2020 年底的每年 7300 万吨增长了 52%。报告还认为，CCUS 在 80%的国家长期低排放和发展战略中占据重要地位，共享二氧化碳运输与封存基础设施网络仍然是大趋势。

同样，可持续海洋经济高级别小组声明将加快六个基于海洋的关键气候行动的进展：①投资基于自然的气候解决方案；②利用基于海洋的可再生能源；③海洋产业去碳化；④确保未来的可持续食品；⑤推进部署碳捕集和储存；⑥扩大海洋观测和研究。海洋小组早前研究发现，基于海洋的气候行动可以提供多达 1/5(约 11 亿吨二氧化碳当量)的年度温室气体减排

---

① IEA. Energy Technology Perspectives' 2012：Pathways to a Clean Energy System. Paris：International Energy Agency，2012.

量，未来 30 年，为以海洋为基础的气候行动投资 1 美元，可以产生至少 5 美元的全球收益。

第二节　世界主要国家海洋碳捕集格局正在形成

一、主要海洋国家积极推动新型碳捕集项目实施

从世界范围来看，发达国家开展大规模碳捕集与封存项目起步较早，技术相对成熟。其中加拿大、美国、澳大利亚、日本等国家近年来开始逐步推动海洋碳封存项目，期待建立完善的商业模式，从而引领国际海洋碳捕获和封存的发展。英国伍德麦肯兹(Wood Mackenzie)公司指出，加拿大已经成为全球碳捕集和封存领域的领导者。加拿大在碳捕集方面的所有投资主要集中在艾伯塔省和萨斯喀彻温省，其中已运营的艾伯塔省碳干线管道是世界上最大的专用二氧化碳管道，如能充分利用，其每年的运输能力将超过 1400 万吨二氧化碳。目前，在加拿大还有 13 个其他公开宣布的 CCUS 项目。

在发展滨海碳捕集方面，美国在墨西哥湾沿岸准备发展碳储存中心，该地区提供了充足的机会来捕集和储存碳。得克萨斯州和路易斯安那州出台碳捕集、利用与封存(CCUS)的政策激励措施，两州的 CCUS 产业高度集中，是建立碳封存中心的最佳地点，此外墨西哥湾沿岸地区拥有各种发电、炼油和石化加工设施，形成美国最大体积的工业二氧化碳排放区。高度集中的工业和独特的近海地质条件使其成为发展碳储存经济的绝佳地点。研究人员呼吁尽快采取行动，大幅降低碳排放。

与此类似，俄罗斯科学院提议在萨哈林岛(库页岛)启动一个关于“蓝碳”的国际项目，俄罗斯科学院院长亚历山大·谢尔盖耶夫表示，萨哈林地区作为俄罗斯脱碳议程的先驱之一，未来或可依靠远东地区的海洋资源以及碳捕集等方面的经验成为国际海洋碳平衡研究项目的中心。目标是更准确地测量海洋生态系统对碳的吸收，同时可以加快相关技术的研发。俄罗斯科学院院士瓦列里·邦杜提议在萨哈林地区设计一个温室气体流动地面观测网络，以评估海洋对碳的吸收。俄罗斯科学院副院长安德烈·阿德里亚诺夫指出，远东海上碳试验场的创建将有助于远东海域碳汇潜力的评估工作。

在亚洲，中国海洋石油集团有限公司在南海的恩平 15-1 油田，启动了中国首个海上碳捕集、利用与封存项目。该项目目标是每年将向海底储层注入 30 万吨二氧化碳，预计总共将封存二氧化碳 146 万吨。恩平 15-1 油田开发过程中产生的温室气体将被封存在 80 米深的咸水层中。此外，中国海洋石油集团有限公司还宣布，为了减少碳足迹，到 2025 年，该公司将其年度预算的 10%用于绿色能源项目。而韩国宣布 2021—2025 年，将投入 950 亿韩元支持高碳排放产业研发碳捕集、利用与封存技术。具体是水泥碳产业捕集、利用技术 2 项，石油化学产业捕集、利用与封存技术 1 项，液化天然气发电二氧化碳捕集技术 2 项，二氧化碳封存技术 2 项。

对于碳捕集在东南亚地区的发展，国际能源署发布《碳捕集、利用与封存：东南亚地区机遇》，提出东南亚碳捕集、利用与封存战略重点：①加强区域合作与协作，确定和开发共享基础设施发展的机会，在整个区域建立 CCUS 能力；②确定和开发陆上和海上二氧化碳封存资源，建立健全法律和监管框架，确保二氧化碳安全封存，并利用亚洲开发银行 CCUS 信托基金等国际计划支持工作开展；③通过有针对性的政策和将 CCUS 纳入国家能源及气候战略，鼓励尽早投资 CCUS 项目，包括试点示范和工业中心，同时认识到 CCUS 在能源和气候战略中的作用可以改善获得国际融资的途径；④为该地区 CCUS 建立国际支持和融资，特别是增加获得国际发展和气候融资机构赠款和贷款的机会，鼓励国际资本市场为更广泛的清洁能源投资机会提供资金。

二、海洋碳捕集相关政策规划逐步完善

在此背景下，世界主要国家和国际组织也开始制定更加具有针对性的碳捕集发展政策措施。联合国欧洲经济委员会（UNECE）发布简报称，为落实《巴黎协定》，同时实现《2030 年可持续发展议程》，应迅速部署碳捕集、利用与封存技术，以实现碳中和目标。简报着眼于欧洲现有的 31 个项目和北美的 24 个项目，指出大规模使用碳捕集、利用与封存技术将需要巨大的地质存储能力，目前在英国、荷兰和挪威已经发现了合适的沉积盆地，UNECE 正在研究东欧、高加索和中亚地区的地质储存潜力。在这种背景下，世界各国开展了更加积极的气候变化政策应对，海洋领域的碳汇和碳捕集政策也在逐渐形成。

美国政府通过修订和完善碳捕集、利用与封存法律体系，不断为碳捕集工作提供政策扶持。目前美国以碳捕集、利用与封存(CCUS)政策的三支支柱，即研究、开发和示范，市场开发，基础设施为主旨的现行的主要CCUS法案包括《准入45Q法案》《碳捕集现代化法案》《封存二氧化碳和降低排放(规模)法案》《碳捕集、利用与封存税收抵免修正法案》《我们未来能源融资法案》。

欧盟委员会公布最新的气候一揽子计划“Fit for 55”，旨在支持实现《欧洲绿色协议》制定的气候目标。“Fit for 55”方案提议修改欧盟碳排放权交易体系，进一步支持碳捕集、利用与封存技术。随着对欧盟碳排放权交易体系的修订，欧盟委员会计划将通过欧盟创新基金的拨款增加一倍——资助整个欧洲的碳捕集、利用与封存项目。

第三节　国际合作、资金与技术支持将决定未来海洋碳捕集的发展

一、公私部门投资合作将为海洋碳捕获提供更多资金支持

虽然碳捕集、利用与封存技术(CCUS)在应对气候变化中变得越来越重要，但是，在过去的20年里，CCUS商业化的项目中有80%以失败告终。美国加利福尼亚大学圣迭戈分校的研究人员通过分析确定了可能决定这些项目成败的12个因素，包括技术成熟度、激励措施的可信度、财务可信度、成本、监管挑战、行业利益攸关方的反对等。其中，财务和激励措施的可信度是最重要的因素。对于发展中国家来说，缺乏部署碳捕集的主要原因包括了资金以及预期效益、克服碳捕集、利用与封存投资风险的措施、缺少支持部署更多设施的相关全球气候融资机制。

2021年11月，美国国会通过有史以来最大的单笔CCUS基础设施投资法案《基础设施投资和就业法案》。该法案包含了历史上CCUS技术最大的一笔拨款，其中包括在未来五年内为CCUS示范项目拨款25亿美元，为大型CCUS试点项目拨款10亿美元以及为区域直接空气捕集中心拨款35亿美元。

几乎同时，欧盟宣布通过欧盟创新基金拨款11亿欧元资助7个大型创新项目，其中包括4个碳捕集、利用与封存(CCUS)项目。芬兰、比利时、

瑞典和法国都将成为资助的受益者，欧盟创新基金分别支持其在氢、化学、生物能源和水泥生产方面的 CCUS 项目。欧盟已于 2021 年 10 月宣布第二次项目征集，欧盟创新基金的总目标是到 2030 年为低碳技术拨款 250 亿欧元。

澳大利亚早在 2021 年 3 月份就宣布设立“碳捕集、利用与封存”（CCUS）发展基金，提供 5000 万美元资助在该国从事 CCUS 技术的企业、州/境内机构和联邦当局。该发展基金目标包括：①减少能源生产、天然气或氢气生产、重工业排放的二氧化碳；②加强现有的、试点的、试商用的 CCUS 设施建设；③利用专业知识和可行的地质封存资源在澳大利亚开展 CCUS；④支持澳大利亚政府的优先技术延伸性目标，即压缩、运输和储存每吨二氧化碳的费用不到 20 美元；⑤支持在二氧化碳衍生产品和服务的开发中使用二氧化碳的新机会。澳大利亚政府公布以下项目获得碳捕集、利用与封存发展基金资助：蒙巴碳捕集、利用与封存项目，填埋气碳捕集与利用项目，重工业脱碳示范项目，将矿物废弃物转化为碳汇——一种低成本的碳封存技术，直接空气碳捕集、利用与封存试点项目：场外减排和空气碳捕集、利用与封存，碳运输和封存公司瑟拉特盆地碳捕集、利用与封存项目。

在私人投资领域，全球碳捕集、利用与封存研究所发布《放开民间融资以支持碳捕集、利用与封存投资》，报告分析了碳捕集、利用与封存（CCUS）的巨大需求、大规模部署的成本需要来自私人的投资、CCUS 私人投资的障碍、加速使用与可持续发展挂钩的贷款和绿色债券进行 CCUS 投资等内容。在重要的企业投资方面，埃克森美孚公司提出 1000 亿美元碳捕集项目需要“大规模”的公私合作，每年最多可捕集 1 亿吨碳。

二、国际合作成为海洋碳捕集新的发展方向

在各国大力推进本国涉海 CCUS 发展的背景下，越来越多的国家开始着眼就海洋碳捕获开展国际合作，实现优势互补。2021 年 6 月，挪威石油和能源部长蒂娜・布鲁（Tina Bru）和英国商业、能源和产业战略大臣夸西・夸滕（Kwasi Kwarteng）就能源问题进行会谈。双方表示，能源是英国和挪威合作的关键词，两国即将签订电力交换协议，计划在北海合作开发海上风电和相关基础设施。此外，两国在海上风电、海洋碳捕集和储存、油气开发以及绿色清洁能源等方面将进行更广泛合作。

2021 年 9 月，俄罗斯国家石油公司发布消息称，和日本经济产业省已

就新型低碳项目问题签署备忘录，未来该公司和日本相关企业将就二氧化碳捕集、储存以及氢和氨等现代燃料的开发问题进行研究，开展经验和技术交流，并对旨在减少温室气体排放以及提高企业能源效率的新型低碳技术的潜力进行评估。

马来西亚国家石油公司与埃克森美孚马来西亚子公司合作，共同探索碳捕集、利用与封存(CCUS)技术的机会，以实现该国上游产业的脱碳。埃克森美孚公司计划建立东南亚碳捕集中心。马来西亚国家石油公司表示，两家公司的合作包括海上 CCUS 的项目选址、地区选划以及评估项目的可行性，此外还将联合建立合适的应用技术体系，共享海洋封存的相关技术数据，评估二氧化碳储存的有效性和商业价值。国际能源咨询公司 Xodus 表示，将为马来西亚国家石油公司的首个碳捕集、利用与储存(CCUS)项目提供可行性研究和概念设计服务。Xodus 发文指出，主要是为位于沙捞越海岸外的 Kasawari CCUS 项目处理从酸性气田开发中捕集和处理二氧化碳，并将二氧化碳注入枯竭气田，提供工程概念设计等相关服务。该公司还表示，该项目是马来西亚国家石油公司在 2050 年实现净零排放愿景的关键要素。

沙特阿拉伯国家石油公司与韩国现代重工集团就“蓝氢”和“蓝氨”项目签署了一份谅解备忘录。双方正在寻找环保氢和氨的合作机会和模式，并加强造船业务方面的合作和对船用燃料的其他后续处理技术的研究。沙特阿美的技术服务高级副总裁称，“蓝氢”和“蓝氨”领域的战略伙伴关系有望通过碳捕集实现减排。

丹麦沃旭能源、阿克碳捕集公司和微软公司签署谅解备忘录，开展联合项目，利用“北极光”项目捕集生物质发电厂的碳排放，并将其储存起来。这三家公司将合作解决碳捕集、利用与封存相关的技术、监管和商业挑战，并将探索加速生物碳捕集项目的开发，并推广有助于加速欧洲国家负排放的政策。

三、更多国家关注海洋碳捕集技术的发展

在各国将碳捕集、利用与封存作为应对气候变化，实现降低碳排放的重要技术路径的同时，对于有效、经济、安全的碳捕集相关技术的需求也在持续增长。以亚洲为例，东南亚各国希望利用碳捕集技术实现减排目

标。东南亚各国的能源需求平均每年增长6%，仅次于中国。马来西亚能源委员会首席执行官表示，我们需要新工具来减少碳排放，碳捕集技术就是其中之一。印度尼西亚能源和自然资源部高级官员图图卡(Tutuka)表示，碳捕集技术是以可持续和有竞争力的方式实现减排的关键。国际能源署分析师Adam Baylin-Stern表示，如果没有碳捕集技术，东南亚的碳排放将难以控制，更不用提实现气候目标了。东南亚各国对碳捕集技术兴趣极高，目前至少有7个项目在印度尼西亚、马来西亚、新加坡和东帝汶等国进行开发。

对于碳捕集管理与规划所需要的技术领域，为实现英国2050年净排放目标，海上风电与CCUS的项目容量都亟需增加，由于海床建设空间的局限性，预计未来两者需在英国海域的同一位置进行基础设施建设和安装。为此，英国皇家地产公司宣布成立海上风电和“碳捕集、利用与封存”(CCUS)项目重叠选址论坛，旨在探索二者在基础设施重叠选址建设领域的相关挑战和机遇，并将制定解决方案帮助实现两产业共用同一海域空间的目标。下一步，论坛将推动对可能涉及重叠选址项目的审查，并开发能够与海上风电项目兼容的CCUS替代技术。

第二十四章　新兴涉海多边治理机制态势

近年来，随着各国海洋意识的觉醒，新兴国家、国际组织开始尝试在全球海洋治理活动中发声，表达自身利益诉求。以单一议题或特定区域为依据发起的，更具针对性、灵活性和易控性的新兴涉海多边治理机制数量呈不断增长趋势。越来越多的国家开始习惯于组建和利用新的多边机制，通过不同的制度策略来实现各自利益最大化，并寻求在世界政治中提升影响力和决策权。国际组织、非政府组织在全球海洋治理中的重要性增加，这种转变同时也导致了更大程度的竞争，将竞争对手排除在其设立的新门槛之外，并可能削弱和侵蚀传统多边机制。

第一节　新兴涉海多边治理机制主要进展

一、新兴涉海多边治理机制呈现出越来越专业化、集中化的特点

从国家行为体角度出发，除安全、经济等传统议题外，可持续发展、环境保护等议题也是世界海洋国家关注的重点。2017 年由美、日、印、澳四国组成的“四方安全对话”(Quad)机制，将海洋安全确定为四国合作的核心议程；同年，由印度尼西亚、马来西亚、菲律宾三国共同倡导“苏禄海三边巡逻”机制重点关注打击海盗、海上跨国犯罪；同年，挪威、丹麦、瑞典发起“清洁北欧海洋”(Clean Nordic Oceans)合作，重点应对幽灵渔具和海洋塑料带来的风险；① 2018 年，英国发起“英联邦蓝色宪章”，合作解决与海洋相关问题并履行对海洋领域可持续发展目标的承诺；② 2019 年，

---

① Nine recommendations to limit ghost nets in the sea, Denmark National Institute of Aquatic Resources, 15 MAY 2020, https://www.aqua.dtu.dk/english/news/2020/05/recommendations-to-limit-ghost-nets-in-the-sea?id=2f304e1d-cdb2-45f0-8717-1d5d920207f9.

② About the Commonwealth Blue Charter, The Commonwealth Blue Charter, https://bluecharter.thecommonwealth.org/about-us/.

英国发起“全球海洋联盟”(Global Ocean Alliance),提出到2030年保护30%海洋的承诺。① 2021年,美、英、澳成立AUKUS三边安全倡议,美英将帮助澳大利亚发展核动力潜艇。② 而国际组织、非政府组织则更加关注海洋可持续发展议题。例如,联合国大会于2017年推出“海洋科学促进可持续发展十年”,并于2021年起正式实施。该机制设有秘书处,对项目进行统一征集、管理。由于联合国的影响力,该机制成为利益攸关方参与海洋治理的平台,也能有效整合资源应对海洋挑战。③

二、当前新兴涉海多边治理机制在全球范围内呈现出自由结合的特点

就地缘区域界限而言,多集中于全球热点海区。传统的涉海多边治理机制大都以地理区域界限内的国家等行为体组成,如1992年成立的“波罗的海国家理事会”、1993年成立的“巴伦支-欧洲北极理事会”以及2008年由法国发起的“地中海联盟”等。如今以国家为代表的各行为体逐渐摆脱了传统地缘束缚,基于共同的价值观、利益导向和发展需求而自由结合,如2019年发起的“海洋风险与复原行动联盟”,此项由G7国家发起倡导的多边机制形态,聚焦于海洋经济、海洋生态环境等领域,得到了斐济、印度、墨西哥和挪威等国的大力支持。当前国际海洋事务的热点问题、热点领域大多集中于全球热点海区,如北大西洋、南太平洋、西太平洋、北印度洋、北冰洋等区域,此类热点海区均有资源丰富、战略价值高、区域问题繁杂的特点。美国政府在2008年发起的“非洲海洋执法伙伴关系”、2021年3月23日发起的“人口较少的小岛屿经济体”倡议,欧盟于2013年发起的“大西洋观测系统”(AtlantOS)就将目光瞄准了不同区域,着重发展与域内国家的海洋合作联系。

① Global Ocean Alliance: 30 by 30 initiative, the government of UK, https: //www. gov. uk/government/topical-events/global-ocean-alliance-30by30-initiative/about.

② Australia to Pursue Nuclear Attack Subs in New Agreement with U. S., U. K., https: //news. usni. org/2021/09/15/australia-to-pursue-nuclear-attack-subs-in-new-agreement-with-u-s-u-k.

③ Ocean Decade Progress Report 2021 - 2022, https: //unesdoc. unesco. org/ark: /48223/pf0000381708? posInSet=40&queryId=ef2992d0-b2cb-4ce7-8507-93998e484ef5.

三、国际组织和国家等不同层级构建的新机制分别趋于精细化和高级别

联合国作为全球最大国际组织，在全球海洋治理中具有权威性。为推动构建最广泛的全球治理伙伴关系，联合国于1998年设立“伙伴关系”办公室。① 近年来，联合国层级的全球性国际组织所构建的新机制越发分工精细，如“应对海洋塑料污染之友小组”“《联合国海洋法公约》之友小组”，将治理机制精细到一个具体问题。除联合国外，区域性国际组织也具有精细化特点，例如，欧盟启动的“欧盟哥白尼计划”“大西洋观测系统”等，均聚焦专门领域。

对于国家基于共同利益或特定目的构建的新机制，则往往由具有政府背景的官员或前官员宣布建立，体现出各国对于全球海洋治理的高度重视。如，法国前总统萨科齐主导成立了“地中海联盟”；印度前总理辛格曾出席“印度洋海军论坛”首届会议开幕式；“珊瑚礁、渔业及食品安全的珊瑚三角区倡议”则拥有部长级对话会议机制。

四、非官方性质的机制主体仍回归“国家中心主义”

由于全球治理面临赤字，要求国家发挥“终极责任人”的角色应对全球治理系统性危机带来的“溢出”效应。② 因此虽然非官方性质的治理机制主体在全球海洋治理中扮演着越发重要的作用，但这些机制仍然保留部分“官方”特性，回归“国家中心主义”。例如，“我们的海洋”大会、“国际蓝碳伙伴关系”、“清洁北欧海洋”、“海洋塑料宪章”、“海洋风险与复原行动联盟”等机制均有非政府组织、私营企业、民间团体等诸多非官方主体参与，但其性质仍为“官方+非官方”的机制复合体。又如，在关乎海上安全、海洋经济和海洋权益等国家利益的领域，相关国际机制几乎都是官方合作，如“苏禄海三边巡逻”、“英联邦蓝色宪章”、“美洲增长”倡议、“人口较少的小岛屿经济体”倡议等。

---

① 贺鉴，王雪．全球海洋治理进程中的联合国：作用、困境与出路．国际问题研究，2020(3)：94.

② 吴白乙，张一飞．全球治理困境与国家“再现”的最终逻辑．学术月刊，2021，53(1)：83.

五、各类型机制开放程度存在明显差异

由于区域问题呈现复杂性和紧迫性趋势，具有高度灵活性的“小多边”制度安排成为国家愿意选择的治理方式，导致新兴涉海多边机制呈现明显的开放程度差异。从区域看，如“地中海联盟”“英联邦蓝色宪章”是在已有区域成员的基础上成立的，具有明确的地缘属性或联盟属性，较少针对区域以外国家开放。从领域来看，科学、生态、经济等低敏感领域机制开放程度高，允许国家、组织机构等不同行为体参与，如“海洋塑料宪章”“全球海洋观测伙伴关系”等。在安全领域，新加坡、马来西亚、泰国发起的“马六甲海峡巡逻”机制对域外国家介入存在担忧，因此不对外开放；① 而“四方安全对话”则是通过开放加入拉拢更多国家选边站队。

第二节　新兴涉海多边治理机制评价

“21 世纪，人类进入了大规模开发利用海洋的时期”②随着人类对海洋认识的不断深入，涉海多边机制日趋多元化。新兴涉海多边治理机制根据不同治理议题、治理主体，呈现对不同治理目标的追求，也体现全球化背景下海洋治理分工的精细化。这一方面扩展了人类对海洋的认知和对海洋事务的参与，另一方面也提升了治理效能，有利于缓解治理困境。然而，各类治理机制呈现出不同的发展路径，大国主导的海洋治理仍然是目前全球海洋治理的主要特点。

一、已经成熟的机制及由大国发起的新兴机制影响力明显

（1）现有海洋治理机制中，成立较早的机制，其组织机构和运行模式都较为成熟，如 1992 年成立的“波罗的海国家理事会”，对于理事会及主席轮值、成员国及观察员国的加入、大会的召开等都有明确规定；“西太平洋海军论坛”（1988 年）、“国际珊瑚礁倡议”（1994 年）、“环印度洋联

① 傅聪聪，王佳微，许瀚艺．南海争端视域下马菲两国领土主权纠纷：陆海联动与潜在风险．印度洋经济体研究，2021(3)：129.

② 习近平：进一步关心海洋认识海洋经略海洋 推动海洋强国建设不断取得新成就. 人民网，2013-08-01. http：//jhsjk. people. cn/article/22402107.

盟”(1995 年)经过近 30 年发展已经形成成熟的机制体制，并在该领域或区域享有卓越影响力，例如，“环印度洋联盟”定期举办峰会，并结合最新形势调整议题，2022 年峰会主题为“疫情后进展路线图”，重点讨论海上安全和保障、渔业管理、蓝色经济、贸易和投资便利化、旅游和科技等议题;①“国际珊瑚礁倡议”工作成果经常在联合国文件中得到承认，并纳入联合国相关决议。而成立较晚的机制，多数仍处于初期的接触和讨论阶段，如 2020 年由 11 个国家发起成立的“全球珊瑚研发加速器平台”已提出将建立一个永久性的治理机构的设想，常设管理机构将包括由参与成员组成的倡议管理委员、科学和咨询委员会以及管理整个平台的中心节点,② 但是因成立时间较短，进展不大。

(2)由大国发起的新兴机制影响力明显。对于近年来兴起的治理机制，由大国发起的受到较多关注。如英国发起的“全球海洋联盟”和其提出保护全球海洋 30%的目标已经逐渐在国际流行和普及。而上述多边治理机制未来发展目标在于提出区域性及全球性应对政策，有针对性地解决目标领域挑战；2019 年美国发起成立“东南亚海上通道执法倡议”(Southeast Asia Maritime Law Enforcement Initiative)，已经实现与印度尼西亚、柬埔寨、马来西亚、泰国和越南等国实现常态化运作，定期举行多边联合演习。③

二、针对特定问题的机制易取得治理成效

除综合类型以外，其他类型针对特定领域的特定议题而发起，参与成员相对拥有一个共同目标，如“全球海洋酸化观测网络”旨在探测和了解河口-海岸-开放海洋环境中海洋酸化的驱动因素以及由此对海洋生态系统的影响，并为优化建模研究提供信息；“珊瑚礁、渔业及食品安全的珊瑚礁三角区倡议”通过可持续管理海洋自然资源，在考虑气候变化

① Indian ocean Rim summit kicks off in Dhaka today, https://www.thedailystar.net/business/global-economy/news/indian-ocean-rim-summit-kicks-dhaka-today-3173851.

② Global Coral R&D Accelerator Platform initiates plan to save coral reefs, International Coral Reef Initiative Platform , https://www.icriforum.org/global-coral-rd-accelerator-platform-initiates-plan-to-save-coral-reefs/.

③ 闫岩. 法律的边界：谈美国海岸警卫队来南海“执法”. 中国南海研究院，2020-12-26，http://www.nanhai.org.cn/review_c/504.html.

影响的情况下，重点关注粮食安全。这类机制比传统多边合作更容易达成协议并取得治理成效，如“苏禄海三边巡逻”实施后，参与成员国官员均表示跨境犯罪有所减少。2022 年，马来西亚、印度尼西亚、菲律宾三国防长在吉隆坡举行的 2022 年亚洲防务展期间举行的新闻发布会上表示，三边合作安排效果令人满意，2021 年巡逻海域未发生任何绑架案件。未来三国将加快在海上指挥中心常设一名三边海上巡逻联络官，以交换信息。同时，还将定期每年举行一次会议。[①] 再如，“马六甲海峡巡逻框架”已经开展联合巡逻行动、设置情报交换小组和定期举行会议，以有效应对海上威胁。

第三节　新兴涉海多边治理机制未来发展趋势

受大国政治博弈、传统地缘政治思维复兴、新兴治理议题持续升温等多重因素影响，全球治理正面临着区域化转向趋势，[②] 在海洋领域，也面临这一趋势。但是，由于海洋本身具有的连通性和多样性，海洋治理进程也具有自身特点。

(1)涉海多边治理机制的议题在海洋经济、气候变化、海洋生态环境保护等方面将呈现更加综合发展的趋势。当前，《生物多样性公约》缔约方大会、《联合国气候变化框架公约》缔约方大会、联合国海洋大会、世界自然保护大会等国际会议已将海洋生物多样性和生态系统的保护与修复、应对气候变化及海洋酸化、变暖、脱氧等解决方案结合，推广基于自然的解决方案，加大对海洋保护领域的投资，宣传保护海洋的生态效益、社会效益和经济效益，上述领域的议题已无法完全剥离开来。即便是在海洋安全领域，相关合作机制也逐渐从应对海盗等海洋非传统安全问题，扩大到海洋环境治理等领域。2008 年，美国与佛得角联合发起了“非洲海洋执法伙伴关系”，该机制在成立之初聚焦于打击人口、武器和

① Indonesia, Malaysia, Philippines praise “zero kidnapping” anti-piracy naval patrols, SCMP, 2022.03.29, https://www.scmp.com/week-asia/article/3172185/indonesia-malaysia-philippines-praise-zero-kidnapping-anti-piracy-naval.

② 李博一，黄德凯．新形势下的国际治理：区域转向与中国方略．印度洋经济体研究，2021(6)：71-96，152.

毒品贩运等非传统安全问题，同时帮助非洲国家提升海洋执法能力。① 近年来，该机制将合作扩展到应对海洋污染、打击 IUU 捕捞等领域。② 未来，涉海多边机制在关注涉及自身利益的议题以外，也将与全球性议题深度融合。

(2)未来以欧美为主的西方国家仍将主导涉海多边治理机制的构建趋向，国际机制将继续体现西方利益需求。现存国际机制源于西方，特别是美国的意识形态和价值观，其基本原则、规则、规范乃至决策程序都主要是西方文化的产物，与西方利益有着天然的联系。③ 由于西方长期垄断国际关系的主导权和国际机制的制定权，特别是美国在国际机制的构建方面拥有强大权力，未来一段时期，涉海多边治理机制在构建中仍将难以超越这些机制规则所奠定的思维框架。

(3)"小多边"机制在推进海洋治理进程的同时，也会成为部分国家用以形成小圈子的工具。当前，以美国为首的部分西方国家假借"多边主义"之名，行"拉帮结派"之实,④ 拉拢其盟友和伙伴利用或构建一些所谓的"多边机制"，对与其存在观念和利益分歧的其他国家进行打压。随着大国竞争加剧，更具针对性、灵活性和易控性的小多边机制容易成为以美国为首的西方倾向于选择使用的工具，特别是在涉及国家安全和经济发展等国家核心利益的领域，如"五眼联盟""四边机制"等。

(4)低敏感领域或解决共性问题的相关涉海多边治理机制在各国实质性支持下，仍将以更加开放的形式发展。由于全球治理机制仍主要由西方大国主导，发展中国家利益诉求无法得到回应，加之全球海洋治理机制的碎片化，进一步增加全球海洋治理赤字，降低全球海洋治理有效性。目前对"国家中心主义"的回归则充分反映了治理主体对推进全球海洋治理进程的迫切需求。近年来，事关人类共同利益的治理议题受到各国政府的广泛关注，2022 年召开的第七届"我们的海洋"大会，来自 70 多个国家代表团

---

① Congressional Bills 113th Congress, the U. S. Government Publishing Office, https: //www.govinfo. gov/content/pkg/BILLS-113sres288rs/html/BILLS-113sres288rs. htm.

② Africa Maritime Law Enforcement Partnership (AMLEP) Program, Stop Illegal Fishing, 4 APR, 2017, https: //stopillegalfishing. com/press-links/africa-maritime-law-enforcement-partnership-amlep-program/.

③ 门洪华．联合国集体安全决策机制的现状与展望．探索与争鸣，2003(6)：22-24.

④ 王毅谈 2021 年中国外交：高举真正多边主义的火炬 剥去各种伪多边主义的画皮，人民网，2021 年 12 月 20 日，http: //world. people. com. cn/n1/2021/1220/c1002-32312461. html。

和150多个非国家行为体的600多名与会者出席了会议，大会共做出410项自愿性承诺。① 未来，在利益共生、权利共享、责任共担的多边主义框架下，② 涉海多边治理机制仍将取得积极进展。

① Our Ocean Conference Closes in Palau with more than 400 Commitments to Protect Ocean Health and Security, Our Ocean Palau 2022, April 22, 2022, https://ourocean2022.pw/our-ocean-conference-closes-in-palau-with-more-than-400-commitments-to-protect-ocean-health-and-security/.

② 习近平出席中华人民共和国恢复联合国合法席位50周年纪念会议并发表重要讲话，2021-10-25. 中国政府网，http://www.gov.cn/xinwen/2021-10/25/content_5644791.htm.

第三篇

主要国家和国际组织海洋政策

第二十五章　美国《基于海洋的气候解决方案法案(2020)》

2020 年 10 月 20 日，美国众议院发布《基于海洋的气候解决方案法案(2020)》(以下简称“《法案》”)，为海洋气候行动提供战略路线图。《法案》内容包括保护和恢复蓝碳生态系统，加强海洋保护区建设，禁止外大陆架油气勘探开发活动，促进海上风能研究，发展适应气候变化的渔业，提升岛屿地区气候弹性，保护海洋哺乳动物，扩大北极地区减缓气候变化的努力，通过活力海岸线等措施提高沿海地区的弹性和适应性，加强数据收集和观测监测，恢复滨海湿地，解决船舶温室气体排放，加强相关研究。

第一节　海洋及沿海蓝碳

第一条　制订蓝碳计划

局长(《法案》中“局长”指代商务部长，具体工作由美国国家海洋与大气管理局局长推进)应在国家海洋与大气管理局下设并实施蓝碳计划，旨在进一步实现鱼类和野生动物生境保护与恢复以及沿海复原力等保护目标，包括将碳储存等生态系统服务纳入现有国内外政策、计划和活动。在实施计划时，局长可根据相关条款，签订并执行实现本条所需的合同和租赁、补助金或合作协议。局长应根据本条与国家海洋渔业局副局长和国家海洋局副局长协调开展活动。局长应领导制定并开展下列活动。

(一)与联邦机构、联合工作组、州机构、部落和非政府组织合作，开展与蓝碳生态系统相关的研究、恢复和保护工作。

(二)建立美国蓝碳储量及通量数据库。

(三)协助探索为恢复计划提供碳信用市场的潜力，包括研究和制定协议。

(四)通过教育和推广活动，提高对蓝碳生态系统的认识，将其作为进一步实现保护目标的工具。

(五)使用现有模型或开发新模型，评估蓝碳储存潜力，包括量化、可验证性、与历史基线相比的额外性以及效益持久性。

(六)量化当前沿海及海洋生态系统的总碳储量和净碳储量。

(七)预测未来受人口增长、海平面上升和其他全系统变化影响的不同情景下生态系统的总碳储量和净碳储量。

(八)制定和使用将蓝碳项目纳入碳市场的协议。

(九)保护和恢复作为长期碳汇或因气候变化和发展而受到生境变化影响的生境、水域和生物体。

(十)向联合工作组提供工作人员和专业技术。

(十一)量化协同效益，包括降低洪水风险、恢复濒危和受威胁物种生境、维持生物多样性、改善水质、建立和保护生境、碳以外的营养物循环、商业和休闲捕鱼效益。

(十二)评估碳封存和储存对区域和国家生态系统及社会经济的影响。

(十三)研究基于海洋或沿海生态系统的长期有效的自然碳封存的可变性、长期储存能力和创新技术。

(十四)确定蓝碳热点。

(十五)评估蓝碳市场中土地所有权的法律问题，并制定准则，以帮助土地所有者应对此类市场要求。

第二条　沿海及海洋蓝碳生态系统国家地图

尽可能整合通过联邦和州资助研究的现有数据和未来收集的数据，包括从美国国家海洋与大气管理局海岸变化分析计划、美国鱼类及野生动植物管理局国家湿地目录、美国地质调查局土地碳计划、美国地质调查局和联邦应急管理局激光雷达信息协调和知识计划、能源部生物和环境研究计划以及农业部国家沿海蓝碳评估收集的数据；邀请区域专家提供更多同行评审数据，以确保纳入现有的最佳科学信息。

第三条　发布美国蓝碳报告

自《法案》颁布之日起一年内以及此后每两年，局长应与联合工作组协商后，向美国众议院自然资源委员会，美国参议院商业、科学和运输委员会提交报告，报告应包含以下内容。

(一)由联邦政府资助的沿海及海洋蓝碳生态系统研究、监测、保护和恢复活动摘要，包括每项活动的预算，并阐明在推进联合工作组确定的国家级优先事项方面取得的进展。

(二)关于蓝碳生态系统的以下内容：类型、地点、所有权类型，包括私有土地、州土地、部落土地或联邦土地。

(三)评估沿海及海洋蓝碳生态系统对气候影响的脆弱性，如海平面上升、酸化和海水入侵以及其他环境和人类压力因素，如开发、水污染和水产养殖。

(四)评估蓝碳生态系统的最大人为威胁，包括历史上和目前对这些生态系统造成巨大不利影响的联邦机构行动。

(五)评估蓝碳生态系统的碳封存潜力以及气候变化情景下碳封存的变化。

(六)评估生物物理、社会和经济障碍，包括用于沿海蓝碳生态系统保护和恢复的蓄水防洪构筑物以及恢复和加强蓝碳生态系统的复原力和碳封存潜力的机会。

(七)评估老化或过时的人工构筑物，包括堤坝、防波堤、水坝、涵洞、蓄水构筑物、海岸线硬化工程、鱼类通道障碍以及其他阻碍蓝碳地区生态或封存功能的基础设施以及修复、改造或拆除这些构筑物的可行性。

(八)蓝碳生态系统提供的经济、社会和环境协同效益。

第四条　保护和恢复已退化沿海蓝碳生态系统的综合试点项目

(一)制定综合试点项目，为沿海及海洋蓝碳生态系统恢复、基于自然的适应战略、活力海岸线项目、沿海蓝碳生态系统向陆地推进或迁移开展最佳管理实践，包括设计标准和性能功能，并确定恢复工作的潜在障碍。

(二)确保综合试点项目覆盖具有显著生态效益、经济效益和社会效益，在地理、生态、文化和经济上具有代表性并最大限度发挥长期碳储存潜力的地点。

(三)建立综合试点项目的申请审查程序。

(四)通过与联合工作组协商，确保将综合试点项目的目标、指标、监测和结果传达给相应的州、部落、地方政府和公众。

(五)就联合工作组与相关联邦机构进行协调，以避免联邦机构和部门在保护和恢复计划方面重复工作。

第五条 成立联合工作组

建立沿海及海洋蓝碳联合工作组，其职责应包括：

（一）监督包括美国属地在内的沿海及海洋蓝碳生态系统国家地图的编制和更新，包括以区域为分析重点、可用于地方保护规划和恢复的生境类型；

（二）利用上述地图向美国国家环境保护局局长通报编制美国温室气体排放与碳汇年度清单；

（三）确定国家沿海及海洋蓝碳生态系统恢复的优先事项，包括对目前用于恢复和保护工作的联邦资金进行评估；

（四）评估影响沿海及海洋蓝碳生态系统保护和恢复的生物物理、社会、法律、监管和经济方面的障碍；

（五）研究气候变化、环境和人类压力因素对碳封存率的影响；

（六）确定应优先保护的蓝碳生态系统；

（七）制定基础科学国家战略，以研究并综合评估气候变化、环境和人类压力因素对海洋及沿海蓝碳生态系统保护封存率和能力的影响；

（八）对保护和恢复蓝碳生态系统的现行法定机构进行评估，若认为现行机构不足，则可建议增设机构；

（九）通过史密森学会的沿海碳数据清算所，确保数据资产的连续性、使用和互操作性。

第六条 为史密森学会蓝碳活动授权

史密森学会秘书长应与局长和联合工作组协调，通过支持和维护沿海碳数据清算所，为沿海蓝碳生态系统和国家地图（包括美国属地和部落土地）相关数据的连续性、互操作性、长期管理、使用和获取提供保障。

建立沿海碳数据清算所，其职责应包括处理、存储、归档、授权使用所有沿海及海洋蓝碳数据，尽可能汇总由联邦机构、州、地方机构、部落、学术科学家或其他相关实体通过联邦政府资助的研究收集的数据。史密森学会秘书长应与局长和联合工作组协调，确保现有的全球和国家数据资源最大限度地汇总到沿海碳数据清算所并开发数字工具和资源，以支持公众使用沿海碳数据清算所的数据。

第二节　海洋保护区

第一条　政　策

海洋保护区的“保护”是指，在陆地、水域和海洋采取长期措施，以丰富的生物多样性，提高气候复原力，并提供生态系统服务，从而为当代和后代保存、保护、恢复所保护区域的生态，并在必要时增强保护区的自然特性、资源和功能。美国保护海洋生境的政策包括，到2030年，禁止在美国管辖范围内至少30%的海洋进行任何商业性开采或破坏性人类活动。这30%应包括目前持续禁止商业性开采和破坏性人类活动的区域；支持通过和执行《生物多样性公约》规定的到2030年保护至少30%的陆地和30%的海洋区域的全球目标。

第二条　加强对深海珊瑚的保护

局长应将发现深海珊瑚的区域指定为深海珊瑚海洋保护区，这包括专属经济区水域和外大陆架。此外，局长还可通过《马格努森-史蒂文斯渔业养护和管理法》(16 U. S. C. 1852)第302条的规定设立地区渔业管理委员会，禁止在指定区域内使用以下渔具：由在水中移动的捕鱼船拖动的接触海床的渔具，包括网板拖网、桁拖网、液压挖泥船、非液压挖泥船和围网(大型围网除外)。

应禁止在深海珊瑚海洋保护区内进行下列活动：

(一)勘探、开发或生产石油、天然气或矿产；

(二)在采集或捕捞任何海洋资源时使用或试图使用毒药、电能或爆炸物；

(三)有意引进或以其他方式释放任何非本土物种；

(四)锚定任何活珊瑚或死珊瑚；

(五)钻探、疏浚或以其他方式改变海底；

(六)使用底拖网或其他触底渔具；

(七)故意倾倒或排放有毒物质、可能造成富营养化的物质或人为增加地方性虫害暴发的物质。

第三条　海洋生物多样性差距分析

自《法案》颁布之日起90天内，商务部长和内政部长应与相关联邦和州机构协调，进行《法案》所要求的海洋生物多样性差距分析，并在 18 个月内完成。部长们应与相关联邦和州机构协调，此后至少每两年更新一次。海洋生物多样性差距分析应当：

(一)符合海洋保护区政策；

(二)评估美国海域和海岸的生境、物种和生态系统；

(三)确定需要保护的生境、物种和生态系统类型以及每种类型的百分比，以实现以下目的：保护生物多样性和缓解气候变化的影响并提高复原力的目的。

(四)商务部长和内政部长应每两年发表一份报告，说明候选保护区以及推动《法案》所要求的差距分析中确定的生境、物种和生物多样性的保护进展。

第三节　近海能源

第一条　在外大陆架所有区域禁止油气租赁

(一)无论法律如何规定，自本条颁布之日起，美国任何机构或个人不得在外大陆架的任何区域进行或授权其他人进行：石油和天然气预租、租赁和相关活动；支持石油、天然气或甲烷水合物勘探或开发的地质或地球物理活动，但根据本条颁布之日前签订的租赁协议进行的此类活动除外。

(二)除法律规定的其他措施外，内政部长应要求在外大陆架进行地球物理勘探的任何承租人在进行勘探时，使用最佳商业技术降低声压水平。

(三)本节所指“外大陆架”，参见《外大陆架土地法》(43 U. S. C. 1331)第 2 条的规定。

第二条　国家海上风能目标及国会意见

内政部长应设法实现到 2025 年 1 月 1 日，外大陆架海上风能发电量不低于 12. 5 吉瓦以及到 2030 年 1 月 1 日，外大陆架海上风能发电量不低于 25 吉瓦的国家海上风能目标。

国会对近海风能重要性的意见：

(一)电力行业的快速脱碳是将全球气温上升控制在 1. 5 摄氏度的关键；

(二)美国能够且必须通过必要的基础设施建设以应对气候威胁来解决

这一危机；

(三)美国海上风能资源必须加以利用，以迅速减少碳排放，并使人们重返工作岗位；

(四)到2030年，部署30 000兆瓦的海上风电，将带来多达8.3万个就业岗位，对美国经济累计投资57亿美元，年经济投入25亿美元。

国会关于利用近海风能的意见：

(一)美国应迅速扩大其海上风能资源，将其作为实现国家净零排放目标的关键部分；

(二)海上风电租赁区域应通过稳健且透明的利益攸关方程序来确定，该程序应整合不同用户群体以及联邦、州和地方政府的早期参与和投入；

(三)海上风电建设必须确保生态系统的健康，并保护渐危物种和濒危物种；

(四)许可证颁发机构必须有足够的资源来保障许可证颁发程序的稳定性和有效性。

第三条　制定野生动物保护战略

自《法案》颁布后一年内，国家科学院应编写一份报告，审查、汇编和整合现有研究和最佳实践，以最大限度地减少对野生动物和受保护物种的影响。报告应：

(一)对海上风能在减少电力行业碳排放和帮助改善美国大西洋和太平洋沿岸人类健康及野生动物种群方面的贡献进行定量评估；

(二)评估应对海上风能对野生动物影响的方法的有效性，并对监测、避免、尽量减少和减轻对野生动物伤害的最佳实践的有效性进行定量评估。

第四节　发展适应气候变化的渔业

第一条　国会针对适应气候变化的渔业、高效渔船和购买美国海产品的意见

(一)美国野生海产品对其粮食供应和粮食安全至关重要；

(二)海产品供应链往往长且复杂；

(三)美国捕捞和加工的海产品是蛋白质和微量营养素的可持续健康来源；

（四）新鲜、冷冻、干燥和罐装的国内海产品可以低碳排放量的方式生产、加工和运输；

（五）小型、低营养级和海洋表层的海洋物种通常具有最小碳排放量；

（六）任何购买海产品的行政机构应在可行的情况下，从当地未曾过度捕捞的或未有正在进行的过度捕捞的渔场购买由美国经营者捕捞、收获和加工的海产品，以减少与海产品供应链有关的温室气体排放。

第二条　气候和渔业研究与管理计划

部长应与相应的区域性渔业管理委员会协商，并与其他联邦机构和教育机构协调，制订计划，以确定、制定和实施符合《法案》要求的适应性战略，改善受当前和预期的气候变化影响的渔业管理。在管理该计划时，部长应：

（一）扩大和改进渔业科学、监测和数据收集工作，以支持和促进综合的、以气候为依据的渔业管理，并确保在不断变化的气候条件下满足《法案》要求；

（二）为适应气候变化准备和调整渔业管理，通过推广预防性管理方法，支持开发和使用相关科学和管理工具，包括预测、风险评估、情景规划、气候和生态系统耦合建模以及管理战略评估；

（三）提高机构对种群迁移的认识，以提供渔获量建议，解决管辖问题，并支持在种群迁移的情况下完成保护任务；

（四）促进使用以气候为依据的种群评估；

（五）为渔业管理中使用气候适应性控制规则提供指导；

（六）促进提高管理物种和海洋生态系统对当前和预期气候影响的适应能力的管理方法，包括协调和推进保护遗传多样性和年龄结构、保护海洋生境，尽量减少和更好地说明副渔获物，并将饵料鱼在海洋食物网中的生态作用纳入管理；

（七）提高气候变化对渔业参与者和相关行业的社会经济影响的认识；

（八）在国家海洋与大气管理局内部协调与气候变化和渔业有关的问题，包括数据需求和可用性；

（九）确保渔业应对气候变化的研究、资源管理和支出，促进渔业、区域环境和经济成果方面的种族和社会经济平等；

（十）促进将气候变化纳入区域性渔业管理组织和其他国际机构的渔业

管理；

(十一)酌情推进其他气候变化渔业科学和管理。

第五节　岛屿地区事务

第一条　气候变化岛屿地区研究补助金计划

(一)商务部长应通过局长制订气候变化岛屿地区研究补助金计划，向属地和联邦的高等教育机构提供补助金，用于监测、收集、综合分析和公布当地气候变化数据。

(二)为执行本条，授权在 2021—2022 年的每财年向部长拨款 500 万美元。

第二条　珊瑚礁

(一)科学技术政策办公室主任应与根据第 13089 号总统令(《联邦法规》第 63 卷第 32701 条)成立的美国珊瑚礁工作组的联邦机构负责人合作，设立有奖竞赛，推动属地和联邦的珊瑚礁研究和养护。

(二)免除匹配要求。

第三条　岛屿地区事务办公室技术援助计划

(一)内政部长应通过岛屿地区事务办公室技术援助计划，向该计划管辖下的属地和联邦提供气候变化规划、缓解和适应方面的技术援助。

(二)授权在 2021—2025 年的每财年向内政部长拨款 500 万美元。

(三)根据《斯塔福德灾难与紧急援助法》(42 U. S. C. 5121 及其后条款)，向属地和联邦提供的用于救灾、长期恢复、基础设施和住房重建、经济振兴和缓解的任何资金，不受非联邦份额资金要求的限制。

第六节　加强海洋哺乳动物保护

第一条　海洋哺乳动物生境内的船速限制

局长应与海岸警卫队司令协调，利用现有的最佳科学信息，指定海洋哺乳动物重要区域，并针对每一区域规定季节性或全年强制性船速限制为 10 节或以下，包括在该区域航行的总长度大于或等于 14. 9 米的所有船只。

第二条　为海洋哺乳动物健康而监测海洋噪声

局长应利用海洋综合观测系统并与之协调，维持和扩大海洋噪声基准站网络，以便：

(一)提供补助金，扩大部署能够在高度优先的海洋和沿海地点收集水下声音测量数据的联邦和非联邦观测系统，以监测和分析水下音景的基线和趋势，保护和管理海洋生物；

(二)继续开发和应用标准化的测量形式，以评估海洋动物、物理过程和人类活动产生的声音；

(三)协调并向公众提供通过本条授权的补助金资助的水下声音观测所得到的数据集、建模和分析以及用户驱动型产品和工具。

(四)拨款授权。授权向局长拨款，用于支持根据本条开展的海洋综合观测活动，2021—2025 财年期间每年拨款 100 万美元。

第三条　向海港提供补助金以制订减少船只运输和港口作业对海洋哺乳动物影响的计划

局长应在《法案》颁布之日起六个月内设立一个补助金计划，向最多 10 个海港提供资助，以制定和实施缓解措施，从而在数量上减少航运活动和港口作业对海洋哺乳动物的威胁。

根据本条提供的补助金可用于制定和开展通过以下途径可量化地减少威胁和改善海洋哺乳动物生境的活动：

(一)减少与海上交通有关的水下噪声；

(二)降低船舶撞击死亡率和其他物理干扰；

(三)改善海洋哺乳动物生境，包括海洋哺乳动物猎物的生境；

(四)监测水下噪声、船只与海洋哺乳动物的相互作用，或进行其他类型的监测，以减少对海洋哺乳动物的威胁并改善其生境。

第七节　沿海恢复力和适应性

第一条　为海岸线和渔业提供已准备就绪的恢复补助金

(一)部长应制订一个补助金计划，向合格实体提供资金和技术援助。

(二)为获得本条规定的补助金，合格实体应按照部长确定的时间、地点和方式向部长提交补助金提案。这种提案应包括对项目的监测、数据收集和可考核的绩效标准。

(三)部长应根据部长与国家海洋与大气管理局有关办公室，如生境保护办公室、沿海管理办公室协商拟订的标准，选择有资格接受本条规定的补助金的实体。

第二条　战略性气候变化搬迁的倡议与计划

(一)环境质量委员会主席(本条中称为“主席”)应制定一项战略性气候变化搬迁的倡议(本条中称为“倡议”)，目的是协调联邦机构的活动，以确定和协助因气候变化(包括飓风、洪水、海平面上升和反复发生的野火)对健康、安全和环境的影响而表示有兴趣搬迁的社区。

(二)主席应任命一名战略性气候搬迁主管，负责管理该倡议。

(三)主席应与开展与本条有关活动的联邦机构进行协调和磋商，包括国家海洋与大气管理局、内政部(包括印第安人事务局)、国家环境保护局、联邦紧急事务管理局、住房和城市发展部、德纳里峰委员会、工程兵团、管理和预算办公室、国家经济委员会、国家安全委员会、白宫美洲原住民事务委员会部落恢复力问题跨部门小组以及其他合适的联邦机构。

(四)主席应设立一个外部顾问小组，该小组里可包含社区领袖、非政府组织、国家和地方政府代表、部落领袖、原住民社区代表、气候适应专业人员以及其他相关专家。

(五)在《法案》颁布后两年内，主席应向国会提交一份报告，介绍气候变化战略性搬迁计划的主要内容，以确定并协助因气候变化对健康、安全和环境有影响而愿意搬迁的社区。

第八节　研究和报告

第一条　深海采矿

局长应在《法案》颁布之日起 90 天内，争取与国家科学院达成协议，对与深海底采矿有关的温室气体排放进行全面评估和大致量化，包括因封存在海底的温室气体被释放可能产生的排放。

第二条　国家科学院对海洋蓝碳的评估

局长应在《法案》颁布之日起 90 天内，争取与国家科学院达成协议，对海洋蓝碳进行全面评估，包括：

(一)海洋物种减少对海洋生态系统碳封存潜力的影响，对保护或恢复鱼类和海洋哺乳动物种群的全球二氧化碳减排潜力的评估以及这种保护战略的生态考虑；

(二)分析深海海底环境中碳的地质储存，包括当前和潜在的自然长期碳储存，确定对这种地质碳储存的科学认识的差距；

(三)人类活动(包括能源开发活动)、深海采矿、深海碳捕获技术和海底其他干扰对海洋蓝碳储存的潜在影响。

第三条　海洋气候影响和行动报告

国家海洋与大气管理局应在《法案》颁布之日起一年内及此后每年，与所有其他相关机构协调，向国会提交一份报告，说明气候变化对海洋和沿海生态系统的影响以及美国为尽力减少这种影响而采取的措施。该报告应包括来自国家海洋与大气管理局所有职能部门以及其他相关联邦机构和来源的综合数据。

报告应以可逐年比较的格式，列入关于海洋和沿海影响的基线信息和趋势，包括：

(一)美国沿海和海洋水域 pH 值、酸度的变化和变化率；

(二)美国专属经济区的平均海面温度；

(三)美国专属经济区的海底平均温度；

(四)平均海平面上升；

(五)美国专属经济区内发生的海洋热浪的次数和持续时间；

(六)美国沿海和海洋水域发生有害藻华的次数、持续时间、地点和原因；

(七)美国沿海和海洋水域出现的缺氧区的次数、持续时间、面积和位置；

(八)美国专属经济区内珊瑚白化事件的次数和地点；

(九)对美国专属经济区珊瑚覆盖损失的估计；

(十)影响美国的飓风次数、地点和严重程度；

(十一)沿海洪灾的次数、地点和持续时间；

(十二)洪水、侵蚀、风暴和海平面上升导致的沿海土地覆盖的变化和其他生态系统的变化；

(十三)海洋变暖、酸化和气候变化的其他影响导致海洋物种数量和分布的变化。

第四条　关于在国家管辖范围以外的海洋区域进行公海捕捞的生态和经济影响的报告

(一)《法案》颁布后一年内，局长应与国务卿协调，争取与国家科学院签订协议，根据该协议，国家科学院应：

(1)研究与实施暂停全球公海商业捕捞有关的挑战和机遇；

(2)评估全球暂停公海商业捕捞的生态、社会和经济影响；

(3)估计公海捕捞活动中非法、不报告和无管制活动的范围和数量；

(4)评估美国从公海捕捞活动进口的海产食品的百分比，包括合法报告和非法、不报告和无管制捕捞活动；

(5)评估与公海捕捞活动和公海捕捞船队有关的温室气体排放。

(二)根据协议开展的研究和评估应涉及：

(1)实施全球暂停公海商业捕捞的可行性，包括：根据《公约》和其他执行文书设立暂停公海商业捕捞的法律部门；可能拒绝或以其他方式不遵守暂停令的国家和船只，包括这些国家和船只与国际总渔获量评估相比的渔获量水平；用于实施该暂停令的现有执法机制和监视技术；

(2)暂停公海商业捕捞预计会产生的一系列影响，包括：确定将会受到影响的鱼类种群，这些种群开发的变化以及对这些种群生物量的净影响；对非目标物种的生态系统影响，包括可销售和不可销售的副渔获物、饲料鱼种、珊瑚、其他无脊椎动物、海洋哺乳动物和海龟；减少渔船过境、增加鱼类碳捕获和改善公海生态系统功能所带来的全球碳排放变化；按目前公海捕捞量最大的前 12 个国家计算，支持公海商业捕捞的补贴金额；对全球渔业收入和利润的总体影响以及对发展中国家渔业收入和利润的影响。

(三)根据协议应要求国家科学院在签订协议后两年内向商务部长提交一份报告，说明根据该协议进行的研究和评价的结果。商务部长应在公共网站上公布收到的报告。

第五条　国家科学院对公众使用海岸的评估

在《法案》颁布之日起 90 天内，局长应争取与国家科学院达成协议，对公众使用国家海岸(包括大湖区海岸)的情况进行全面评估。评估应包括：

(一)对各州海岸公共访问点的现有数量和质量的分析，包括娱乐和商业(“工作海滨”)访问；

(二)低收入社区、有色人种社区、印第安部落社区、原住民社区和农村社区在使用沿海区域时面临的机会和障碍；

(三)海平面上升和极端天气对沿岸公众访问点的可能影响；

(四)建立防止和减少海岸使用权灭失的、提高公众使用海岸开展娱乐和商业活动的次数、质量和负担能力的联邦机制。

第六条　审查海洋酸化和其他环境压力因素对环境影响的研究报告

(一)在《法案》颁布之日起 90 天内，局长应与国家科学院作出适当安排，根据这些安排，国家科学院应进行以下研究：

(1)对沿海环境中海洋酸化的现有科学的研究；

(2)对海洋酸化研究面临的挑战以及海洋酸化和其他环境压力因素对沿海环境的综合影响的审查；

(3)为改进今后沿海环境中海洋酸化研究提供建议；

(4)确定将科学应用于沿海环境中海洋酸化相关管理与缓解决策的途径。

(二)进行的研究应包括：

(1)沿海环境中碳酸盐系统的状态；

(2)碳酸盐系统与沿海生态系统中其他生物和非生物特性的相互作用；

(3)环境变化和人为变化或干扰，如营养物质的流失和水污染，如何影响沿海生态系统中的非生物过程和生物过程；

(4)在预测的环境变化条件下，沿海生物过程和非生物过程将被如何影响；

(5)沿海生态系统中非生物参数与生物参数的数据收集、解释、储存、检索和观测基础设施的现状；

(6)在理解海洋酸化对沿海生态系统的社会经济和健康影响方面存在的差距；

(7)科学研究的未来方向；

(8)将科学应用到管理和缓解决策中的途径。

(三)在《法案》颁布之日起两年内，根据局长与国家科学院的安排，部长应要求国家科学院向国会提交一份详细说明研究结果的报告。

第二十六章　美国《蓝色地球法案》

2021 年 5 月 12 日和 6 月 22 日，美国参议院、众议院分别审议通过了《蓝色地球法案》(BLUE GLOBE Act)。法案提出，加强数据和监测领域的机构间协调，推进打击非法、不报告和无管制捕捞的技术创新，评估蓝色经济价值，旨在改善五大湖、海洋、海湾、河口和海岸的监测、认知与勘查，促进数据收集、分析、整合与共享。

第一节　法案名称及目的

本法案可称为《加强对五大湖、海洋、海湾和河口的长期了解和勘查法案》或《蓝色地球法案》，旨在促进和支持：

(一)监测、了解和勘查五大湖、海洋、海湾、河口和海岸；

(二)收集、分析、合成并分享与五大湖、海洋、海湾、河口和海岸有关的数据，促进科学和业务决策。

在本法案中，“局长”指商务部分管海洋和大气的副部长兼国家海洋与大气管理局局长。

第二节　国会意见

国会认为：

(一)各机构应优化数据收集、管理和传播，在切实可行的范围内，最大限度地发挥其对研究、商业、管理和教育利益的影响；促进有关五大湖、海洋、海湾、河口和海岸的创新、科学发现、商业产品开发和良策制定；

(二)各机构应考虑当前及未来与超级计算能力、数据存储能力和公共访问有关的需求，弥补这些领域的不足，并根据需要协调机构间关系；

(三)美国是联合国教育、科学及文化组织政府间海洋学委员会的主要成员，大西洋研究联盟的创始成员，也是联合国“海洋科学促进可持续发展十年”(以下简称“海洋十年”)的关键合作伙伴；

(四)综合海洋观测系统和全球海洋观测系统是加强对海洋环境了解的关键来源；

(五)国家海洋学伙伴研究计划是联邦机构、科学家和海洋使用者之间进行合作与协调的重要渠道；

(六)其他联邦机构应视国家海洋与大气管理局国家环境信息中心为联邦海洋数据的主要集中存储库；

(七)“Marine Cadastre”海洋综合信息系统是国家海洋与大气管理局和海洋能源管理局共同努力的成果，为海洋资源管理领域的具体问题和活动提供数据和信息，以满足海上能源和规划工作的需求；

(八)综合海洋观测系统区域协会的数据质量和可靠性获国家海洋与大气管理局认证，是五大湖、海洋、海湾、河口和海岸观测信息的重要来源；

(九)区域海洋伙伴关系和区域数据门户提供公开可用的工具，如地图、数据和其他信息，为决策提供信息并加强海洋开发，应得到联邦机构和海洋使用者的支持，并应被视为其合作者。

第三节　加强数据和监测领域的机构间协调

(一)机构间海洋观测委员会。除在本法案颁布之前的职责外，经与2009年《海岸和海洋综合观测系统法》第12304(d)条[美国法典第33卷第3603(d)条]授权的相关咨询委员会协商，机构间海洋观测委员会还应：

(1)在必要时，与国际协调机构合作，确保对五大湖、海洋、海湾、河口和海岸进行可靠、直接的测量，包括海洋学数据；

(2)协调卫星、浮标、潜艇、滑翔机、船舶和其他数据收集工具和技术的重叠数据收集，支持机构间和多平台协同。

(二)联邦地理数据委员会。除在本法案颁布之前的职责外，经与国家地理空间咨询委员会协商，联邦地理数据委员会还应：

(1)在必要时，与国际协调机构合作，确保对五大湖、海洋、海湾、河口和海岸进行可靠、持续的测量，包括卫星和地理空间数据；

(2)支持新旧数据和元数据的认证、质量保证、质量控制、整合和归档工作。

(三)机构间海洋和海岸测绘委员会。除在本法案颁布之前的职责外，经与《海洋和海岸测绘综合法》第 12203(g)条[美国法典第 33 卷第 3502(g)条] 授权的相关咨询小组协商，机构间海洋和海岸测绘委员会还应：

(1)在必要时，与国际协调机构合作，确保对五大湖、海洋、海湾、河口和海岸进行可靠、持续的测量，包括水深数据；

(2)就更广泛地向公众提供数据、元数据和模型提出建议，包括使用地理信息系统层、图形和其他可视化工具。

第四节　打击非法、不报告和无管制捕捞活动的技术创新

(一)术语。修订《海上安全和渔业执法法案》第 3532 条(美国法典第 16 卷第 8001 条)：

(1)将第(6)项至第(13)项分别指定为第(7)项至第(14)项；

(2)在第(5)项后添加以下内容："(6)创新技术。'创新技术'包括：a. 改进的卫星图像和跟踪；b. 先进的电子监测设备；c. 船舶位置数据；d. 改进的海产品来源跟踪的遗传、分子或其他生物学方法；e. 电子捕获文件和可追溯性；f. 国家海洋与大气管理局局长认为合适的其他技术。"

(二)技术项目。修订《海上安全和渔业执法法案》第 3546 条(美国法典第 16 卷第 8016 条)：

(1)在第(3)项中，在分号后插入"和"；

(2)在第(4)项中，在末尾删除句号，插入"；和"；

(3)在末尾添加以下内容："(5)协调现有创新技术的应用和新兴技术的开发。"

第五节　劳动力研究

(一)总则。修订 2010 年《美国竞争再授权法案》第 303(a)条[美国法典第 33 卷第 893c(a)条]：

（1）在第（1）项中，删除“商务部长”，插入“商务部分管海洋和大气的副部长”；

（2）在第（2）项中，在“学位”后插入“、技能或证书”；

（3）在第（3）项中，在“大气科学家”后插入“或高素质的技术专业人员和贸易人员”；

（4）在第（4）项中，在“学位”后插入“、技能或证书”；

（5）在第（5）项中：a. 删除“科学家”；b. 删除“：以及”，插入“、观测和监测”；

（6）在第（6）项中，删除“联邦”及其他，插入“，技术专业人员和贸易人员进入联邦职业岗位”；

（7）将第（2）项至第（6）项分别指定为第（3）项至第（7）项；

（8）在第（1）项后添加以下内容：“（2）适合从事海洋和大气数据收集、处理、卫星制造或卫星操作的技术和贸易技能或证书的人员是否短缺；”

（9）在末尾添加以下内容：“（8）劳动力多样化及联邦政府为增加科学劳动力多样化可采取的行动；（9）联邦政府为减少此类劳动力储备可采取的行动。”

（二）协调。修订2010年《美国竞争再授权法案》第303（b）条［美国法典第33卷第893c（b）条］，删除“商务部长”，插入“商务部分管海洋和大气的副部长”。

（三）报告。修订2010年《美国竞争再授权法案》第303（c）条［美国法典第33卷第893c（c）条］：

（1）删除“本法案颁布之日”，插入“加强对五大湖、海洋、海湾和河口的长期了解和勘查法案颁布之日”；

（2）删除“商务部长”，插入“商务部分管海洋和大气的副部长”；

（3）删除法案第302条中“各委员会”及其他，插入“参议院商业、科学和交通委员会，众议院自然资源委员会，众议院科学、空间和技术委员会”。

（四）项目和规划。修订2010年《美国竞争再授权法案》第303（d）条［美国法典第33卷第893c（d）条］：

（1）删除“国家海洋与大气管理局局长”，插入“商务部分管海洋和大气的副部长”；

（2）删除“学术伙伴及其他”，插入“学术伙伴”。

第六节　加快合作机构创新

（一）关注新兴技术。局长应确保国家海洋与大气管理局合作机构的目标包括新兴技术的研发或应用，包括：

（1）实时及其他先进遗传技术和应用的使用与开发，包括直接从环境样本中提取遗传物质而没有任何明显生物源物质迹象的技术与应用；

（2）部署和改进先进无人机、区域小型考察船以及其他支持和发射无人机和传感器的考察船的耐久性、维护和其他生命周期问题；

（3）超级计算和大数据管理，包括通过电子监测和遥感收集的数据。

（二）数据共享。各合作机构应确保从研究工作中收集的数据（除秘密、机密或专有数据外）存档并公开使用。

（三）与其他项目协调。合作机构应与机构间海洋观测委员会、综合海洋观测系统区域协会和其他海洋观测项目合作，以协调技术需求以及新兴技术成果转化应用。

第七节　海洋创新奖和优先级

（一）海洋创新奖。自本法案颁布之日起 4 年内，根据 1980 年《史蒂文森-怀德勒技术创新法案》第 24 条（美国法典第 15 卷第 3719 条）授权，局长应与包括国防部长在内的相关联邦机构负责人协商，并酌情与非政府合作伙伴合作，设立至少一项海洋创新奖，以促进与五大湖、海洋、海湾、河口和海岸有关的数据收集和监测技术在（b）款所规定领域内快速发展与部署。

（二）领域。领域包括：

（1）改进的 eDNA 分析和无人机部署；

（2）塑料污染的检测、量化和缓解，包括用于减少或消除副渔获物的渔具和跟踪技术；

（3）先进的卫星数据及其他改进科学评估的先进技术；

（4）使用卫星数据或其他先进技术的渔业评估新方法；

(5)先进的渔业电子监测设备和数据分析工具，包括改进的鱼类识别软件，机密数据管理，数据分析和可视化以及电子报告、图像、位置信息和其他数据的存储；

(6)用于数据收集和监控的自主和其他先进的水面航行器、水下航行器或机载平台；

(7)五大湖、海洋、海湾、河口、海岸相关数据收集和监测的人工智能和机器学习；

(8)珊瑚礁生态系统监测；

(9)电子设备、化学或生物传感器、数据分析工具和平台，用于识别和填补与五大湖、海洋、海湾、河口和海岸相关的可靠、共享、连续数据的空白，为全球地球系统模型提供信息；

(10)保护水生生物免受全部或部分因监测或勘查活动而造成的伤害或其他不良影响的方法；

(11)五大湖、海洋、海湾、河口和海岸相关数据的探索和传播；

(12)水质监测，包括改进对有害藻华及污染的检测与预测；

(13)加强蓝碳封存和其他缓解海洋酸化的机会；

(14)局长可能确定的其他领域。

(三)建议优先级。在选择小企业创新研究和小企业技术转让、海洋创新机构间拨款对象(包括国家海洋学伙伴项目)时，局长应优先考虑2020财年和2021财年(b)款所规定领域的建议。

第八节　重新授权国家海洋与大气管理局项目

修订1998年《水道测量服务改进法》第306条(《美国法典》第33卷第892d条)：

(1)在第(1)项中，删除“2019财年至2023财年每年7081.4万美元”，插入“2021财年至2024财年每年7100万美元”；

(2)在第(2)项中，删除“2019财年至2023财年每年2500万美元”，插入“2021财年至2024财年每年3400万美元”；

(3)在第(3)项中，删除“2019财年至2023财年每年2993.2万美元”，插入“2021财年至2024财年每年3800万美元”；

（4）在第（4）项中，删除“2019 财年至 2023 财年每年 2680 万美元”，插入“2021 财年至 2024 财年每年 4500 万美元”；

（5）在第（5）项中，删除“2019 财年至 2023 财年每年 3056.4 万美元”，插入“2021 财年至 2024 财年每年 3500 万美元”。

第九节　蓝色经济价值

（一）蓝色经济产业的衡量。局长、经济分析局长、劳工统计局长、财政部长和其他相关联邦机构负责人应优先考虑收集、汇总和分析数据，以衡量五大湖、海洋、海湾、河口相关产业的价值及其对美国经济的影响，包括生物资源、海洋工程、海洋运输、近海采矿、造船、旅游、娱乐、生活以及局长认为适当的其他产业（称为“蓝色经济”产业）。

（二）合作。在执行（a）款时，局长应：

（1）与经济分析局长和其他相关联邦机构负责人合作，开设沿海和海洋经济卫星账户（包括国家和州层面的统计），以衡量五大湖、海洋、海湾、河口和海岸对美国整体经济的贡献；

（2）与国家及国际组织和政府合作，促进方法、测量和定义的一致性，确保国家间结果具有可比性。

（三）报告。局长应至少每两年一次与经济分析局长、劳工统计局长、财政部长和其他相关联邦机构负责人进行协商，并发布报告：

（1）与政府、学术界、工业界、非政府组织和其他相关专家合作，以界定蓝色经济；

（2）就更新北美工业分类系统报告代码提出建议，以反映蓝色经济；

（3）提供关于美国各州和领地的蓝色经济价值及影响的综合评估，包括：

a.（i）依赖五大湖、海洋、海湾、河口和海岸资源的经济活动；（ii）沿海地区人口数量及特征；（iii）港口和海岸线基础设施；（iv）经海路或五大湖运送的货物数量和价值；（v）从五大湖、海洋、海湾、河口和海岸收集的数据，包括购买数据并使其商品化的企业所收集的数据（包括天气预报和季节性农业预报）；

b. 在可能的范围内，五大湖、海洋、海湾、河口和海岸的自然资本在旅游、娱乐、自然资源和文化遗产方面的价值及影响，包括其他间接价值。

第十节　海洋高级研究计划局

(一)协议。自本法案颁布之日起45天内，局长应寻求与美国国家科学院签订协议，根据(b)款进行综合评估。

(二)综合评估。

(1)总则。根据局长和国家科学院达成的协议，国家科学院应就建立海洋高级研究计划局(ARPA-O)的必要性和可行性进行全面评估。

(2)要素。根据第(1)项进行的综合评估应包括：

a. 评估ARPA-O如何帮助克服海洋技术发展中存在的长期和高风险技术壁垒，通过技术的快速发展加强美国经济、生态和国家安全，从而：(i)改善海洋环境(包括海冰状况在内)的数据收集、监测和预测；(ii)克服新兴技术和改进技术的应用障碍，如高昂的费用和执行任务的规模；(iii)改进保护生态可持续性的管理实践；(iv)提高国家安全能力；(v)改进渔业种群评估技术；(vi)加快联邦机构间的流程，以成功确定、转化和协调研发成果，并将其用于操作、应用、商业化及其他用途；(vii)确保美国在开发和部署先进海洋技术方面保持技术领先地位；

b. 评估建立ARPA-O的组织结构，考虑：(i)新研究项目的最佳实践；(ii)巩固和重组现有联邦海洋项目，实现项目协调，避免重复工作；(iii)定期项目评估的指标和方法；(iv)资助和管理外部研究奖项的能力；(v)通过联邦机构、机构间组织、非政府组织或其他机构监督活动的选择；

c. 对实施高度优先的海洋技术项目所需投资规模的估计。

(三)报告。自本法案颁布之日起18个月内，局长应根据(b)款规定，向国会提交综合评估报告。

第二十七章　美国《我们的地球蓝碳法案》

2021 年 6 月 22 日，美国众议院审议了《我们的地球蓝碳法案》(Blue Carbon for Our Planet Act)，该法案旨在设立沿海蓝碳机构间工作组(以下简称“机构间工作组”)，推动国家沿海蓝碳生态系统制图，确立国家沿海蓝碳生态系统修复的优先事项，评估沿海蓝碳生态系统修复的生物物理、社会和经济障碍，研究气候变化、环境和人类压力对碳封存速率的影响，保持沿海蓝碳数据的连续性。该工作组成员由国家海洋与大气管理局、国家环境保护局、国家科学基金会等相关机构的高级代表组成。

第一节　设立机构间工作组

第一条　成　立

国家科学技术委员会海洋科学和技术小组委员会应成立沿海蓝碳机构间工作组。

第二条　目　的

机构间工作组应推动国家沿海蓝碳生态系统制图，确立国家沿海蓝碳生态系统修复的优先事项，评估沿海蓝碳生态系统修复的生物物理、社会和经济障碍，研究气候变化、环境和人类压力对碳封存速率的影响，保持沿海蓝碳数据的连续性。

第三条　成　员

机构间工作组成员由国家海洋与大气管理局、国家环境保护局、国家科学基金会、国家航空航天局、地质调查局、鱼类和野生动物管理局、国家公园管理局、印第安事务局、史密森尼学会、陆军工程兵团、农业部、能源部、国防部、运输部、国务院、联邦紧急事务管理局和环境质量委员会的高级代表组成。

第四条　职　责

(一)推动国家沿海蓝碳生态系统地图和清单的编制、更新和维护，其内容包括栖息地类型和地区重点分析，为地方保护规划与修复提供依据；

(二)对保护和修复沿海蓝碳生态系统的生物物理、化学、社会、法律、监管和经济障碍进行战略评估；

(三)制定国家基础科学战略，以研究、综合考量和评估气候变化、环境和人类压力等因素对沿海蓝碳生态系统的封存速率和能力的影响；

(四)确立国家沿海蓝碳生态系统保护和修复的优先事项，包括评估当前用于修复工作的联邦资金；

(五)通过史密森尼环境研究中心的沿海碳数据中心，确保数据资源的连续性、可用性和互操作性；

(六)评估当前保护和修复沿海蓝碳生态系统的法律依据。

第五条　向国会说明

(一)《我们的地球蓝碳法案》规定，自本法案颁布之日起一年内，机构间工作组应向众议院科学、空间和技术委员会，众议院自然资源委员会，参议院商业、科学和交通委员会报告，报告内容应包括：概述联邦政府资助的沿海蓝碳生态系统研究、监测、保护和修复工作；评估沿海蓝碳生态系统修复的生物物理、社会和经济障碍，包括沿海蓝碳生态系统应对气候影响的脆弱性，如海平面上升、海洋酸化以及其他环境和人类应激源。

(二)机构间工作组应制订战略规划，部署基础研究、开发、示范、长期监测和管理方面的联邦资金，根据第(一)项规定的提交预算评估之日起第一个财年开始实施为期5年的沿海蓝碳生态系统工程。规划应包括对现有联邦项目保护和维护沿海蓝碳生态系统及其他项目需求的评估。

第二节　绘制国家沿海蓝碳生态系统地图

第六条　绘制国家沿海蓝碳生态系统地图

机构间工作组应绘制国家沿海蓝碳生态系统地图，制作、更新(至少每5年更新一次)和维护国家沿海蓝碳生态系统地图和清单，其应包含：

(一)生态系统中的栖息地和物种类型；栖息地的状况，包括栖息地是否退化、丧失、富营养化或受潮汐影响；

(二)栖息地所有权类型，如公有、私有及保护地；

（三）生态系统的规模；

（四）盐度边界；

（五）潮汐边界；

（六）对碳封存潜力、甲烷产量和温室气体净减少量的评估，包括量化、可验证性、与历史基线相比的额外性以及效益持久性；

（七）评价生态系统和碳封存的共同效益；

（八）海平面上升导致向陆地迁移的可能性；

（九）任何不利于流域过程和条件的上游限制，如大坝、堤坝和堤防；

（十）沿海蓝碳生态系统向其他土地用途的转化及其原因；

（十一）气候变化的影响，包括海平面上升、环境压力和人类压力源对沿海蓝碳生态系统的固存率、碳储量和潜力的影响。

第七条　使用国家地图和清单

（一）最大程度地整合来自联邦政府资助研究数据成果以及联邦机构、州机构、地方机构、部落的现有数据，包括来自国家海洋与大气管理局沿海变化分析项目、美国鱼类和野生动物管理局国家湿地清单、美国地质调查局陆地碳项目、联邦紧急事务管理局激光雷达信息协调与知识项目、能源部生物与环境研究项目、农业部国家沿海蓝碳评估项目的数据；

（二）聘请地区技术专家，准确解释沿海蓝碳生态系统的地区差异；

（三）评估不同的沿海蓝碳栖息地的碳封存潜力，并考虑地区差异；

（四）评估和量化已退化和遭破坏的沿海蓝碳生态系统的排放量。

（五）根据《海岸和海洋综合观测系统法》第123030（6）条（美国法典第33卷第3602条）规定，开展地区评估，并向地区、州、部落和地方政府机构以及地区信息协调实体提供技术援助。

（六）评估退化的沿海蓝碳生态系统及其修复潜力，包括建立情景模型以确定应重点管理、保护和修复的脆弱陆域；

（七）预测气候变化、环境压力和人类压力下的沿海蓝碳生态系统和碳封存速率；

（八）推动国家环境保护局编制美国温室气体排放和吸收年度清单。

第三节 现有沿海蓝碳生态系统的保护和修复

第八条 主管机构的职责

为实现对沿海蓝碳生态系统的保护和修复，应领导机构间工作组做到以下内容：

（一）实施战略规划，协调联邦机构与州、地方和部落政府以及国际合作伙伴和非政府组织之间的监测和研究工作。

（二）设立保护美国海洋和沿海蓝碳生态系统的国家目标，并酌情为修复退化的沿海蓝碳生态系统设定目标。

（三）与机构间工作组协调，确定国家沿海蓝碳生态系统保护和修复的优先事项，以产生最高的碳封存速率和最大的生态系统效益，如防洪、土壤和海滩保持、减少侵蚀、生物多样性养护、水质净化以及在其他环境压力和气候变化背景下的营养物循环。

（四）通过现有和新建的沿海管理网络，提高协调能力并避免联邦机构和部门对沿海蓝碳生态系统的重复研究；与州、地方和部落政府以及沿海利益攸关方协调，建立综合试点项目，以修复退化的沿海蓝碳生态系统。

第九条 综合试点项目

（一）制定综合试点项目，为沿海及海洋蓝碳生态系统恢复、基于自然的适应战略、沿海蓝碳生态系统向陆地推进或迁移开展最佳管理实践，并确定恢复工作的潜在障碍，增加长期碳封存。

（二）确保综合试点项目覆盖具有显著生态、经济和社会效益的地点。

（三）建立综合试点项目的申请审查程序。

（四）通过与联合工作组协商，确保将综合试点项目的目标、指标传达给相应的州、部落、地方政府和公众。

（五）就联合工作组与相关联邦机构进行协调，以避免联邦机构和部门在保护和恢复计划方面重复工作。

（六）优先考虑提议的符合条件的恢复活动：沿海和海洋环境储存碳的长期保护和封存；保护鱼类、野生动物的主要生境，维护生物多样性；海岸保护，防止开发、风暴潮、洪水和陆源污染；保护具有民族、历史和文化意义的沿海资源；惠及有色人种、低收入社区、部落或原住民社区、农村社区。

(七)向机构间工作组，向众议院科学、空间和技术委员会，众议院自然资源委员会，参议院商业、科学和交通委员会报告关于项目保护或修复的陆海域总面积、修复项目现状以及修复试点项目的蓝色碳汇潜力。

第四节　设立沿海碳数据中心

第十条　总体要求

设立沿海碳数据中心，其职责是处理、保存、归档、使用和整合联邦政府资助的联邦机构、州及地方机构、部落、科学家或其他相关实体的研究数据；确保现有的全球和国家数据资源最大程度地纳入沿海碳数据中心。

第十一条　沿海碳数据中心的职责

史密森尼学会秘书长应与局长和机构间工作组成员协调，通过沿海碳数据中心，处理、保存、归档、使用和整合联邦政府资助的联邦机构、州、地方机构、部落、科学家或其他相关实体的研究数据。

第十二条　建立标准、协议和程序

史密森尼学会秘书长应与局长和机构间工作组成员协调，为处理、保存、归档和使用沿海碳数据中心的数据信息以及与州、地方和部落政府、沿海利益攸关方、非联邦资源管理者和学术界更高效地共享数据建立标准、协议和程序。

第十三条　数字工具和资源

局长应在最大程度上切实可行地推动数据传播。开发数字工具和资源，支持公众使用沿海碳数据中心。史密森尼学会秘书长应与局长和机构间工作组成员协调，通过支持维护沿海碳数据中心，保证沿海蓝碳生态系统和国家制图相关数据的长期管理和使用。

第五节　国家科学院评估深海海底环境中的二氧化碳封存

第十四条　总体要求

自本法案颁布之日起90天内，局长应与国家科学院达成协议，全面评估深海海底环境中的二氧化碳封存对海洋生态系统的长期影响，包括对海洋物种和生态系统的影响。

第十五条　拨款授权

授权2022财年至2026财年每年向国家海洋与大气管理局拨款1500万美元。

第六节　定　义

第十六条　术　语

（一）本法案中出现的“局长”指商务部分管海洋和大气的副部长兼国家海洋与大气管理局长。

（二）“沿海蓝碳生态系统”指红树林、潮汐沼泽、海草、海藻森林和其他潮汐或淡水/咸水湿地等植被覆盖的沿海栖息地及其从大气中吸收碳的能力，这些碳在生物质中积累数年至数十年，在土壤中储存数百年至数千年。沿海蓝碳生态系统包括内源碳和陆源碳。

（三）“州”指美国各州、哥伦比亚特区、波多黎各自由邦、美属萨摩亚、关岛、北马里亚纳群岛联邦、美属维尔京群岛以及美国其他领地或属地。

第二十八章　美国海军部《蓝色北极：北极战略蓝图》

2021年1月5日，美国海军部发布《蓝色北极：北极战略蓝图》（以下简称《蓝图》），旨在维护美国在蓝色北极的国家安全利益：①在北极地区展示海军力量，开展演习和行动，推动海军、海军陆战队和海岸警卫队一体化，强化美国在北极的存在；②加强伙伴关系，提高感知能力，健全协商机制，增加互操作性，共同应对破坏北极秩序的竞争对手；③建立强大北极海军力量，提升基础设施等现代化水平，发展分布式海上作战、有争议环境的近岸作战等新作战概念，建设人才队伍，加大对基础设施和军事力量发展的投资。

第一节　当前北极地区面临挑战

未来数十年，北极地区将发生重大变化。蓝色北极约覆盖全球6%的表面积，自然资源丰富，战略位置重要，将对全球经济产生巨大影响。据估计，该地区拥有全球30%的未开发天然气储量，全球13%的未探明石油储量以及价值10 000亿美元的稀土矿产。在北极现存石油和天然气储量中，估计有84%位于近海。预计鱼类资源将继续向北迁移，吸引全球捕鱼船队，对当前关于北极捕鱼的国际禁令构成潜在挑战。

未来数十年，海冰融化将促使北极水域的开放性和适航性提升，促进贸易发展。美国阿拉斯加州海岸的交通运输已经日渐增长。俄罗斯正在开发北方海航道，以增加军事和商业船只过境。加拿大重启了西北航道沿线的商业活动。航运业随着地区需求增加、自然资源流入市场而兴起，但仍将受天气不确定性、水深和成本限制。推动港口基础设施建设，支持海上活动和当地社区，以应对海冰融化。

当前，全球仅有一小部分海洋活动经由北极，但穿越白令海峡、贝尔岛海峡和格陵兰岛—冰岛—英国峡口等关键战略要道的商业活动正在增多。预计未来二三十年，北极深水航道的开放可能改变全球运输系统。

新兴商业技术将增加进入北极的机会，改变北极地区竞争态势。技术进步将推动自然资源的勘探和开采以及基础设施和通信的发展。科学考察增多将深化对海洋环境双重用途及潜在军事优势的认知。美国阿拉斯加州和原住民社区将日趋依赖海上贸易和运输。永久冻土退化威胁北极基础设施。北极海洋旅游业将兴起。总之，由于距离遥远、天气恶劣、应急反应能力有限，上述变化将影响脆弱的生态系统和人类安全。

日益增多的海上活动促使北极国家展示其海军姿态，以维护主权和国家利益，并提升力量投射能力。北极域内外国家都在为北极作战加大安全防务投入。北极国家，特别是俄罗斯，重新开放旧基地，调动军队，重启地区演习。未来数十年，这些趋势将持续。

俄罗斯加大对北极防务和经济部门的投入，推动其北翼多层次军事化。俄罗斯加强海军能力和姿态，推进现代化，特别是北方舰队，旨在改善指挥和控制、基础设施和联合部队，以加强投射力量，保卫北方海航道。美国认为俄罗斯军事活动的升级和不透明性以及对北方海航道海上交通的非法管制，损害全球利益，加剧了不稳定性并降低地区安全。

北极地区的不断变化增加了竞争与冲突的可能性。开放的北极地区为海军力量提供新的作战环境，即开放的海域。海冰迅速融化增加了载人/无人水面舰船进入北极的机会，而不再局限于空中、海底和战略打击能力。

新技术、经济驱动和大国竞争正在影响北极地区安全与稳定，这要求海军力量适应这一现状。但仅凭一国之力无法拥有北极地区安全防务所需的所有认知和资源。因此，在北极地区，亟需寻求与盟友和伙伴的合作。

未来数十年，美国海军部与联合部队、跨部门、盟友和伙伴密切合作，将强化北极存在，加强伙伴关系，并建设更强大的北极力量，以实现共同利益，应对上述挑战。

第二节　强化存在

《蓝图》强调运用海军力量影响海上和近岸行动与事件。若放任日益增加的攻击和恶意行为，或将造成既成事实，使美国竞争对手从中获取长期战略利益。当前，美国海军在北极水域保持例行性存在，并将继续开展训练和演习。美国海军部将通过展示军事姿态，开展演习和行动，推动海军、海军陆战队与海岸警卫队一体化发展，以强化北极地区存在。

海军力量的地区姿态。美国的安全和繁荣与其他国家密切相关。若无强大的防御姿态，围绕北极资源和海上航道的竞争可能对美国主权构成直接威胁。美国海军部将展示姿态，以遏止攻击和恶意行为，保持海洋自由开放，并向盟友和伙伴保证其对维护和平、促进共同利益的长期承诺。

未来数十年，美国海军部将继续保持相当水平和方式的海外存在。持续评估美国在阿拉斯加州的海军力量姿态，以满足北极地区特有的且不断变化的需求，与联合部队、跨部门、盟友和伙伴(包括北约)合作。美国海军部将采取更具合作性和针对性的方式，包括利用好常驻部队、轮换部队、临时部队、预置装备和储备、地区基础设施建设。

可靠的海军力量可对竞争对手产生威慑作用，并对地区危机快速作出反应，同时，海军力量投射还可在其他战区占据优势。此外，有效的战区安全合作行动可提供扩展威慑，以确保安全并减少冲突。为此，美国海军和海军陆战队将与盟友和伙伴在北极地区开展演习和作战、重要接触和港口访问。定期并严格评估美国海军部防御态势，以适应蓝色北极。

开展演习和行动。美国海军力量参加并将深度参与地区演习。自20世纪60年代以来，以潜艇为重点的“冰原演习”长期在波弗特海和北冰洋举行，是北极地区持续时间最长的演习。北约“三叉戟接点”军事演习是“冷战”后该地区规模最大的军演，近5万人、65艘军舰、250架飞机参演，是在挪威及其附近水域举行的集体防御演习。美国海军部在阿拉斯加州举行“北极远征能力”演习，在寒冷天气中开展两栖作战。在“北部边缘作战”演习中，美国海军部与来自“西奥多·罗斯福”号航空母舰战斗群、空军、陆军和海军陆战队的1万人进行联合作战演习，旨在提高互操作性和作战能力。

美国海军与盟友和伙伴在北极地区举行例行性军事演习。北约水面舰艇、潜艇和海上巡逻机在冰岛海岸举行“活力猫鼬”演习，进行复杂的反潜作战训练。美国、加拿大、法国和丹麦的军舰在北大西洋北极圈举行“纳努克-努勒维特”演习。美国海军陆战队举行“寒冷反应”“北部边缘作战”等演习，提升在寒冷天气中作战的能力。

美国第二舰队和第六舰队在北极地区执行例行性任务，展示独特能力，如在冰岛设立海上远征作战中心，P-8反潜巡逻机在战略性区域执行反潜任务。未来数年，美国将继续在北极地区部署海军力量。深度参与北极次区域演习和行动，展示美国对该地区以及盟友和伙伴的承诺。美国海军力量将通过参与联合、双边和多边演习来提高作战能力，增强其在蓝色北极的互操作性、作战能力和行动技能。

作为可靠的威慑力量，美国海军力量将开展飞越、航行和其他行动，以维护海上自由，保卫国家。确保公域自由开放，并防止竞争对手破坏或控制北冰洋通信和商业航道。当自然灾害和意外事故发生时，美国海军部将准备好与海岸警卫队、跨部门以及国际伙伴一道行动。为满足蓝色北极的需求，美国海军部将致力于保护北极环境，确保海军力量尽其职责评估和保护北极。

加强北极地区海军力量一体化。广阔、偏远和严酷的北极环境为海军力量提供机会，利用关键地带来提高海上通信和要塞的安全性，筑牢北极沿岸的自然屏障。在艰苦条件下作战是海军力量面临的前所未有的挑战。

《蓝图》要求美国海军、海军陆战队、海岸警卫队发展广泛的一体化能力，以在北极地区维护持久的国家利益。组建、训练和装备具有北极沿岸地区作战能力的远征军。美国海军陆战队将促进控制海洋和海上拒止行动，以支持舰队指挥官计划。将美国海岸警卫队的独特权力和能力与美国海军和海军陆战队相整合，扩大舰队指挥官在常态化行动和危机中的选择。这种弹性、机动和自持的力量整合将确保美国在北极地区的持续存在、合作与行动。

发展舰队协同。团结军事力量，作好准备，通过改善指挥、协调和对接，实现控制海洋，并在北极地区投射海军力量，进一步强化各作战司令部之间的舰队协同。

第三节　加强伙伴关系

互利的盟友和伙伴关系是《蓝图》的基础。竞争对手寻求破坏基于规则的北极国际秩序，志同道合的海军力量和国家必须作出坚定承诺，以应对共同挑战，维护地区利益和责任。通过整合资源、发挥比较优势、共担防御责任，以减轻集体安全负担。共同确定基于各自立场和能力的协同方式，以应对共同地区威胁。盟友和伙伴的海军力量必须共同评估威胁，明确角色和任务，深化国防工业合作，并发展和实践北极地区作战新概念。公平分担责任是必要且耗时的，但将提升集体能力。

美国海军部将强化与现有伙伴的关系，吸引新的伙伴，共同应对北极挑战、机遇和责任。共同提高感知能力，扩大协作计划，提高互操作性。不断强化且可预见的合作活动可确保海军力量保持可靠存在，威慑恶意活动。与盟友和伙伴共同行动将促进海军力量走向强大。

提高感知能力。必须明确界定并优先处理威胁和劣势。海军力量必须与联合部队、跨部门、盟友和伙伴收集、整合并共享信息与情报。必须寻求人员和信息沟通的创新性方法，避免战术和战略失误。为此，认识和预测当前及未来数十年海底至太空的自然环境，对于获取任务优势、确保人员和设备安全、为未来力量需求提供信息至关重要。

深度参与地区协商机制和协同规划。沟通、约束、透明和核查是避免北极军事冲突升级的基础。未来数十年，美国海军部将深度参与和平的蓝色北极地区协商机制和协同规划。包括强化现有机制，如双边防止海上事件协定、《公约》，以减少北极行动力量之间的误判、意外事故和潜在冲突。

提高互操作性与协作。美国海军部将提高与联合部队、跨部门、盟友和伙伴的互操作性，以增强北极能力。

优化盟友和伙伴关系。美国在北极地区有着伙伴合作的传统。1926年，海军少校罗伯特·伯德自挪威斯瓦尔巴群岛飞往北极。美国海军部必须优先强化现有和新建伙伴关系，并确保建立互利的伙伴关系。这将提高互操作性，以确保海军力量在常态化竞争和危机中的全面存在及作战行动。

美国海军部将优先开展安全合作，助力盟友和伙伴提升自身能力，并深度参与地区演习，增加部队数量、演习次数和演习类型，以展示美国的承诺，提高集体能力。考虑到海军力量的竞争性需求，需要创新方法，整合新的和现有平台与人员，强化海军力量在北极的存在。

确保北极地区的安全与稳定，符合北极国家的既得利益。长期以来，美国海军加强并深化与北极国家的多域协调与合作，包括年度人员协商、防止海上事件协定会议、舰艇访问、海军演习和联合演习，美国海军部将本着互利原则持续开展协调与合作。

海军和海军陆战队将与联合部队合作，推动规划协同和能力一体化，并提高北极海域感知和指挥、控制、通信、计算机、网络、情报、监视、侦察(C5ISR)能力。加强与美国海岸警卫队的协调和互操作性，特别是在专业破冰方面。

海军力量将与跨部门力量合作，寻求对话、协调以及互利的伙伴关系。美国海军部将最大限度地提高透明度，并确保其规划与地方、州、联邦和原住民社区相协调。阿拉斯加州原住民部落有着悠久的服兵役史，与上述努力完美融合。

公私伙伴关系和创新性解决方案，如 NavalX 科技桥梁、预备役部队的民用专业知识、美国海军研究办公室领导的阿拉斯加州技术创新和商业化地区合作，将有助于提升海军力量作战能力和地区认知。缅因州已采取有力措施来推进与北极的联系，缅因州长表示，“缅因州将成为通往北极的中心和东部门户，自缅因州波特兰探险家罗伯特·皮尔里于 1909 年到达北极点以来，北极地区对缅因州越发具有吸引力”。

第四节　建设更强大的北极海军力量

“冷战”后，美国海军和海军陆战队在北极地区的能力和作战技能均有所减弱。近期，为提高能力所采取的措施已改善战备状态，无论冰期还是其他季节，这都是必需的。美国海军部在北极水域开展常态化巡逻，但仍要作好准备，以满足在北极地区作战的需求。

在能力现代化层面，美国海军部将对关键能力进行投资，确保海军力量保持更强大的存在及伙伴关系。在满足全球需求的同时，美国海军部将采取目标明确、纪律严明、协调一致的方法来平衡人员、平台等，以巩固其在北极地区的竞争优势。美国海军部将与国防部长办公室、联合参谋部密切合作，确定并满足其防御计划情景、作战计划和部署模式的要求。

美国海军部将继续主导关于研究、开发、测试和评估方面的关键进展，包括开发抗寒能力设计、预测模型、传感器、高纬度通信和导航系统等，同时，提高满足未来需求的能力。

在基础设施建设上，北极地区的港口设施、机场和海岸基础设施等对于海军力量投射至关重要。美国海军部必须寻求减少运输时间，保持机动性，满足海军力量在北极地区作战的后勤需求，以保持其在蓝色北极的作战优势。美国海军部将确保投资符合未来作战需求，与联合部队、跨部门以及地区盟友和伙伴密切合作，以满足其在蓝色北极的战略需求。

美国海军部将评估北极指挥、控制、通信、计算机、网络、情报、监视、侦察(C5ISR)能力并确定发展重点，包括发展弹性、生存性和互操作性网络，海军战术部队、作战中心和战略规划信息系统。这些能力将提升联合部队、跨部门、盟友和伙伴的北极地区感知。

在海军力量方面，美国海军部将评估如今和未来海军力量并推动海军力量现代化，以便在北极水域实现载人和无人作战与巡逻。改进水文测量和传感器，支持舰队行动。在蓝色北极，美国海军部必须在北极水域强化存在，将北极地区行动纳入海军力量设计和现代化规划，确保国防工业基地可为建设和维护北极地区力量提供支撑。

进步依赖于科学技术发展。美国海军研究办公室将继续推动海军在自然和社会科学基础与应用研究中保持存在并建立伙伴关系。继续牵头开展北极移动式观测系统创新海军模型等项目，领导极地研究国际合作交流项目，推动海军研究实验室、作战中心以及海军研究生院和美国海军学院等学术机构开展研究，与其他部门和国际伙伴合作，以提高能力并筑牢伙伴关系。

建立新作战概念。为适应蓝色北极，推动海军力量现代化建设，不仅涉及设施和平台，还需调整组织架构和运用方式。必须预判蓝色北极的挑战，发展作战概念，如分布式海上作战、有争议环境的近岸作战、远征前进基地作战等，以增强海上优势。

海军、海军陆战队和文职人员是美国海军部的持久力量。必须聚焦发展、教育和培训人员，以适应蓝色北极。

北极地区专业军事教育的范围和数量有限。必须加强专业军事教育机构间合作，拓展常设和远程学习等课程，以深化对当前和未来挑战的认识。

探索推动教育与培训指挥一体化的新路径，如开设北极行动课程，将海军新概念注入培训，以培养海军、海军陆战队和文职人员开展北极行动所需技能。增加文化和业务知识，提高职业发展水平和影响力，这对强化北极伙伴关系至关重要。美国海军部将加强寒冷天气训练，为北极行动提供现代化培训和指导。

加强与美国海岸警卫队、地区盟友和伙伴部队的人员交流和互操作性项目，以深化对北极的认知并促进合作，包括专业军事教育机构、作战中心以及研究、开发、测试和评估实体。

《蓝图》展示了北极地区海军力量的巨大变化。未来数十年，重制北极战略将提高海军力量的战备、能力和专业水平。针对基础设施和力量发展的北极地区投资，美国海军部必须统筹谋划，深思熟虑，高瞻远瞩。

第五节　结　论

美国海军部在北极地区的行动可圈可点，美国的战略使海军力量在北极地区获得优势。皮尔里曾任美国海军土木工程师、海军少将，其名言是“要么寻路而去，要么另辟蹊径！”彰显了美国海军在北极的坚韧不拔。皮尔里与马修·汉森、乌塔、艾吉金格、西格鲁和乌克一道，成功完成北极探险。《蓝图》认识到蓝色北极的长期挑战和机遇以及美国海军的作用。

《蓝图》反映出美国在北极地区的重大安全利益和目标。美国寻求和平、合作与稳定，但历史表明，和平源于力量。美国海军和海军陆战队将坚定不移地与联合部队、跨部门、盟友和伙伴合作，在蓝色北极，保持并强化海军存在，加强伙伴合作，建设更强大的北极海军力量，确保美国拥有世界上最为精良、广受尊重、极具能力的海军力量，这是美国所期望且应得的。

第二十九章　美国国土安全部《北极国土安全战略方针》

2021年1月，美国国土安全部发布《北极国土安全战略方针》(以下简称《战略方针》)。该文件概述了国土安全部在北极的独特作用，提出三大战略目标：①通过持续存在和态势感知来保护国土安全；②强化北极地区的进入、应对和恢复能力；③通过有针对性地开展国际合作推进北极治理，维护北极地区基于规则的秩序。文件还提出三大指导原则：①确保信息透明和信息共享；②开展务实合作；③通力维护和平与稳定。

第一节　北极的重大国家利益

阿拉斯加州的存在使美国成为北极国家。阿拉斯加州是美国境内唯一一个与加拿大(最亲密的盟友)和俄罗斯(战略竞争对手)两国共有国际边界的地方。从经济和安全角度来看，北极对美国的地缘战略利益至关重要。首先，北极地区拥有丰富的自然资源。2008年，美国地质调查局的一份报告指出，“广阔的北极大陆架可能是地球上最大的尚未开发的石油蕴藏地”。

北极地区还拥有富饶的矿产资源。2015年，阿拉斯加州的非燃料矿产产值超过30亿美元，产量占美国矿产总产量的4.17%。已探明的矿产包括金、锌、钯、镍、铂、铅、稀土和宝石级钻石，这些矿产不仅自身具有高价值，而且对工业生产、国防供应链、消费品制造和技术创新具有重要意义。稀土是生产技术产品(半导体、芯片、智能手机等)所必需的矿产，随着数字化进程的推进，稀土生产在地缘政治方面的重要性将持续凸显。

美国在北极地区的领海和专属经济区面积近100万平方英里(约259万平方千米)。

一、网络安全和关键基础设施

第21号总统政策指令指出，美国国土安全部在与公共和私营部门合作伙伴的协调与合作中发挥主导作用，以加强国家16个关键基础设施部门的安全和韧性。这一努力包括但不限于协调国家资源，以减少通信、能源、运输、商业设施和应急服务等部门面临的风险。尽管北极地区的基础设施发展和新兴技术部署将创造机遇，但这种发展也暴露出美国本土关键基础设施的不足，并对美国国土安全部提出新挑战。海底电缆推动洲际电子通信的持续变革印证了这一发展趋势。海底电缆在推动国际贸易、政府通信以及公众通过互联网和电话发送信息的通信占比超过97%。阿拉斯加州布设的海底电缆管道是连接全球与美国本土通信的重要枢纽。例如，2020年5月，新铺设的光纤电缆将安克雷奇与48个州连接起来。

自然或人为造成的严重且频发的电缆故障可能对美国贸易和国家安全产生越来越大的影响。随着数字基础设施加快建设，美国联邦、州、地方、属地、部落与全球的数字联系日益密切，这要求美国国土安全部，特别是网络安全和基础设施安全局发挥更大的作用，以支持其网络和基础设施安全发展。

二、贸易与经济安全

不断变化的自然环境将为该地区创造大量的经济发展机遇，其中包括石油和天然气勘探、关键矿产开采、贸易航道运输、渔业和旅游业的潜在增长。航程缩短将吸引更多竞争者，并增加穿越北极的船只运输量。例如，从鹿特丹到日本的航程通常需要25~30天（通过苏伊士运河或巴拿马运河），经由北方海航道只需要18天，并可避开受海盗活动威胁的航道。美国国土安全部在美国海上和港口的贸易执法及商业安全方面发挥关键作用。美国海关与边境保护局必须继续积极预测这些变化趋势，包括随着贸易增长而出现的非法和不当活动。

三、救灾

随着商业和交通运输业的发展，天灾人祸的范围、规模和频次也将随之增加。美国国土安全部内设机构，特别是联邦应急管理局，必须能够统筹和调度资源，根据《斯塔福德灾难与紧急援助法》，加强在北极地区的修复与重建行动。

四、国土防卫

北极具有战略缓冲区的重要意义，可增强美国国家防御能力，抵御敌对势力。这一至关重要的国家安全利益由美国国土安全部领导的国土安全任务和国防部领导的国土防御任务共同维护，主要由国防部下属的美国-加拿大北美航空航天防御司令部和北方司令部负责。作为美国国土安全部唯一的军事力量，海岸警卫队将在北极保障"三军海上战略优势"方面发挥重要作用。海岸警卫队的任务特征使其成为众多易受胁迫国家的首选海上安全伙伴。将执法、渔业保护、海上安全和海事安保等独特权力与海军和海军陆战队能力整合起来，为联合部队指挥官提供战略选择。由于处于长期战略竞争时代，海军必须随时随地准备捍卫美国国家利益。

五、"全政府参与"

考虑到不断变化的形势，美国国土安全部必须重新审视并扩大其地区行动空间，以应对北极的机遇及其脆弱性挑战。

《美国国家安全战略(2017)》将俄罗斯视为挑战美国权力、影响力和利益的战略竞争对手，其利用北极不断演变的环境，扩大在该地区的能力和影响力。北极已成为大国竞争时代的中心舞台；地区竞争的加剧，使各国寻求控制航道以获取贸易通道和发展远洋渔业捕捞，并加强军事部署，加大资源开采力度。

本战略方针支持美国国家安全战略，并提出战略协同策略和愿景，以保卫国土，确保地区繁荣。本战略方针是对国防部北极战略的补充，并强调：北极是新兴的竞争空间；北极是国土；北极是合作与协作的共享地区。

美国北极环境是国家战略资产。根据《研究和政策法案(1984)》第 112 章规定的美国政府的官方定义，这里的北极是指"北极圈以北的美国和外国领土，以波丘派恩河、育空河和卡斯科奎姆河为界的美国北部和西部领土；毗邻海域，包括北冰洋、波弗特海、白令海和楚科奇海；阿留申群岛"。美国国土安全部有管理海洋生物资源的职责，也有义务支持旅游业和维持生计(如捕鱼、狩猎和捕鲸)。每年世界上最大规模的季节性海洋哺乳动物迁徙途经白令海，其中包括数以千计的北极露脊鲸和白鲸，成千上万的海象和海豹以及数百万的候鸟。2018 年，北冰洋沿岸五国(加拿大、丹麦、挪威、俄罗斯和美国)、中国、冰岛、日本、韩国和欧盟签署具有约束力的《预防中北冰洋不管制公海渔业协定》。然而，不断变化的作业条件可能导致商业捕鱼无视该协定。

美国国土安全部在该地区的活动涵盖其全部职责，从应急管理到海事、航空和边境安全，再到自然资源保护和商业发展。本战略方针虽然具有广泛性，但更寻求明确预测和指导美国国土安全部的战略及行动态势，以预测未来 10~15 年的新挑战。此外，还将制订更详尽的执行计划，定期审查和修订，以反映不断变化的地区环境。

第二节　战略环境

《美国国家安全战略(2017)》和美国国土安全部《国土安全趋势回顾(2017)》强调了国际安全态势对国家安全的影响。《北极地区国家战略》指出，美国国土安全部的首要任务是保护北极地区的美国公民、领土主权和权利、自然资源和国家利益。以下三大驱动因素促成了《战略方针》的制定。

一、持续存在和战略影响带来的地缘政治竞争及影响力竞争加剧

北极地缘环境变化推动进入北极地区的机会增加，为盟友和对手在该地区带来巨大机遇，其在北极地区的活动进一步加强。如果不加以限制，地缘战略对手将试图破坏基于规则的脆弱秩序，以获取先前无法获取的资源，进而破坏美国及其盟友努力维护的全球准则。

(一)俄罗斯

俄罗斯是北极圈内领土面积最大、在北极海域拥有大面积专属经济区的国家，是美国在该地区的主要地缘政治竞争对手，其经济上倚重北极自然资源开采(如石油、天然气和矿产)，在北极地区寻求控制北方海航道。

俄罗斯正试图破坏基于规则的秩序，以维护其北极地区的重要利益。俄罗斯将于 2021 年 7 月至 2023 年再次担任北极理事会轮值主席国，或将利用其在这方面的领导力来推进其北极地区目标。过去 10 年，俄罗斯在北极的军事存在不断扩大，在能力和基础设施建设方面进行大量投资，包括投资空军基地、港口、武器装备、态势感知工具、浮动核电站和世界上最大规模的破冰船队等。这些军民两用能力的显著提升，增强了其在北极的军事能力，有助于加强海岸基础设施建设，也体现了其北极战略雄心。

（二）志同道合的伙伴（加拿大、丹麦、芬兰、法国、冰岛、日本、挪威、瑞典和英国）

志同道合的北极和非北极国家主张提升美国在该地区的领导地位，特别是维护国际准则、确保北极国家的稳定与安全以及合法经济利益。若国土安全部无法强化美国在北极地区的存在，北极治理领导层将出现真空，可能会导致治理体系的重构。

二、自然环境变化

不断变化的地缘环境增加了北极地区美国公民的风险，这些风险包括风暴、海岸侵蚀和永久冻土融化的频次和严重程度加大。不断变化的环境也为北极和非北极国家持续提供了前所未有的资源和贸易航道机遇。如若任其发展，美国北极地区的人类活动不断增加以及海域管理不善的情况，可能会超越美国国土安全部侦察、阻止、预防和应对这些变化和活动的能力。随着北极地区持续开放，美国国土安全部必须就竞争对手影响美国国土安全与繁荣的活动和意图做出预测与响应。

三、广阔、欠发达、管理不善的空间

北极地区极端的天气条件、漫长的物流和供应链以及人烟稀少对美国国土安全部构成了独特挑战。在开展行动困难的地区，存在即影响力。威胁不断升级需要美国国土安全部更强大更持久的存在和领导，为了能够全面履行其在北极的法定使命，并担当国家重任，美国国土安全部需要通过强化海上存在、完善基础设施来加强能力建设。

第三节　战略目标

北极地区不断开放，航道不断拓宽，为资源开采、旅游、渔业和军事部署等创造了前所未有的机遇。不断变化的地缘政治、经济和技术环境要求美国国土安全部在不熟悉的环境中也可以开展行动，获取更多资源，并制定战略和行动计划，以保障当前和未来几年的国土安全任务顺利完成。

美国是北极国家。150 多年来，美国海岸警卫队一直是负责国土安全和环境管理的主要联邦机构，但地缘政治和环境挑战需要采取全政府参与的方式。

信息和通信技术日益发展，并在商业往来中大量应用，因而联邦应急管理局应对其持续关注。海冰减少、贸易和旅游产生的航道需求增加，这就要求美国海关与边境保护局扩大业务范围，以适应不断变化的贸易和旅游模式。美国移民和海关执法局将继续评估北极地区有关边境管制、海关、贸易和移民的联邦法律的执行情况。联邦应急管理局和海岸警卫队将继续对北极环境和人为灾害进行评估，并做好应急准备，以保护美国人民生命安全，维护美国经济繁荣。

美国国土安全部将统筹各部门和其他政府机构在北极地区的存在，包括设施的协同部署、采取联合战略行动计划、进行综合培训和共享资产。美国国土安全部各部门将利用可靠信息，最大限度地利用情报进行规划。各部门将寻求创新手段(包括人工智能和无人系统等迅猛发展的技术)并利用美国与外国政府、学界和行业伙伴之间的关系，以保障北极任务顺利完成。

美国国土安全部将集中部门资源，以支持美国国家政策目标，应对地区机遇和挑战。美国将致力于实现以下目标。

目标 1：通过增强持续存在和态势感知来保卫国土

通过强化态势感知能力、增强持续存在与加强主导力(特别是在海洋空间)来捍卫美国国家主权，对于国家和经济安全以及遏制大国竞争对手的不当活动至关重要。这一目标要求美国国土安全部在严峻的环境中仍拥有精良的装备，并配备训练有素的人力资源。为了实现这一目标，美国国土安全部将注重以下方面。

加快推进美国海军陆战队破冰船的采购、部署和维护工作。在北极，存在即影响力。美国国土安全部将投资并部署一支强大的现代化极地破冰船队以及可在适宜条件下全年部署的中型破冰船，并整合多系统操作，包括无人操作系统等多用途平台，以维护美国在北极地区的利益。这些资产和配套的基础设施支持将确保海岸警卫队在北极的持续存在，并在该地区执行任务。在海上，美国国土安全部将优先考虑提升破冰能力并强化地区影响力，以阻止敌对势力的不当行为并支持科学研究。

提高技术能力，以确保态势感知。美国国土安全部必须加大技术投资力度并开展培训，以迅速、高效、经济地提高对北极活动的认知水平。在环境恶劣地区，无人系统对于以高效、经济的方式了解、跟踪和监测可疑和无威胁的活动至关重要。美国国土安全部通过其各个办公室，包括科学和技术理事会，寻求资金和资源，优先考虑采购、培训和增加无人系统技术的使用，以执行其在北极地区的重要任务。这一任务将涉及扩大与各机构合作伙伴的协调、培训和合作，特别是美国国防部(美国空军和美国太空军)以及联邦、州、地方、部落和地方各级政府合作。美国国土安全部还将寻求机遇来提升对北极地区实际发展的认知水平与预见能力，将北极塑造成一个安全、稳定的地区，促进负责任的治理和经济增长。

加强高纬度地区通信系统的发展、部署和维护。有效的存在需要持续、可靠和安全的连接。北极地区基础设施短缺意味着缺乏可靠的通信保障。内部或外部系统的语音和数据信息共享非常有限。为了使美国国土安全部在全年行动中能有效部署和调动资产，与机构间业务中心的不间断数字连接至关重要，其中包括技术进步和在极地地区部署卫星技术。美国国土安全部将优先在北极投资、开发和部署可靠、安全、持续的全年通信设施。

提高贸易和旅游便利化能力。美国国土安全部肩负着重要的经济安全使命，这一使命在北极地区日益扩大。随着人们对休闲旅游兴趣的增加，邮轮和其他旅游业正在继续拓展北极业务。例如，邮轮行业计划到 2022 年再生产 29 艘穿越西北航道的破冰船，比 2019 年增加近两倍。预计美国国土安全部在转运、资源开采以及公共和商业海上活动以及港口基础设施方面还会有更多需求。2013—2019 年间，由于贸易和旅游的增长，船舶运输量增长了25%，预计还将继续增长。这种增长趋势，特别是在商业和相关旅游方面，将需要美国海关与边境保护局和海岸警卫队加强在北极西部的执法能力，并配备必要的人力与物力(基础设施、人员、资产)，以促进贸易和旅游发展。

目标2：加强北极地区的进入、应对与恢复能力

美国国土安全部必须加强能力建设，使其各部门、其他机构和私营部门伙伴能够保护北极，应对自然和人为威胁和危害，并加强北极的恢复能力。这一努力包括加强联邦、州、地方、部落和地方各级政府机构能力建设，并在各级政府和社会中抵御敌对威胁。为实现这一目标，美国国土安全部及其组成部门将关注以下方面。

进行角色定位。虽然美国国土安全部的一些部门长期以来一直在北极地区执行任务，但由于开放的北极水域为人类活动增加创造了机遇，美国国土安全部各部门将评估并向部长报告其在保护北极方面的作用和职责。美国国土安全部的组成部门将分析内设机构或办事处如何受到服务需求的影响，评估机构职能与能力需求以及分析如何满足国家对其服务的期望。这一努力将包括针对不断变化的威胁环境确定资源范围和作出决策。美国国土安全部将利用这些研究为今后的资源决策提供资料。

增强抵御人为和自然灾害的能力。通过集中精力提升合作伙伴关系和基础设施能力，美国国土安全部及其组成部门能够将重点放在预防和应对上。特别是美国国土安全部将牵头与阿拉斯加州原住民接触。为支持第13175号行政命令，美国国土安全部的组成部门将“加强美国政府与部落间的联系”，与联邦承认的部落建立联系，并通过有针对性的加强国家合作和国际参与来强化北极治理。

增强各级政府和私营部门合作伙伴发现和阻止外国恶意投资/影响的能力。美国国土安全部已经意识到近年来竞争对手加大了在阿拉斯加州的投资。最初看来，外来投资对当地企业和政府来说是有利可图和合法的，但总体而言，这可能会严重破坏美国的国家安全。外资肆无忌惮地购买令人垂涎的自然资源(如锌、钴和其他重要资源)，尤其会破坏美国国家安全，这些资源可能会对美国关键的供应链造成不利影响。美国国土安全部将与联邦、州、地方、部落和地方各级政府合作，在北极国土的关键地区识别和阻止异常的外国金融或商业交易，同时促进负责任的投资和开发。

保护关键基础设施。数字时代使人们的生活水平空前提高，人们对技术网络的依赖程度日益加深。这给美国本土的关键基础设施带来了安全挑战，包括信息通信技术和运输领域(管道、铁路、港口等)。近年来，横跨阿拉斯加州和北极的新海底电缆加强了偏远地区各大陆之间的连通性。网络安全和基础设施安全局以及海岸警卫队将继续在必要时确定人力资源与物力资源需求，并加以分配，以提升美国数字基础设施和实体基础设施的韧性。美国国土安全部与公共和私营部门合作伙伴密切合作，评估美国北极地区关键基础设施状况。这些评估和建议旨在将安全和恢复态势告知阿拉斯加州关键基础设施的所有者和运营商。随后的海洋区域评估和建议将重点放在加强美国北极地区的安全和恢复能力上，同时更好地定位美国国土安全部的角色，以应对大国竞争的挑战。这项工作包括与当地公共和私营实体合作，根据区域评估计划开展关键基础设施韧性评估。当前评估的建议主要集中在交通系统、能源和通信等关键基础设施部门以及应对特定部门和跨部门的挑战。

维护北极地区的海洋自由。根据《美国国家安全战略报告》和《北极地区国家战略报告》，美国国土安全部致力于使北极成为一个自由和开放的国际空间区域。美国国土安全部与国防部在保护合法旅行和贸易自由方面发挥互补作用，将致力于维护合法的经济活动，并通过建立优先权和震慑不当行为的行动来加强这些国际规范。美国国土安全部将与美国的盟友和伙伴一道，根据国际法规定的权利和义务，保护海洋资源的主权权利，并与国际社会在捍卫海洋自由和尊重主权方面保持一致。

确保美国未来的能源繁荣——正如《美国国家安全战略报告》和《北极地区国家战略报告》所指出的，美国的全球领导地位在很大程度上取决于美国在国内外负责任的能源开采、生产和分配。北极地区美国专属经济区蕴藏着丰富的自然资源，为提高稀土矿和能源资源生产提供了宝贵的战略机遇。如果没有能力、资金或关系来维护态势感知，美国政府就无法阻止他国在自己的领土上非法开采能源和稀土矿。美国国土安全部通过海岸警卫队和联邦应急管理局与其他联邦和州政府机构合作维护公共和私人商业利益，按照美国法律和法规安全、可靠、负责任地开采美国外大陆架资源，防止不受欢迎或未经授权的实体非法开采。

目标 3：通过有针对性的国家和国际参与及合作，推进北极治理和基于规则的秩序

推进北极国家安全利益需要采用综合的全政府参与方法，需要利用双边和多边关系以及与周边盟友(如加拿大)和世界各地志同道合的盟友建立伙伴关系，传播共同的价值观和规则。推进这些共同价值观和全球规则对促进本土和国际空间的稳定与繁荣是必要的。为了实现这一目标，美国国土安全部将侧重以下方面。

维护北极治理与合作机制的完整性。美国国土安全部将配合美国国务院，与国际合作伙伴加强合作，确保北极理事会、国际海事组织和北极海岸警卫队论坛等国际机制倡导强有力和健康的治理实践，以对抗可能试图破坏全球规则和基于规则的秩序的对手。美国国土安全部与国务院将继续与合作伙伴保持联系，以维护这些机制的完整性和有效性。

加强与志同道合的北极伙伴的合作。美国国土安全部将与志同道合的伙伴合作，特别是加拿大以及欧洲盟友，以维护基于规则的秩序。这一努力将包括继续保护专属经济区，打击非法、不报告和无管制捕捞，还包括加强和扩大与伙伴国家的直接业务联系，以共享信息、加强安全并保护贸易。北太平洋地区海岸警备执法机构论坛和北大西洋海岸警卫队论坛是促进互利的海上安全和安保标准的潜在领域。

美国国土安全部将与美国海关与边境保护局、海岸警卫队和美国运输安全管理局进一步促进贸易和旅行便利化，扩大业务领域的执法合作。加强与加拿大和俄罗斯的合作，特别是在航空安全和海关执法方面，有助于美国国土安全部应对贸易和交通增长带来的安全方面的挑战。

第四节　指导原则

美国国土安全部将遵循三项指导原则，确保成功实施本战略方针中所概述的目标，并有助于理解美国国土安全部在北极的存在和行动所反映的国家价值观和在国际社会中的作用。

致力于提高透明度和信息共享。这是美国国土安全部在北极所有活动的一个特点。透明度鼓励良好的行为并建立信任，前提是美国国土安全部及其部门获得和使用的信息能够与各部门、公众和国际合作伙伴共享。

在广阔的北极地区开展务实合作。基于现实距离以及极端天气条件，建立在互利基础上的北极地区伙伴关系需要超越一般伙伴关系水平。

共同维护北极准则和基于规则的秩序，共同维护稳定与和平。美国国土安全部将与阿拉斯加州原住民、合作伙伴和盟友一道努力推动这些准则落实。美国国土安全部还将维护北极地区作为一个自由开放的地区，支持和维护公海自由、飞越和其他合法使用海域的国际法原则以及畅通无阻的合法贸易。

第五节　结论：获得成功

该战略方针概述了获得成功所必需的总体目标和具体目标，积极规划美国国土安全部在该地区的预期角色，并履行美国国土安全部在北极地区的国家责任。

美国国土安全部将通过与国内外伙伴的密切合作，采取有计划、周密、全员参与的方式实现这些目标。通过全面了解地区环境态势，美国国土安全部可加强地区的安全和保障，同时促进合法企业的发展。在所有战略举措中，美国国土安全部将依靠创新和透明的方法，与监督委员会进行频繁的沟通，以实施符合当前北极独特环境的新解决方案，这最终将成为美国国土安全部内部更好地团结努力的典范。

通过这一战略方针和即将出台的实施计划，美国国土安全部将在塑造北极战略环境方面发挥突出作用，与美国合作伙伴及盟国密切合作和协调，采取和部署必要的措施，这是对抗竞争对手的必要手段，也是为促进美国经济繁荣和整个地区的安全创造必要条件。

第三十章 《2030 年前俄罗斯南极活动发展战略实施行动计划》

2021 年 6 月 30 日，俄罗斯政府总理米哈伊尔·米舒斯京签署政府令，批准《2030 年前俄罗斯南极活动发展战略实施行动计划》(以下简称《计划》)。《计划》对俄罗斯 2030 年前在南极的活动进行全面规定，涵盖全面维护和发展南极条约体系、升级南极考察基础设施和保障科考人员生命安全、开展南极综合科考活动、保护南极生态环境、开展南极综合性科学研究、提高南极科考人员专业水平、促进南极教育和可持续旅游业发展以及保护南极历史遗产八个领域。

第一节 俄罗斯联邦政府令

一、批准以下所附《计划》。

二、责成需要落实《计划》的联邦行政机关和组织：

(一)采取措施完成《计划》；

(二)以年为执行期限的活动，每年 4 月 1 日前向俄罗斯自然资源与生态部提交关于《计划》实施情况的报告；不以年为执行期限的活动，每月向俄罗斯自然资源与生态部提交《计划》实施情况的报告。

三、俄罗斯自然资源与生态部负责监督《计划》的实施情况，并于每年 4 月 30 日前向联邦政府提交关于《计划》实施情况的报告。

四、实施本政府令的财政支出由相应财年的联邦预算、相关联邦行政机关落实《计划》期间的预算拨款及预算外资金保障。

俄罗斯政府总理
米哈伊尔·米舒斯京
2021 年 6 月 30 日
第 1767-P 号

第二节 全面维护和发展南极条约体系

一、自2022年起，每年派遣俄罗斯代表团参加南极条约协商会议及南极条约体系下的其他活动，并向俄罗斯联邦政府提交报告。（负责机构：俄罗斯外交部；俄罗斯水文气象与环境监督局；俄罗斯自然资源与生态部；俄罗斯联邦渔业局；俄罗斯科学院）

二、自2022年起，每年派遣俄罗斯代表团参加南极条约环境保护委员会活动，并向俄罗斯联邦政府提交报告。（负责机构：俄罗斯水文气象与环境监督局；俄罗斯外交部；俄罗斯自然资源与生态部；俄罗斯科学院）

三、自2022年起，每年派遣俄罗斯代表团参加南极海洋生物资源养护委员会会议，并向俄罗斯联邦政府提交报告。（负责机构：俄罗斯联邦渔业局；俄罗斯外交部；俄罗斯自然资源与生态部）

四、自2021年起，发展同南极条约缔约国的双边和多边互利合作关系，并向俄罗斯联邦政府提交报告。（负责机构：俄罗斯外交部；俄罗斯水文气象与环境监督局；俄罗斯联邦渔业局）

第三节 升级南极考察基础设施 保障科考人员生命安全

一、2020—2025年间，在南极东方站建立新的越冬综合体，并投入运营。（负责机构：俄罗斯水文气象与环境监督局；俄罗斯南北极科学研究所；俄罗斯“东方”有限责任公司）

二、2022—2027年间，在南极和平站完成建立新的越冬综合体。（负责机构：俄罗斯水文气象与环境监督局；俄罗斯南北极科学研究所）

三、2022—2026年间，完成对南极俄罗斯站野外基地的基础设施改造工作。（负责机构：俄罗斯水文气象与环境监督局；俄罗斯南北极科学研究所）

四、2026—2030年间，完成对南极新拉扎列夫站的基础设施改造工作。（负责单位：俄罗斯水文气象与环境监督局；俄罗斯南北极科学研究所）

五、2030 年 12 月前，在国家建设及现代化处理高精度广域功能补充综合体试验设计工作框架下，完成对别林斯高晋、新拉扎列夫及进步站通用测量采集站点的现代化改造工作。（负责单位：俄罗斯国家航天集团；俄罗斯水文气象与环境监督局；俄罗斯南北极科学研究所）

六、自 2020 年起，在格洛纳斯全球卫星导航系统高精度功能补充综合体设备技术运行服务框架下，维护别林斯高晋、新拉扎列夫及进步站通用测量采集站点的技术运行。（负责单位：俄罗斯国家航天集团；俄罗斯水文气象与环境监督局；俄罗斯南北极科学研究所）

七、2023 年 12 月前，完成对俄罗斯国家航天集团地球遥感区域中心的现代化改造工作。（负责单位：俄罗斯国家航天集团；俄罗斯水文气象与环境监督局；俄罗斯南北极科学研究所）

八、2023—2028 年间，完成班戈绿洲季节性野外基地的直升机着陆场建设工作。（负责单位：俄罗斯水文气象与环境监督局；俄罗斯地下资源利用联邦监督局；俄罗斯地质控股公司）

九、2025 年 12 月前，建立用于开展地质-地球物理工作的现代设备综合体，并投入运营。（负责单位：俄罗斯地下资源利用联邦监督局）

十、2022—2027 年间，设计并建造可取代“费德罗夫院士”号的新科考船，并投入运营，以保障俄罗斯南极考察队的活动。（负责单位：俄罗斯水文气象与环境监督局；俄罗斯南北极科学研究所）

十一、2022—2025 年间，为设计和建造新的冰级科学研究船进行技术与经济可行性研究，以完成国家在南北极的地质-地球物理研究活动，研究结果需向俄罗斯联邦政府报告。（负责单位：俄罗斯地下资源利用联邦监督局；俄罗斯地质控股公司）

十二、2022—2026 年间，设计并建造新的冰级科学研究船以完成对南极资源的综合性研究；对现有大吨位捕鱼船进行现代化改造，将其改装成科学捕鱼船，用以开展渔业研究，相关进展需向俄罗斯联邦政府报告。（负责单位：俄罗斯联邦渔业局）

十三、自 2021 年起，逐步更新用于运营南极考察站及开展内陆行动的运输技术与设备。（负责单位：俄罗斯水文气象与环境监督局；俄罗斯南北极科学研究所）

十四、2030 年 12 月前，为南极考察站和季节性基地配备现代化生活

服务与能源供应综合体以及科学、医疗设备。(负责单位：俄罗斯水文气象与环境监督局；俄罗斯南北极科学研究所)

十五、2030年12月前，对国家南极考察站地区的大地测量基础设施、基础大气-大地测量网、高精准大地测量网、重力测定与水准测量网进行改造升级，并维持其运行。(负责单位：俄罗斯联邦登记、清册与绘图局；俄罗斯水文气象与环境监督局；俄罗斯南北极科学研究所)

第四节 开展南极综合科考活动

一、自2021年起，开展南极气象、电离层、磁场、海洋学、地理、水文、冰川、地球冰岩学与生物学综合研究，并对南极环境进行监测。(负责单位：俄罗斯水文气象与环境监督局；俄罗斯南北极科学研究所)

二、自2021年起，对东方冰下湖及俄罗斯东方南极站地区的古气候问题开展综合研究。(负责单位：俄罗斯水文气象与环境监督局；俄罗斯南北极科学研究所；俄罗斯圣彼得堡矿业大学；俄罗斯地质控股公司)

三、自2021年起，对南极无冰区和被冰雪覆盖的内陆区域开展综合野外地质-地球物理调查，对南极地区的地质构造和矿产资源开展研究；设计并建造新的野外考察营地，为俄罗斯地质-地球物理研究工作提供保障，并对现有的野外基地实施现代化改造。(负责单位：俄罗斯地下资源利用联邦监督局；俄罗斯地质控股公司；俄罗斯水文气象与环境监督局；俄罗斯南北极科学研究所)

四、自2023年起，在南极大陆中部地区开展地震雷达研究。(负责单位：俄罗斯地下资源利用联邦监督局；俄罗斯水文气象与环境监督局；俄罗斯南北极科学研究所；俄罗斯地质控股公司)

五、自2020年起，在俄罗斯南极进步站运行国家航天集团的地球遥感南极区域中心。(负责单位：俄罗斯国家航天集团；俄罗斯水文气象与环境监督局；俄罗斯南北极科学研究所)

六、2022—2024年间，组织俄罗斯紧急情况部专业人员参加南极大陆考察活动，结合考察任务特点，制定保障俄南极科考人员安全的方法和措施。(负责单位：俄罗斯水文气象与环境监督局；俄罗斯紧急情况部；俄罗斯南北极科学研究所)

七、自2021年起，对“南大洋”生态系统和磷虾资源开展综合考察研究。(负责单位：俄罗斯高等教育与科学部；俄罗斯联邦渔业局)

八、自2020年起，对南极洲大西洋、太平洋和印度洋板块定期开展综合资源考察，以评估上述地区的磷虾、鱼类和其他水生生物储量。(负责单位：俄罗斯联邦渔业局；全俄渔业和海洋科学研究所)

九、2022—2023年间，完成航测工作，绘制俄罗斯南极考察站和季节性基地的大、中型数字地形测量图和三维模型图。(负责单位：俄罗斯联邦登记、清册与绘图局；俄罗斯水文气象与环境监督局；俄罗斯南北极科学研究所)

十、自2022年起，完成俄罗斯南极考察站和季节性基地附近水域的综合性大地测量与水文地理测量工作，绘制俄罗斯南极考察站和季节性基地附近的海底地貌三维模型图以及大型水文地理数字测量图。(负责单位：俄罗斯联邦登记、清册与绘图局；俄罗斯联邦导航与海洋学管理局；俄罗斯联邦国防部；俄罗斯水文气象与环境监督局；俄罗斯南北极科学研究所)

十一、自2022年起，利用大地测量观测技术，研究海冰运动的长期动态过程及冰川和积雪的变化情况以及俄罗斯南极考察站和季节性基地附近的冰下地貌，将物流路线所经区域冰川运动与积雪情况的数据与信息提交信息系统。(负责单位：俄罗斯联邦登记、清册与绘图局；俄罗斯水文气象与环境监督局；俄罗斯南北极科学研究所)

第五节　保护南极生态环境

一、2022—2025年间，完成对别林斯高晋站石油基地的现代化升级工作。(负责单位：俄罗斯水文气象与环境监督局；俄罗斯南北极科学研究所)

二、2023—2030年间，完成俄南极青年季节性基地的废物清除工作。(负责单位：俄罗斯水文气象与环境监督局；俄罗斯南北极科学研究所)

三、2021—2027年间，逐步替换俄罗斯南极考察站内的陈旧设备，建立现代化的液体和固体废物处理综合体。(负责单位：俄罗斯水文气象与环境监督局；俄罗斯南北极科学研究所)

四、2025—2029年间，回收俄罗斯南极考察站和季节性基地陈旧、无用的设施及废弃物，并将其运出南极。(负责单位：俄罗斯水文气象与环境监督局；俄罗斯南北极科学研究所)

五、2021—2030年间，完成人为因素对南极环境影响的评估，制订南极环境保护计划，编制文件资料以获得南极活动许可证。(负责单位：俄罗斯水文气象与环境监督局；俄罗斯南北极科学研究所)

六、自2021年起，就南极活动行为准则、设备和废物处理等问题对南极科考人员进行培训。(负责单位：俄罗斯水文气象与环境监督局；俄罗斯南北极科学研究所)

第六节 开展南极综合性科学研究

一、自2022年起，对南极当前和未来的气候变化开展研究。(负责单位：俄罗斯水文气象与环境监督局；俄罗斯南北极科学研究所)

二、自2022年起，研究太阳地球物理学因素对磁场和电离层的影响，对地球物理状况以及自然和人为的地球物理干扰进行监测。(负责单位：俄罗斯水文气象与环境监督局；俄罗斯南北极科学研究所)

三、自2022年起，对南极生态系统现状开展研究，并将其作为南极洲和“南大洋”生态环境保护活动的重要基础。(负责单位：俄罗斯水文气象与环境监督局；俄罗斯南北极科学研究所)

四、自2022年起，在对南极水生生物资源储量进行调查研究的基础上，编制南极水生生物资源评价报告，确保开展经济、有效的渔业捕捞活动。(负责单位：俄罗斯水文气象与环境监督局；俄罗斯联邦渔业局；俄罗斯南北极科学研究所；全俄渔业和海洋科学研究所)

五、自2022年起，建设南极洲和“南大洋”自然环境信息系统。(负责单位：俄罗斯水文气象与环境监督局；俄罗斯南北极科学研究所；全俄水文气象信息科学研究所-世界数据中心)

六、自2022年起，开展科学研究工作，为南极的地质-地球物理考察提供信息支持。(负责单位：俄罗斯水文气象与环境监督局；俄罗斯地下资源利用联邦监督局；俄罗斯南北极科学研究所；俄罗斯地质控股公司)

第七节　提高南极科考人员专业水平

一、2030 年 12 月前，为俄国内捕鱼船队有效开发磷虾、鱼类和其他南极水生生物资源制定科学的建议与政策，维护俄罗斯在南极海洋生物资源养护委员会中的地位。(负责单位：俄罗斯联邦渔业局)

二、2030 年 12 月前，就使用磷虾及其他水生生物资源生产食品、饲料、技术产品和生物活性物质等的技术形成合理的政策建议。(负责单位：俄罗斯联邦渔业局)

三、自 2021 年 12 月起，每年对国家南极科考人员开展培训活动，提高极端条件下的生存能力。(负责单位：俄罗斯水文气象与环境监督局；俄罗斯紧急情况部；俄罗斯南北极科学研究所)

四、自 2021 年 12 月起，每年对国家南极科考人员开展培训活动，提高在山地、洞穴等环境的专业技能。(负责单位：俄罗斯水文气象与环境监督局；俄罗斯紧急情况部；俄罗斯南北极科学研究所)

五、2022—2030 年间，形成南极大陆和南极洲中、小型数字地形测量图。(负责单位：俄罗斯联邦登记、清册与绘图局；俄罗斯国家航天公司)

六、2022—2030 年间，建立大地测量学、绘图学、地质学、冰川学等领域的工作和计划综合数据库，建立南极地理信息系统。(负责单位：俄罗斯联邦登记、清册与绘图局；俄罗斯联邦大地测量、绘图和空间数据基础设施科学技术中心)

第八节　促进南极教育和可持续旅游业发展

一、2022 年 12 月前，结合南极地区的特点、旅游者需求和现代旅游业的发展趋势，制定“南极旅游宣言”。(负责单位：俄罗斯联邦旅游局；俄罗斯水文气象与环境监督局；俄罗斯外交部；俄罗斯南北极科学研究所)

二、自 2021 年起，对俄罗斯科学家在南极研究方面的成就进行宣传，定期在大众媒体上展示国家南极科学研究成果，提高全社会对南极的关注度。(负责单位：俄罗斯水文气象与环境监督局；俄罗斯科学与高等教育

部；俄罗斯外交部）

三、自2021年起，与国际南极旅游组织协会等致力于协调和促进南极旅游活动的国际组织和团体开展互利协作，并向俄罗斯联邦政府提交报告。（负责单位：俄罗斯联邦旅游局；俄罗斯外交部；俄罗斯水文气象与环境监督局）

第九节　保护南极历史遗产

一、2021—2030年间，开展南极陈列展览活动项目，即通过俄罗斯南极考察站收集展品，并将其运送至国家南北极博物馆和其他博物馆进行陈列展览。（负责单位：俄罗斯水文气象与环境监督局；俄罗斯南北极科学研究所；俄罗斯南北极国家博物馆）

二、2021—2030年间，将俄罗斯在南极的历史遗迹列入历史名胜名录，同时开展保存工作，以保护俄罗斯在南极的历史遗产。（负责单位：俄罗斯水文气象与环境监督局；俄罗斯南北极科学研究所）

三、自2022年起，推进在南极研究科学委员会地名综合目录中列入俄罗斯的地理命名工作。（负责单位：俄罗斯水文气象与环境监督局；俄罗斯联邦登记、清册与绘图局；俄罗斯联邦大地测量、绘图和空间数据基础设施科学技术中心）

第三十一章　爱尔兰《海域规划法案(2021)》及其解释性备忘录

2021年8月16日，爱尔兰住房、地方政府和遗产部公布了《海域规划法案(2021)》及其解释性备忘录，旨在为爱尔兰海域建立全面的规划系统，建立具有前瞻性的海域规划制度，设计更简捷的海域开发管理系统，并启用新的海域许可制度。同时，法案规定成立新机构——海域管理局。该法案及其解释性备忘录加强了爱尔兰对近岸海域及专属经济区水域的有效管理。

第一节　前　言

本法旨在建立全面的海域规划系统，并成立海域管理局。海域规划系统要点如下。

第一条　海域

新规划系统的实施范围从高潮线延伸至爱尔兰大陆架外部边界，包括领海和专属经济区。

第二条　前瞻性规划——《国家海洋规划框架》

(一)补充《规划发展法(2018)(修订)》中的海洋前瞻性规划条款。

(二)为《海洋规划政策声明》提供依据。

(三)将《公众参与声明》作为编制海洋空间规划的强制要求。

(四)通过《指定海域规划》对地方性规划作出规定。

(五)建立海洋授权数据库。

第三条　开发管理

本法案的许可制度包括：

(一)海域同意书：

- 设定占用海域的条件；

- 管理海域管理局和持有人的关系；
- 获得海域同意书后方可进入规划许可流程。

(二)许可证：某些海域使用受许可证制度管理。

(三)规划许可：

- 将陆地规划许可制度扩展至海洋。
- 详细审查环境影响评估等项目。
- 地方当局审查其近岸海域内其他所有申请。
- 规划理事会审查特定基础设施项目等的申请。

第四条　执行与合规制度

(一)确保海域同意书和许可证的条款得到遵守。

(二)海域管理局确保海域同意书等的条款在近岸以外海域得到遵守。

(三)地方当局确保规划许可在近岸海域得到遵守。

(四)促进各机构间合作。

第五条　海域管理局

(一)授予海域同意书；

(二)批准特定用海活动；

(三)确保海域同意书等得以遵守；

(四)管理现有的前滨租约和许可证；

(五)协调机构间的合作。

第六条　过渡性措施

(一)环境、气候和通信部长在海域管理局成立前负责部分海域同意书和规划许可的申请。

(二)住房、地方政府和遗产部长在海域管理局成立前审查所有提出且尚未完成的前滨许可申请。

(三)海域管理局成立后负责海域同意书和前滨许可。

(四)整治目前未经授权占用前滨的行为。

第二节　总　则

第七条　简称、集体引用和生效时间

本法为《海域规划法案(2021)》。部分条款规定分别引用《前滨法

(1933)》和《前滨法(1992)》《电力管制法(1999)》和《规划发展法(2000)》。部分条款规定本法根据部长命令确定生效的时间。

第八条　注　释

“部长”为住房、地方政府和遗产部长。

第九条　适用范围

本条定义，海域由领海(前滨)、专属经济区和商定的大陆架组成。

第十条　本法赋予欧盟法律以效力

本条介绍由本法案赋予或增强效力的欧盟法案。

第十一条　沿海规划当局近岸海域

“近岸海域”为从高潮线向海一侧 3 海里的海域，各沿海规划当局在该区域内行使规划许可审批等权力。

第十二条　海洋规划政策声明

部长应编制并公布《海洋规划政策声明》，阐明国家海洋规划的政策目标和优先事项。

第十三条　部长准则

部长可向公共机构发布海洋规划准则，公共机构履职时应遵守准则。

第十四条　部长政策指令

部长可向公共机构发布政策指令，公共机构履职时应遵守准则。

第十五条　限制部长权力

部长不得干涉沿海规划当局或规划理事会正在或可能进行的海洋规划。

第十六条　条例等

部长可通过条例规定本法提及的事项。

第十七条　费　用

执行本法的费用，若在公共支出和改革部长批准范围内，应由国家议会提供的资金支付。

第十八条　废　除

废除《规划发展法(2000—2018)》和《前滨法(1933)》的内容，由本法相关条款取代；撤销根据《前滨法(1933)》发布的禁止命令和禁止通知，由本法中的“第七节 执行”取代。

第三节　《海洋空间规划》与《指定海域规划》

第十九条　注　释

本条为本节的定义。

第二十条　适用范围

本节不适用于仅与国防或国家安全相关的海域使用。

第二十一条　为《海洋空间规划指令》指定主管当局

住房、地方政府和遗产部为《海洋空间规划指令(2014)》的主管当局。

第二十二条　《海洋空间规划》

部长应编制和公布《海洋空间规划》以平衡不同的海域使用需求。

第二十三条　《海洋空间规划》的要求

本条规定部长在编制《海洋空间规划》时有义务遵守《海洋空间规划指令》，并规定了部长须在《海洋空间规划》公布 6 年内对该文件进行审查。

第二十四条　《海洋空间规划》的公众参与

部长应确保公众参与要求得到遵守，应编制并公布“公众参与声明”，将其副本提交至议会两院。

第二十五条　将《海洋空间规划》提交至议会两院

部长须将《海洋空间规划》草案及相关《环境报告》等提交至议会两院。在两院批准草案前不能发布《海洋空间规划》。部长必须考虑议会任一下属机构的决议、报告或建议。

第二十六条　确定制订《指定海域规划》的公共机构

部长可指定一个或多个公共机构为编制和公布《指定海域规划》的主管当局。

第二十七条　《指定海域规划》提案

本条规定了《指定海域规划》提案中须详述的事项及批准或驳回程序。

第二十八条　《指定海域规划》草案

《指定海域规划》提案获批后，主管当局应尽快编制《指定海域规划》草案。

第二十九条　《指定海域规划》的公众参与

主管当局也应编制并公布“公众参与声明”，部长应将声明副本提交至议会两院。

第三十条　部长与《指定海域规划》草案

主管当局应考虑由公众参与、适当性评估等产生的相关因素。本条还规定部长确保《指定海域规划》草案符合《海洋空间规划指令》等指令指南的程序。

第三十一条　将《指定海域规划》提交至议会两院

主管当局须将《指定海域规划》草案等提交至议会两院。在议会两院批准草案前不能发布《指定海域规划》。主管当局须考虑议会任一下属机构的决议、报告或建议。

第三十二条　审查《指定海域规划》等

主管当局应在《指定海域规划》首次公布起6年内对其进行审查。

第三十三条　将《指定海域规划》提交至沿海规划当局

涉及一个或多个沿海规划当局近岸海域的《指定海域规划》应提交至各相关沿海规划当局。

第三十四条　《海洋空间规划》修订

部长或主管当局可对规划进行重大和非重大修订。部长可确定非重大修订的类别。

第三十五条　公共机构遵守情况

公共机构应采取与其职能相符的措施，确保实现《国家海洋规划框架》的目标。

第三十六条　部长指示

部长可指示公共机构，要求其采取指示措施，这些措施与实施《海洋空间规划》、遵守《国家海洋规划框架》或遵守《海洋空间规划指令》有关。公共机构须遵从指示。

第三十七条　适当性评估和战略环境评估

在编制或修订规划、指南和指令时将酌情进行战略环境评估和适当性评估(或审查)。

第三十八条　定　义

“数据库”为海洋授权数据库。

第三十九条　建立数据库

部长应建立和维护海洋授权数据库，确保公共机构授予的海洋相关许可公开。

第四十条 数据库的数据

数据库中的数据与海域使用授权有关，能够帮助确定涉及海域、海域使用及持有人的信息。

第四十一条 数据库校正

部长应确保数据库内容无误。

第四十二条 部长获取信息的权力

部长可要求公共机构提供与海域有关的信息以更新数据库。

第四十三条 部长授权

部长可委托海域管理局维护数据库。

第四节 海域管理局

第四十四条 定 义

“主席”为海域管理局理事会主席。

第四十五条 成立日

部长应指定海域管理局成立日。

第四十六条 成立海域管理局

本条规定成立海域管理局。

第四十七条 海域管理局职能

海域管理局的职能包括审议和批准海域同意书及许可申请等。

第四十八条 海域管理局履职时应参考的事项

海域管理局在履职时应考虑《国家海洋规划框架》《公约》等。

第四十九条 海域管理局理事会的设立与成员

本条规定设立海域管理局理事会，由部长任命1名主席和最多10名成员。

第五十条 临时空缺

本条对填补海域管理局理事会临时空缺作出规定。

第五十一条 海域管理局理事会职能

海域管理局理事会须确保海域管理局高效履职；确保海域管理局目标符合其职能和战略声明；确保建立适当的系统和程序；设计完善的征税

框架。

第五十二条　海域管理局理事会成员资格

海域管理局理事会成员当选爱尔兰议会、欧洲议会和地方当局成员，或被提名进入爱尔兰上议院，或被增选进入地方当局时，将不再担任海域管理局理事会成员。

第五十三条　海域管理局理事会成员罢免

部长可以能力不足、行为不端等为由罢免海域管理局理事会成员。

第五十四条　潜在利益冲突

海域管理局理事会成员应备案潜在利益冲突并不得审议相关事项。

第五十五条　罢免海域管理局理事会所有成员

部长可在某些情况下罢免海域管理局理事会所有成员。

第五十六条　海域管理局理事会会议

海域管理局理事会应根据履职需要举行会议，每年不少于四次。参会人数为全员的一半以上。若决定事项的赞成或反对的票数相等，主席将进行二次投票或投出决定票。

第五十七条　海域管理局理事会委员会

海域管理局理事会可成立委员会。具有专业知识和经验的非海域管理局理事会成员可进入委员会。

第五十八条　持有人等无资格成为成员

海域使用授权的工作人员或持有人不得担任海域管理局理事会或委员会成员。

第五十九条　海域管理局理事会及委员会成员的薪酬及开支

经公共支出和改革部长同意，部长可决定海域管理局理事会及委员会成员的薪酬和津贴。

第六十条　任命首席执行官

首席执行官经公开选拔后由公职任命处推荐，最终由政府任命。

第六十一条　辞职、罢免或取消资格

本条规定了首席执行官的辞职或罢免。首席执行官可书面通知部长在一定情况下有意辞职。在某些情况下首席执行官也会被免职。

第六十二条　首席执行官的职能

首席执行官负责海域管理局的行政和业务管理。

第六十三条　职能授权

首席执行官可将职能授权给海域管理局工作人员。

第六十四条　对议会两院委员会的责任

应委员会书面要求，首席执行官应出席委员会会议说明海域管理局的管理情况。

第六十五条　出席公共账目委员会会议

应委员会书面要求，首席执行官应就拨款账户等事项出席公共账目委员会会议。

第六十六条　首席执行官资格

首席执行官当选爱尔兰议会两院、欧洲议会或地方当局成员，或被提名进入爱尔兰上议院，或被增选进入地方当局时，不再担任首席执行官。

第六十七条　代理首席执行官

首席执行官停职或职位空缺期间，部长可任命一名海域管理局工作人员临时履行首席执行官职能。

第六十八条　海域管理局工作人员

海域管理局工作人员为公务员，薪酬由海域管理局支付。

第六十九条　海域管理局和公共机构合作

海域管理局可与公共机构合作以提高履职效率。

第七十条　海域管理局的战略

海域管理局应在成立之日起 12 个月内制定一份战略声明，此后每 5 年更新一次战略声明。

第七十一条　海域管理局账目

本条规定了编制财务账目及主计长和审计长办公室对海域管理局账目的审计。

第七十二条　海域管理局年度报告

年度报告涉及上一年海域管理局履职情况、主要活动等事项，报告副本将提交至议会两院。

第七十三条　海域管理局提供信息

海域管理局应按要求向部长提供信息。部长可发布与提供信息有关的指南。

第七十四条　机密信息泄露

禁止海域管理局理事会成员、委员会成员等泄露机密信息。

第七十五条　个人数据处理

海域管理局可因履行本法或其他职能处理个人数据，但不得超出履职所需的范围。

第七十六条　指定文件形式

海域管理局可指定本法所需文件的形式。

第七十七条　诉讼豁免权

若涉及在履职时善意采取的行动，法院不得对海域管理局或海域管理局理事会成员、委员会成员等提起民事或刑事诉讼。

第五节　海域同意书

第七十八条　注　释

本条为海域同意书相关定义。

第七十九条　需在取得规划许可前获得海域同意书

希望占用部分海域且需要规划许可的人员应取得海域同意书。

第八十条　需海域同意书但不需规划许可

希望占用部分海域且无需规划许可的人员应取得海域同意书。

第八十一条　申请的费用

部长可规定向海域管理局申请海域同意书需要支付的费用。

第八十二条　申请获得海域同意书

在考虑海域同意书申请时，海域管理局无需进行适当性评估相关审查等。这些评估将在规划许可申请中酌情进行。

第八十三条　海域管理局审查申请时的参考标准

海域管理局审查申请时应参考相关标准。

第八十四条　授予或拒绝授予海域同意书

海域管理局应在 90 天内审查申请，可有条件授予、拒绝授予、授予或有条件部分授予海域同意书。若海域管理局有意拒绝授予海域同意书，申请人可在海域管理局作出决定前补充提供额外信息。

第八十五条　海域同意书附加条件

海域管理局可在海域同意书附加规定的条件类型。

第八十六条 授予海域同意书的补充规定

海域同意书附加条件不能影响规划许可增加的附加条件或可能增加的附加条件。

第八十七条 通知授予或拒绝授予海域同意书

海域管理局授予海域同意书申请后应尽快在线上提供与海域同意书有关的详细信息。

第八十八条 海域同意书转让

本条规定了持有人通过转让人和受让人联合申请转让海域同意书的流程。未经批准的海域同意书转让无效。

第八十九条 海域同意书重大修订

本条规定了对海域同意书的重大和非重大修订，部长可通过条例规定非重大修订的类别。若需修订规划许可，对海域同意书的修订不能取代对规划许可的修订。

第九十条 放弃海域同意书

海域同意书持有人可申请放弃海域同意书。

第九十一条 审查第八十四条中的申请

海域管理局应审查持有人放弃海域同意书的申请。若持有人未履行海域同意书等规定的义务，海域管理局可拒绝持有人放弃海域同意书的申请。

第九十二条 海域管理局可宣布一名或一类人员为适当人选

海域管理局可宣布一名或一类人员为适当人选，该名或该类人员提出的海域同意书申请无需进行适当性评估。

第九十三条 征税定义

本条为“征税”的定义。

第九十四条 征税框架

海域管理局应确定海域同意书持有人向海域管理局支付使用海域的税费。

第九十五条 竞争程序

若有或可能有两个及以上申请人申请使用同一海域，海域管理局可采取拍卖等竞争程序。

第九十六条 征税框架适用于海域同意书

适用于海域同意书的征税框架应当是在授予海域同意书当天有效的征税框架。

第九十七条　定　义

本条包含“恢复”和“恢复计划”的定义。

第九十八条　海域恢复义务

海域恢复义务包括：停运、拆除或部分拆除、重新使用、掩埋或封装基础设施及清除沉积物或废弃物。

第九十九条　海域管理局要求持有人根据第八十三条提出申请

若技术发展、实践变化等使得恢复计划不再适用，海域管理局有权通知海域同意书持有人根据第八十三条提出申请。

第一百条　应急工作

本条旨在推动近岸地区开展应急工作以保护生命和财产，允许部长制定条例管理此类情况。

第一百零一条　海域私有部分等

除非根据《所有权登记法(1964)》的规定，否则海域任何部分都不为私人所有。

第一百零二条　定　义

“相关部长”指环境、气候和通信部长。

第一百零三条　海域管理局成立前的相关海域使用和海域同意书

相关部长可在海域管理局成立前发布公告说明其有意接收或已收到的海域同意书申请。

第一百零四条　第九十七条补充规定

在海域管理局成立前授予的海域同意书有效；海域管理局成立后将取代部长在此类事务中的职能。

第一百零五条　海域管理局成立后的《指定海域规划》及海域同意书

海域管理局可根据《指定海域规划》管理海域同意书申请流程，使用竞争程序决定授予对象。

第一百零六条　保存记录和样本等

海域同意书持有人应保存记录和样本，并向海域管理局提供关于海域使用的数据。

第一百零七条　前滨授权的过渡性规定

前滨授权持有人可在授权期满前申请放弃海域同意书授权。

第一百零八条　未经授权利用海域的过渡性规定

未经授权使用海域的人员可在本节生效满 5 年前就未经授权的利用提出海域同意书申请。

第一百零九条　海域同意书申请或相关司法审查

本条涉及海域同意书申请或相关司法审查。司法审查许可申请须在海域管理局决定公布后 8 周内提出。

第一百一十条　第一百零三条补充规定

应通过单方面动议方式提出第一百零三条规定的申请。

第一百一十一条　司法审查不妨碍申请规划许可

申请授予司法审查许可不应妨碍提出规划许可申请。

第一百一十二条　战略环境评估和适当性评估

部长在根据本节制定法规时无需进行战略环境评估及审查，亦无需进行适当性评估及审查。

第六节　授权许可证以开展某些海域利用

第一百一十三条　注　释

本条提供了许可证相关术语的定义。

第一百一十四条　适用范围

不得擅自为需进行环境影响评估的海域使用颁发许可证。

第一百一十五条　主管当局

海域管理局主管许可证申请并对其进行适当性评估。

第一百一十六条　禁止在没有许可证的情况下进行某些海域使用

除非持有相应许可证或该利用无需许可证，否则不得进行需要许可证的海域使用活动。

第一百一十七条　免除要求

部长可制定条例免除某些海域使用需持许可证的要求并规定免除标准。需要环境影响评估或适当性评估的使用申请不能适用免除条款。

第一百一十八条　许可证费用

部长可规定处理许可证申请需向海域管理局支付的费用及许可证持有

人获得许可证应支付的费用等。

第一百一十九条　申请授予许可证

必须以海域管理局指定形式申请许可证，并提供决定申请所需的信息。

若海域管理局决定进行适当性评估，须通知申请人启动公众咨询程序并提交自然影响声明。公众可在至少30天内向海域管理局提交意见。公众咨询结束后，海域管理局须进行适当性评估。公众咨询开始后，海域管理局不能要求提供有关许可证申请的更多信息。

若海域管理局决定进行环境影响评估，须将申请退回申请人，进行环境影响评估的情况不能发放许可证。

第一百二十条　授予或拒绝授予许可证

海域管理局可授予、拒绝授予和部分授予许可证，还可为授予或部分授予附加条件。若海域管理局有意拒绝授予或部分授予许可证，可告知申请人其理由。

第一百二十一条　许可证附加条件

海域管理局可为许可证附加条件，在必要时可撤销、暂停或修改许可证。

第一百二十二条　授予许可证的补充规定

- 许可证持有人不必遵守《前滨法(1933)》；
- 持有人可获得多个许可证；
- 发放许可证前，海域管理局须考虑欧盟政策、爱尔兰国内立法等；
- 只有符合《国家海洋规划框架》才可授予许可证。

第一百二十三条　通知授予或拒绝授予许可证

本条规定海域管理局在授予许可证后需公布和通知的细节，包括公布额外环境审查或适当性评估的决定。

第一百二十四条　行使相关权力的补偿

若海域管理局决定撤销、暂停或修改许可证以使海域同意书具有充分效力，海域同意书持有人须酌情赔偿许可证持有人的损失。

第一百二十五条　许可证转让

转让人和受让人须共同向海域管理局申请，海域管理局将对受让人进行适当性考察。

第一百二十六条　许可证重大修订

许可证重大修订须经海域管理局批准。许可证持有人若对许可证进行非重大修订，须在修订前至少 10 天正式通知海域管理局。

第一百二十七条　放弃许可证

许可证持有人可向海域管理局申请放弃许可证。海域管理局可要求申请人提供额外信息，以便审查持有人的放弃申请。

第一百二十八条　对第一百二十七条申请的审查

本条涉及审查许可证放弃申请的程序及海域管理局可拒绝申请的情况，例如申请人在放弃前未履行义务。未经海域管理局同意放弃许可证的行为不具有法律效力。

第一百二十九条　许可证持有人保存记录和样本等

许可证持有人需保存记录、样本或数据，并按要求提供给海域管理局或公共机构。

第一百三十条　前滨授权的过渡性规定

本条规定了部分根据《前滨法(1933)》制定的授权和许可证的过渡性安排。

第一百三十一条　未经授权利用海域的过渡性规定

未经授权利用海域的人员可在本节生效 5 年内就未经授权的利用申请许可证。

第一百三十二条　许可证申请或司法审查

本条详述了与许可证有关的司法审查程序。

第一百三十三条　第一百二十六条补充规定

应通过单方面动议方式提出第一百二十六条规定的申请。

第一百三十四条　环境事务费用

本条规定了司法审查程序和上诉的诉讼费用裁决，这些诉讼涉及《环境影响评估指令》《生境指令》的某些条款以及《战略环境评估指令》。

第七节　执　行

第一百三十五条　注　释

本条为本节的定义，包括“执行通知”“调查”“调查报告”“重大制裁”

和“轻微制裁”的定义。

第一百三十六条　适用范围

本条包括海域管理局如何管理本节第一百三十五至一百三十八条及一百四十至一百四十八条的程序。

第一百三十七条　重大变化

持有人或海域情况发生变化且可能对海域使用产生不利影响，可视为重大变化。

第一百三十八条　海域管理局的授权官员

海域管理局可任命授权官员，授权官员是或不是海域管理局工作人员均可。

第一百三十九条　授权官员的权力

- 进入场所及登临船舶；
- 检查文件；
- 要求提供文件或相关信息。

第一百四十条　特权法律材料

本条涉及特权法律材料的处理。

第一百四十一条　巡回法院司法权

本条规定了巡回法院发布执行通知的司法权。

第一百四十二条　发布执行通知

海域管理局应书面通知持有人发出执行通知的目的，要求持有人在一定期限内采取相应措施，允许持有人作出回应。

第一百四十三条　申请取消执行通知

收到执行通知的持有人可向法院申请，巡回法院可取消、确认或变更指令并作为最终裁决，但经高等法院批准，持有人或海域管理局就法律问题向高等法院提出上诉的情况除外。

第一百四十四条　法院规定

法院可对快速审理本节规定的诉讼程序作出规定。

第一百四十五条　自动终止授权

当个人死亡、被裁定为破产等，当某个法人团体开始自愿清算，或成为清算对象等都会自动终止相关授权。

第一百四十六条　向高等法院申请立即暂停授权

若海域管理局认为有必要立即暂停相关授权，可在通知持有人后向高等法院申请下令暂停相关授权。

第一百四十七条　调　查

海域管理局应任命一名或多名授权官员展开调查。授权官员应通知持有人提供相关文件副本等，持有人可在30天内回复。

第一百四十八条　调查完成后应采取的措施

调查结束后授权官员应准备调查报告草案并发给持有人，持有人可在30天内回复。

收到持有人意见后应编制最终调查报告并提交至海域管理局。海域管理局将决定是否应采取轻微或重大制裁措施。

第一百四十九条　采取重大制裁措施的决定须高等法院确认

在高等法院确认海域管理局对持有人采取重大制裁措施的决定前，该决定不生效。

第一百五十条　反对采取重大制裁措施的决定

被海域管理局决定采取重大制裁措施的持有人可向高等法院上诉反对该决定。

第一百五十一条　申请确认采取重大制裁措施的决定

若持有人在规定期限内未向高等法院上诉，海域管理局应以简易方式向高等法院申请确认该决定。

第一百五十二条　第一百四十四条和第一百四十五条补充规定

若高等法院确认了某项决定，海域管理局应书面通知持有人该决定，若决定对持有人采取重大制裁措施，应说明暂停或禁止的起始日期。

第一百五十三条　决定采取制裁措施时的参考事项

- 制裁适当、相称且充分；
- 相关理由的严重性；
- 持有人的收入和支付能力；
- 持有人未配合调查的程度；
- 类似先例。

第一百五十四条　保护举报人等

本条旨在保护出于善意向海域管理局举报的个人。

第一百五十五条　终止或撤销授权的影响

一旦终止或撤销相关授权，持有人应停止行使相关授权规定的权力。

第一百五十六条　暂停相关授权的影响

一旦相关授权暂停，持有人在暂停期间应暂停行使权力并继续履行义务，另有规定的除外。

第一百五十七条　通知撤销或暂停授权

海域管理局应在撤销或暂停生效后尽快书面通知规划理事会沿海规划当局及环境保护局持有人的姓名、相关授权详情及撤销或暂停生效日期。

第一百五十八条　授权终止、撤销或暂停后无退还费用

已被撤销或暂停授权的持有人不应获得退款或赔偿。

第一百五十九条　违法行为——一般违法行为

本条规定了因未获海域同意书等而违法时应受的处罚。

第一百六十条　虚假或误导性信息

提供虚假或误导性信息应承担以下责任——

- 经简易程序定罪，处 A 级罚款或不超过 12 个月的监禁，或二者并处。
- 经公诉程序定罪，处不超过 5 万欧元的罚款或不超过 5 年的监禁，或二者并处。

第一百六十一条　妨　害

不得妨害或干涉：

- 海域管理局及其工作人员；
- 授权官员；
- 爱尔兰和平卫队成员；

根据本法履职。

第一百六十二条　证据推定

海域管理局可书面授权海域管理局首席执行官等提供可在诉讼中作为证据的签名证书。

第一百六十三条　法人团体罪行

若法人团体违反本法且违法行为归因于该团体的董事、经理、秘书或其他负责人，则可对该人及该团体提起诉讼。

第一百六十四条　替代责任

个人在雇佣期间的行为应视为其雇主所为，无论雇主是否知情或同

意。个人作为他人的代理人，在得到他人授权的情况下采取的行为，应视为他人所为。

第一百六十五条　简易程序

违反本法的行为可由海域管理局以简易程序起诉。

第一百六十六条　只能通过简易程序起诉违法行为的时限

本条规定了对违反本法的行为提起简易程序起诉的时限。

第一百六十七条　起诉费用

法院应命令涉案人员酌情支付费用。

第八节　其　他

第一百六十八条　定　义

“相关款项”指按照本法或高等法院决定支付给海域管理局的款项。

第一百六十九条　处置款项

公共支出与改革部长应在与部长协商后，指示海域管理局处置收到的款项。

第一百七十条　追偿款项

海域管理局可在有管辖权的法院以简单合同债务的形式，向应付相关款项人员追偿应付款项。

第一百七十一条　通知方式

通知可通过投递、放置于被通知人常住地、邮寄或电子方式等发送至被通知人。

本条中，公司注册办公所在地被视为公司的常驻地，其他法人及非法人团体主要办事处或营业点被视为其他法人及非法人团体的常驻地。

第三十二章 《荷兰极地战略(2021—2025)》

2020 年 12 月，荷兰外交部发布《荷兰极地战略(2021—2025)》(以下简称《战略》)，明确了气候变化对极地的影响，重申了荷兰极地政策的优先事项，并强调了其南极地位。《战略》明确指出，荷兰将在南北极地区继续秉持可持续性、国际合作和科学研究三大理念，努力保护极地地区的生态系统和环境，加强国际合作，并确保经济活动可持续。

第一节 北极地区

一、概述

(一)概况

北极在地理或行政意义上不是单一区域，其边界没有清晰划定。俄罗斯、加拿大、美国、挪威、丹麦、冰岛、瑞典和芬兰 8 个国家在北极圈内拥有领土。其中俄罗斯、加拿大、美国、挪威和丹麦 5 个北冰洋沿岸国家被称为“北极五国”。从行政管理角度看，北极地区很大一部分处于北极国家管辖范围，北极国家在多个国际和地区论坛机制下开展合作。北极理事会是最重要的政府间协商与合作论坛。气候变化正在改变北极的状况，此前难以开采的石油、天然气和稀土等资源现在越来越容易开采。新航线正在开通，旅游业和渔业获得更多机会，这既增加了合作、搜救和可持续管理的必要性，也加剧了国家间的竞争。为保护人类利益及环境，荷兰支持基于《公约》的国际法律框架维护地区政治稳定。

(二)北极治理和管理

北极理事会是整个北极地区的主要政府间协商机构，且是唯一的环北极政策论坛。《公约》为沿岸国和船旗国在北极海域享有的权利和义务提供了法律依据。国家管辖范围以外的海底由国际海底管理局管理，该机构根据《公约》建立。大陆架界限委员会就确定大陆架外部界限提供建议。《保护东北大西洋海洋环境公约》对于保护北极地区海洋环境至关重要。在联合国的主持下，目前正根据《公约》就国家管辖外海域生物多样性的养护和可持续利用问题达成一项协议，即"国家管辖范围以外区域海洋生物多样性协定"。国际海事组织是建立和完善国际航运治理架构的主要机构，制定了极地水域航运准则，其中最重要的是《极地水域船舶航行安全规则》。北极地区对欧盟具有重要的战略意义。该地区的任何变化都可能对欧洲的经济、安全、气候和环境产生影响。

二、保护自然栖息地和环境

2015 年，联合国启动了《可持续发展议程(2030)》，其包含 17 个可持续发展目标。荷兰努力在国家和国际层面实现这些目标，政府还致力于确保实现 2015 年《巴黎协定》中最雄心勃勃的目标。在保护自然栖息地和环境目标方面，荷兰正努力遏制和适应气候变化，防治北极地区污染，保护生物多样性、原住民生计和海洋环境。

(一)气候变化

北极变暖威胁生物多样性和原住民生计。随着永久冻土的融化，温室气体，尤其是二氧化碳和甲烷被释放，加剧了全球温室效应。保护北极的最佳方法是阻止气候变化。因此，荷兰在这方面的主要目标是减少温室气体及其他有害物质的排放。荷兰继续坚持贯彻《国家气候协定》，同时也将继续鼓励其他国家在实现《巴黎协定》目标方面发挥其作用。在多边和欧盟背景下以及双边接触中，荷兰政府正基于"更好的重建"原则，推动绿色和包容性的经济复苏。

(二)生物多样性

北极地区变暖日益加剧，导致北极生态系统更迅速的变化，也影响了荷兰的生物多样性。北极地区的生物多样性不是孤立存在的，每年有许多鸟类迁徙便是例证。在欧盟内部，荷兰将推动欧盟在生物多样性战略中制定保护生物多样性目标，以期在未来欧盟北极政策中得以体现。在国际社会，荷兰主张通过引入一个具有约束性目标的新战略框架(即2020年后全球生物多样性框架)以强化《生物多样性公约》。

(三)原住民

气候变化日益对原住民构成严重威胁。海岸侵蚀和永久性冻土融化威胁着建筑物的地基。狩猎产量低、基础设施减少导致生活在偏远地区的原住民面临粮食不足问题。保护原住民是联合国和欧洲安全与合作组织等国际组织以及国际条约的主题，如国际劳工组织1989年通过的《原住民和部落人民公约》。荷兰是少数批准该公约的国家之一。代表原住民的组织是北极理事会的永久参与者，是北极理事会的重要组成。北极理事会关注北极地区的可持续发展，包括经济和社会发展，改善健康状况以及保护原住民文化。

(四)保护海洋环境

为保护北极海洋环境和生物多样性，荷兰支持在该区域建立海洋保护区网络。荷兰将根据该区域有效力的公约，确保建立良好的北极管理制度。荷兰还鼓励在北极理事会内就项目环境影响评估进行更多的国际知识分享。荷兰支持制定“国家管辖范围以外区域海洋生物多样性协定”，并积极参与联合国和欧盟层面的谈判进程。荷兰支持利用海洋空间规划，与利益攸关方就可持续利用海洋环境及其资源作出决策。荷兰提倡基于自然的解决方案，将可持续利用自然视为社会生态挑战的解决方案，实施源头到海的管理方法。海洋吸收了30%的人为碳排放，这一过程导致海水酸化。由于冷水更易吸收二氧化碳，因此酸化对极地海洋影响最大。为确保海洋酸化在国际决策中得到应有的重视，荷兰加入了国际抗击海洋酸化联盟。

(五)污染

1997年以来，荷兰在北极理事会北极监测与评估工作组中发挥了积极作用。荷兰将支持在国内和国际层面上进一步研究海洋塑料垃圾污染倡议以及支持执行《欧盟海洋战略框架指令》《水框架指令》和《欧盟一次性塑料指令》。荷兰认为，减少现有污染和防止塑料垃圾最终进入海洋同样重要。汞等重金属对人类、动物和北极环境有害。多年来，格罗宁根大学北极中心一直提供有关污染物排放的空间数据，应用于各类运输和沉积物模型。放射性污染也是北极地区面临的一大问题。随着永久冻土的融化，北极地区居民可能会暴露在不断增加的氡气辐射中，荷兰将继续密切关注这一变化。预计北极航线的航运增加也将对北极环境产生影响。荷兰正在研究和遏制由于航运增加导致的海冰加速融化。荷兰也是禁止在北极使用和运输重油提案的发起国之一。

三、加强国际合作

(一)国际治理和管理

作为维护和遵守国际法律秩序的倡导者，荷兰认为以共识为基础的组织、协议和条约可发挥重要作用。俄罗斯、加拿大、美国、挪威、丹麦、冰岛、瑞典和芬兰 8 个国家可在国际协议的框架下，在其管辖范围内制定规则。2008 年，北冰洋沿岸的“北极五国”在《伊卢利萨特宣言》中重申了国际海洋法的重要性。

荷兰将《公约》视为北极地区海洋可持续治理和管理的机制，包括强制性冲突解决机制。荷兰将继续呼吁所有北极国家批准《公约》。国家管辖范围以外的海底由国际海底管理局管理。这些海底是“全人类共同继承财产”的一部分，未经国际海底管理局的允许，不得进行勘探或开发。荷兰作为《公约》缔约国，也是国际海底管理局的成员国。根据 1920 年《斯瓦尔巴条约》，挪威对斯瓦尔巴群岛拥有主权，其他缔约国及其国民有权进入和使用该领土，包括使用该领土的自然资源，并与挪威国民在相同条件下(非歧视原则下)自由进行科学研究。挪威负责管理斯瓦尔巴群岛及其周边地区的旅游业，同时遵守《斯瓦尔巴条约》规定的平等权利原则。

1. 北极理事会

北极理事会是北极事务对话与合作的主要论坛，每两年举行一次部长级会议，由成员国轮流担任主席国。2013 年，北极理事会成立常设秘书处，总部设在挪威特罗姆瑟。北极理事会关注的重点是环境、生物多样性、科学和社会发展，没有广泛讨论地缘政治和安全问题。自 1996 年，北极理事会以北极国家的共同利益为重点，开展了具有建设性的北极合作。荷兰热切希望继续开展建设性合作，并对观察员国更密切地参与北极理事会工作持积极态度。

2. 双边合作

鉴于北极地区对荷兰的重要性，政府努力加强与北极国家的双边关系，例如与其进行定期对话。为在荷兰国内外开展适当级别的会谈，提高荷兰极地政策的国际形象，外交部将继续保留在《极地战略(2016—2020)》下设置的北极大使职位。

3. 欧盟

北极地区对欧盟具有重要战略意义，其变化将潜在影响欧洲经济、安全和保障、气候和环境。北极国家中有三个是欧盟成员国(丹麦、瑞典和芬兰)，还有两个是欧洲经济区成员国(挪威、冰岛)。欧盟提供了大量研究资金，欧盟立法，特别是在渔业、能源和运输方面的立法对北极产生影响。因此，欧盟是北极地区的重要参与者。虽然欧盟在北极理事会没有正式观察员地位，但欧盟是事实上的参与者，其参与了正式观察员参与的所有活动。荷兰赞成给予欧盟成为北极理事会正式观察员的身份。

(二)地缘政治和安全

北极安全涵盖政治和军事、经济、生态领域，这三个安全领域不能彼此割裂。荷兰将继续积极监测北极生态、经济、政治和军事安全方面的发展，最大限度追求本国利益。荷兰必须在政策决策中仔细考量任何行动对北极的影响。荷兰将继续利用北极理事会观察员地位，倡导成员国之间、成员国与观察员国以及其他利益攸关方的良好合作。荷兰认为继续并深化北极地区的国际合作至关重要。北极地区可持续、和平和安全管理取决于密切磋商。荷兰支持有关北极及其周边地区的任何安全发展事宜主要由北约处理。北极国家中加拿大、美国、挪威、丹麦、冰岛都是北约成员国。

持续关注北极地区安全形势对实现北极地区长期稳定至关重要。世界其他地区的紧张局势可能会对北极地区产生影响。该区域的日益可及性和自然保护屏障的消失也可能导致紧张局势加剧。荷兰、欧盟和北约会保持警惕。在保持警惕和威慑的同时，要保持与俄罗斯军事和安全对话渠道畅通。荷兰将敦促北约恢复与俄罗斯的协商，或者让其参与有关北极地区安全和稳定的现有谈话。荷兰致力于建立强有力的国际法律秩序，并在有关论坛开展积极合作。荷兰意识到北极地区的关注度日益提升，为避免加剧紧张局势，须谨慎行事。荷兰认为，强有力的国际法律秩序和与相关论坛的积极合作可增加透明度。

四、确保可持续的经济活动

(一)介绍

北冰洋第一个无冰夏季预计将在2030—2050年间出现。这将降低航运、渔业和资源开采等经济活动的难度，从而创造更多商业机遇。北极地区更加密集的经济活动可能进一步加剧气候变化。荷兰政府认为，经济活动必须在预防性原则和基于生态系统方法的基础上进行调控，目标是可持续使用生态系统产品和服务，保持生态系统的完整性，这是荷兰在北极活动的重要原则。荷兰将努力促进北极可持续管理，与北极国家一起在更广泛的国际框架内，提高可持续标准，制定严格的、具有约束力的国际标准和协议。荷兰公司和机构拥有知识和专长，能够在极端条件下进行安全和可持续活动的技术开发方面发挥重要作用。荷兰将尽可能向北极国家提供荷兰私营部门的专业知识。

(二)开发海上航线

荷兰经济政策分析局预测，从长远来看，如果北方海航道在商业上可行，目前通过苏伊士运河运输的2/3货物将通过北方海航道运输。这将使欧洲西北部和东北亚之间的贸易流量增加约10%。

另一条可能最终通航的路线是西北航道。2014年，一艘集装箱船在没有破冰船的情况下，首次从魁北克驶往中国。但由于该航线上有很多岛屿，布满浮冰，所以短时间内通航的可能性不大。

第三条潜在的航运路线是从斯瓦尔巴群岛直接到白令海峡，被称为跨极地航线。目前不太可能确定该航线是否或何时可以通航。

北极通航对荷兰有所影响，尤其是对北海港口、旅游业和渔业影响较大。荷兰利用国际论坛倡导在北极航运、资源开采、旅游和渔业发展方面遵守自由贸易、安全和可持续的国际协定和标准。政府以预防性原则和基于生态系统方法为指导，支持经济和其他活动。

（三）能源和资源

由于新技术的发展和北极更大的可及性，近年来，北极油气资源受到更多关注。对北极国家来说，开采这些资源越来越具经济吸引力。

考虑到环境和安全风险，特别是脆弱的海洋生态系统，荷兰对在北极大面积开采石油和天然气持保留态度。荷兰在联合国、北极理事会及其双边接触中，将继续敦促油气开采遵守最严格的环境和安全标准，以保护该地区脆弱的生态系统、生态系统功能和物种。

北极丰富的稀土等矿物资源可被用于制造电动汽车的太阳能电池板和电池，这对荷兰乃至全球的能源转型至关重要。对荷兰来说，重要的是应负责任地开采稀土等矿物资源。

（四）航运

消退的海冰使得大面积的北冰洋区域可用于旅游、研究和捕鱼。这对增加收入和就业方面产生积极影响，但同时也产生了生态风险。荷兰鼓励本国航运公司加入北极探险游轮运营商协会，并作为成员承诺遵守运营指南。此外，荷兰将在北极理事会和国际海事组织中坚定主张北极发展可持续的旅游业。

（五）渔业

渔业是北冰洋中相对次要的活动，那里没有大规模的商业捕鱼活动，荷兰渔业部门对此几乎没有兴趣。然而，北极的原住民极度依赖渔业。海冰融化开辟了新渔场，由于海冰融化和海水变暖，一些鱼类资源预计将向高纬度迁移。

第二节　南极洲

一、概述

南极洲是一块被海洋包围的陆地，面积约1400万平方千米。每年有许多游客到访南极，南极洲的其他人类活动包括渔业、生物勘探和科学研究等活动。南极洲现有110多个研究站。

1959年签订的《南极条约》是南极和平与合作的成功基石。1991年，南极洲被确定为自然保护区，至少在2048年前不允许开采矿产。荷兰1967年加入了《南极条约》，并于1990年成为《南极条约》协商国。自那时起，荷兰与其他28个协商国一起参与南极洲管理与决策。

荷兰为南极洲所做的努力主要是在南极条约体系内进行的。荷兰认为，国际上对南极洲的管理应致力于保护该区域作为一个独特的、未受破坏的荒野。因此，荷兰的南极政策将自然保护作为该区域的优先事项，并继续最大限度地保护脆弱的南极环境及其所支持的生态系统。荷兰认为，南极洲的可持续管理意味着该地任何活动只能产生轻微或短暂的影响。

二、保护自然栖息地和环境

(一)气候变化

南极洲在全球气候中发挥着关键作用，特别是在全球大气环流、洋流和相关污染物扩散方面。联合国政府间气候变化专门委员会的《气候变化中的海洋和冰冻圈特别报告》显示，格陵兰和南极洲的冰盖正加速流失。未来海平面上升取决于南极冰盖的融化，但人们对气候和冰盖之间的关系以及由于大气和海洋变暖导致的冰盖的不稳定性方面，尤其是南极冰盖的变化对荷兰海平面上升的影响知之甚少。

(二)环境影响评估

在南极洲开展的各项活动都会对自然栖息地、野生动物和环境产生影响。环境影响评估是荷兰一项重要的工具，决策时应提供项目对环境影响的可靠信息。然而，环境影响评估系统仍存在不足，限制了其保护环境的能力。

(三)保护区

荷兰将与志同道合的伙伴一同努力建立五个大型海洋保护区。此外，可根据《关于环境保护的南极条约议定书》指定南极特别保护区或南极特别管理区。根据荷兰《南极洲保护法》，只有五个南极特别保护区可以获得许可证，其中包括历史遗址。荷兰支持为企鹅和磷虾等对气候敏感的物种提供特别保护的倡议。荷兰还赞成扩大南极特别保护区，旨在防止外来物种入侵。荷兰将继续呼吁就活动造成无法预见危害的补救措施达成协议。为此，有必要对适当的措施和生态系统复原力进行更多研究。

三、加强国际合作

(一)治理和管理

目前已有54个国家签署了《南极条约》，其第一条规定指出，南极洲只用于和平目的，禁止在南极地区采取一切军事性措施。《关于环境保护的南极条约议定书》明确南极洲是一个自然保护区，用于和平与科学。虽然阿根廷、澳大利亚、智利、法国、新西兰、挪威和英国声称对南极洲部分地区拥有主权，但其都遵守《南极条约》第四条规定，并本着以国际合作为重点的条约精神行事。因此，南极洲已演变成全球公域。

荷兰作为《南极条约》协商国，其从1990年承担《条约》约定的责任，从而实现了为该区域的可持续管理做出贡献的愿望。荷兰是《南极条约》《南极海洋生物资源养护公约》《关于环境保护的南极条约议定书》的缔约国。《南极海洋生物资源养护公约》有34个缔约国和组织，其中包括欧盟委员会。在这些缔约国和组织中，25个国家和欧盟委员会是南极海洋生物资源养护委员会的成员，该委员会有权作出决定。2019年10月8日，荷兰作为正式成员加入该委员会，享有表决权。荷兰认为成功的南极条约体系是该地区国际合作的基石。荷兰还支持逐步扩大南极条约秘书处的职责范围。

荷兰不承认在《南极条约》区域内的任何领土和海域的主权主张，荷兰的任何行动(或不作为)都不能解释为承认这种主张。荷兰一贯坚持这一立场。荷兰支持与国际组织间的合作与协调。

(二)国家层面的努力:《南极洲保护法》

荷兰《南极洲保护法》规定任何需要进入或在南极洲执行活动的荷兰组织者都必须获得许可证。在南极的所有荷兰国民都受特定禁令和义务的约束。近期荷兰对该法案进行了修订，以解决其实施过程中的一些问题。如获得许可证被授权进入五处南极特别保护区，包括历史遗址或纪念物以及在国际规则的允许下开展旅游业。荷兰基础设施与水管理部(水利设施管理部门)负责评估许可证申请。荷兰基础设施与水管理部也可要求申请人提供专业背景知识和经验证明。在南极发展国际旅游业是荷兰关切的问题。荷兰倡导更严格的管理，这可帮助确保旅游业只产生轻微和暂时的影响。在国际层面上，荷兰主张发放许可证的机构间进行更密切的磋商。鉴于旅游业的增长及其对南极洲自然栖息地和环境造成的风险，荷兰正在上述评估的框架内收紧其政策。

四、确保可持续的经济活动

(一)旅游业

南极旅游业的发展对南极环境造成的压力日益加剧，国际上越来越关注其产生的长期影响(以及气候变化等其他压力来源的累积效应)。荷兰将为南极旅游业制定一个具有国际性、整体性和长期性的愿景和战略。可能充分限制旅游累积效应的方法包括：旅游总量控制；限制每个地区/区域的游客总数；关闭脆弱地区；限制进入遗址的游客数量；禁止某些形式的旅游。荷兰认为，原则上应按照严格的条件进入南极洲。荷兰反对在南极洲进行过夜旅游或建立任何永久性的旅游设施。荷兰希望所有到南极洲的游客无论出于何种目的，原则上都要遵守同样严格的指导方针。

(二)航运

南极洲自然条件恶劣，浮冰遍布，沿海水域测绘尚未全部完成，事故或环境灾害应急反应能力有限。为减少对环境造成危害的风险，荷兰支持保障南极洲航运安全和限制其对环境影响的倡议。南极航运规则必须与国际海事组织协调。目前，有《南极条约》缔约国船旗国的船只在没有许可证的情况下非法进入条约区域，荷兰支持开展国际调查以拟定黑名单，以便更迅速和有效地处理违法行为。

(三)海洋环境

荷兰认为，南极大陆及其周边水域的利益应是《南极海洋生物资源养护公约》的重点。荷兰赞同南极海洋生物资源养护委员会根据《南极海洋生物资源养护公约》管理人类活动时所采用的生态系统方法和预防性原则。荷兰还赞同在“南大洋”建立海洋保护区网络，并肯定南极海洋生物资源养护委员会的积极领导作用。海洋哺乳动物（海豹和鲸）不在《南极海洋生物资源养护公约》保护范围内。海豹受《南极海豹保护公约》保护，鲸则受《国际捕鲸管制公约》保护。荷兰不是《南极海豹保护公约》的缔约国，但是《关于环境保护的南极条约议定书》和《国际捕鲸管制公约》的缔约国。荷兰的捕鲸政策印证了其在国际捕鲸委员会的努力。荷兰致力于保护可持续的磷虾数量，如有必要，将进一步限制磷虾捕捞。

（四）资源

根据《关于环境保护的南极条约议定书》规定，在南极洲禁止非科学目的的资源勘探和开采。荷兰认为，禁止出于非科学目的的矿物开采适用于陆上和海上。荷兰赞成除科学目的外，永久禁止矿物开采活动。人们愈发想要利用来自南极生物的遗传物质进行科学研究和商业应用，荷兰认为，防止自然资源枯竭至关重要，荷兰将努力在《南极条约》协商国范围内为以科学研究和商业应用为目的，对获取和使用南极生物遗传物质给予充分监管。

第三节　实施——计划和资源

一、概述

1990 年，荷兰取得《南极条约》协商国地位，有义务在南极洲开展科学研究。荷兰在北极理事会中获得的良好的声誉和一定影响力得益于其在北极开展的科学研究。从该角度看，极地科学计划——《荷兰极地计划》也对政策起到积极作用。《荷兰极地计划》与本《战略》所述的荷兰极地政策紧密联系，并成为荷兰极地政策的主要支柱。

二、荷兰极地研究

《荷兰极地计划》由荷兰研究委员会管理，为荷兰极地研究提供主要资金。《荷兰极地计划》的质量和时效性由荷兰研究委员会评估流程及《荷兰极地计划》秘书处提供支援保障。荷兰极地计划委员会负责在荷兰研究委员会和有关部委确定的框架内起草和实施《荷兰极地计划》。此外，荷兰极地计划委员会负责拨款决定方面的基础工作，并向荷兰研究委员会的执行委员会提出相关建议。荷兰研究委员会定期与各部协商，在《荷兰极地计划》下制定荷兰极地研究方案。极地研究围绕四个主题展开，这四个主题反映了荷兰极地研究的广度，具体如下。

(1)气候变化，重点研究极地海洋、大气、海冰和陆冰的变化；

(2)生态系统动力学，包括对水中、陆地(包括永久冻土)及与海冰、陆冰相关的生物和生态过程的研究；

(3)社会科学和人文科学，侧重于从法律、历史、社会学、经济学、公共管理和文化研究的角度研究可持续性、宜居性和安全性；

(4)可持续发展，包括对寒冷地区人类活动和技术的综合影响分析进行研究，以提高从经济到科学各种形式开发极地地区的可持续性和安全性。

《荷兰极地计划》主要是一个研究计划，研究提案的科学质量是获得资助的基本先决条件。

三、极地基础设施和国际科学合作

(一)极地基础设施

极地研究离不开极地基础设施和国际合作。2018 年初，极地基础设施委员会就极地基础设施及其融资方式向荷兰研究委员会提出建议。极地基础设施委员会建议考虑开发一个线上荷兰极地中心，作为荷兰极地研究团体的平台。其目标是增加研究人员和决策者之间的协调、长期规划和交流，加强对荷兰极地研究数据的管理。在执行本《战略》期间，将探讨该线上中心是否可取以及其采取的形式与现行体系相比的潜在优势。

(二)国际科学合作

《荷兰极地计划》不仅投资科学研究，还涉及大量国际合作。由于极端的气候条件和地理位置，极地研究成本很高，其相关的物流和基础设施亦如此。英国南极调查局和德国阿尔弗雷德韦格纳研究所是荷兰重要的合作伙伴。多边伙伴关系有助于协调和巩固荷兰的极地研究。荷兰研究委员会是多个国际极地研究论坛的成员。此外，自 2015 年以来，荷兰研究委员会一直承担欧洲极地理事会秘书处职责，关注国际合作、使用极地研究基础设施和将极地研究对环境和气候的影响最小化等问题。荷兰认为，为保护极地脆弱的生态系统，应限制建造新站，呼吁以加强国际合作作为建站的替代方式。荷兰热衷于促进极地研究和教育领域的多样化和包容性。

四、极地活动计划

除了为《荷兰极地计划》提供资源外，本《战略》还为支持政策的活动编列了预算，称为“极地活动计划”。该预算用于荷兰研究机构的代表参加北极理事会工作组和专家组的会议、荷兰在斯瓦尔巴群岛研究站的租金和运营费用、进行与政策相关的研究、组织培训班、支持荷兰对南极条约协商会议和环境保护委员会的政策投入以及临时项目。“极地活动计划”预算为每年 27 万欧元，由外交部代表部际极地委员会管理。

五、传播

科学传播在连接极地研究、极地政策、社会和私营部门方面发挥着关键作用。这使得人们可分享关于极地地区的科学知识，强调保护生态系统和国际合作的重要作用，并为人们提供研究机会。本《战略》的长期重点是关注资助科学传播计划，特别强调年轻人的参与。在此期间，将利用现有的公民参与、科学教育和科学传播的质量框架为这些计划设计一款更系统的资助框架。在可能的情况下，将寻求具有相关专业知识背景的伙伴开展合作。

第三十三章
挪威《人民、机遇及挪威在北极的利益》

2020 年底，挪威政府发布了最新的北极政策白皮书《人民、机遇及挪威在北极的利益》(以下简称《白皮书》)，内容涉及挪威的北极政策目标、地区适用国际法框架、安全及外交政策、气候和环境变化、北部地区社会发展、产值创造及能力发展、基础设施和交通通信、民生保障等领域，阐明了挪威北极政策的总体目标和优先领域，并首次明确了挪威政府对中国北极活动的态度和合作意愿。

第一节 政策简介

一、总体目标

北极是挪威最重要的战略区域。挪威的北极政策着眼于国际形势，旨在基于悠久传统，通过广泛国际合作维护挪威在北部地区的利益。进一步发展挪威北部地区成为一个强大、充满活力和竞争力的地区，是维护挪威在北极地区利益的最佳途径。同时，挪威政府将继续就北极及北部地区在全球范围内展开广泛、积极的国际合作，促进北部地区跨境和跨区域合作。挪威政府北极政策的主要目标是：维护地区和平、稳定及发展的可预测性保持区域内国际合作并维护国际法律秩序；开展基于生态系统的综合管理；增加就业机会和产值创造；密切商界和学界间合作；完善高效福利计划，增强挪威北部地区的可居住性。

二、相关定义

北极：“北极”是指北极和北极圈之间的海洋和陆地区域。这是北极最常见的定义，但出于实际原因，挪威选择遵循郡县域边界，并在挪威版定义中囊括整个诺尔兰郡。在北极地区内，人口密度、商业活动和出海通道之间存在巨大的空间性差异。

高北地区："高北地区"一词最早出现在有关该地区的前两份政策白皮书和许多相关战略文件的政策措施中，主要用于地缘政治背景。从地理上讲，"高北"是指南部海尔格兰到西部格陵兰海和东部伯朝拉海(巴伦支海东南角)之间的海域和陆域。

挪威北部地区：传统上，挪威最北端的地区不被称为北极地区，但现在已经习惯将挪威北部地区作为北极地区和高北地区的一部分。

三、主要特征

保持一套连贯和可预测的政策方法。鉴于北部地区的外交和安全局势日趋复杂，与盟友和伙伴合作，保持一套连贯和可预测的政策方法，是挪威当前的首要任务。北极地区安全与防御的重要性正在增加，挪威武装部队的作战部署很大一部分位于该地区，增强挪威北极防务是政府的优先事项。

强调并推进北极国际合作。国际社会对北极的兴趣日益增长，导致北极的利益竞争愈发激烈。挪威政府将鼓励挪威知识机构继续发挥作用，以确保有关北极的国际研讨在事实和理性的基础上展开。

提升对国际法的尊重。北极冰层融化是北极地区以外国家将北极发展视为全球共同关注问题的理由("北极之事不应局限于北极地区")，并成为赋予非北极国家参与北极事务的论据。北极理事会成员间一致认为，国际法适用于北极地区。

采取广泛措施治理北极气候变化和环境保护问题。北极气温上升的主要原因是全球温室气体排放量增加，而非该地区的人类活动。这凸显了《巴黎协定》的重要性及其后续行动的推进和实施的必要性。挪威政府将采取措施重组挪威经济，并在21世纪中叶前促进挪威向低碳社会的转型，同时协助其他国家努力减少碳排放。

努力实现联合国可持续发展目标。可持续发展目标为挪威的北极政策提供了总体方向。此外，挪威北部地区通过与欧盟签订《欧洲绿色协议》带来蓝色、绿色领域技术专业知识以及绿色转型领域相关资源。政府的海洋政策侧重于发展挪威的全球领导地位。

促进就业机会和产值创造是挪威北极政策的国内总体目标。政府将进一步促进工商界与高等教育部门之间的更紧密合作，以期在北部地区创造有吸引力的就业机会。挪威必须应对北部地区人口持续下降引发的根本性挑战。挪威目前亟需创新解决方案，在北部地区打造可持续社区。

位于技术发展的最前沿。技术发展仍然是挪威北极政策的关键目标，对于实现挪威北部地区目标至关重要。挪威已经在健康、能源、海事和海洋产业以及公共部门等多领域拥有尖端专业知识。在挪威北部地区，海洋、空间、气候变化和健康的数据可用性将为促进自然资源可持续利用和产值创造带来机遇。

维护原住民社区特征和文化。原住民问题是挪威北极政策的优先事项，而萨米文化是挪威国家历史遗产的宝贵组成部分。政府将与萨米人协会协商，探索加强萨米人文化、文化产业和旅游业的新方法，以对全国的就业和产值创造产生积极附加影响。作为原住民，萨米人有权就其民族事务与政府进行磋商。

第二节　国际法律框架

大多数全球性条约和文书都适用于北极，为了实现北极国家维持该地区稳定和可预测性的共同目标，所有国家都必须遵守国际法。1982 年《公约》构成了包括北极在内的所有海上活动的基本国际法律框架。

一、海洋法规

北冰洋中部五个沿海国家（加拿大、丹麦、挪威、俄罗斯和美国）于 2008 年通过了《伊卢利萨特宣言》，确认《公约》为管理北冰洋活动的基本框架。这项部长级宣言在明确北极地区各领域的国际法律框架方面发挥了重要作用，如环境保护、科学研究、大陆架外部划界和交通运输等。沿海各国重申致力于有序解决重叠海域主权争端问题的承诺。《公约》适用于北冰洋中部成为公认事实，为沿海国家之间建立有序、可预测的关系提供了基础。海冰减少使北冰洋中部的捕鱼活动成为可能。2018 年 10 月，北冰洋中部周边的五个沿海国家和欧盟、中国、冰岛、日本及韩国五个外水域捕鱼国家及组织签署了《防止中北冰洋不受管制公海渔业协定》。该协议并不禁止在北冰洋公海捕鱼，但是当事各方承诺在建立完善的国际保护和管理措施前，不允许其船只在该区域捕鱼。许多与渔业、航运和海洋环境相关的全球协议规定了海域的权利和义务，同时也适用于北极地区。1995年的《联合国鱼类种群协定》为200海里范围以外的渔业管理制定了详细规则，还规定了养护和管理鱼类种群的原则。该协定旨在建立国际水域渔业管理合作的次区域和区域合作机制。1992年通过的《保护东北大西洋海洋环境公约》(《OSPAR公约》)为保护包括北极地区在内的海洋环境提供了全面框架。联合国正在就"关于国家管辖范围外海洋生物养护和可持续利用问题"制定一项新的具有国际法律约束力的文书进行谈判，该协议也与北极地区相关，旨在通过建立基于区域的管理工具(包括海洋保护区和环境影响评估)强化国际海洋管理框架。挪威正在努力确保该协议基于现有的《公约》架构，对其他区域机制进行补充。

二、挪威海域

挪威200海里海域：根据《公约》，挪威拥有在距其基线200海里区域内勘探、开发、养护和管理生物及非生物自然资源的权利。1976年，挪威在其大陆沿海建立了200海里的专属经济区。1977年，根据1976年12月17日有关挪威经济区的法律，挪威在斯瓦尔巴群岛附近建立了一个渔业保护区。

挪威大陆架：挪威在其大陆架上行使主权以勘探和开发自然资源。未经挪威同意，任何人不得开发挪威大陆架上的石油、矿藏或栖息物种。挪威大陆架距其大陆斯瓦尔巴群岛和扬马延地区至少200海里。在挪威海的Banana Hole，巴伦支海的Loop Hole和斯瓦尔巴群岛以北的地区，挪威大陆架延伸超过200海里。大陆架界限委员会在2009年的提案中确认了这一点。

海上划界：如果一个国家的专属经济区和/或大陆架与另一个国家的专属经济区和/或大陆架重叠，则需要双方签订划界协议。在北极地区，挪威已经与冰岛、丹麦(格陵兰)和俄罗斯签订了划界协议。挪威还与冰岛、丹麦(法罗群岛)签署了关于划定挪威海的Banana Hole大陆架的相关协议。在进行了广泛的谈判之后，1980年，挪威与冰岛达成了一项关于在冰岛和扬马延之间建立大陆架地区调解委员会的协议。随后相关划界协议于1981年签署。

第三节　北极安全及外交

一、北极的战略重要性

长期以来，北极地区相对稳定不受世界其他地区冲突的影响。但是，当今全球趋势使得该地区受到的国际关注与日俱增，挪威的战略位置也受到瞩目。近年来不断变化的安全政策格局以及北冰洋冰层融化加剧了这一趋势。因此，不排除未来其他地区紧张局势加剧影响北极局势的可能性。

北极合作正在许多重要领域顺利进行。但是，由于俄罗斯的军事现代化和北部地区活动的增加，国防和安全政策形势方面出现了一些具有挑战性的发展。鉴于此，美国和其他盟国对增加其在北部地区的存在展现出愈来愈大的兴趣，以便监测俄罗斯在该地区的发展。挪威的安全与防御政策是以同盟国在发生战争或危机时提供的支持为基础。这种支持需要对地区形势以及区域业务知识十分了解。因此，挪威和盟军必须在挪威境内外开展训练和演习，关键是确保任何军事活动都以促进该地区的安全和稳定的方式进行。由此，挪威认为，通过确保有关活动的可预测性和透明度来尽力缓解紧张局势至关重要。

由于气候变化和北冰洋海冰融化，俄罗斯、加拿大和美国北部海岸线逐渐失去了一些天然保护，可能出现全年无冰的情况。这为北极的商业活动增加铺平了道路，必须持续评估相关活动的范围和影响，但商业活动的大幅度增加本身并不一定会对该地区的安全和军事局势造成负面影响。

二、挪威安全政策

几十年来，在对苏联以及随后对俄罗斯的威慑与信任之间维持平衡一直是挪威安全政策的重要组成部分。挪威的防御与威慑政策的基础是维持有效的国防，并在发生战争或危机时保证盟军的增援。挪威针对其领土上的外国军事活动准则以及相对于俄罗斯的其他信任政策有助于提升可预测性并减少紧张局势。挪威安全政策的这些行之有效的原则将保持不变，但根据安全形势的发展会考虑进行调整。

挪威武装部队在行使主权和职权以及在为北部地区提供局势意识方面

发挥作用是北极政策的重要组成部分。挪威通过投资战略部署能力，以加强在北极的存在。这些能力将增强挪威在和平时期的态势感知和行使主权，并将在战争时期加强挪威的防御能力。此外，挪威重视增强其武装部队在北部地区与盟军计划和开展联合行动的能力，同时保持并加强在该地区的国家存在和活动。这项工作的重要内容包括：确保盟国进入北部适当地区进行训练和演习；促进盟军与挪威部队之间的合作；向来访的盟军提供其他支持。同时，挪威将寻求为其附近地区的盟军军事活动设定明确的限制，以避免紧张局势进一步升级。

三、北约

北约是挪威安全的基石，其责任范围一直延伸到北极。北极地区良好的态势感知对于北约在发生危机或战争时履行其在该地区的集体防御责任也至关重要。挪威一直致力于增加北约对北大西洋的关注，并强调海上力量和跨大西洋增援对盟军安全的重要性。此外，挪威一直在努力强化北约的指挥结构，增强联盟计划和领导在挪威附近地区开展集体防御行动的能力。北约新成立的大西洋司令部彰显了这一努力，将负责保护横跨北大西洋的海上航道，并与美国第二舰队紧密结合，进一步提升合作与协调能力。

四、美国

近年来，美国对北极事态发展及安全政策领域表现出越来越浓厚的兴趣，积极参与各种类型的演习，美国是挪威最亲密的盟友，挪威致力于促进美国参与相关活动。在北极理事会框架下，挪威继续维持与美国和其他会员国的多边合作，如在北极海事问题上，两国共同支持国际海事组织制定的禁止在北极使用重油。挪威与美国政府各部门定期举行高级官员对话。两国主要的北极利益攸关方团体也经常开展学术互访。挪威的许多大学和研究机构与美国研究机构和行政机构开展了长期动态的项目合作。挪威和美国还通过北极市长论坛在地方一级的层面上开展合作。挪威和美国的原住民社区之间也有着密切的双边合作。

五、俄罗斯

在过去的 30 年中，挪威北部地区与俄罗斯在渔业、研究、环境、搜救、核安全、卫生、教育、商业、能源、文化、社会和原住民问题等多领域开展了广泛的合作。经济合作、渔业管理、核安全和环境保护的四个双边委员会负责处理与北极相关的问题。但是，由于乌克兰危机，挪威暂停了与俄的双边军事合作，海上安全、领空安全和北部稳定等特别重要的领域合作除外。挪威联合总部与俄罗斯北方舰队之间可以直接联系，挪威和俄罗斯海岸警卫与边防总局之间存在合作，双方在《海上突发事件协议》机制下的搜救合作也得以维持。2019 年以来，两国的高级国防官员之间已建立了沟通渠道，以帮助防止与军事活动相关的误解和不良事件。巴伦支海的渔业合作是挪威与俄罗斯进行实用、互惠互利合作的最好典范，并且对于确保挪威北海地区鱼类种群的可持续管理至关重要。在挪威-俄罗斯核安全委员会的领导下，两国在核安全方面的合作使得该地区维持了 25 年的和平安全。挪威高度重视与俄罗斯在环境保护方面的合作，挪威-俄罗斯联合环境保护委员会是最重要的合作框架。

六、北欧地区

挪威的北欧邻国在诸如北欧部长理事会、北极理事会、巴伦支-欧洲北极理事会、波罗的海国家理事会和北部地区等区域合作论坛中发挥了积极性和建设性的作用。北欧国家都认为实施以知识为基础的北极政策十分重要。与北部地区邻国增加知识开发合作并扩大经验交流，将促进芬兰、挪威和瑞典最北端地区的发展。由于北欧国家地理位置靠近俄罗斯，因此应在共同的国防和安全背景下看待北极和波罗的海的发展。2018 年，在挪威主持下，北欧防务合作组织通过《2025 愿景》，设定了到 2025 年的 16 个具体目标，阐明了北欧国家在“和平、危机与冲突”中加强国防合作的意图。

七、巴伦支合作

巴伦支合作在挪威的北极政策中非常重要，巴伦支合作的价值在很大程度上取决于其对低敏感问题的持续关注，这确保了地区态势的可预测性并促进了多个领域的利益攸关方之间的良好合作。挪威在 2019—2021 年期间担任巴伦支-欧洲北极理事会主席，将卫生、人与人之间的接触和知识确定为其担任主席国期间的优先领域，并将通过相关领域的工作加强合作。

八、北极理事会

在北极理事会框架下，八个成员国（加拿大、丹麦、芬兰、冰岛、挪威、俄罗斯、瑞典和美国）与原住民组织之间建立了密切的建设性合作。北极理事会的任务主要涵盖与气候变化、环境和可持续经济发展有关的问题，但不涉及安全问题。因此，很大程度上北极理事不会受到不断变化的全球安全局势的影响。多年来，北极理事会工作组针对北极地区的气候变化和污染所做的特别评估得到了广泛认可，并为国际环境公约的制定做出了重要贡献。

九、欧盟

挪威和欧盟在北极地区拥有许多重要共同利益，例如维护和平与稳定、促进可持续发展、尊重国际法。欧盟是挪威在北极渔业、研究和环境合作领域的重要合作伙伴。挪威与欧盟在北极保持着密切的对话，并积极寻求确保欧盟的政策制定基于北部的自然资源禀赋。挪威还优先考虑与欧盟的北极成员国芬兰、丹麦、瑞典进行对话，为欧盟的北极政策提供实质性的投入。挪威政府已决定在2021—2027年期间参加欧盟的区域间跨界合作计划、资助北极研究的“地平线欧洲”计划以及教育、培训、青年和体育计划“Erasmus +”。此外，“北方维度”于1999年在芬兰的倡议下建立，欧盟、冰岛、挪威和俄罗斯是四个平等参与伙伴。“北方维度”旨在加强欧盟与北极地区合作论坛之间的联系，促进在环境、公共卫生和社会福祉、运输和物流、文化四个领域开展务实合作。自2014年乌克兰危机后，欧盟与俄罗斯之间关系的恶化，“北方维度”内的政治对话受到限制，但相关活动得以维持。挪威政府将继续在“北方维度”框架下促进对话与切实合作。

十、中国

近年来，中国增加了对北极的关注，并于2018年发布了首个北极战略。中国于2013年成为北极理事会正式观察员国。挪威在尊重国际法和现有合作框架的基础上支持与中国和其他非北极国家开展合作。挪威还支持中国参与北极理事会的工作组，特别是气候和环境问题的相关工作组。中国作为一个重要的排放国将在寻求相关问题的解决方案中发挥重要作用。

挪威和中国的极地研究机构之间有着悠久的合作传统。对于中国在北极地区担当的角色，挪威政府将开展细致的、基于事实的探讨。

十一、原住民

目前，有 400 万人生活在北极极地地区，其中约 10%是原住民。根据对语言和方言进行分类的方法，北极地区存在 40~90 种原住民语言。萨普米(Sápmi)是萨米人的传统居住区，遍布挪威、瑞典、芬兰和俄罗斯。原住民团体积极参与了北极理事会、巴伦支-欧洲北极理事会和巴伦支区域理事会。挪威政府与萨米人议会、萨米人组织和机构保持密切对话。原住民和地方社区在参与国际气候变化努力中做出必要贡献，并强调传统知识及其应对气候变化努力的重要性。挪威在进行国际气候谈判中，会与萨米人议会进行协商并且允许其派代表参加挪威代表团。

第四节　北极气候及环境

一、气候变化给北极地区带来了新的挑战

北极的变暖速度是全球平均水平的两倍以上，并且主要影响正在显现：海冰范围缩小，雪和冰川融化，永久冻土消融，降水模式变化，野火更加频繁发生。上述变化导致了北极生态系统的快速变化，并使得北极物种的部分栖息地丧失。相对于 1971—2000 年，到 2100 年，挪威大陆最北端的某些地区温度可能会升高 6 摄氏度以上。气候变化对挪威北部的影响程度将取决于气候适应能力，气候变化的适应和减缓工作需要同步进行。为避免失去现有的北极资源，挪威政府将采取措施，确保按照国家目标和国际承诺减少本国的温室气体排放。根据《巴黎协定》，挪威的目标是与 1990 年的水平相比，到 2030 年将温室气体排放量减少 50%~55%。挪威正在与欧盟合作实现这一目标，政府计划到 2050 年将挪威转变为低排放社会。北极国家的黑碳排放量占全球 10%，其造成的变暖效应占全球变暖效应的 30%。挪威正在与其他北极国家合作减少黑碳排放，并在北极理事会关于短期气候变化的工作中发挥领导作用。挪威已经采取了许多措施来减少本国黑碳排放，无论是按总量还是按人均计算，挪威的黑碳排放量目前

都低于其他北极大国。北极理事会关于黑碳排放的集体目标并未明确指定每个国家的国家目标份额，但挪威正在朝着到 2025 年将黑碳排放减少 25%以上的目标努力。

二、不断变暖和酸化的海洋

地球上几乎没有一种类型的栖息地会像北极海冰一样迅速变化。随着巴伦支海的水温快速上升，北极海冰正在退缩，从冰藻到北极熊等北极物种正在向北迁移。海水从大气中吸收二氧化碳后引发的海洋酸化正在加剧海洋环境的变化。北部地区的海洋特别容易受到海洋酸化的影响，因为水在较低温度下会吸收更多的二氧化碳。根据政府间气候变化专门委员会的说法，这些变化对北极渔业构成了威胁，可能对该地区的经济和社会以及全球鱼类和海产品的供应都产生影响。

三、生物多样性的丧失

人类活动与气候变化相结合，正给挪威北部的自然环境带来越来越大的压力。除非迅速减少排放，否则北极大部分地区的许多物种和生态系统可能会消失。一些北极物种存在灭绝的危险，尤其是与海冰相关的物种，如北极熊和环斑海豹。迄今为止，在北极尚未发现外来物种，但是随着该地区气候变暖和人类活动增加，外来物种数量预计会增加。

四、海洋垃圾和微塑料的传播

海洋垃圾和微塑料的扩散是一个日益严重的全球环境问题。海洋垃圾的最大来源是缺乏适宜废物管理系统的国家，但海洋活动可能是北极垃圾的主要来源之一。调查表明，在斯瓦尔巴群岛上漂流的渔具来自巴伦支海的挪威船只和外国船只。塑料废物和微塑料也通过洋流从世界其他地方迁移扩散到北极。

在区域一级，挪威在北极理事会的一项对抗北极海洋垃圾和微塑料的行动计划中发挥了领导作用。在挪威的倡议下，挪威和俄罗斯在海洋垃圾方面建立了积极的合作。挪威提供了资金，以建立研究与知识机构，鼓励渔业等商业部门和政府之间的合作。

五、有关有害物质的全球协定对北极产生了积极影响

与其他地区相比，北极当地的污染源很少，但来自洋流、大气和河流的长距离跨界污染输入却相当多。由此造成的后果之一是食物链中的尖端捕食者中积累了诸如汞和多氯联苯等污染物。尽管如此，北极仍然是世界上污染最少的地区之一。

北极理事会对污染的评估表明，北极中许多有害物质的含量正在下降，但部分污染值得关注。在北极熊、白鲸、虎鲸和许多海鸟物种体内，汞和多氯联苯等污染物的含量仍然很高。而且，能够在大气中和洋流中长距离输送的新物质正在不断被开发和使用，可能对北极的人和动物构成损害。

六、挪威北部地区自然环境综合管理方法

挪威北部地区自然环境综合管理方法目的是维持良好的生态状况和趋势，并将环境管理与其他公共利益和个人利益相结合。挪威政府将为挪威的自然环境制订综合环境管理计划。《自然多样性法》规定的基于地区的保护是维护有价值的栖息地和生态系统的重要手段。保护区必须既能增强其保护价值，又能为产值创造提供基础。建立自然保护区、国家公园和其他保护区可在国家和国际层面上保护这些地区的环境价值。目前挪威最北端的诺尔兰郡、特罗姆斯郡和芬马克郡约15%的土地面积受到保护，挪威北部地区设立有18个国家公园。此外，国家公园和大型自然保护区覆盖了斯瓦尔巴群岛65%的土地面积，其目的是保护群岛大部分环境不受干扰。

七、挪威水域的海洋综合管理

挪威海洋综合管理计划的目的是提供一个通过可持续资源利用创造价值的框架，同时保持挪威海域的高水平环境价值。2020年春季，挪威政府提出了针对巴伦支海、罗弗敦地区、挪威海地区、北海和斯卡格拉克地区的《海洋综合管理计划》白皮书，重新确定了脆弱的冰缘区的边界划定方式，该管理方法也被应用在该地区的石油活动管理框架中。另一措施是，在特罗姆斯郡和芬马克郡沿海，从海鸟繁殖季节开始不允许进行勘探和钻探的区域已扩大到距岸基100千米处。对所有有特别价值和脆弱性区域的

审查完成后，将重新考虑更改此规定。

第五节　北部地区社会发展

青年人对于促进挪威北部可持续社区的发展至关重要。在《白皮书》的编写过程中，政府成立了一个“青年小组”，为挪威的北极政策制定提供了参考和建议。“青年小组”的报告明确指出，更广泛地将青年人纳入北极国际合作中，必须逐步将萨米人的生活方式纳入挪威身份和文化自然象征的一部分。“青年小组”还强调，有必要强化偏远地区教育和技能的发展，并改善北部青年企业家的商业条件，以确保其更好地获取资本。

政府正在支持许多国际网络和计划，以促进北部青年人之间的跨境合作，例如巴伦支合作框架及欧盟区域间跨界合作和教育、培训、青年和体育计划“Erasmus+”。

挪威政府正在全国范围内促进环境友好型城镇发展，为居民提供优质生活，为企业提供良好条件。紧凑型城市和城镇具有宜人的自然环境、充满活力的中心、各种优质的住房选择、多种商品和服务以及文化和休闲活动，能够吸引居民和企业，并促进区域平衡。

一、萨米语和文化

萨米语是挪威国家文化遗产的一部分。《萨米人法案》规定，萨米语和挪威语在挪威具有同等地位。萨米人的艺术和文化包含语音和经历，这些都是挪威本土民族的重要组成部分，对于振兴萨米语和文化具有重要价值。萨米人机构、艺术家和文化从业者在挪威、萨普米(萨米人的家乡)等国内外范围传播萨米人艺术、文化、文化遗产和历史方面发挥着至关重要的作用。

二、克文语和文化

克文语在挪威被认为是少数群体语言，并且受到挪威 1993 年批准的《欧洲区域及少数民族语言宪章》的保护。如今，克文语的活跃使用者很少，因此被认为处于濒临灭绝状态。但是，挪威正在采取措施使克文语重新成为一种重要语言。2018 年 1 月，挪威政府提出了 2017—2021 年间相关工作的目标计划。

三、历史和身份

近年来，研究人员和作家成功扩大了挪威国民对北部地区在第二次世界大战中德国占领期间重要地位的了解。1941 年，德国进攻苏联，挪威北部地区成为希特勒战略规划中的优先事项。在德国占领时期，挪威北部地区的占领军人数约为 15 万，在德国撤退期内，这一数字上升到大约 33 万。“青年小组”特别强调了增进青年人对北方战争影响的更深入、更广泛了解的重要性。

第六节　产值创造及能力发展

2008—2018 年期间，挪威北部地区各郡县的经济增长高于整个大陆地区的平均水平。挪威政府将努力搭建一个框架，使挪威北部地区企业能够在未来几年内进一步发展具有潜力的行业，如海洋产业、海事部门、石油、绿色能源密集型制造业、矿产开采、农业、旅游业、空间基础设施和服务部门。

挪威政府通过在产业价值链的各个阶段鼓励合作，尽可能在近岸和离岸创造最大价值，并增加附加收益。《欧洲经济区协议》在促进挪威北部地区出口、创造就业和福利方面发挥了关键作用。

挪威大陆架上的油气活动和开发项目将为大陆地区的公司和行业带来重大机遇。这些活动还将促进挪威北部基于知识的产业发展和结构转型。目前正在开发的巴伦支海油田将进一步加强该地区的工业，并带来新就业机会。巴伦支海的其他开发计划正在进行中，相关开发项目的最终投资决定将促进油气产业部门的进一步发展。

挪威北部地区有着长期稳健、可持续的资源管理和商业活动传统。促进气候友好、可持续的商品和服务生产将是所有部门业务发展的关键。政府将继续促进北部地区的创新、发展初创企业，并促进资本市场良好运作。

确保拥有必要技能和专业知识的劳动力准入将是确保挪威北部地区商业进一步发展的关键挑战。为了实现北部地区经济的增长，在商业部门、研究界和知识机构之间建立更紧密的联系至关重要。

挪威北部地区的出口份额高于全国平均水平。在很大程度上，北部地区出口导向型产业（如海鲜产业和加工业）的活动水平取决于全球经济的发展以及各个市场的供需状况。2020年秋天，挪威政府提出了一项出口行动计划，规定了在新冠病毒流行期间和之后支持挪威商业部门的措施，旨在增加能够满足全球市场需求的竞争性行业的商品和服务的数量。全球新冠病毒暴发为出口发展带来了重大挫折，并给挪威北部地区的商业部门和其他领域带来了额外的挑战。然而，这不会影响该地区商业部门未来可持续增长和创造就业机会的潜力。

第七节　基础设施、交通及信息通信

挪威北部地区与经济中心之间的距离很远，该地区人口相对较少。尽管如此，该地区的商业活动水平很高，经济增长潜力巨大。但是，商业部门和人口的高昂运输成本以及冬季不可预测的天气状况可能会对商业发展造成障碍，并阻碍人们在挪威北部定居。必须优先考虑能够发展和改善基础设施质量的措施，权衡和考量各种因素，而不仅仅是社会经济利益。

挪威政府优先考虑与北部负责网络和公共交通建设的部门展开对话，如探讨国家交通计划有关的制定进程。对于运输基础设施项目可能对传统萨米族地区和萨米族人生活造成影响的情况，政府也应同样与萨米族议会展开对话。在计划和实施基础设施项目时，挪威政府将继续努力减少对环境或萨米人利益的任何不利影响。

可靠的能源供应对于维持关键社会功能至关重要。挪威北部地区通常拥有可靠、安全的能源供应，且该地区拥有大量可再生能源资源。但这些资源分布在广阔的区域，需要长距离的输电网络运输才能使用。

由于该地区距离遥远且人口密度低，因此获得充足、安全的电子通信网络（宽带和移动网络）对于在挪威北部中心城市和偏远地区创造就业机会至关重要。挪威政府为改善数字基础设施所做的努力将有助于增加产值创造并提升北部地区人员和企业的流动性。

第八节　民生保障

当要预防和应对北部地区的突发事件时，遥远距离、恶劣气候条件和短日照时间构成了独特的挑战。挪威政府将促进行政体系的不同部门和层级之间以及北方边界之间的协调与合作。

如今，北极的大部分海上交通都发生在挪威海上搜救责任范围内的海域。随着捕鱼船队向北移动，巡航交通量正在大大增加，海冰的融化也使得新航道成为可能。此外，使用载客量为 12~300 名乘客的中小型客船开展航行已变得越来越普及。海上活动的增加可能导致突发事件的增加。在此背景下，挪威政府已任命委员会来审议挪威水域邮轮运输量增加带来的与海上搜救有关的挑战。

北极将通过各种临时和永久性措施加强直升机的搜救能力。在天气条件恶劣的北部偏远海域，通信服务的覆盖范围不足。人造卫星的覆盖范围在北纬 72°以北逐渐减小，在北纬 75°以北十分有限且不稳定。无线电通信系统在最北部的海域的覆盖范围也十分有限。突发事件发生时，可靠、易于使用的通信系统至关重要。

挪威政府针对应急性污染事件的防范和响应系统能够预防和减少溢油和其他污染事件对环境的损害。但是，潜在的泄漏点与救援资源的距离很远，例如仓库、人员、维修设施、机场和可回收石油和废弃物的场所。不断变化的海冰也意味着处理溢油的材料和容器必须满足特殊环境要求。为确保粮食安全，挪威也将更多的注意力转向挪威北部，未来将保持在公共卫生准备和应对方面开展广泛跨界合作。

第三十四章 《芬兰北极政策战略》

2021 年 6 月 18 日，芬兰总理办公室发布《芬兰北极政策战略》(以下简称《战略》)。考虑到芬兰在北极地区的战略目标和长期存在所需的资源，《战略》明确了芬兰政府到 2030 年的北极政策目标，并确定了实现目标的优先事项，包括减缓和适应气候变化、民生福祉、北极专业知识以及基础设施和物流。

第一节 政策概要和目标简介

一、芬兰 2030 年前北极政策概要和目标

芬兰是一个北极国家，也是北极理事会八个常任理事国之一。芬兰的目标是建立一个以建设性合作为标志的和平北极地区，避免日益加剧的紧张局势和潜在冲突。北极地区比其他地区升温更快，通过全球减排可以扭转北极地区气候变化的趋势。虽然造成气候变化的行动者主要位于北极地区外，但北极国家中也有许多排放量大的国家。必须保障生活在北极地区的人民有良好生活条件，并有机会参与合作与决策，尤其应该促进和推动人民和非政府组织之间的跨界合作和对话。生活在北极地区的原住民应能够使自己的文化、语言和传统保持活力，并培养必要的能力，适应影响该地区的变化所带来的挑战。在所有北极合作中，芬兰着重促进性别平等，消除歧视。芬兰掌握的北极专业知识是芬兰北极政策的重要组成部分。北极地区的所有经济活动都涉及生物多样性和自然的承载能力、气候和环境保护、可持续发展原则、当地居民的福利和参与以及原住民的权利。不可持续的商业活动对环境是有害的，循环经济和其他新的经济活动原则以及技术解决方案可能创造全新的商业机会。芬兰将通过投资教育和研究，加强自己作为北极地区国际顶尖专家的地位和吸引力。北极研究产生的知识和专长将得到广泛利用，为不同部门和领域的高质量即时决策提供支持，

并支持北极人民过上美好生活。北极地区的基础设施和物流将得到发展，通过可持续和低排放的运输方式和模式满足企业和当地居民的需求。芬兰在发展北极地区服务和运输系统的同时将推动数字化发展，改善电信的便利性，满足当局、公司和公民的需求。芬兰作为北极国家的整体形象是由许多行动者共同塑造的，除了各级公共管理和决策部门、大学、研究机构和商业组织，非政府组织和非正式网络等利益攸关方也发挥了作用。机构知识、个人专长以及个人活动在各个层面都具有重要意义。为实现《战略》目标，确保芬兰北极活动公开透明并听取多种意见也很重要。此外，参与芬兰北极活动的利益攸关方必须具有良好的能力，降低沟通门槛，并建立伙伴关系。北极合作也是北欧合作的一部分。

二、国际环境和安全形势

1. 芬兰活动的目标：稳定安全的运作环境

从所有行动者的角度来看，承诺维护北极地区和平稳定并加强建设非常关键。必须充分重视积极的合作和对话机制，未雨绸缪，以建立信任和减少风险的方式促进国家间对话。气候变化、可持续发展和北极地区人民的福祉仍然是北极合作的重要优先事项。除了北极理事会，利用“北方维度”政策及其伙伴关系、巴伦支欧洲-北极理事会和北欧理事会等区域合作机构也很重要。稳定和安全的环境是实现北极合作目标和促进北极地区人民福祉的前提，因此在有关北极地区开发的讨论和工作中也必须考虑到内部安全和生活安全、运作环境安全。北极地区的规模及其具有挑战性的环境条件要求芬兰境内所有安全部门开展合作，并尽可能开展跨境活动。警察、海关、边防和救援部门等北方当局已经进行了密切和直接的合作，特别是北欧国家之间。

永久冻土融化等现象增加了新冠病毒风险，需要更加关注健康威胁、健康安全以及人口稀少的北极地区所面临的特殊挑战。应该向北极地区提供适当的通信和交通连接，以确保能够及时向需要的人提供医疗援助。北极理事会也将在应对健康威胁方面发挥关键作用。北极理事会提供了一个与原住民一起进行谈判和决策的论坛，并将北欧国家与俄罗斯和北美的北极地区联系起来。此外，北极理事会各工作组的高质量科学活动也将变得更加重要。

2. 芬兰和国际的北极合作结构

北极理事会及其八个北极成员国是北极合作的核心。芬兰是北极理事会八个成员国之一。因此，北极理事会将继续在芬兰的北极政策中发挥关键作用，芬兰将努力保障北极理事会运作的前提条件并促进其发展。多国公约和国际法在界定各国的运作方面发挥着关键作用。芬兰的主要目标是加强现有的安排，无需制定一项涵盖整个北极地区的广泛公约。在联合国框架内，芬兰积极参与全球范围内有关公海养护和可持续利用问题的谈判。芬兰将为在北极地区有效执行公约积极寻求解决办法，如果北极国家能够在特殊领域协商形成共识，芬兰原则上不排斥达成协定。芬兰还力求促进与对北极地区感兴趣的非北极国家开展建设性对话与合作，其中许多国家已经是北极理事会的观察员国。随着国际关注和观察员国数量的增加，北极理事会必须创新方式，让观察员国参与动态合作。芬兰还在北欧合作的背景下，在与俄罗斯、美国和加拿大的双边关系中促进北极合作。与北极有关的议会合作通过北极地区议员常设委员会进行。此外，市政当局、区域国家行政机构和区域理事会也开展合作。与北极地区有关的各种专题网络和论坛有很多，芬兰行动者应积极参与其中。

俄罗斯参与北极地区环境合作非常重要，强调减少黑碳和其他有害排放物、改善核安全等目标对北极地区具有重要意义。芬兰支持与核安全和放射性废弃物管理相关的合作。欧盟是重要且有建设性的北极行动者，是北极理事会事实上的观察员，可以参与北极理事会工作组的活动。芬兰赞成接受欧盟作为北极理事会观察员，并倡导将北极合作置于欧盟议程中更高的位置。欧盟应推行更加协调一致的北极政策，其机构应分配足够的人力等资源以协调和执行欧盟的北极政策。芬兰的目标是与瑞典和丹麦一起保持其作为欧盟北极成员国的领导地位。欧盟的资助在加强欧盟的北极角色，促进北极合作方面发挥着重要作用。芬兰将确保在规划和实施欧盟各资助方案时适当考虑北极合作和北极地区的特殊情况。

3. 芬兰是北极和南极的关键角色

除了北极，芬兰在南极也很活跃。自 20 世纪 80 年代以来，芬兰在南极洲设立了一个研究站，并在南极开展高质量的国际联合研究。北极和南极有诸多差异，但也有许多共同点。气候变化及其影响在极地地区表现得最为明显。两个极地地区的自然资源和地缘政治地位都越来越受到国际关注。旅游业等人类活动对两个极地地区生态系统的影响令人关切。这两个地区都需要解决海洋区域管理和资源养护或可持续利用等问题。芬兰是《南极条约》的29个协商国之一，并在《南极海洋生物资源养护公约》中发挥了积极作用。这一地位加强了芬兰作为全球极地行动者的形象，为应对两个极地地区的问题和挑战提供了机会，还为芬兰的寒冷地区专业知识提供了广泛的商业机会，并吸引了国际社会的兴趣。

第二节 优先事项：减缓和适应气候变化

一、目标

作为开创性解决方案的提供者，芬兰将加强北极地区的稳定、福祉和安全。应对气候变化，投资有利于气候的基础设施，加强对北极地区形势的认识，发展循环经济和生物经济，生产高附加值产品，阻止生物多样性丧失，开发基于自然的解决方案，这些将带来新的就业和生计机会。

基于自然的解决方案是应对气候变化，维持北极地区活力以及基于环境的生计和粮食安全的重要组成部分。土地和自然资源将得到可持续利用，在土地使用中要考虑到气候变化和经济活动的共同作用。

防止人类活动增加对环境和社会造成危害，是北极地区可持续未来的前提。芬兰将加强公民参与，提高对气候变化影响的认知。

支持北极地区的公正转型，在不断变化的环境中保障居民的生活条件至关重要。公正转型意味着在社会和地区中以公平的方式实施减排和适应措施，并涉及所有社会部门。

萨米族文化和萨米人的传统知识将依据《宪法》加以考量。北极地区的居民，尤其是原住民，是最先经历气候变化及其对生活和文化影响的人群。传统的萨米知识将被纳入北极发展和气候变化工作相关的知识库。

国际协定、北极理事会和巴伦支欧洲-北极理事会的合作以及欧盟政策方案将支持制定解决方案，以应对气候变化，保护生物多样性，并解决北极地区的其他环境问题。芬兰支持实施《巴黎协定》，这是欧盟在2050年前实现气候中立目标的一部分，也是在2035年前实现芬兰碳中和目标的一部分。

关于“国家管辖范围以外区域海洋生物多样性养护与可持续利用”的协定文书将根据《公约》开展谈判，这意味着联合国也将加强对北冰洋的监管。芬兰的目标是确保北极理事会成为执行这一文书的关键机构，并确保该文书能够帮助改善对北冰洋的保护。

芬兰将继续监督《巴黎协定》的执行情况，防止北冰洋中部的公海渔业不受管制。

二、战略措施

考虑到北极地区和人口稀少地区的条件和受到的影响，要发展分散的可再生能源生产，推动适应气候的基础设施和建筑工程，发展循环经济和生物经济，提高资源效率，并扩大碳中和城市网络，以加强芬兰在应对气候变化和逐步淘汰化石燃料方面的先锋作用。

利用公正转型基金和芬兰可持续增长方案等现有形式，促进社会向实现碳中和公正转型。

支持国际和北极地区合作以及欧盟应对气候变化的行动，包括减少黑碳排放、加强适应和保护环境。

建立与北极地区变化、风险、成本和利益相关的知识库，在维护和发展芬兰北部地区基础设施的背景下加以利用，以提高适应能力，加强气候风险管理。同时加强防范日益增加的洪水风险。

保障当地驯鹿畜牧业和其他传统生计等产业发展的条件，在不断变化的气候中保障北极地区的粮食安全。为萨米人制定气候变化适应计划提案，并将其作为《气候变化法案》和《国家气候变化适应计划》更新进程的一部分开展审查。

按照基于《联合国生物多样性公约》的《爱凯指南》，继续利用和发展合作机制，与萨米人一起管理和使用自然资源和保护区。

促进国际合作，建立北冰洋海洋保护区综合网络，应对海洋垃圾。借鉴波罗的海合作经验，开展以生态系统为基础的海洋资源管理。

有效控制北极已有的外来入侵物种，防止出现新的外来入侵物种，建立外来入侵物种知识库。建立覆盖北极地区的国际外来入侵物种门户网站，改善信息获取，加强与操作方法有关的专业知识和能力。

根据北极环境影响评估报告的建议，评估气候变化对环境等的影响，支持可持续的土地利用解决方案和可持续地利用自然资源。

加强林业、农业、渔业、狩猎管理和驯鹿畜牧业等以自然资源为基础的产业应对灾害风险的能力，开展风险监测，建立森林火灾、疾病和虫害监测与预警系统。

利用国家信息服务等建立关于气候变化和其他环境变化的影响、减排方法和碳汇的知识库。

建立萨米气候理事会，促进人们对萨米传统知识的认可，并利用其支撑决策。

促进与瑞典、挪威和俄罗斯在跨界水道方面的合作，改善水环境质量，在不断变化的气候条件下实现水资源可持续利用，并保护生物多样性。

第三节 优先事项：民生福祉

一、目标

芬兰的出发点是通过福利经济学框架下界定的活动促进北极居民的福祉和参与，实现社会文化、经济和环境可持续性之间的平衡。

无论性别、年龄、居住地、母语、残疾或其他个人因素如何，在芬兰北极地区都将无障碍地获得平等的健康、社会和其他福利服务。

公民和专业人员都将获得适当的数字社会和医疗服务。自我护理、自我治疗和预防服务水平将得到提升。公民可以通过数字服务和移动医疗服务获得个人健康和福利信息。远程学习和教育也将考虑数字化的可能性。

服务开发中会特别关注有关客户语言和文化敏感的服务，促进心理健康，防止自杀。

承认艺术文化对当地活力的重要性，并将其融入北极地区的区域、社会和经济发展。年轻人和未来的决策者对北极至关重要，这些地区将争取年轻一代的创造性劳动力，会特别重视年轻人的参与，并在北极地区建立跨国界联系。

包括原住民文化在内的北极地区文化多样性将通过不同文化背景的人之间的公开互动得到加强。文化和创意产业之间、商业和研究之间的跨界伙伴关系会得到特别关注。市镇级的跨界合作和芬兰北部地区公民之间的互动将得到支持。

居民会有平等的机会参与当地的决策，北极地区所有人都有更大的机会过上美好的生活。支持在北极理事会的工作中考虑当地居民，解决性别歧视问题，促进北极地区的社区福祉和活力，并推广和使用按性别分列的数据和研究。非政府组织将提出重要观点，帮助确保处于最弱势地位的人群和少数群体不被忽视。

在职业健康安全领域，将促进适应工作转型和数字化部署，并在考虑北极地区特点、人口和原住民的情况下，提供相应的支持。

芬兰将在国内外率先促进健康安全。

二、战略措施

发挥影响力，加强北极地区居民和区域行动者参与国际北极合作和芬兰北极政策的制定。

应用福利经济学方法促进北极地区居民的福祉。

加强北极地区的基本服务、公共卫生措施以及跨部门合作，支持芬兰北部地区市政当局在提供服务开展跨界合作，以保障服务的便利性。

积极支持开发数字化服务模式和远程医疗解决方案；提高专业人员使用数字化远程医疗的能力；并确保公民使用这些数字化服务时获得所需的支持。

通过数字化和其他手段，改善基础教育和中等教育的区域平等性，同时在人口稀少的地区实现多样化的教育途径。

促进实施《2020—2030 年芬兰国家心理健康战略》中规定的行动：制定具有文化敏感性的自杀预防方案和措施，促进心理健康，其中应考虑到不同的文化和语言群体。加强专业人员的管理能力，提供更多帮助和服务，并特别关注改善萨米语的数字化服务。

考虑艺术文化对北极地区活力的重要性，并将其纳入当地区域、社会和经济发展措施。

在所有北极合作中解决性别平等问题：将性别平等观点纳入主流，必要时通过特别措施促进性别平等；加强北极行动者的性别平等能力，推动在北极合作的各种主题中使用按性别分列的数据。

支持新的就业机会和创业精神，特别是通过数字化。

开发管理北极地区工作生活转变的工具，加强工作场所处理职业健康安全的能力。

在国内外持续开展对健康安全威胁的跨部门监测、准备和应对。

加强芬兰在“同一健康”理念方面的专业知识和国际合作。

第四节 优先事项：萨米原住民的权利

一、目标

芬兰希望进一步增加原住民参与北极合作的机会，包括巴伦支海地区合作。芬兰将通过改善萨米语服务等消除边境障碍，加强边境合作。

“真相与和解进程”有助于解决历史问题，并在萨米原住民和芬兰政府之间建立和解与信任，进程期间及结束后必须提供社会心理支持。在三个邻国开展的真相与和解进程也会产生跨界影响。

萨米语的教学和使用将为萨米人学习、保持和发展其语言和文化提供机会。

原住民的文化表现形式将得到重视，并在必要时作为知识产权受到保护，原住民艺术家可以利用各种数字工具，创造并提供独特的文化产品和服务。

芬兰将继续与萨米议会共同推进采取国家措施，研究并解决与保护萨米人知识产权有关的问题。

二、战略措施

进一步增加原住民参与国际北极合作的可能性。

加强萨米人参与实施芬兰北极政策。制定方法，评估北极政策和不同措施对萨米人保持和发展其语言和文化的影响。

在保障和发展萨米语服务等方面继续努力消除边境障碍，加强跨境合作，包括在萨米家园的教育合作。

继续推进芬兰萨米人的“真相与和解进程”，为萨米人“真相与和解委员会”提供良好的运作条件，并处理进程结束时提出的措施建议，认识其重要性。加强芬兰、瑞典和挪威“真相与和解进程”之间的对话，并在处理未来的措施建议时加强合作。

加强萨米语的教学使用和语言巢活动。

加强原住民的国际伙伴关系，保护传统文化表现形式和传统知识。

第五节　优先事项：生计专业知识

一、目标

人们将努力确保在所有经济活动中遵守可持续发展原则，北极地区也不例外，投资者的行动和消费者的决定都越来越明显地反映了这一点，并为高科技新产品和专家创造了机会。促进北极地区的商业需要系统的方法和预期。发展北极地区的经济时，还应考虑自然承载力、气候保护和对原住民权利的尊重。

识别可持续发展机会，前提条件在于了解气候变化对工业和整个北极地区经济的影响。了解价值链和供应链的变化机制后，就可以评估改变市场和经济结构的需求，并为建立更加可持续的结构设定更明确的方向。应对气候变化和可持续发展的要求会使循环经济和生物经济等新的领域、做法和技术成为亮点。

除监管外，北极地区还将通过开发、展示和提供新产品及服务，在实践层面促进可持续发展和运营。这将创造对新的高附加值产品和服务的需求，加强北极地区的创新友好型市场，并促进北极地区的经济结构多样化。

为了防止冲突，减轻有害影响，有必要更好地明确不同活动对萨米文化和萨米人权利的影响。在萨米家园，应特别注意明确与土地使用有关的潜在利益冲突。

经济网络、集群以及商业和创新生态系统在增加不同行业和不同公司的附加值方面发挥着关键作用，它们结合并创造新的专业知识，能够开发更好的产品和服务。除了具有较高附加值的产品和服务，不同的专业知识也可以在市场上销售。连接国际生态系统和网络的前提条件在于保持并提高个人能力水平。在应对影响原住民传统生计的气候变化挑战时，也强调增加附加值。

从创造新附加值的角度来看，重要的是了解所开发行业的价值网络和其中的发展潜力，还须熟悉与行业相关的大环境或大趋势，或者其中的新联系和新活动。这样可以明确需要新解决方案的发展领域，并通过联合提议将芬兰的专业知识应用于这些领域。

国际上对鱼类产品的需求正在增长，这种发展与消费趋势相符合，即消费者倾向于选择对环境影响小的健康鱼类产品。芬兰领导制定的“北欧蓝色生物经济路线图”指出会加强合作，尤其是促进全球增长最快的初级生产形式鱼类养殖，并开发从渔获物和海藻中获得的附加值产品，这些领域和渔获物的附加值在北极地区有巨大的增长潜力。

北极旅游业的发展以当地特点为基础，尤其是北极的自然和文化。在发展可持续且负责任的旅游业时，不仅要解决环境问题，还要解决社会、文化和经济问题。与其增加游客数量，不如借助高质量、精心包装、生态可持续的产品和服务，努力延长游客的停留时间，增加其消费金额。

投资高质量旅游服务和产品，全面解决可持续性和安全问题，可以增加旅游业创造的附加值。延长北极地区的旅游季节，使其覆盖一年中的大部分时间，就有可能平衡游客数量，促进全年就业，并减轻自然压力。促进邻国之间的跨界运输和旅游合作，有助于促进游客流动性，增加游客停留时间和消费金额。

除了减少旅游业，尤其是流动性旅游业产生的排放，在商业活动中还必须考虑当地居民的社会和文化福祉。例如，粮食生产、水资源消耗和浪费最小化，都与低碳和资源高效的全球经济相关联。为了发展可持续且负责任的旅游业，与萨米人和北极地区其他当地居民的合作至关重要。

与采矿相关的价值链和流程包括使用新技术和数字化，促进矿山电气化和远程控制以及在新能源技术所需的支流管理和矿物可持续供应等方面采用循环经济方法。从环境和当地社区的角度来看，应特别注意采矿的边际条件。这些活动中应发挥最佳知识和专长。

芬兰的目标是强调欧盟空间计划和其他欧洲空间基础设施对北极地区的重要性，特别是在电信、气候变化和环境监测以及北极运输方面。芬兰希望不仅要关注现有能力，尤其是遥感和卫星导航方面的能力，还要指出北极地区关键的空间解决方案及其覆盖范围的缺点，例如卫星通信方面的不足。

改进预测系统，不仅要涵盖近期预测，还要涵盖北极条件下的季节性预测，以提高芬兰应对天气和气候变化挑战的能力。使用新的北极观测系统并发展专业知识，能够更准确地预测情况，并加强芬兰对北极地区情况的认识。依靠观测数据，公司也可以针对北极情况开发解决方案，并在此基础上开展新业务，例如公开采购和推广可以为公司提供参考的解决方案。

二、战略措施

支持北极经济的可持续增长，并为高价值就业创造前提条件。

将北极地区的需求与国内供应相匹配，并将研发重点放在寻找新的解决方案上。

确保技能型劳动力的供应(包括教育和培训以及劳动力移民)。

形成对北极专业知识的共同认知，并考虑与其他措施协同发挥作用，以促进所有领域的产业政策和创新政策。

在北极地区发展可持续的全年旅游业。

交流芬兰独特的可持续发展专业知识(包括可持续旅游、林业、数字解决方案、清洁技术和生物经济)。

研究与芬兰北部邻近地区进行旅游合作的可能性。

支持北极经济理事会加强区域经济主体合作的工作。

第六节　优先事项：前沿研究专业知识

一、目标

北极研究产生的知识和专长将得到广泛应用。研究为高质量的及时决策以及不同领域和产业的业务创新奠定了基础。对教育、培训和研究的投资，可以加强芬兰作为拥有世界知名北极专业知识国家的地位和吸引力。广泛的多学科国际网络有助于充分发挥北极研究的作用。

研究投资可以发展和加强北极研究基础设施，这将提高研究人员成功赢得国际研究资金的能力，并引起人们对芬兰北极研究的关注。为了使芬兰能够影响欧盟研究计划的目标和主题等国际资助，需要在国家层面进行有效的信息交流和跨行政部门的合作。公司也会更好地利用资助计划。

研究可以帮助北极地区居民拥有良好生活和活力。对个人福祉和社区、人群与其环境的相互作用以及环境变化的最新了解，将有助于指导决策，实现社会可持续发展。在规划及进行研究时将尽可能利用传统地方知识。

在芬兰与北极地区和北极方面有关的研究大局中已经增添了详细情况。加强协调和信息交流，将使不同行动者实时了解基于方案的研究活动和项目组合。理想情况下，将有一个国家方案促进公开的协调和沟通。

北极地区以及与北极有关的经济活动将与可持续发展相互作用。保持、开发并推广北极研究和专业知识，是创造商机、抓住商机的关键。应考虑到芬兰的北极专业知识涵盖了广泛的功能和行业领域，例如，寒冷条件下的专业知识对许多产品和服务而言是一种财富。

北极地区最大的挑战在于不断变化的气候和环境。应积极将研究应用于全面评估北极地区的变化，为支持决策提供依据。

北极政策也在发生变化，并受到多种影响。公开透明的多学科研究和研究证据有助于理解研究间的关联，并为相关活动机构提供依据。

要通过多边和双边的国际合作，发展和支持与安全和国防有关的北极研究。欧盟的计划将用于增加研究资金。此外，可以与伙伴国家合作开发北极态势感知，包括在极地地区获得覆盖范围更广的卫星图像。

二、战略措施

高等院校和研究机构将进行高质量的研究，开展与北极地区和北极条件有关的研究，并推进广泛的研究交流。

与北极整体条件有关的研究资金将在不同行政部门的合作下得到监督和发展。

高等院校和研究机构将重点发展和利用北极研究。要利用国内外资助机会，包括芬兰科学院、芬兰国家商务促进局、战略研究理事会、政府的TEA资金、“地平线欧洲”计划、欧盟结构基金和其他资助工具以及北欧的研究资金提供者。

积极参与北极理事会及其工作组的工作。积极参与北极地区变化的研究评估。芬兰研究人员要积极参与国际研究网络，并利用哥白尼计划等欧盟和欧洲航天局提供的机会。要向公司提供参与国际融资和合作的信息和支持。

在起草“地平线”工作方案等欧盟活动时，促进支持北极研究和专业知识的行动。

加强研究和商业活动之间的联系。开展研究合作以支持公司开发产品，满足北极地区行动者的新需求，并加强公司的网络和生态系统。

在国家前沿性工作中，考虑芬兰最北部地区的经济结构变化、劳动力需求和人口发展。将教育的目标建立在多样化的知识基础上。

第七节　优先事项：基础设施与物流

一、目标

国家交通系统计划的目标是保证交通系统连接至全国各地，并满足工业要求、通勤要求和住房要求。

为了实现这一目标，芬兰将提升交通网络服务水平，满足企业需求和通勤需求，确保国际交通顺利运行。至关重要的是要确保人们在合理时间内通过某种交通方式或各种交通组合到达不同地区。芬兰将为市场驱动的公共交通服务提供更好的竞争条件，在商业服务不可行的地区尽可能经济高效地确保基本服务的供应。

此外，芬兰的目标是保持区域中心与商业和通勤重要节点的联系。交通枢纽和旅行链的功能将得到改善。芬兰将确保不同人口群体的流动性，保证社会的可持续性。货运方面将通过数字化和向最可持续的交通模式过渡等手段，提高运输效率，减少排放。

一切目标都是为了应对气候变化。国家交通系统计划力求保障全国各地的交通，满足商业要求、通勤要求和住房要求，提高交通系统的社会经济效率。

《战略》的目标包括发展物流，以可持续的交通方式为企业和通勤提供服务。电信的普及性(包括宽带连接)将得到改善，以满足企业和公民的需求。

芬兰将发展可持续交通，尤其是改善替代燃料驱动型交通工具的运行条件，例如扩大替代燃料驱动型车辆的充电基础设施。

为了减少运输排放，分享最佳实践，芬兰将继续开展国际合作，借鉴国际海事组织和北极理事会的工作。

根据国际海事组织的规定，2024 年 7 月起将禁止在北极水域使用和运输重油，芬兰在促成此项禁令中发挥了积极作用。然而，禁令生效前，必须继续开展使用替代燃料取代重油的工作。

芬兰积极推动有效实施《国际极地水域营运船舶规则》(《极地规则》)，提高了北极航运的安全性和可持续性。这项工作应该继续进行，它不仅支持芬兰在国际海事组织的工作，也支持芬兰海事集群作为北极专家的作用。

加强交通系统数字化建设。所有交通方式都将推广使用替代燃料，还将研究使用电动航行器的可能性。

芬兰将开发新的运输服务和实践，满足日益增长的旅游业需求，这也与芬兰、挪威和瑞典北部的跨境连接有关。劳里拉—托尔尼奥—哈帕兰达铁路段的电气化项目将为芬兰铁路交通的国际连接、铁路运输成本效益和工业竞争力提供支持，它通过纳尔维克港，连接了芬兰北部和瑞典北部的国际运输走廊与全欧交通网络，并将巴伦支海地区和北冰洋连接起来，进一步延伸至远东。

为了给旅客提供服务，芬兰将提高开放数据的潜力，开发运行良好的支付系统和信息系统，提高交通枢纽的效率，例如，开放的数字数据有助于以商用条件促进新应用的实现。

位于索丹屈莱(Sodankylä)市的芬兰气象研究所北极空间中心的工作就是一个示例，说明气象学在芬兰的北极专业知识中发挥着重要作用。北极空间中心的基础设施用于接收和处理卫星数据，并与服务生产有关，具有国内和国际意义。

二、战略措施

发展欧洲核心交通网络(全欧交通网络)并将其延伸至芬兰北部地区。根据 2021 年欧盟建立“连接欧洲设施”的条例，扩展北海—波罗的海和斯堪的纳维亚—地中海核心网络走廊，有可能连接芬兰北部地区，并使北极地区的铁路运输通向欧洲其他地区和国际市场。

依靠基础设施发展并有效利用交通网络的最新研究，为应对气候变化对交通基础设施及其维护的影响做好准备。

开发新的服务，实现有效的旅行链和运输链，支持可持续的交通和运输。

发展电、气、氢、可再生燃料和电力燃料等替代燃料广泛覆盖的配送基础设施。确保配送基础设施的一致性和区域覆盖面，促进替代燃料的供应。参与国际合作，开发覆盖整个芬兰北部地区的可靠配送网络。

1. 航空运输

关注赫尔辛基-万塔机场发展的前提条件，保证其他使用新技术解决方案的机场能够运营。发展通往芬兰各地机场的旅行链。

作为人口稀少的大国，要关注航空运输在确保无障碍环境和开发偏远地区潜力方面的重要性。

努力确保机场的维护和发展能够在网络原则下继续进行，并确保能够发展通往机场的旅行链。评估芬兰各机场的航空运输发展前景及其对不同地区航空运输服务水平的影响。

2. 海洋运输

有效影响国际海事组织内国际航运环境条例的制定，例如继续有效实施《国际极地水域营运船舶规则》(《极地规则》)。

计划更新芬兰破冰船队，加强与邻国在冬季航行方面的合作。

关注芬兰在冬季航行方面的特殊专业知识，提供能够在北极地区实现安全运输同时保护北极特殊环境特征的服务。发展船舶和港口之间的信息交流，允许船舶在海上减速，从而大幅减少温室气体排放。提高物流系统的能源效率，需要先进的通信技术和数字服务，还需要开放信息系统。

充分利用芬兰海事集群的专业知识，在具有挑战性的条件下进行冬季航行，例如利用东北通道进行货物运输。与发展北极航运能力的伙伴合作时，要求互惠利用芬兰海事集群、公共和私营部门积累的专业知识。确保在合作中支持芬兰专业知识、技术和创新的出口机会。

通过水文测量，加强北极地区航运基础设施和地图数据的发展。

3. 通信网络

确保在北极地区提供可靠的高性能电信网络和数字服务。确保企业所需的良好传输连接与不受地点限制的工作的数据连接相匹配。

在北极地区综合使用不同的技术解决方案，实现不同用途的最佳结果，例如卫星技术。促进全球卫星系统的发展和市场准入，至少实现用户的基本通信服务供应。

继续改善国内和国际联系，例如促进数据经济发展，吸引电信和软件行业到芬兰投资，包括数据中心。

鼓励企业与公共部门合作，寻找有效的融资模式，在商业上行不通的行业要促进必要的电信投资。确保芬兰通信服务的运作，如果没有其他方式提供有效连接，将通过法定的普遍服务义务来实现。

核算信息通信技术领域的温室气体排放量和材料消耗，部署该行业环境影响管理办法。

继续开展北极理事会的工作，提高北极地区互联互通和宽带服务的可用性。

第三十五章 《澳大利亚南极条约（环境保护）法修正案》

2021年9月，澳大利亚政府完成《澳大利亚南极条约（环境保护）法修正案》编写工作。新法案包括概述、南极动植物保护、环境影响评估、检查员制度、与环境相关的违法行为、其他事项六部分内容。此外，新法案还在附录部分列出南极海豹保护公约、南极条约环境保护议定书等文件。因篇幅有限，本章摘选法案的部分主要内容予以整理。

第一节 序 言

第1条 简称

本法案可称为《1980年南极条约（环境保护）法》。

第2条 生效

（1）根据第（2）款规定，本法案应自获准之日起生效。

（2）第16条至第21条（含）应自本法案获准之日起6个月后生效。

第3条 注译

飞机指能够靠空气的反作用力或浮力获得大气支持的机器或仪器，不包括气垫飞行器。

动物包括：

（a）本地鸟类、本地无脊椎动物和本地海豹；

（b）蛋，蛋的一部分和蛋壳；

（c）动物尸体和动物尸体的一部分（但不包括使用动物尸体或动物尸体一部分生产的制品）。

南极指南纬60°以南的地区，包括该地区所有冰架。

CAMLR公约指《南极海洋生物资源养护公约》。

CEMP站点指符合下列条件的监测点：

（a）CAMLR公约缔约国为开展生态系统监测项目而设立；

(b)南极海洋生物资源养护委员会根据第 18/IX 号养护措施通过其管理计划。

采集，就本地植物而言，包括切断或应用任何手段破坏植物的行为。

相应法律，指另一缔约国为落实《南极条约》或《南极条约环境保护议定书》而制定且目前仍然有效的法律。

干扰动物活动指通过与动物直接接触以外的方式导致动物行为发生变化。

驾驶，就飞机而言，指使飞机在陆地或水面上行驶。

冰包括雪。

南极本土物种包括通过自然传播媒介出现在南极的物种。

检查员指：

(a)根据第 13 条规定获任为检查员的人员；

(b)第 14 条提及的人员。

矿物指不可再生的非生物自然资源。

采矿活动指为回收或开采矿物或与之相关的活动(包括矿物勘探)，但不包括《南极条约》含义范围内科学调查或科学研究的必须活动。

本地鸟类指：

(a)处于生命周期任何阶段(包括蛋，蛋的一部分和蛋壳)的南极本地鸟类物种成员；

(b)第(a)款所述任何鸟类物种的尸体或尸体的任何部分。

本地无脊椎动物指处于生命周期任何阶段的任何南极本土陆地或淡水无脊椎动物。

本地植物指处于生命周期任何阶段(包括种子)的任何南极本土植物。

本地海豹指：

(a)处于生命周期任何阶段的任何南极本土海豹物种成员；

(b)第(a)款所述海豹物种的尸体或尸体的任何部分。

生物体包括：

(a)处于生命周期任何阶段的生物体；

(b)曾经存活，但目前已死亡的生物体；

(c)存活生物体的生物繁殖体；

(d)含病毒、细菌，或被病毒、细菌感染的物品。

植物包括本地植物。

财产指任何种类的财产，在不限制前述事项的一般性原则下，包括飞机和船舶。

认可的外国授权指符合下列条件的许可证、授权或安排：

(a)授权在南极开展活动；

(b)满足下列任一情形：

(i)由《南极条约环境保护议定书》缔约国(澳大利亚除外)签发、授予或作出的，且该缔约国已根据议定书要求接受在南极开展活动时承担与澳大利亚同等的义务；

(ii)由《南极海豹保护公约》缔约国(澳大利亚除外)签发、授予或作出的，且该缔约国已根据公约要求接受在南极开展活动时承担与澳大利亚同等的义务。

特别保护物种指根据规定宣布为特别保护物种的本地海豹、本地鸟类、本地无脊椎动物或本地植物。

领地指澳大利亚南极领地。

交通工具包括气垫船。

船舶指任何种类的船舶或船只，包括任何浮式结构，但不包括气垫船。

第 4 条　本法案适用范围

(1)根据《1960 年南极条约法》第 4 条第(1)款：

(a)本法案适用于领地内所有人员和财产，包括外国人员及其财产；

(b)本法案在澳大利亚境外适用于：

(i)澳大利亚公民；

(ii)澳大利亚考察队和澳大利亚考察队成员；

(iii)澳大利亚组织机构；

(iv)属澳大利亚财产的飞机、船舶或车辆的全体乘务人员(包括负责人)；

(v)澳大利亚财产。

(2)本法案在以下条件具有效力：

(a)国际法对澳大利亚规定的义务，包括对澳大利亚有约束力的任何国际协议所规定的义务；

(b)根据联邦法律生效的协议。

第5条 本法案对各领地的适用范围

本法案适用于每个境外领地。

第二节 介 绍

第8条 南极特别保护区等

(1)本条中:

区域指:

(a)南极洲内的陆地或海洋区域;

(b)所有此类陆地和海洋区域。

(2)根据第(4)款规定,总督可:

(a)通过公告,宣布指定区域为南极特别保护区;

(b)通过同一公告或另一公告,宣布指定区域为南极特别管理区。

(3)除非《南极条约》协商缔约国根据《南极条约环境保护议定书》附件5第6条规定,通过了某区域的管理计划,否则不得宣布该区域为南极特别保护区或南极特别管理区。

(4)如根据第(2)款规定通过公告宣布某区域为南极特别保护区或南极特别管理区,则:

(a)该区域内任何陆地下方的底土,延伸至公告所述地表以下的深度;

(b)该区域内任何冰架或海洋以下的水域和海床;

(c)任何此类海床下方的底土,延伸至公告所述海床以下的深度;

均属该南极特别保护区或南极特别管理区。

(5)就本法案而言,在本条生效前已成为特别保护区或具特殊科学价值地点的区域,在本条生效后根据第(2)款规定发布的公告被视为南极特别保护区。

(6)总督可通过公告:

(a)根据《南极条约》协商国通过的管理计划修正案,改变南极特别保护区或南极特别管理区的边界;

(b)如某区域相关的管理计划已撤销,则撤销根据第(2)款作出或被视为已作出的声明。

第 8A 条　历史遗址和历史遗迹

(1)根据第(2)款规定，总督可通过公告，宣布指定的遗址或遗迹为历史遗址或历史遗迹。

(2)除非《南极条约》协商国根据《南极条约环境保护议定书》附件 5 第 8 条将某遗址或遗迹列为历史遗址或历史遗迹，否则不得宣布该遗址或遗迹为历史遗址或历史遗迹。

(3)如《南极条约》协商国已修订或撤销历史遗址或历史遗迹目录，总督可根据第(1)款规定通过公告更改或撤销已宣布的历史遗址或历史遗迹。

第 9 条　许可证授予与更新

(1)在以规定形式向部长提出申请后，部长可向申请人授予书面许可证，授权该申请人及许可证指定的任何其他人员在规定期限内开展许可证规定的某一项或多项活动。

(1AA)许可证可授权的活动如下：

(a)可产生第 19 条第(1A)款和第(b)款所述结果的活动；

(b)第 19 条第(1)(b)款所述活动；

(c)第 19 条第(1)(c)款所述活动；

(d)第 19 条第(1)(d)款所述活动；

(e)第 19 条第(2)款所述活动[第(g)款除外]；

(f)第 19AA 条第(1)(a)和(b)款所述活动；

(g)第 19AA 条第(2)(a)款所述活动，如此处岩石或陨石需在南极收集或采集；

(h)第 19AB 条第(a)款所述活动，如此处海豹、鸟类或植物属本地海豹、本地鸟类或本地植物。

(1AB)第(1)款受本条和第 10 条约束。

(1AC)部长可根据第(1)款在其认为合适的情况下授予许可证。

(1AD)许可证中必须指明开展活动的区域。

(2)在决定是否授予许可证以及明确许可证相关条件和限制时，部长必须考虑：

(a)《南极条约环境保护议定书》的宗旨和原则；

(b)如该决定可能影响《南极海豹保护公约》适用海域的海豹——应考虑《南极海豹保护公约》的宗旨和原则。

(2A)除非部长已根据第3条规定授权活动发起人(在第3条含义范围内)开展活动，否则部长不得将许可证授予第3条适用的活动。

(2B)除非已根据以下条件批准某人进入监测点，否则部长不得授予许可证以授权某人在CEMP监测点开展活动：

(a)根据《1981年南极海洋生物资源保护法》制定的条例；

(b)由CAMLR公约另一缔约国批准。

(3)考察队或组织机构根据第(1)款提出申请时应说明：

(a)若为考察队——考察队的每一成员；

(b)若为组织机构——该组织机构授权代表其行事的每一人员；

许可证可理解为适用于上述所有成员或人员，或适用于许可证中指明的此类成员或人员。

(4)如向组织机构批准许可证后，获授权代表该组织机构行事的人员中包括第(3)款未提及之人。该组织机构应立即通知部长，部长可通过向该组织机构发出书面通知，扩大或拒绝扩大将其纳入许可证授权范围。

(5)部长应根据指定方式在指定地点保存一份已生效的许可证登记册，说明每份许可证的目的和授予条件以及部长认为合适的与每份许可证相关的其他事项。

(6)在本条中，授予许可证包括通过更新许可证的方式授予。

第10条 适用于许可证的限制

授权捕获本地鸟类和本地海豹等的许可证：

(1)许可证不应授权任何人员猎杀、捕获、伤害或以其他方式干扰本地鸟类或本地海豹，除非：

(a)部长确信：

(i)根据本许可证和按照本法案第9条以及相应法律授予之许可证猎杀或捕获的本地鸟类或本地海豹物种数量，可在接下来的繁殖季节内通过自然繁殖的方式恢复；

(ii)可维持南极物种多样性、物种生存必要生境以及现有自然生态系统的平衡；

(b)许可证的内容能够尽可能确保许可证授权活动仅在下列情形下开展：

(i)如许可证与本地鸟类有关——用于科研支持设施的建设和运营；

(ii)如许可证与本地鸟类或本地海豹有关——用于为科学研究、公共教育(包括在博物馆或其他教育机构展出)或部长认为适宜的其他教育目的提供样本;

(iia)如许可证与本地鸟类或本地海豹有关——用于在无法从已捕获物种中获取样本或存在迫切保护需要的情况下，为动物园提供样本。

(iii)如许可证与本地鸟类有关——用于监测或保护环境、历史遗址及历史遗迹;

(iv)如许可证与本地鸟类有关——用于为未经第(ii)款或第(iia)款授权之科学活动产生的不可避免的后果作准备;

(c)如许可证与特别保护物种有关:

(i)许可证授予出于令人信服的科学目的;

(ii)部长确信许可证授权的活动不会危害现有生态系统或相关物种或该物种当地种群的生存或恢复;

(iii)如许可证授权猎杀特别保护物种中的本地鸟类或本地海豹——应为缺乏适宜的替代技术实现该许可证授权之目的。

(1A)授权某人猎杀、捕获、伤害或以其他方式干扰本地鸟类或海豹的许可证必须在许可证条件中说明，应在实际可行的范围内采取尽可能减少痛苦的方式处置鸟类或海豹。

授权捕获本地无脊椎动物的许可证:

(1AA)许可证不得授权任何人员捕获本地无脊椎动物，除非:

(a)部长确信可维持南极物种多样性、物种生存必要生境以及现有自然生态系统的平衡;

(b)许可证的内容能够尽可能确保许可证授权活动仅在下列情形下开展:

(i)科研支持设施的建设和运营;

(ii)为科学研究、公共教育(包括在博物馆或其他教育机构展出)或部长认为适宜的其他教育目的提供样本;

(iii)为动物园提供样本;

(iv)监测或保护环境、历史遗址及历史遗迹;

(v)为未经第(ii)款或第(iii)款授权之科学活动产生的不可避免的后果作准备;

(c)如许可证与特别保护物种有关：

(i)许可证授予是出于令人信服的科学目的；

(ii)部长确信许可证授权的活动不会危害现有生态系统或相关物种或该物种当地种群的生存或恢复；

(iii)如许可证授权猎杀无脊椎动物——应为缺乏适宜的替代技术实现该许可证授权之目的。

授权采集本地植物等的许可证：

(1B)许可证不得授权任何人员采集、收集、危害或以其他方式干扰本地植物，除非：

(a)部长在评估本许可证和按照本法案第9条以及相应法律授予之许可证对本地植物数量的影响后，确信可维持南极本地植物的物种多样性，本地海豹、本地鸟类、本地无脊椎动物和本地植物生存之必要生境以及现有自然生态系统的平衡；

(b)许可证的内容能够尽可能确保许可证授权活动仅在下列情形下开展：

(i)科研支持设施的建设和运营；

(ii)为科学研究、公共教育(包括在博物馆、标本馆、植物园或其他教育机构展出)或部长认为适宜的其他教育目的提供样本；

(iii)监测或保护环境或历史遗址或历史遗迹；

(iv)为未经第(ii)款授权之科学活动产生的不可避免的后果作准备；

(c)如许可证与特别保护物种有关：

(i)许可证授予是出于令人信服的科学目的；

(ii)部长确信许可证授权的活动不会危害现有生态系统或相关本地植物种群的生存或恢复；

(iii)如许可证授权(通过采集或其他形式)猎杀特别保护物种中的本地植物——应为缺乏适宜的替代技术实现该许可证授权之目的。

授权采集陨石和岩石等的许可证：

(1C)授权某人采集或收集陨石或移动岩石或陨石的许可证，其内容必须尽量确保许可证授权活动仅在为科学研究、公共教育(包括在博物馆或其他教育或文化机构展出)或部长认为适宜的为其他教育目的提供样本的范围内开展。

授权携带生物体进入南极的许可证:

(2)许可证不得授权任何人员携带以下生物体进入南极:

(a)狗;

(b)活鸟。

(3)许可证不得授权任何人员将非南极本地的栽培植物或此类植物的繁殖体带入南极,除非在可控的情况下使用并确保其不会流入南极环境。

(3A)许可证不得授权任何人员将非南极本地的其他生物体带入南极,除非在可控的情况下用于实验并确保其不会流入南极环境。

(4)授权将非南极本地生物带入南极的许可证应包括下列条件:

(a)在许可证规定的控制下保存;

(b)出现下列情形时应带离南极环境或销毁:

(i)如许可证有效期终止前已达成相关目的——应在达成目的后尽快带离南极环境或销毁;

(ii)如第(i)款不适用——应在许可证有效期终止时带离南极环境或销毁。

(5)授权某人将非南极本地生物带入南极的许可证必须:

(a)说明:

(i)许可证涉及的生物体数量;

(ii)生物体物种;

(iii)将生物体带入南极的适当理由;

(iv)如许可证与动物相关——适当情况下须注明每只动物的年龄和性别;

(b)作为许可证的一个条件,规定此人必须采取一切合理的预防措施,防止生物体逃逸或与动植物接触。

特别保护区:

(6)许可证不应授权在尚未通过管理计划的南极特别保护区内开展任何活动;除非:

(a)该活动具有令人信服的科学目的且无法在他处开展;

(b)部长确信该活动不会危害该区域内现有的自然生态系统。

(7)许可证不得授权在已通过管理计划的南极特别保护区内开展任何活动，除非该活动可根据管理计划而开展。

(8)授权某人在南极特别保护区开展活动的许可证，必须作为许可证的一个条件，规定此人在保护区内时必须持有许可证。

第11条 许可证变更、暂停和撤销

(1)如部长确认许可证持有人违反了本法案与许可证相关之规定或许可证条件，或为南极动植物养护和保护有必要或适宜变更、暂停或撤销许可证，部长可通过亲自送达、邮寄或其他指定方式向许可证持有人发出变更、暂停或撤销许可证的书面通知。

(1A)如许可证持有人以书面形式提出要求(说明要求理由)，部长可根据按第(1)款规定发出书面通知更改许可证，前提是部长确信：

(a)具有合理的许可证变更理由；

(b)变更许可证不会授权开展任何可能对南极动植物养护或保护产生不利影响的活动。

(2)根据第(3)款规定，许可证暂停期限不得超过90天。

(3)如在许可证暂停期间因与许可证相关的违法行为而展开法律程序，暂停期限将延续至法律程序(包括任何上诉)结束。

(4)在许可证暂停期间，该许可证不具效力或作用，但将继续计入许可证有效期。

(5)许可证暂停不妨碍许可证撤销。

第12条 许可证条件变更和撤销

(1)根据本条规定，在许可证有效期内，部长可通过亲自、邮寄或其他指定方式向许可证持有人发出变更或撤销许可证已有条件或增加其他条件的书面通知。

(2)在决定是否变更或撤销许可证已有条件或增加其他条件时，部长必须考虑：

(a)《南极条约环境保护议定书》的宗旨和原则；

(b)如该决定可能影响《南极海豹保护公约》适用海域的海豹——应考虑《南极海豹保护公约》的宗旨和原则。

第三节　环境影响评估

第12A条　略

第12B条　本部分目标

本部分的目标为下列情形作出规定：

(a)评估拟在南极开展的活动，确定其可能对环境产生的影响；

(b)监管可能对环境产生不利影响的活动。

第12C条　本部分不适用于某些活动

(1)如部长确认相关活动的性质对南极环境的影响微乎其微，部长可通过书面形式决定本部分不适用于决定中指明的某类活动。

(2)本部分不适用于下列情形：

(a)采矿活动；

(b)根据第(1)款规定作出的决定中列明的活动。

第12D条　初步评估活动可能对南极环境产生的影响

(1)本部分生效后如有下列情形：

(a)某人或某组织机构申请在领地内开展某项活动；

(b)在澳大利亚境外适用本法案的某人或某组织机构申请在领地以外的南极区域开展某项活动；

申请开展活动的个人或组织机构(活动发起人)必须：

(c)对该活动可能对环境产生的影响(如有)进行或促使进行初步评估；

(d)向部长提交书面评估报告。

(2)如有下列情形：

(a)本部分生效后，在本部分生效前已开展的活动(原始活动)申请变更或发生变更；

(b)根据本部分规定授权开展的活动(原始活动)申请变更或发生变更；

根据第(1)款申请变更或已变更的活动应视为个人或组织拟开展的新活动(非原始活动)。

第12E条　初步确定活动可能产生的影响

在分析初步评估结果后，部长必须：

(a)确定该活动是否可能产生：

(i)不止轻微影响或暂时影响的影响；

(ii)轻微影响或暂时影响；

(iii)微乎其微的影响；环境影响；

(b)以书面形式将部长的决定通知活动发起人。

第 12F 条 如果影响微乎其微，可继续开展活动

(1)如部长确定该活动对环境产生的影响微乎其微，部长必须以书面形式通知授权活动发起人继续开展该活动。

(2)在遵守通知中规定条件的情况下，可给予授权。

第 12G 条 初步环境评估

(1)如部长确定该活动可能对环境产生轻微影响或暂时影响，活动发起人必须准备或安排准备向部长提供该活动的初步环境评估报告。

(2)活动相关的初步环境评估是一份书面报告，其中：

(a)包含(但不限于)条例规定应纳入评估的事项；

(b)确保评估该活动可能对环境产生的影响，说明该活动是否会产生：

(i)轻微影响或暂时影响；

(ii)不止轻微影响或暂时影响的影响；环境影响；

(c)如评估结果表明活动对环境产生轻微影响或暂时影响，应对评估和验证环境影响所需的措施提出建议。

(3)如在分析初始环境评估报告后，部长认为根据第 12H 条规定需要更多信息以作出决定，或根据第 12J 条规定需要对已授予的许可证施加条件，部长可通过书面形式要求活动发起人提交一份包含所需补充信息的修订版评估报告。

第 12H 条 根据初步环境评估明确活动可能产生的影响

在分析初步环境评估或修订版初步环境评估(视情况而定)后，部长必须确定相关活动是否可能产生：

(a)轻微影响或暂时影响；

(b)不止轻微影响或暂时影响的影响；环境影响。

第 12J 条 批准可能对环境产生轻微等影响的活动

(1)如部长确定相关活动可能对环境产生轻微影响或暂时影响，部长必须以书面形式通知授权活动发起人继续开展该活动。

(2)在遵守通知中规定条件的情况下，可给予授权，以确保通过符合基本环境原则的方式开展活动。

（3）上述条件必须包含（但不限于）要求遵守旨在评估、验证和限制活动对环境影响之规定程序的条件。

（4）该授权还需遵守其他规定条件。

第 12K 条　综合环境评估

（1）如部长根据第 12E 条或第 12H 条规定确定相关活动可能对环境产生轻微影响或暂时影响以上的影响，活动发起人必须准备或促使准备向部长提供：

（a）活动相关的综合环境评估草案；

（b）在遵守条例规定的综合环境评估草案处理程序后——进行活动相关的最终综合环境评估。

（2）综合环境评估草案和最终综合环境评估报告均应：

（a）包含（但不限于）条例规定应纳入此类评估报告中的事项；

（b）对活动可能产生的环境影响进行综合评估；

（c）对评估和验证环境影响所需的措施（如有）提出建议。

（3）条例可规定部长在分析以下报告时应遵守的程序：

（a）综合环境评估草案；

（b）最终综合环境评估；根据本条规定上述报告由部长接收。

第 12L 条　批准可能对环境产生轻微等以上影响的活动

（1）在根据规定分析最终综合环境评估后，部长必须决定是否授权继续开展相关活动。

（2）如考虑最终综合环境评估报告内容及其他相关因素后，部长确信能够以符合基本环境原则的方式开展拟定或经修订后的活动，部长必须通过在《公报》上发布公告，授权该活动发起人按拟定或修订后的方式开展活动。

（3）在遵守通知中规定条件的情况下，可给予授权，以确保通过符合基本环境原则的方式开展活动。

（4）授权也受任何规定条件的限制。

（5）如根据第（2）款规定部长无法确信，则不得授权继续开展相关活动。

（6）不批准相关活动的决定必须：

（a）在《公报》上发布；

(b)说明作出不批准决定的理由。

第四节 检查员

第13条 检查员任命

部长可通过书面文件任命某人为检查员。

第14条 担任检查员

根据本条规定，澳大利亚联邦警察或某领地警察部队的成员均为检查员。

第15条 身份卡

(1)部长应向每位检查员(警察部队成员除外)发放符合部长批准格式的身份卡，其中包含持证人的照片。

(2)不再担任检查员的人员应立即将其身份卡交还部长。

(3)违反第(2)款之人即触犯法律，一经确定可处以不超过1个处罚单位的罚款。

第16条 无证逮捕

(1)检查员有合理依据确认以下情形时可无证逮捕任何人员：

(a)此人已犯下或正在犯下违反本法案规定的罪行；

(b)无法通过传票对此人提起诉讼。

(2)如检查员(着制服的警队成员除外)根据第(1)款规定逮捕某人，应符合下列情形：

(a)如检查员为警队成员——应出示证明其为警队成员的书面证据，以供对方检查；

(b)任何其他情况下——应出示其身份卡供对方检查。

(3)如某人根据第(1)款被逮捕，检查员应立即将被逮捕人带至或安排将其带至治安法官或其他当局，以进行依法处理。

(4)本条规定不妨碍根据其他法律逮捕某人。

第17条 检查员的一般权力

(1)根据第(2)款规定，如检查员有合理依据认为车辆、雪橇、飞机或船舶之内或其上存在以下情形，检查员有权对该车辆、雪橇、飞机或船舶进行搜查：

(a)违反本法案规定行为的任何生物体或物品；

(b)任何可提供证据证明违反民事处罚规定或违反本法案规定行为的事物；

并因此截停或扣留该车辆、雪橇、飞机或船舶。

(2)根据第(3)款规定，检查员不得搜查：

(a)隶属国防军某部的飞机或船舶；

(b)外籍飞机或外籍船舶；

除非得到当时控制该飞机或船舶之人的许可，且如果此人提出要求，则应视情况，在该国防军某部飞机或船舶人员，或外籍飞机或外籍船舶人员的监督下进行搜查。

(3)第(2)款规定不适用于领地内的外籍飞机或外籍船舶(非军用飞机或船舶)。

(4)检查员可：

(a)要求检查员发现的正在实施犯罪行为或有合理依据怀疑正在实施犯罪行为的任何人员说明其全名和常住地；

(aa)要求检查员发现的违反民事处罚规定或有合理依据怀疑其违反了民事处罚规定的任何人员说明其全名和常住地；

(b)要求检查员发现的正在从事或有合理依据怀疑正在从事需持许可证之活动的任何人员，出示此许可证或证明存在此许可证及其内容的证据；

(c)要求检查员发现的正在从事或有合理依据怀疑正在从事根据第3部分要求需获得授权之活动的任何人员，出示此授权书或证明存在此授权书及其内容的证据。

(5)如检查员(着制服的警队成员除外)截停、搜查或扣留车辆、雪橇、飞机或船舶，应符合下列情形：

(a)如检查员为警队成员——应出示证明其为警队成员的书面证据，以供车辆、雪橇、飞机或船舶的负责人员检查；

(b)任何其他情况下——应出示其身份卡供对方检查；

如检查员未能如此行事，则无权搜查或扣留该车辆、雪橇、飞机或船舶。

(6)如检查员(着制服的警队成员除外)根据本条规定向某人提出要求，

应符合下列情形：

(a)如检查员为警队成员——应出示证明其为警队成员的书面证据，以供对方检查；

(b)任何其他情况下——应出示其身份卡供对方检查；

如检查员未能如此行事，该人无义务遵守检查员要求。

(7)任何人如有下列情形，即触犯法律：

(a)检查员根据本条规定向此人提出要求；

(b)此人未能遵守此要求。处罚：10个处罚单位。

(7A)第(7)款规定的罪行属严格责任罪行。

(8)就第(4)(b)款而言，许可证包括认可的外国授权。

第18条 扣押

(1)检查员可扣押并保留其有合理依据确信与违反民事处罚规定或违反本法案规定行为相关的物品：

(a)如对下列情形提起的诉讼：

(i)该物品可能涉及违反本法案规定的罪行；

(ii)该物品可能涉及违反民事处罚规定的行为；

自物品扣押之日起60日内开始——直至诉讼(包括任何上诉)结束；

(b)其他情形——扣押最长不超过60日。

(2)检查员可扣押其有合理依据确信与构成本法案罪行相关的生物体。

(3)如根据第(2)款规定扣押了任何物品，部长可要求对其进行保留或处置，如该物品与构成本法案罪行无关，因扣押而遭受损失或损害的任何人均有权获得合理赔偿。

第五节 与环境相关的违法行为等

第19条 与环境相关的违法行为

(1A)任何人如有下列情形，即构成犯罪：

(a)某人作出某行为；

(b)此行为：

(i)导致南极本地鸟类或本地海豹死亡或受伤；

(ii)导致南极本地鸟类或本地海豹被捕获；

(iia)导致南极本地无脊椎动物被捕获或本地植物被采集;

(iii)导致对南极本地鸟类或本地海豹造成其他干扰;

(iiia)扰乱本地鸟类或本地海豹。

处罚:2 年监禁或 120 个处罚单位,或二者并处。

(1)任何人均不得:

(a)采集或收集南极本地植物;

(b)将非南极本地生物体带入或留在南极;

(baa)将狗带入南极,或作为狗的主人允许狗留在南极;

(bab)将活鸟带入南极;

(ba)将以下物品带入或留在南极:

(i)非无菌土;

(ii)多氯联苯;

(iii)聚苯乙烯珠或碎片或类似的包装材料;

(bb)将任何杀虫剂带入或留在南极;

(c)进入南极特别保护区或在南极特别保护区内开展任何活动;

(d)未根据相关区域的管理计划授权范围,在南极特别管理区开展任何活动。

处罚:2 年监禁或 120 个处罚单位,或二者并处。

(1B)任何人如有下列情形,即构成犯罪:

(a)某人员作出某行为;

(b)此行为:

(i)对历史遗址或在历史遗址中造成任何损害;

(ii)毁坏历史遗迹,或对其造成破坏,或导致其被移除。

处罚:2 年监禁或 120 个处罚单位,或二者并处。

(2)任何人均不得在南极:

(a)以干扰鸟群或海豹群的方式使用飞机;

(b)以干扰鸟群或海豹群的方式使用车辆和船舶;

(c)以干扰鸟群或海豹群的方式使用爆炸物;

(d)以干扰鸟群或海豹群的方式使用火器;

(e)在步行时干扰鸟群或海豹群聚集;

(f)作出造成以下后果的任何行为:

(i)任何种类的本地海豹、本地鸟类、本地无脊椎动物或本地植物的生境;

(ii)本地海豹、本地鸟类、本地无脊椎动物或本地植物的任何种群;

在很大程度上遭受不利影响;

(g)导致或允许凭借许可证带入南极的非南极本地生物体在此人或任何其他人控制下逃脱。

处罚:2 年监禁或 120 个处罚单位,或二者并处。

(3)本条规定不适用于以下行为:

(a)为达成以下目的而作出的应急行为:

(i)使某人免于死亡或重伤;

(ii)为确保船舶或飞机的安全或高价值设备或设施的安全;

(iii)为保护环境;

(b)如行为属第(1)(b)款所述情形——该生物体被带入南极作为食物使用;

(ba)如行为属第(1)(bb)款所述情形——该杀虫剂被带入南极用于科学、医疗或卫生目的;

(c)所涉行为是根据许可证或认可的外国授权作出的;

(d)如行为属第(2)(a)款、第(2)(b)款、第(2)(c)款或第(2)(e)款所述情形——所涉行为是建设或运营科研支持设施的合理需要。

(4)本条中:

聚集指:

(a)就鸟类而言,指 20 只以上的鸟群;

(b)就海豹而言,指 20 头以上的海豹群;

第 19AA 条 与岩石和陨石相关的违法行为

(1)任何人如有下列情形,即构成犯罪:

(a)此人采集或收集陨石;

(b)此人在南极采集或收集陨石;

(c)此人未根据许可证规定采集或收集陨石。

处罚:2 年监禁或 120 个处罚单位,或二者并处。

(2)任何人如有下列情形,即构成犯罪:

(a)此人从南极环境中移除岩石或陨石;

(b)岩石或陨石是在南极采集或收集的(无论是否由此人实施);

(c)此人未根据许可证规定移除岩石或陨石;

处罚:2年监禁或120个处罚单位,或二者并处。

第19AB条　与本地物种归还相关的违法行为

任何人如有下列情形,即构成犯罪:

(a)此人将海豹、鸟类或植物带入南极;

(b)该海豹、鸟类或植物属本地海豹、本地鸟类或本地植物;

(c)此人未根据许可证规定将海豹、鸟类或植物带入南极。

处罚:2年监禁或120个处罚单位,或二者并处。

第19AC条　与意外带入微生物相关的违法行为

(1)任何人如有下列情形,即构成犯罪:

(a)此人将某生物体或物品带入南极;

(b)此人通过上述行为将非南极本地微生物带入南极。

处罚:2年监禁或120个处罚单位,或二者并处。

(2)第(1)款不适用于下列情形:

(a)此人将生物体或物品带入南极作为食物使用;

(b)此人已采取一切合理预防措施,确保非南极本地微生物不会因第(1)(a)款所述行为而进入南极;

(c)此人有代入该微生物的许可证或认可的外国授权。

(3)如第(1)(a)款所述行为属以下应急行为,则第(1)款规定不适用:

(a)使某人免于死亡或重伤;

(b)为确保船舶或飞机的安全或高价值设备或设施的安全;

(c)为保护环境。

第19AD条　与携带食物进入南极相关的违法行为

将活体动物带入南极作为食物:

(1)任何人不得将活体动物带入南极作为食物使用。

处罚:2年监禁或120个处罚单位,或二者并处。

通过控制措施确保作为食物带入南极的生物体不会逃脱:

(2)如某人将生物体带入南极作为食物使用,此人必须采取控制措施确保该生物体不会逃脱至南极环境中。

处罚:2年监禁或120个处罚单位,或二者并处。

家禽及家禽相关食品：

(3)任何人如有下列情形，即构成犯罪：

(a)此人将拟用作食物的家禽或任何其他禽类产品带入南极；

(b)此类家禽或其他禽类食品受到疾病污染。

处罚：2 年监禁或 120 个处罚单位，或二者并处。

(4)如此人已采取一切合理预防措施，确保疾病不会因第(3)(a)款所述行为而进入南极，则第(3)款规定不适用。

第 19AE 条 与销毁未经许可带入南极的生物体相关的违法行为

(1)本条规定适用于下列情形：

(a)某人将非南极本地生物体带入或留在南极；

(b)上述行为不符合许可证或认可的外国授权相关规定(因为此人未取得上述行为的许可证或认可的外国授权无法授权该行为)；

(c)该生物体对本地动植物构成威胁。

(2)此人必须在将该生物体带入南极或开始饲养该生物体后，在合理可行的情况下尽快移除或销毁该生物体及其繁殖体。

处罚：2 年监禁或 120 个处罚单位，或二者并处。

(3)第(1)款不适用于下列情形：

(a)移除或销毁该生物体或其繁殖体不可行；

(b)移除或销毁该生物体或其繁殖体将对环境造成更不利的影响；

(c)该生物体被带入或留在南极用作食物使用。

(4)此人必须在将该生物体带入南极或开始饲养该生物体后，在合理可行的情况下尽快采取一切合理措施，避免或控制(如已发生)第(1)(a)款所述行为的后果。

处罚：2 年监禁或 120 个处罚单位，或二者并处。

(5)如该生物体被带入或留在南极作为食物使用，则第(4)款不适用。

第 19A 条 禁止在领地内采矿

(1)任何人不得在以下区域开展采矿活动：

(a)领地内；

(b)属于南极洲的下列任何部分：

(i)领地大陆架；

(ii)属赫德岛和麦克唐纳群岛的任何岛屿的大陆架；

处罚：16 年监禁或 1000 个处罚单位，或二者并处。

(2)如采矿活动为根据许可证采集或收集陨石，或移除岩石或陨石，则第(1)款不适用。

第 19B 条　禁止在南极采矿

(1)澳大利亚国民不得在南极地区从事采矿活动，以下区域除外：

(a)领地内；

(b)第 19A 条第(1)(b)款提及的大陆架区域内；

处罚：16 年监禁或 1000 个处罚单位，或二者并处。

(2)如采矿活动为根据许可证采集或收集陨石，或移除岩石或陨石，则第(1)款不适用①。

第 19C 条　罪行起诉

(1)违反第 19A 条或第 19B 条规定的行为属公诉罪行。

(2)尽管有第(1)款规定，如情况适宜且被告和检察官均同意，简易审判庭可审理和裁决违反第 19A 节或第 19B 节规定的行为。

(3)如根据第(2)款规定，简易审判庭裁定某人违反第 19A 条或第 19B 条规定罪名成立，可判处的罚款不超过下列情形：

(a)若为个人犯罪——不超过 100 个处罚单位；

(b)若为法人团体犯罪——不超过 500 个处罚单位。

第 20 条　违反许可证条件

(1)任何人如有下列情形，即构成犯罪：

(a)许可证某项条件适用于此人；

(b)此人从事某种行为；

(c)此行为违反了该条件；

处罚：1 年监禁或 60 个处罚单位，或二者并处。

(2)本条中：

从事行为指：

(a)实施某行为；

(b)不实施某行为。

① 注：被告对第(2)款事宜有举证责任。见《刑法典》第 13 条第 3(3)款。

第三十六章 《澳大利亚综合海洋观测系统战略(2030)》

2021年3月，澳大利亚发布《澳大利亚综合海洋观测系统战略(2030)》(以下简称《战略》)。《战略》提出了未来10年海洋观测领域的任务和目标，任务包括强化观测数据的政策支撑作用、增强对气候灾害影响的认识、最大限度与全球伙伴共享观测数据等，并对应列出了增强海洋建模及预报服务、谋求印太地区海洋观测领域的领导地位、简化使用者获取预测数据的方式等12项具体目标。

第一节 简 介

澳大利亚综合海洋观测系统于2006年建立，是由澳大利亚7所顶尖海洋研究机构组成的联盟。该联盟目前共有50多项科研设施及子设施，遍布全国各地，负责观测沿海至公海水域的海洋状况、物种、栖息地等，并统一收集科学数据。科研人员、产业人员、管理人员和决策者均可及时且免费获得高质量数据，这些数据为海洋资产的可持续利用及管理提供了重要支持，造福澳大利亚人民。

澳大利亚领海面积绵延数百万平方千米，甚至大于陆地领土面积。澳大利亚的海洋资产不仅面积庞大，种类繁杂，且在社会及经济领域均具有较高的价值。90%的澳大利亚人民居住在离海岸不到100千米的地区，其娱乐及文化活动均与海洋环境紧密相连。到2025年，海洋产业预计将每年为澳大利亚经济贡献约1000亿澳元。

庞大且有价值的海洋资产通常伴随着对海洋可持续管理的巨大责任，需要通过提升知识储备及工作能力来支撑有效的管理，以规范对海洋资产的合理使用。要达成上述目的，只能通过有重点且长期的观测及研究来实现。

在这个生态及社会环境瞬息万变的时代，澳大利亚若想在未来10年实现对海洋资源的可持续管理，仍然面临着新的发展挑战。为此，需要通过建立强大且多样化的伙伴关系、搭建多种类型的观测平台、及时获取相关数据、提升数据整合能力等方式，成功应对上述挑战。

综合海洋观测系统及其合作伙伴有能力响应该号召，并将《战略》作为今后的工作指导。该系统的观测工作将为海洋主权维护、海洋安全保障、海洋能源、粮食安全、沿海居民、生物多样性保护及管理等带来利益。该系统将满足社区居民、产业人员、科研人员、决策者和管理人员的需求，并最终为澳大利亚人民的就业、娱乐、健康、福祉提供支持。

《战略》以此前的《综合海洋观测系统战略(2015—2025)》为基础。综合海洋观测系统将提供具有持续性、系统性、科学性的可靠观测，支持可持续地利用和管理庞大且宝贵的海洋资产，与合作伙伴一道，共同解决海洋及沿海水域面临的根本问题和挑战，使澳大利亚人民从中获益。

《战略》作为一份路线图，指导着综合海洋观测系统未来 10 年在科研设施、伙伴关系、领导力、科学研究等优先事项上的工作部署。

第二节　执行概要

步入 21 世纪，澳大利亚综合海洋观测系统在应对重大困难挑战、实现国家海洋及沿海发展等方面发挥着前所未有的重要作用。《战略》旨在协助澳大利亚吹响 21 世纪向海发展的号角。

综合海洋观测系统组建以来提供的海洋及沿海数据一直协助澳大利亚对其管辖海域开展可持续管理。数据还可用于预测海洋及天气状况，支撑海洋产业的发展需要，并为海洋事务决策提供必要信息等。当前，澳大利亚对其海洋资产仍存在大量认知空白，若不在决策、规划、投资及降低风险等方面进行前期知识积累，将缺失应对挑战及机遇的能力。

未来 10 年，澳大利亚需要更好地了解气候变化、极端天气事件对沿海社区、标志性海洋景观及海上作业的影响。海洋及沿海观测数据将有助于推动蓝色经济、海洋科技、海洋可再生能源以及海洋前沿问题研究的发展。澳大利亚所处的地区及周边邻国亦需要综合海洋观测系统的数据，以弥补其在全球海洋知识方面的差距。

鉴于当前面临的挑战及机遇的规模，需要组建一个联盟暨综合海洋观测系统以协调国家海洋监测力量，我们特意制定了 5 项任务以指导未来 10 年的工作：

(1)提供数据及知识，包括天气预报及其他预报服务，以提高海洋事务决策能力、增加海上航行安全性及效率；

(2)加深对气候变化及极端事件造成的环境、经济、社会及文化影响的认识，并提升对灾害应对能力的理解；

(3)加深对环境、物种及栖息地的了解，以协助管理并保护宝贵的海洋资产；

(4)为研究、培训及教育工作提供支持，创新方法以更好地为产业、科学及管理工作提供海洋监测服务支撑；

(5)提高在地方、国家、地区及全球多层级的参与度，确保得以最大限度地发挥其能力。

为支持完成上述任务，还制定了 12 项目标，旨在满足需求、扩大影响、促进能力的提升和运用。综合海洋观测系统将：

(1)把数据转化为有用的、便于终端用户使用的信息；

(2)与利益攸关方共同支持海洋事务决策及蓝色经济发展；

(3)产生国际协同效应，并继续在印太地区保持领导力；

(4)衡量社会、环境及经济影响，以实现效益最大化；

(5)借助伙伴关系以提升观测及投资能力；

(6)根据国家优先事项及相关影响设计观测系统；

(7)整合多个海洋变量及尺度；

(8)增强海洋领域的交流、理解，提高海洋素养；

(9)赋予下一代科学家获取数据及使用科研设施的权利；

(10)维持及发展综合海洋观测系统的能力；

(11)支持并增强海洋建模及预报服务；

(12)谋求合作、阐明差距并寻求海洋问题的解决方案。

在过去的 14 年中，澳大利亚综合海洋观测系统已发展成为全球领先的观测系统，在科研设施、数据系统、人力资源方面得到了联邦政府(每年约 2400 万澳元，约等于 11 243 万元人民币)及合作伙伴(每年约 3900 万澳元，约等于 18 270 万元人民币)的投资。这些颇具针对性及持续性的观测活动已产生了较为深远的影响。展望战略前景，思考终端用户及利益攸关方的未来需求，仍然要基于此前观测所依赖的系统及变量。

然而，其中也存在着明显差距，特别是在沿海地区，大多数澳大利亚居民（城市居民、地区中心居民及原住民）的生存及出行都与海洋息息相关。综合海洋观测系统的战略涵盖了这些尚未满足的需求，未来若要真正完成上述任务，并使海洋为澳大利亚人民提供能源、食物、就业岗位、安全、娱乐及福祉等，便要持续且稳定地增加投资。

第三节　工作方式概述

高质量的海洋观测有助于监测海洋生态系统，确定模式及趋势，并解决澳大利亚海洋资产面临的基本问题及挑战。综合海洋观测系统所提供的数据，有助于研究人员、政府人员、产业人员及社区居民了解气候变化对海洋系统的影响以及气候变化衍生的其他压力。该系统还提升了海洋产业的效率、安全度及可持续性，协助加强澳大利亚的海上安全工作。

综合海洋观测系统开展并资助了一系列活动，例如：

（1）为天气及气候预报做出重要贡献，包括为政府间气候变化专门委员会编写报告提供必要支持；

（2）与政府部门（如国防部）及海洋产业（例如石油及天然气开发、港口运输、可再生能源开发）开展合作，收集有关海浪、洋流及天气的数据，为业务决策提供科学依据；

（3）测试及实施新技术，以改善海洋观测水平，降低海洋观测成本，提高海洋数据的共享开放程度；

（4）告知渔民在日常作业中使用的模型及海洋观测结果；

（5）通过持续且有针对性的数据收集，深入了解珊瑚礁白化及海洋热浪等偶发事件；

（6）提供模型及信息，以指导澳大利亚对大堡礁等海洋公园进行管理；

（7）使沿海社区了解对其造成影响的海浪、洋流及气候条件；

（8）利用海洋物种监测数据，为渔业管理及状况报告、中央及各州的受威胁物种管理提供信息；

（9）为中央及各州的环境报告提供关于重要海洋变量的长期观测趋势分析；

(10)通过在偏远及恶劣的环境中作业，以提升对“南大洋”动力学的理解；

(11)为全球海洋观测系统做出重要贡献，呼吁各方采取协调一致的行动，以了解和维持我们的海洋生态系统。

第四节 战略目标介绍

12 项战略目标旨在通过满足需求、扩大影响、促进能力的提升和运用来实现澳大利亚综合海洋观测系统的任务。

一、需求：澳大利亚的国家及国际环境

在澳大利亚国内外开展海洋观测有着既定的需求及持续的优先事项。海洋产业及海洋组织通过观测数据为其运作提供支持。在这个前所未有的变革时代，更好地了解澳大利亚的海洋及沿海情况，对于风险管理、产业发展以及实现国家利益而言至关重要。综合海洋观测系统将努力在变化的时代中保持灵活性，提供能够满足利益攸关方需求、符合国家优先事项、有助于解决新兴问题的数据及产品。

诸如气象局、国防部等政府部门以及港口运输、可再生能源、石油及天然气、渔业等产业，均依赖综合海洋观测系统提供的数据，从而了解影响其运转的海洋状况、趋势及过程。

与此同时，许多驱动气候、天气及海洋系统的海洋过程具有较大不确定性，限制了对未来状态预测的价值。海洋作业需要获得关于日益增多的极端事件(例如热带气旋)的可靠信息及模型。由海浪、潮汐、洋流、热能转换组成的海洋可再生能源前景广阔，其发展及决策过程同样需要海洋数据的支持。

到 2025 年，澳大利亚海洋产业预计每年将为该国经济贡献约 1000 亿澳元。为便于政府和产业界进行规划、投资及风险控制，需要有关海洋系统及资源的基本知识。海洋新技术及创新发展，对于促进海洋科学发现、产业发展、就业增长、可持续发展意义重大。在过去 5 年中，一系列国家及国际高级别文件均强调了系统性及持续性海洋观测的优先要求，包括《国家海洋科学计划》《国家科学及研究重点》《国家气候科学战略》《全球海

洋观测系统 2030 年战略》《海洋十年(2021—2030)》《联合国可持续发展目标》等。

综合海洋观测系统将完成 3 项目标以满足这些需求:

(1)将数据转化为有用的信息及产品，以便于研究人员、产业人员、政府人员及社会公众使用;

(2)与利益攸关方开展合作，以协助其对海洋资产进行系统且持续的观测，为海洋事务决策及蓝色经济发展提供支持;

(3)作为全球海洋观测及相关国际伙伴机构的强大合作方，提升澳大利亚在相关领域的价值，并继续在印太地区保持领导力，以协助支持邻国。

二、影响：利用综合海洋观测系统的影响力

综合海洋观测系统的观测及测量工作将有利于相关领域研究的发展，并为澳大利亚及其他地区带来影响及经济、环境和文化方面的效益。

综合海洋观测系统通过将战略规划与国际及国家层面的优先事项相结合，不断提升影响力。与研究部门、产业部门及沿海社区之间建立了伙伴关系，并与研究人员、管理人员及决策人员直接接触。该方法为其与澳大利亚海洋科学界开展合作提供了机遇，便于各方提出以解决方案为基础的对策建议。

综合海洋观测系统通过了解观测如何为国家创造利益，并跟踪研究观测有利于产生何种利益，从而确保最终实现上述影响。该系统将在 5 个全面的社会主题之下开展工作：粮食安全、能源安全、生物多样性保护及管理、海洋主权和安全保障以及沿海居民，将上述主题引入经济合作与发展组织衍生的科研设施指标，从而衡量其影响。

综合海洋观测系统将完成 3 项目标以提升影响:

(1)衡量并分析其在社会、环境、经济领域的影响，以确保利益最大化，激发产业部门的潜力;

(2)通过与州政府及领地政府建立伙伴关系，提升综合海洋观测系统的观测及核心投资能力，从而增加数据使用、应用性能力、科研产出;

(3)对观测系统进行规划设计，以形成最大程度的影响，并对制定国家优先事项、回应新兴需求等做出贡献。

三、促进：通过发挥领导力以提升国家能力

通过构建伙伴关系、促进知识共享、整合现有大量数据等措施，综合海洋观测系统可以为澳大利亚海洋产业面临的诸多复杂问题提供解决方案，这些问题包括气候变化及极端天气事件、海洋安全及保障、粮食及能源安全、沿海人口激增、生物多样性保护及管理等。综合海洋观测系统在支持及促进海洋科研方面发挥着重要的基础性作用，也是国内外海洋合作及数据整合的标杆和平台。

该系统为国家项目提供观测资料，以支持一系列基于气候及生态系统的研究。他国的海洋观测系统期待澳大利亚综合海洋观测系统能够发挥领导作用，并在海洋观测领域也采用了澳大利亚综合海洋观测系统的一些创新方法。

综合海洋观测系统及其伙伴机构在处理个别国家问题时地位独特且强大，它们共同为澳大利亚的海洋数据网络提供支持，并在广袤的地域内安装了多样化的海洋及沿海观测设施组合，使其能够支持以解决方案为基础的研究，同时使一些无法由单个机构完成的任务得到合理安排，从而有效增强国家能力。

综合海洋观测系统将完成 3 项目标以促进澳大利亚海洋科学发展：

(1)在空间及时间尺度上整合多项海洋及沿海变量，从而提升对海洋系统及过程的认知水平；

(2)通过交流以增进对海洋环境的了解，并提升澳大利亚内外社区的海洋素养；

(3)使下一代海洋科学家获得领先的海洋科研设施、海洋专业知识及海洋数据。

四、能力：澳大利亚人民及科研设施的力量

综合海洋观测系统将对国家优先领域做出重要贡献，同时不断改进其技术、进程、信息及产品等，其能力跨越了全球及地区的限制，能够在多尺度上贡献数据以解决问题。

澳大利亚许多科研、产业及天气预报作业均需要多种观测手段的支持，统筹多项观测和测量手段将有利于获得更多知识。综合海洋观测系统

作为由多个机构以高度合作形式构建的伙伴关系，可通过综合的专业知识储备及多样化的观测手段，使各机构形成的整体力量大于各自力量的总和。

综合海洋观测系统将利用其能力完成3项目标：

(1)维持并发展其利用投资充分实现价值的能力，通过持续的关键性观测促进利益实现，并回应技术发展；

(2)支持并增强海洋及沿海的模拟及预报服务，以提高海事作业的安全性及效率；

(3)阐明海洋观测的差距，制定解决方案，并与合作伙伴及利益攸关方开展必要合作，以解决当前及新兴的海洋问题。

第五节　战略实施及成绩评估

为实施《战略》，澳大利亚综合海洋观测系统将与合作伙伴、利益攸关方及终端用户协商，共同制订一系列详尽的五年规划。本着持续优化的精神，澳大利亚综合海洋观测系统将对其计划和能力进行滚动审查，以确保综合海洋观测系统得以保持效率、有效性及影响力等。综合海洋观测系统还将应用一个影响框架，以跟踪任务的成功案例。作为该框架的一部分，综合海洋观测系统将收集及分析其数据使用情况和使用者的信息，以确定观测数据的使用者、使用目的、使用方式及使用地点等。

1)提供数据及知识，以改善决策、支持海洋产业和海洋组织的业务需求，提升安全性及效率，包括提供天气预报及其他预报服务：

(1)评估和分析渔业、石油及天然气、可再生能源倡议使用综合海洋观测系统数据和相关研究的情况；

(2)评估及分析国家气象局、国防部等政府部门使用综合海洋观测系统数据和相关研究的情况；

(3)评估并分析在各类政策文件中使用综合海洋观测系统数据及相关研究的情况。

2)加深对气候变化及极端事件造成的环境、经济、社会及文化影响的认识，并提升对灾害应对能力的理解：

评估并分析在最先进的气候变化研究、建模及预报中使用综合海洋观测系统数据的情况。

3)加深对环境、物种及栖息地的了解，以协助管理并保护宝贵的海洋资产：

确定综合海洋观测系统的观测数据及其相关研究如何为生物多样性保护及管理、粮食安全等提供支持。

4)为当下和未来的研究、培训及教育工作提供支持，创新方法以更好地为产业、科学及管理工作提供海洋监测服务支撑：

(1)评估并分析在大学培训及研究项目中使用综合海洋观测系统数据的情况；

(2)评估并分析在数字应用程序及其他创新产品和技术中使用综合海洋观测系统数据的情况。

5)增强在地方、国家、地区及全球的参与度，确保能力得以最大限度地发挥作用：

评估并分析利益攸关方和终端用户参与地方、国家、地区及全球机构和伙伴关系的情况。

第三十七章 《澳大利亚可持续海洋和海岸国家战略(2021—2030)》

2021 年 6 月，澳大利亚科学院编制的《澳大利亚可持续海洋和海岸国家战略(2021—2030)》提出对澳大利亚海洋和海岸实施可持续管理，提高威胁应对能力，从而推动建设具有复原力的沿海社区并推动蓝色经济的高质量发展。该文件将澳大利亚定义为海洋国家，列出赋予原住民领导权、打造有复原力的社区、推动蓝色经济脱碳、合作治理、作出明智决策、支持管理工作、优先考虑多元价值七大优先发展事项，并分别对应了若干行动计划。

第一节 背 景

一、海洋国土

对澳大利亚原住民和托雷斯海峡岛民而言，澳大利亚的海岸和海洋环境始终是其赖以生存的领土。数千年来，他们的知识体系为生态系统的可持续和健康发展提供了支撑，为其文化的延续提供了保障。他们的知识建立在将陆地和海洋作为“国土”的整体性理解之上——将陆地和海洋国土视为一个统一整体，陆地和海洋之间没有区别，反映了人与环境之间不容破坏的紧密联系。

虽然原住民和托雷斯海峡岛民的环境由于殖民统治造成了巨大破坏，但他们如今仍积极参与澳大利亚的陆地和海洋管理，在保护海岸和海洋生态系统方面发挥着重要作用。在 120 多个陆地和海洋管理部门中，活跃着 700 多名原住民和托雷斯海峡岛民工作人员，他们与科学机构相互配合，投身于爱护国土和传承原住民知识的事业中，涵盖检疫、执法、监视、监测、研究和知识联产方面的管理工作以及故事和歌词的传承。目前，原住民保护区占澳大利亚国家保护区系统的 46%以上，其中很多是海岸和海洋保护区。本战略的目标是，今后与原住民和托雷斯海峡岛民建立持久的伙伴关系，共同面对挑战，实现有利于原住民的治理成果以及生态系统效益。

二、承诺和优先事项

通过提升海洋和海岸健康水平，澳大利亚可以继续履行其在具有约束力的国际协定中所作的承诺，涵盖海洋治理、环境保护、生物多样性保护和自然资源开采等方面以及履行通过非正式的法律文件作出的自愿性承诺。

澳大利亚是多个具有约束力的海洋治理国际协定的缔约国。其中最重要的是《公约》，该公约解决了海洋边界问题，确认了勘探和开发海洋和资源的权利，规定了保护、保存、养护和管理义务。其他具有约束力的国际法则侧重于环境保护和污染防治。

除上述有约束力的承诺外，澳大利亚的自愿性承诺也具有相当大的机动性和灵活性，这些承诺包括可持续发展目标、联合国“海洋科学促进可持续发展十年”计划和可持续海洋经济高级别小组。此外，澳大利亚也对重要海洋和海岸的健康状况进行了国家评估。

三、澳大利亚的“蓝色丝带”

全球范围内，超过40%的人口生活在陆海交汇处100千米以内。据估计，在澳大利亚这样的岛屿大陆上，约50%的人口生活在距离海洋7千米以内的地区，约85%的人口生活在距离海洋50千米以内的地区。澳大利亚是一个真正的沿海国家，大部分人居住在连接广袤海洋和陆地的“蓝色丝带”内或沿线地区。虽然海岸和海洋在研究和管理中经常被独立考量，但它们是连接陆地、淡水环境与海洋环境的连续统一体。对海岸和海洋起点的不同认知和定义再次凸显了此类环境的高度关联性。“沙滩线”是一条想象中的线。澳大利亚原住民和托雷斯海峡岛民几千年来都对这一点了然于心，他们将陆地和海洋国土视为密不可分的整体，而非独立的生态系统。澳大利亚原住民对海岸和海洋资源的开发利用正是基于这种连续性和统一性。

四、“蓝色丝带”内的综合行动

“蓝色丝带”在野生动物和景观、人类社区以及关键经济活动的发展水平上具有丰富性，这也使得研究和解决这种多样性问题并不容易。为便于处理，制定本战略的工作组强调蓝色经济和有复原力的沿海社区两个方面，它们也是未来打造“蓝色丝带”的关键所在，对于应对社区、“蓝色丝带”生态系统和整个国家所面临的诸多挑战必不可少。之所以选择这两个主题，是因为澳大利亚正处于发展蓝色经济的领先地位，目标是确保蓝色经济从最初就具有可持续性，避免在土地问题上出现失误。发展蓝色经济的同时，绝不能对沿海社区所需的支持视而不见。

第二节　知　识

一、威胁概述

海洋和海岸面临的威胁数不胜数且相互叠加，在规划“蓝色丝带”可持续发展的同时须对此加以考虑。

第一类威胁源于对海洋和海岸的利用和开采，这些威胁损害并破坏了关键生境，对生物多样性和标志性物种造成了负面影响，降低了“蓝色丝带”的社会和文化价值。其中部分威胁可以且应当消除，如污染物和海洋废弃物，而其他威胁则是人类经济活动中的固有组成部分，包括城市开发、娱乐、渔业、农业和航运业。澳大利亚人口预计还将继续增长，意味着沿海地区的居民区将继续发展，随之而来的是土地利用的巨大变化和对大规模基础设施的需求提升，同时还必须扩大农业和渔业，以满足这些人口的需要。

第二类威胁是人类活动进一步加剧了更为广泛的环境威胁。人类引起的气候变化影响着整个“蓝色丝带”区域。气候变化对海洋环境的影响包括海水温度升高、海洋酸化和洋流变化，这些因素增加了珊瑚大规模白化的风险，导致物种分布区域改变，并可能造成重要的繁殖活动时间错乱。气候变化的加速也导致了海洋生物适应变化的时间大大缩短，意味着大量生物跟不上变化的速度。同样，疏浚活动破坏了海草床和珊瑚礁，也可能与沉积物的高浊度现象有关。这些威胁表明人类活动通过改变环境造成了进一步的影响。

第三类威胁主要是政策和社会政治威胁。某些社会政治因素妨碍了澳大利亚在可持续管理海洋和海岸方面取得进展，包括对利益的重视高于人类福祉和环境可持续性、研究人员和民间社会对可持续性和保护持有不同观点以及保护意愿和行动之间的差距。此外，非法、不报告和无管制捕捞等海洋安全威胁也是需应对的关键威胁。

这些威胁会影响环境价值、经济价值、社会文化价值和原住民价值。上述威胁的影响大多属于环境影响(69%)，其次是经济影响(13%)、社会文化影响(12%)和原住民影响(5%)。这一结果印证了海洋和沿海生态系统所面临的大量影响造成了大范围的生境和生物多样性丧失。

二、政策和治理

(一)政策和治理简介

鉴于澳大利亚海洋和海岸面临十分紧迫的威胁，必须开展评估并制定相应的海洋和海岸政策，为今后海洋和海岸的可持续发展创造条件。为解决海洋和海岸的环境压力问题，已经制定了 1999 年《国家渔业兼捕政策》和 2006 年《综合海岸带管理国家协作方式》等多项国家战略、框架或计划。此类措施的成败取决于州政府和联邦政府之间的合作程度，或与法律规定有关，如根据 1999 年《环境保护和生物多样性保护法》制定的渔业出口评估制度。联邦政府还制定了与联邦管辖权有关的联邦政策，例如 1998 年《澳大利亚的海洋政策》。此外还有一部分重要的相关评估活动，包括最近对《环境保护和生物多样性保护法》的评估。

(二)海洋和海岸政策概况

1. 海岸政策

国家海岸政策或立法缺位。众所周知，澳大利亚海岸管理缺乏国家协调和整体规划，主要原因是治理结构过于复杂。近期以来，通过一系列国家海岸管理调查，人们开始认识到，在海岸管理中，应对气候变化需要更为有效的政策并对政策进行更好的整合。澳大利亚只有四个州有专门的海岸立法，其中三个州（昆士兰州、新南威尔士州和维多利亚州）近期启动了海岸政策重大改革。西澳大利亚州已将海岸管理纳入其立法规划，也经历了重大变革。两个州（新南威尔士州和维多利亚州）废除了现有的海岸立法，将以全新的立法取而代之。这些新的立法将对目标和指导方针进行整合。

2. 海洋政策

联邦、各州和北领地同一时间通过了海洋政策和立法，其结果是政策和立法环境杂乱无章，涉及数百项政策、法律和独立实体。而海洋利用、活动和资源一直以来都是分部门进行管理的，本身就涉及数百项政策和法律以及与不同司法管辖区有关的独立实体，导致情况更加复杂。

由于海洋社会和生态系统相互交织，有必要避免海洋治理在不同管辖区之间出现不必要的分歧。事实上，改善海洋治理需要适当协调政策和立法。在这方面，《澳大利亚海洋政策》旨在提供一个基于生态系统管理和海洋空间规划等方法的综合性整体框架。

然而，解决复杂和相互交错的部门性问题具有一定的挑战性。将各州和海岸地区排除在政策程序之外，会导致跨管辖区和跨部门的整合受限。为破解这一难题，州一级采取了某些举措，如《2018—2028 年新南威尔士州海洋资产管理战略》、2018 年《维多利亚州海洋和海岸法》以及大堡礁管理等跨管辖区举措。要真正推行国家海洋治理措施，就需要将州、领地和海岸地区纳入考量，之前的《澳大利亚海洋政策》对此未予理会。

3. 与原住民和托雷斯海峡岛民的海洋国土管理有关的政策和立法

原住民的整体性环境管理策略不区分陆地和海洋。相比之下，澳大利亚各管辖区采取分部门管理政策的方法则更加复杂，再加上土地权利问题，导致情况混乱不堪，对海洋国土而言这一问题尤其严重。

4. 共同管理

海洋国土管理中也存在某些共同管理和联合管理制度。共同管理制度阐述了州政府或澳大利亚联邦政府与各自的原住民之间的合作关系。例如，南澳大利亚国家公园目前有 12 项共同管理协议，其中包括 4 项共同管理原则：①相关原住民群体继续对海洋公园进行文化、精神和传统方面的利用；②市民继续利用海洋公园进行娱乐；③保存和保护具有精神或文化意义的原住民遗址、特征、物体和建筑物；④保护海洋公园的自然资源、野生动植物、植被和环境特征。

(三)差距与机遇

过去40年来，政府主导的多项调查表明，政府治理呈现碎片化特征且缺乏统一性，对制定整体性战略提出了挑战。对海洋和海岸进行整体性管理的一个主要障碍仍然是联邦政府与州和领地政府之间缺乏职责上的联系。

缺乏政策整合仍是澳大利亚海洋和海岸治理的主要问题。海洋可再生能源等新兴海洋产业就是一个例证。这些产业面临的障碍包括：①监管过于复杂，承担海上活动管理职责的机构数量众多且存在重叠；②各部门之间的孤立造成效率低下和相互掣肘，妨碍了工作开展；③缺乏专门监管制度；④州和联邦管辖范围内海洋可再生能源规划存在冲突；⑤地方、州和联邦层面的不同实体都可能对海洋可再生能源项目有许可要求；⑥全国各地方政府和州政府的各级许可制度及其成熟度不尽相同。

由于澳大利亚的海洋治理仍面临长期性挑战，多位学者呼吁重新制定海洋政策，将气候变化、污染、海洋保护等紧迫问题与整体性方法关联起来。统一司法和政策制度对于解决海岸政策碎片化问题及其后果也至关重要。

三、磋商：利益攸关方怎么说？

制定繁荣和可持续的“蓝色丝带”战略，必须倾听那些在“蓝色丝带”地区生活和工作的人们的声音。

(一)原住民和托雷斯海峡岛民的对话

整个协商过程尽可能地将原住民和托雷斯海峡岛民的声音纳入研讨范围。然而，原住民和托雷斯海峡岛民也希望能提供一个只有原住民参与的协商空间，这一想法得到了尊重。在2020年11月9日举办的原住民和托雷斯海峡岛民的线上对话中，他们围绕海洋和海岸可持续性畅所欲言。

研讨会和对话的主要共同点可以总结为以下三个方面：原住民和托雷斯海峡岛民的知识和赋权；通过自下而上的行动和自上而下的体制框架实现注重相互联系的成果；通过科学、数据和独立监督发挥监管职能的领导作用。

1. 原住民和托雷斯海峡岛民的知识和赋权

该议题是所有研讨会的主要内容。与会者围绕该议题展开了讨论，例如“以原住民知识为中心”“确保听取原住民声音并采取相关行动”“加强原住民的领导权力”和“在西方民族和原住民之间建设知识走廊，并将其作为优先事项”等。原住民和托雷斯海峡岛民也认为有必要对国土知识给予应有的重视。

2. 通过自下而上的行动和自上而下的体制框架实现相互联系的成果

这一共同议题涵盖多个不同事例，但该议题在所有研讨中都是主要内容，包括“将多学科项目纳入主要议题”“加强对海洋和海岸的管理”“教育公众了解海岸和海洋空间的文化价值”“认识到陆地和海洋国土是相互包容的”及“急需建立一个由各州支持、由联邦政府领导的全国互通网络，以提供资金支持或者为地方一级的可持续性项目赋权”。所有内容都隐含着一种愿望，即在未来十年海洋和海岸可持续发展的大背景下，建立跨地理尺度的联系，更有效地确定相关事项的负责人。

3. 通过科学、数据和独立监督发挥监管职能的领导作用

各利益攸关方共同表达了一个明确的愿望，即可持续的海洋和海岸需要实时的数据、基于科学的决策以及支持跨司法管辖区的监管措施，这是连接自下而上和自上而下策略以及普及知识和观点最急需的措施。这一共同议题还有另一个侧面，即希望公私部门都能投入到蓝色经济和有复原力的沿海社区建设中。国家机构可以充分利用这种对独立性的渴求、充实自下而上和自上而下策略的需要、对领导地位的需要以及将所有利益攸关方齐聚一堂的愿望，并将长期战略的重点作为共同目标。显然，所有来自传统所有者团体、地方委员会、州政府机构和更高级别的机构的声音都希望得到倾听和尊重。

4. 概要

作为一个岛国，国家安全、海上贸易和移民都是澳大利亚政府的政策领域，对澳大利亚有关海洋与海岸可持续性的思考和观念都具有影响。我们也知道，澳大利亚的决策支持框架非常复杂，各州和领地在讨论过程中都发现了这一复杂性。例如，北领地在可持续性渔业、旅游业以及与原住民和托雷斯海峡岛民的关系方面面临着重大挑战。与会者认为，高层所面

临的挑战具有独特性，希望针对长期可持续性行动采取稳健、协调和因地制宜的策略。

第三节 持续行动

本战略提出了一个愿景，即确保海岸和海洋的健康，实现公正和环境可持续的未来，并使这一愿景成为澳大利亚的国家优先事项。将这一愿景作为核心并付诸实践，有助于建设有复原力的社区和蓝色经济。通过汇总专家工作组的专业知识和与利益攸关方的磋商情况，我们列出了七项建议，以帮助澳大利亚实现以可持续海洋和海岸为中心的国家愿景，帮助澳大利亚推进可持续发展目标，并根据联合国“海洋科学促进可持续发展十年”计划编制到2030年的实施方案。

第四节 建议和实施计划

一、赋予原住民领导权

在海洋和海岸管理层面利用原住民的知识。原住民的知识和实践对海洋和海岸健康至关重要，他们成功地制订了多项管理计划。需要更加包容原住民和托雷斯海峡岛民的声音，同时赋予他们更多权力。原住民知识的形成和积累已历经数万年，能够加深对海洋和海岸的理解，并推动可持续管理实践。

要在不同层面上适当整合原住民知识，就需要搭建一条相互尊重和相互理解的知识走廊。原住民群体和与之合作的政府机构都需要开展能力建设。原住民管理人员需要汲取相关知识，参与到相关决策机构中并贡献力量。原住民知识经纪人网络可以充分利用现有原住民领导人的力量，指导原住民开展知识整理和知识分享。同时，原住民也有权自主决定如何开展知识分享，这一点必须得到尊重。决策机构需要充分参与，为原住民主导的对话创造空间并提供资金。可以建立一个独立机构以评估决策框架中现有的原住民因素，探索分享最佳实践的不足和机会。通过发展支持结构，各州政府可以在海洋和海岸管理方面发挥原住民的领导作用。

二、打造有复原力的社区

恢复、保护和可持续利用海洋和海岸生态系统，打造有复原力的海岸社区。如果社区对气候变化和其他威胁引起的环境变化毫无准备，国家就会面临威胁。需要思考如何解决海岸社区当前面临的多种累积影响，并为今后的威胁作好准备。

85%的澳大利亚人生活在海岸线50千米范围内，因此，海岸和海洋对大量的资产和住房具有重大影响。现有基础设施需要改造或重建，并使其具有可持续性、复原力和适应性。同时也必须重新思考人与环境的关系，采用均衡的方式，在考虑人与环境之间代际公平的前提下实现可持续发展。这些问题在地方和国家层面都有所体现，必须制定与之匹配的解决方案。地方一级需要针对沿海住宅和基础设施制订管理计划，采取适应性管理战略，认识多重累积影响和未来的不确定性。

还需要制定可持续的融资规则，为与建设蓝色经济和打造有复原力的海岸社区相关的市场决策提供指引。澳大利亚审慎监管局和澳大利亚证券与投资委员会等与气候相关的金融信息披露工作组和主要监管机构推动着商业实践随气候变化不断变革。澳大利亚的“蓝色丝带”需要可持续的海洋和海岸融资规则来指引今后的投资。

准备应对各类威胁的同时，所采取的策略也必须以解决方案为导向，并寻求加强社区复原力。基于自然的解决方案对于生态和人类社区都是重大胜利。例如，恢复潮沼、红树林和海草床等退化的沿海生境和生态系统不仅可以保护沿海社区和基础设施免受风暴和洪水的破坏，还可以将其作为碳库应对气候变化。“蓝碳”项目可以帮助澳大利亚为沿海社区提供服务，并满足《巴黎协定》等国际协议的要求。

三、推动蓝色经济脱碳

在可持续促进能源安全的同时，积极推动蓝色经济脱碳。气候变化是澳大利亚海洋和海岸面临的一项主要威胁，对环境、经济、社会文化和原住民价值都具有重大负面影响。通过探索长期解决方案实现蓝色经济脱碳，是实现海洋和海岸可持续的必由之路。此类方案必须平衡生态系统价值和经济价值之间的关系。

部分解决方案可以通过新技术实现，例如目前海洋和海岸地区的可再生能源开发技术。可以通过提供激励、消除障碍和发出明确的监管市场信号推动可再生能源系统的发展，推动终端使用者在海岸和海洋空间利用可再生能源，向可再生能源过渡，并支持针对绿色制氢、消除二氧化碳等新型脱碳技术的效能研究。可以对员工就开发和应用此类新技术进行培训，让员工掌握可再生能源和可持续性相关技能。

新的开发活动也必须考虑气候加速变化的现实状况。披露海洋和海岸供应链的所有排放情况，也要鼓励私营部门不断创新。

最后，在注重技术和发展脱碳的同时，也决不能忽视在海洋和海岸地区的可持续性实践，某些实践在短期或长期内可能并不具有可持续性。为了对不断变化的条件和市场做好准备，必须在海洋和海岸开发利用中纳入适应性能力和适应性管理流程。也可以利用法律将适应性能力和管理程序纳入决策。

四、合作治理

针对由各级政府参与协调的海洋和海岸规划，采取整体性和基于生态系统的管理策略。澳大利亚可持续海洋和海岸战略的制定必须承认地方、州和联邦政府间的独立管辖职能，但需要进行跨管辖区协调和调整，避免出现矛盾。如果不加以协调，保护区外的大多数生物多样性可能都要面临风险，使得依赖这种多样性的人类社区面临风险。需要一种整体性策略来认识管辖差异，推动最佳实践的跨界推广。可以建立一个国家机构，负责协调各级政府的海洋和海岸治理，同时大规模开展项目建设。

这一机构应支持基于生态系统的整体性原则。整体性原则可以消除不同管辖区之间不必要的复杂性和冲突，解决新领域或近海水域的分歧，明确权利和责任，并制定明确的争端解决条款和清晰、一致且有意义的处罚措施。该机构可以制定一套全国通用的标准，增强社区对统一管理的信心，同时保留灵活性，认识到一刀切的方式可能会限制和妨碍适应性措施。这一国家措施能够确保在原则问题上达成广泛一致，同时承认在不同管辖区实施和推行政策和立法有所不同。

重要的是，该机构可以清楚地了解跨管辖区的决策过程，从而对决策过程的包容性进行评估。海洋和海岸使用者有着不同的价值观和目标，但他们都对海洋和海岸可持续的未来拥有共同利益，也共享着实现可持续未来的知识。为了确保所有人的声音都能得以倾听并助力于可持续的未来，应将共同设计和共同编撰纳入决策过程，尤其要确保原住民代表和社区参与海洋和海岸决策。

该国家机构负责协调的活动有助于履行国际承诺，如澳大利亚最近通过可持续海洋经济高级别小组作出的承诺，即到2025年，对国家管辖范围内100%的海域进行可持续管理。

五、明智决策

使用最佳可用数据和科学，为海洋和海岸的管理和规划决策提供支持。为确保决策正确，需要采用现有的有关海洋和海岸系统的最佳知识。很多时候获取数据十分困难，某些利益攸关方群体无法访问或无法使用数据。建设一个开放式在线平台，链接并提供所有可用信息，能保证从地方政府到澳大利亚联邦机构的所有利益攸关方可以用相同的方式浏览和使用相同的数据。应坚持FAIR原则，保证信息可浏览、可访问、具有互操作性和可重复使用。现有的数据库和网络包括澳大利亚海洋数据网、综合海洋观测系统、澳大利亚数字地球海岸线以及陆地和地球资源网。这些数据库和网络使用率高且广受赞扬，可以对其成功实践进行进一步的拓展。

该平台也可用于协调和扩大针对海洋和海岸的国家监测。虽然有大量有价值的数据集，但这些数据集分布零散，不利于国家数据集、监测、预测和管理工作的开展。也可以通过公民科学和社区监测计划等多种方式参与监测。对信息进行协调管理有助于将现有的最佳知识纳入有关海洋和海岸的决策过程和报告，如环境状况报告。

多种信息及其系统应用有益于决策过程和决策工具。可以提出跨学科证据和跨部门信息数字化计划以实现系统性的决策和实施途径。与处理此类信息有关的新工作机会和培训计划可以为实现转型提供支持。

六、支持管理工作

为加强社区信任和促进地方海洋和海岸管理的基层计划提供支持。澳大利亚的基层计划和社区团体深深植根于生态系统和人民的日常变化之中，掌握着当地海洋和海岸的命脉，在建立信任、维护社区意识及为当地海洋和海岸提供服务方面发挥着重要作用，但却经常被忽视，且缺乏资金。加强基层计划在人力项目、成果落地和观念分享方面的能力建设，有助于提高澳大利亚全民的海洋素养，并通过海洋和海岸可持续发展的国家愿景，为地方层面的行动计划创造条件，其所带来的回报远超任何投资。通过社区科学项目和监测项目，在澳大利亚漫长的海岸线上开展信息收集和信息共享，具有经济和社会可行性。

七、优先考虑多元价值

培养海洋和海岸捍卫者，将文化价值纳入海洋和海岸政策与计划。澳大利亚是一个沿海国家，澳大利亚人民在海洋和海岸方面拥有深厚的文化价值传统。然而，成本效益分析及其他与经济激励或生态考量有关的政策和规划往往忽略多元文化价值，部分原因是文化价值与经济和生态价值难以量化和比较。这一问题正在得以矫正，例如，澳大利亚联邦政府目前正在根据《国家环境经济核算战略与行动计划》与州和领地合作实施联合国环境与经济综合核算体系，将“文化服务”视为三种可衡量的生态系统服务之一。但更重要的是要与利益攸关方进行深入接触，以了解海洋和海岸使用者的价值，特别是原住民和托雷斯海峡岛民的不同价值。此后才可以将对文化价值的系统性探索适度纳入海洋和海岸相关规划和政策程序中。

八、结论

将海洋和海岸视为相互关联、相互交融的“蓝色丝带”，可以解决阻碍整体性协调管理的长期性片面和孤立问题，并对跨越多个领域的机遇实现识别和利用，例如恢复沿海湿地增加蓝碳封存，同时保护沿海基础设施和社区免受风暴和洪水破坏。可以看出，繁荣发展、有复原力的社区和社会福利可以与蓝色经济并驾齐驱，并以澳大利亚原住民的观点、知识和领导力为中心勾画前进路径。

本战略是一个动态文件，将随着时间的推移不断演化和发展，下一个十年将为“蓝色丝带”带来新的机遇和挑战。澳大利亚国家倡议“未来地球计划澳大利亚”将继续发挥其号召力，与过去一年间参与协商的海洋和海岸社区共同行动。这一战略为澳大利亚2030年及之后的海洋和海岸转型打下了基础。

第三十八章　智利《国家南极战略计划(2021—2025)》

2021 年 7 月，智利南极政策委员会批准了《国家南极战略计划(2021—2025)》(以下简称《南极战略计划》)，以确保 2020 年 3 月开始生效的《国家南极政策》顺利实施。该计划有效期为 5 年，包含 103 项具体任务，重点强调不同公共机构合作开展南极事务的协调问题。计划还提出对智利所有科学基地进行改造升级，筹办 2024 年南极研究科学委员会会议以及继续通过外交和科学努力争取南极保护区获批，设立“智利南极月”，将南极问题纳入教育部研究计划等要求。

第一节　总目标

通过国家南极主管部门和机构间的联合协调工作，确定旨在实现《国家南极政策》目标的任务和具体行动，通过有效的存在和管理，巩固和加强智利在南极的主权声索；保护南极洲生态系统，发展具有国家、区域和全球影响的南极科学，实施可持续的南极运输和安全行动，在南极条约体系允许范围内，开展经济活动，促进国家与麦哲伦-智利南极区的发展。

第二节　协调、执行和监督组织机构

第 21. 255 号法律将此前涉及智利南极活动的、分散的法律规范系统化，构成了智利南极活动的基本规范，形成了明确且连贯的制度框架。

第 21. 255 号法律第 7 条规定，南极政策委员会有责任“向共和国总统提出在南极洲开展国家行动的政治、法律、科学、经济、环保、物流、体育、文化和传播的基础，并提出《国家南极政策》的主要指导方针”。

南极政策委员会按照第 21. 080 号法律的规定管理，该法律第 51 条规定，委员会应负责：

(一) 向共和国总统提交《国家南极政策》。

(二)就《国家南极政策》的一切事项及与南极制度和国际条约执行相关的事项，向共和国总统提供咨询意见，包括需要国家实施的优先事项、投入的资源配置等，以实现《国家南极政策》目标。

为开展闭会期间的协调工作，南极政策委员会设有两个工作委员会，即总务委员会和财务委员会(《南极政策委员会条例》第 24 条、外交部第 34 号法令)。

根据《南极政策委员会条例》第 25 条，南极政策委员会应明确总务委员会职责，包括：

1. 向南极政策委员会提出国家认为适合在智利南极领土范围内开展的研究、调查和活动。

2. 为参与国家南极科学计划的机构和个人开展协调一致的联合行动提供咨询，为南极环境监测和保护措施的实施提供建议。

3. 研究并提出总务委员会认为有必要列入南极政策委员会常委会和特别会议议程的议题。

4. 研究、分析并提出与智利南极领土或整个南极大陆相关，且将在南极条约体系内的国际会议上讨论的主题。

5. 执行南极政策委员会委托的其他咨询职能。

根据规定，《南极战略计划》的编制工作应按照现行条例，在总务委员会的协调下进行。

为实现本《南极战略计划》的目的，共确定以下四个级别的责任：①行政责任，共和国总统作为国家最高权力者；②管理责任，即南极政策委员会；③规划责任，即总务委员会；④运营责任，国家南极运营商和其他南极运营商。

为监督本《南极战略计划》各项任务的完成情况，总务委员会应向南极政策委员会报告，提交年度进展报告供总务委员会常委会审查。

同样，南极政策委员会核准《南极战略计划》后，财务委员会应制定支持本计划的财务管理方案。

第三节　《南极战略计划》各阶段

应将有效期作为《南极战略计划》的重要组成部分，使其具有高度灵活性，在必要时及时调整已确定的负责国家南极事务执行的各组织机构的任务，以更好地实现《南极战略计划》的目标。

基于此，《南极战略计划》拟分为两个阶段执行：适应阶段和实施-执行阶段。

在适应阶段，除完成《南极战略计划》前两年的具体任务外，还应对《南极战略计划》需参照审查并进行修改的相关文件进行分析，包括但不限于颁布第 21.255 号法律规定的八项条例，地方当局的投票选举以及编写“2048 年前智利在南极的战略愿景”文件，其中可能涉及与《南极战略计划》相关的分析内容。

审查《南极战略计划》的必要性将由以下因素决定：原有情况的变化；对第 21.255 号法律规定的八项条例起草工作的影响；纳入新的南极行为者和与南极领土相关的国家当局的作用；监督规定的履行期限。

上述内容有助于审查《南极战略计划》任务的优先次序，适用时还可在执行任务时进行修改、调整和更新。

在实施-执行阶段，强调《南极战略计划》各项任务的完成，同时为更好地编写下一阶段战略计划，有必要在《南极战略计划》到期时进行审查和评估，为下一阶段的战略计划编写提供重要经验。此外，还应考虑对《南极战略计划》进行第二次，即最后一次审查，内容是核查分配给各组织机构的任务的完成和发展情况。

第四节 《南极战略计划》任务

《南极战略计划》确定的五个优先领域分别是：①以明确的地理、历史、外交和法律基础，维护并巩固智利的南极主权；②制定智利南极事务主管机构执行南极政策，并在南极事务中行使其权力所依据的原则；③维护南极条约体系，促进对南极环境和相关生态系统的保护，加强南极洲作为和平科研自然保护区的地位；④促进和规范智利的南极活动，提高智利作为南极活动、物流、技术和科学服务提供者的作用，鼓励发展与南极相关的国家和非国家性质的活动；⑤鼓励智利的南极活动，促进麦哲伦-智利南极区的社会经济发展。

目标 1

在麦哲伦-智利南极区保持有效存在，维护和提升智利在南极大陆的利益。保留智利对其南极领土的主权声索，根据 1940 年外交部第 1.747 号最高法令，智利的南极领土范围是西经 53°至 90°范围内已知的所有陆地、岛屿、岛礁、冰川(浮冰)和其他一切已知领土，此外，根据国际法，还包括麦哲伦-智利南极区以及构成智利南极领土的陆源冰、领海、毗连区、专属经济区、大陆架、延伸大陆架和与其相对应的一切海洋空间。

编号	任务	对应优先领域	负责机构	涉及机构	完成时间	资金
1	编写关于智利在南极洲主权的历史、法律和外交研究报告	①	外交部南极管理局	国防部、国家边境管理局、智利南极研究所	2021—2025 年	符合《预算法》的机构预算
2	保持在奥希金斯科研站北部和南极高原的存在，组建联合规划勘探团队，开发海洋和陆地间的新连接，并应用到南极地区	⑤	国防部联合参谋部	国防部副秘书处、国防部联合参谋部、南极国家运营商、智利南极研究所	2021—2025 年	《公共部门预算法》
3	准备阿图罗·普拉特南极基地的重启项目，配备现代、有机和环保的设施，其中包括智利南极研究所设施，并考虑将 1947 年的原始建筑改造成实地博物馆	①②③④⑤	海军	智利南极研究所、麦哲伦-智利南极区政府	2022 年	第 21.174 号法律(战略能力)
4	改进加布里埃尔·冈萨雷斯·维德拉基地巴伊亚·帕莱索港的基础设施，将其转变为可持续无污染基地的典范，以便在某些条件下向国际社会进行展示	①②③④⑤	海军	国防部副秘书处、空军	2025 年	《公共部门预算法》

续表

编号	任务	对应优先领域	负责机构	涉及机构	完成时间	资金
5	提交高水平的研究报告，以支持组建具有过硬能力的新海军部队，可在别林斯高晋海和威德尔海深水作业	①②③④⑤	海军	国防部副秘书处、国防部联合参谋部、南极管理局	2025年	第21.174号法律(战略能力)
6	提出将“布南里维拉”避难所改造为夏季站的研究报告，该避难所具备起降旋转翼飞机的能力	①②③④⑤	陆军	南极管理局、国防部副秘书处、联合参谋部、南极国家运营商、智利南极研究所	2024年	《公共部门预算法》
7	增加威德尔海的海上作业，特别是在新的国家南极船投入使用之后	①②③④⑤	海军	国防部副秘书处、联合参谋部、南极管理局	2021—2025年	《公共部门预算法》
8	增加威德尔海和“布南里维拉”避难所附近的空中勘测	①②③④⑤	空军	国防部副秘书处、联合参谋部、南极管理局	2021—2025年	《公共部门预算法》
9	每年南极活动期间，除继续执行海军南极巡逻、维护海上通信、编制航海地图和支持智利南极研究所年度科学考察所需的后勤委员会外，还应再建立6个后勤委员会	①②③④⑤	海军	联合参谋部、智利南极研究所	2021—2025年	《公共部门预算法》
10	通过极地科考站的运营和维护，强化在南极的有效存在	①②③④⑤	国防部联合参谋部	国防部副秘书处、南极国家运营商、智利南极研究所	2021—2025年	《公共部门预算法》

续表

编号	任务	对应优先领域	负责机构	涉及机构	完成时间	资金
11	组织并协调为国家南极运营商工作人员和负责南极事务的其他工作人员举办的联合培训课程，评估从国外征聘的工作人员的情况	①②③④	国防部联合参谋部、南极管理局	国防部副秘书处、南极国家运营商、智利南极研究所	2021—2025年	《公共部门预算法》
12	执行麦哲伦-智利南极区乔治王岛国家综合体设施建设总体计划	①	空军	国防部副秘书处、南极国家运营商、国防部联合参谋部、智利南极研究所、公共工程部	2021—2025年	第21.174号法律(战略能力)
13	鼓励采购南极飞机，以便在深海、极端和偏远极地地区拥有更大的自主权和行动自由，支持国家南极计划和南极圈内的科学活动	④	空军	国防部副秘书处、南极国家运营商、国防部联合参谋部	2021—2025年	第21.174号法律(战略能力)、其他资金来源
14	发展航空能力，对“智利南极领空”范围内的空中航行进行积极调控并提供安全建议，促进南极地区所有交通方式的搜寻、援救以及调控	④	空军	国防部副秘书处、南极国家运营商、国防部联合参谋部	2021—2025年	第21.174号法律(战略能力)
15	加强智利海军海上搜救服务能力，强化南极海上救援协调中心开展的工作	①④	海军	国防部副秘书处、南极国家运营商、国防部联合参谋部	2021—2025年	《公共部门预算法》

续表

编号	任务	对应优先领域	负责机构	涉及机构	完成时间	资金
16	根据《南极条约》第7条和《关于环境保护的南极条约议定书》第14条制定的方案，组织协调联合演习	⑤	外交部南极管理局	国防部(国防部副秘书处联合参谋部)、南极国家运营商、智利南极研究所、环境部	2021—2025年	符合《预算法》的机构预算
17	计划和执行南极科学考察	①	智利南极研究所	国防部联合参谋部、南极国家运营商、私人南极运营商	2021—2025年	符合《预算法》的机构预算
18	计划和执行南极校园探险	①	智利南极研究所	国防部联合参谋部、南极国防运营商、私人南极运营商	2021—2025年	符合《预算法》的机构预算
19	根据智利南极研究所基础设施发展计划翻新南极科学基地	①	智利南极研究所	公共工程部	2021—2025年	符合《预算法》的机构预算
20	在麦哲伦-智利南极区安装并运行气候变化传感器网络，为科技部气候变化观测站的综合网络提供信息	①	智利南极研究所	科技部	2021—2025年	符合《预算法》的机构预算

目标2

巩固智利在南极条约体系中的领导地位和影响力，促进有效制度的建立，确保该领土不受国际冲突影响。

编号	任务	对应优先领域	负责机构	涉及机构	完成时间	资金
1	与协商国保持密切联系，以协调方式在南极条约秘书处内采取行动，维护智利主权	①	外交部南极管理局	国防部	2021—2025年	不需要
2	积极参加年度南极条约协商会议	①③	外交部南极管理局	国防部、环境部、旅游部副秘书处、智利南极研究所	2021—2025年	符合《预算法》的机构预算
3	参加南极环境保护委员会在南极条约协商会议框架下举行的年度会议	①③	外交部南极管理局	智利南极研究所、环境部、国防部	2021—2025年	符合《预算法》的机构预算
4	根据《南极条约》和《关于环境保护的南极条约议定书》向其他南极国家的基地提交视察报告	①③	外交部南极管理局	国防部、环境部、智利南极研究所	2021—2025年	符合《预算法》的机构预算
5	促进《关于环境保护的南极条约议定书》附件6生效，并分享责任分工方面的最佳实践	①②③④	外交部南极管理局	智利南极研究所	2021—2025年	不需要
6	鼓励与南极条约协商国、缔约国就南极问题建立长期的政治协商机制	①③⑤	外交部南极管理局	智利南极研究所、国防部	2021—2025年	不需要
7	积极参加南极条约秘书处活动，充分参与南极旅游业和非政府活动	①②③④⑤	外交部南极管理局	旅游部副秘书处、智利南极研究所、国防部、环境部	2021—2025年	符合《预算法》的机构预算

续表

编号	任务	对应优先领域	负责机构	涉及机构	完成时间	资金
8	参加南极条约体系下的其他论坛和与南极相关的机制	①③	外交部南极管理局	智利南极研究所、国防部	2021—2025 年	符合《预算法》的机构预算
9	在智利（普孔市和蓬塔阿雷纳斯市）举办两年一度的南极研究科学委员会会议	③④	智利南极研究所	外交部南极管理局	2021—2025 年	待决定
10	积极参与其他在南极半岛开展活动国家的南极计划、国际协议等	③④	智利南极研究所	外交部南极管理局	2021—2025 年	机构预算
11	资助或联合资助南极半岛的环保活动	③	智利南极研究所	外交部南极管理局、环境部、国防部	2021—2025 年	机构预算
12	在新冠病毒背景下，制定并实施货物和旅客进出南极规定，特别强调外来物种入侵	①③④	智利南极研究所	外交部南极管理局、国防部、环境部	2020—2022 年	不需要
13	加强年度极地水域船舶基础训练（OMI-7.11）和极地水域船舶高级训练（OMI-7.12），增加外籍学员人数	②③④	海军	国防部副秘书处	2021—2025 年	《公共部门预算法》

目标 3

提升对南极环境的保护，包括海洋环境及其附属和相关的生态系统，鼓励在南极洲不同地区建立海洋保护区，特别是在南极半岛和斯科舍弧南部。

编号	任务	对应优先领域	负责机构	涉及机构	完成时间	资金
1	为国家南极基地建立统一的环境规划和监测系统	①②③	外交部南极管理局	智利南极研究所、国防部、环境部	2021—2025 年	符合《预算法》的机构预算
2	持续在外交和科学方面加大投入，推动智利-阿根廷在南极半岛建立海洋保护区的提案获批	③	外交部南极管理局	智利南极研究所	2021—2025 年	不需要
3	监测并更新由智利管理或共同管理的南极特别保护区的管理计划	①③	智利南极研究所	外交部南极管理局	2021—2025 年	不需要
4	主持并管理南极环境影响评估业务委员会的工作，特别是协调在该区域内规划开发的活动和项目对南极整体环境的影响	③	环境部	外交部南极管理局、运营委员会成员	2021—2025 年	符合《预算法》的机构预算
5	监测、调查、控制并消除南极入侵物种	③	智利南极研究所		2021—2025 年	符合《预算法》的机构预算
6	监测南极半岛气候变化的影响	①③	智利南极研究所	南极国防运营商	2021—2025 年	符合《预算法》的机构预算
7	加强执行南极行动，或与南极相关的武装部队人员对南极环境的保护意识，提高对评估南极环境影响的业务委员会职能的了解	⑤	国防部联合参谋部	外交部南极管理局、智利南极研究所、环境部、南极国家运营商	2021—2025 年	《公共部门预算法》

续表

编号	任务	对应优先领域	负责机构	涉及机构	完成时间	资金
8	完善并改进南极洲沿海环境观测计划，重点是菲尔德斯湾	①③④⑤	海军		2021—2025年	《公共部门预算法》
9	为所有国家南极基地制订标准的环境管理计划，改善智利南极领土的环境问题	①②③④⑤	外交部南极管理局	国防部副秘书处、国防部联合参谋部、智利南极研究所、环境部、南极国家运营商	2022—2023年	《公共部门预算法》

目标 4

持续在南极条约体系框架内，通过国家体制框架，促进南极科学研究在不同知识领域的发展，为国家和全球政治、环境和社会做出贡献。由科技创新部负责指导科学技术发展，协调各项创新政策、计划和项目，由智利南极研究所负责规划、协调、审批和执行各项南极科学技术传播活动。

编号	任务	对应优先领域	负责机构	涉及机构	完成时间	资金
1	从政治战略角度分析并决定南极科学领域的国际合作行动	①②③	外交部南极管理局	智利南极研究所、科技部	年度	《公共部门预算法》
2	审查、评估科学技术知识和创新部以及国家南极研究所的工作，确定其可对南极科学事业发展做出贡献	②③④	科学技术知识和创新部	智利南极研究所	2021—2022年，此后进行年度审查	《公共部门预算法》
3	制定、实施和评估《国家南极科学五年计划（2021—2025）》中的南极科学活动	③④	智利南极研究所	外交部南极管理局	2021年须接受年度审查	《公共部门预算法》

续表

编号	任务	对应优先领域	负责机构	涉及机构	完成时间	资金
4	制订、实施和执行《国家南极科学计划》	①②③④	智利南极研究所		2021—2025年	《公共部门预算法》
5	推动建立新的旨在发展国家南极科学的竞争性基金	①②③④	智利南极研究所	科技部	2021—2025年	待决定
6	组织旨在发展国家南极科学的年度评审会议，考虑科技部、外交部和环境资源署副秘书处间的协议		智利南极研究所	科技部、外交部南极管理局	2021—2025年	机构预算
7	在考虑科技部和环境资源副秘书处间协议的基础上，执行年度南极论文计划	④	智利南极研究所	科技部、外交部南极管理局		
8	加强智利南极研究所资助的南极项目的国际合作丰富性	②④	智利南极研究所	外交部南极管理局	2022—2025年	机构预算
9	在国家优先科研领域签署新的国际协议	②③④	智利南极研究所	外交部南极管理局	2022—2025年	机构预算
10	在结合南极科学考察经费和实施情况的基础上，设计和规划国家南极科考船的使用	②③④⑤	海军	外交部南极管理局、国防部副秘书处、国防部联合参谋部、南极国家运营商、智利南极研究所、科技部	2023年	《公共部门预算法》

续表

编号	任务	对应优先领域	负责机构	涉及机构	完成时间	资金
11	支持和促进《国家南极科学计划》的实施，主要为提升后勤和基础设施能力，保障考察和科学活动的安全等方面提供支持	⑤	国防部联合参谋部	国防部副秘书处、南极国家运营商、智利南极研究所	2021—2025年	《公共部门预算法》
12	在能力范围内，利用现有手段支持《国家南极计划》的实施和后勤活动	①②④	国防部联合参谋部	南极国家运营商、智利南极研究所、外交部南极管理局	2021—2025年	《公共部门预算法》
13	根据智利南极研究所的需要和要求，维护并升级科研实验室	③④⑤	国防部	智利南极研究所、南极国家运营商	2021—2025年	待决定

目标5

巩固、加强麦哲伦-智利南极区作为国内、国际南极活动中心以及科学技术和物流发展中心的地位，加强大区与南极大陆间的联系，提升部门间的协调。

编号	任务	对应优先领域	负责机构	涉及机构	完成时间	资金
1	推动国际南极中心项目	⑤	智利南极研究所、外交部南极管理局	麦哲伦-智利南极区政府、麦哲伦大学公共工程部		智利南极研究所管理该纲领性倡议（国际南极中心）
2	资助在麦哲伦-智利南极区开展有利于南极科学技术发展的研究	④⑤	智利南极研究所	麦哲伦-智利南极区政府	2021—2022年	《公共部门预算法》

续表

编号	任务	对应优先领域	负责机构	涉及机构	完成时间	资金
3	分析在麦哲伦-智利南极区建立能够接收和处理南极各类型污染物的废物处理厂的可行性	②③④⑤	麦哲伦-智利南极区政府	麦哲伦-智利南极区环境保护局、南极国家运营商、智利南极研究所、外交部南极管理局	2021—2023年	待决定
4	发展蓬塔阿雷纳斯港口基础设施，为前往南极的国内外南极船只提供充分有效的服务	③④⑤	公共工程部	海军、麦哲伦-智利南极区政府	2025年	待决定
5	根据第21.255号法律规定，设立南极区域咨询委员会，主要职能是就南极问题向大区最高领导提供咨询意见，并执行公共、私人和科研协调任务	②③④⑤	麦哲伦-智利南极区政府	南极区域咨询委员会成员(公共和私人)	2021年	无需资金
6	在麦哲伦-智利南极区政府设立南极事务基金，推动管理和执行南极区域咨询委员会的决定落实，并协调国家和国际南极运营商与公共组织的活动	③④⑤	麦哲伦-智利南极区政府	发展和行业办公室、区域规划和开发办公室	2022年	待决定
7	制订、实施、监督和评估《麦哲伦-智利南极区发展计划》，促进智利的南极活动，推动麦哲伦-智利南极区社会经济发展	③④⑤	麦哲伦-智利南极区政府	南极区域咨询委员会成员	设计实施开始:2021年；跟进和落实：2021—2030年	待决定

续表

编号	任务	对应优先领域	负责机构	涉及机构	完成时间	资金
8	审查、确定和评估妨碍在南极领土和麦哲伦-智利南极区之间开展并扩大南极活动的现行程序和法规规定；改善麦哲伦-智利南极区的废弃物运输、沿海运输、税收政策和旅行规定等	④⑤	麦哲伦-智利南极区政府	南极区域咨询委员会成员	修订：2021年；评估：2021—2025年	待决定
9	评估麦哲伦-智利南极区的支持性基础设施和连通性缺口，特别是威廉斯港，巩固其作为通往南极洲的门户地位	④⑤	麦哲伦-智利南极区政府	南极区域咨询委员会成员	2022年	待决定
10	执行麦哲伦-智利南极区政府与国防部在查布科空军基地建设卫星站的合作协议，推进教育、研究和技术开发项目	⑤	麦哲伦-智利南极区政府	国防部、交通运输部	2021—2025年	待决定
11	开展社会活动，促进南极洲和当地居民间更紧密的联系，如南极周、研讨会、博览会、会谈等	⑤	麦哲伦-智利南极区政府	南极区域咨询委员会、智利南极研究所	2022—2025年	待决定
12	在蓬塔阿雷纳斯市建立和实施“南部宏观区域”合作项目，为国内外研究人员建立协作网络，通过联合研究促进区域科学发展	③④⑤	科学技术知识和创新部	外交部南极管理局、麦哲伦-智利南极大区政府、智利南极研究所	2021—2022年	待决定

续表

编号	任务	对应优先领域	负责机构	涉及机构	完成时间	资金
13	跟进 2019 年 11 月开始的三年期“南极和亚南极科学生产创新模式”项目	③⑤	科学技术知识和创新部	教育部、麦哲伦大学智利南极研究所	2021—2022 年	待决定

目标 6

提升智利在南极海洋生物资源养护委员会中的参与度，促进发展可持续、负责任的渔业，养护和合理利用南极海洋生物资源，提升国家渔业利益。

编号	任务	对应优先领域	负责机构	涉及机构	完成时间	资金
1	代表智利参加南极海洋生物资源养护委员会会议	①②③④⑤	外交部南极管理局	智利南极研究所、渔业部副秘书处、国家渔业和水产养殖服务处、海洋领土总局	2021—2025 年	符合《预算法》的机构预算
2	参与南极海洋生物资源养护委员会科学委员会和具体工作组工作	③④	智利南极研究所	外交部南极管理局、渔业部副秘书处	2021—2025 年	符合《预算法》的机构预算
3	参与渔业管理相关养护措施的分析和技术讨论	③④	智利南极研究所、渔业部副秘书处	外交部南极管理局	2021—2025 年	符合《预算法》的机构预算
4	参与捕捞作业相关养护措施的分析和技术讨论	③④	外交部南极管理局	渔业部副秘书处、国家渔业和水产养殖服务处、海洋领土总局	2021—2025 年	符合《预算法》的机构预算

续表

编号	任务	对应优先领域	负责机构	涉及机构	完成时间	资金
5	在国家层面协调《南极海洋生物资源养护公约》的科学观测系统	③④	智利南极研究所、外交部南极管理局		2021—2025年	符合《预算法》的机构预算
6	在《南极海洋生物资源养护公约》框架下进行年度审查，监督公约涉及区域的渔业活动	③④⑤	海军	国家渔业和水产养殖服务处、外交部南极管理局	2021—2025年	《公共部门预算法》
7	举办《南极海洋生物资源养护公约》视察员培训课程	③⑤	海军	国家渔业和水产养殖服务处、外交部南极管理局	2021—2025年	《公共部门预算法》
8	鼓励并确保充分遵守《南极海洋生物资源养护公约》的养护措施	③④⑤	渔业部副秘书处、外交部南极管理局	国家渔业和水产养殖服务处、海洋领土总局、智利南极研究所	2021—2025年	不需要
9	根据第21.255号法律第32条，为捕捞南极海洋生物资源的活动和其他活动制定有特殊规定的条例	②③④⑤	渔业部副秘书处	外交部南极管理局、国家渔业和水产养殖服务处、海洋领土总局、智利南极研究所	2021—2022年	不需要
10	每年至少召开两次《南极海洋生物资源养护公约》委员会国家会议，协调国家立场	②③④⑤	渔业部副秘书处、外交部南极管理局	南极海洋生物资源养护委员会成员	2021—2025年	不需要
11	监督悬挂外国国旗的船队在《南极海洋生物资源养护公约》区域内的捕捞活动	③④	国家渔业和水产养殖服务处、海军	海军作战司令部、海洋领土总局	2021—2025年	符合《预算法》的机构预算

目标 7

根据基于生态系统的方法和预防性原则，促进发展南极条约体系允许的其他可持续的经济活动，特别是可持续的旅游业，并将保护生物多样性的目标纳入管理计划。

编号	任务	对应优先领域	负责机构	涉及机构	完成时间	资金
1	研究新旅游线路，重点突出智利的南极形象和地位	①③④⑤	智利南极研究所	国防部副秘书处、国防部联合参谋部、南极国家运营商、旅游部副秘书处	2021—2023 年	《公共部门预算法》
2	制定并落实新冠病毒卫生协议，促进安全的旅游业运营	①③④⑤	旅游部副秘书处、外交部南极管理局、环保局卫生部门	智利南极研究所、国家旅游局、国防部	2021—2022 年	《公共部门预算法》
3	研究建立蓬塔阿雷纳斯—雷伊豪尔赫岛替代航线的可行性	①④⑤	国防部	国防部联合参谋部、海军、外交部南极管理局	2021—2025 年	待决定
4	通过全面的南极发展计划，加强威廉斯港市的建设	④⑤	麦哲伦-智利南极区政府	海军、旅游部副秘书处、外交部南极管理局	2021—2025 年	待决定

目标 8

加强国家对南极的认知和认同，保护并宣传智利的南极历史、科学和文化遗产。

编号	任务	对应优先领域	负责机构	涉及机构	完成时间	资金
1	推广南极教育计划，包括南极校园博览会、极地研究人员的一天、学前教育工作者培训等	①③	智利南极研究所	科技部	2021—2025年	智利南极研究所预算
2	提交将南极教育纳入教育部研究计划的提案	①③	智利南极研究所、外交部南极管理局	教育部	2021—2025年	待决定
3	规划并实施“南极艺术保存计划”	③	智利南极研究所	文化部	2021—2023年	待决定
4	制作南极教育宣传材料，如杂志、书籍、游戏、教育图片、播客、应用程序等	③	智利南极研究所		2021—2025年	待决定
5	制作用于媒体和社交网络传播的国家南极活动相关书面和视听内容	①③	智利南极研究所		2021—2025年	待决定
6	落实面向媒体的南极科学考察“实地报道”比赛项目	③	智利南极研究所	南极国防运营商	2021—2025年	待决定
7	在博物馆配备与南极洲有关的专题展室	①③④⑤	国防部副秘书处	南极国家运营商、智利南极研究所、国防部联合参谋部、外交部南极管理局	2024年	《公共部门预算法》
8	促进南极国家运营商参与国内外南极活动，宣传智利参与南极事务的能力	①②③④⑤	国防部	国防部副秘书处、南极国家运营商、国防部联合参谋部、外交部南极管理局	2021—2025年	《公共部门预算法》

续表

编号	任务	对应优先领域	负责机构	涉及机构	完成时间	资金
9	在国家层面设立“智利南极月”，提升对南极的认知，开展研讨会、专题讨论会、培训课、展览和科学博览会等活动	①②③④	外交部	南极政策委员会	2025年	《公共部门预算法》
10	采取行动，提高国家南极意识，保护智利的南极历史、科学和文化遗产	①②③④	外交部	南极政策委员会	2021—2025年	待决定
11	启动南极国家研究所开放数据网络，在国家研究和发展机构网站公开麦哲伦-智利南极区以及其他地区南极倡议和项目情况	③④⑤	科学技术知识和创新部	麦哲伦-智利南极区政府、南极国家研究所	2023年	待决定

目标9

通过长期审查程序，完善体制框架、部门间协调和国家南极立法，促进《国家南极政策》的执行和更新。

编号	任务	对应优先领域	负责机构	涉及机构	完成时间	资金
1	在总务委员会框架下，落实《南极战略计划》规定任务执行情况的跟踪和审查系统	⑤	外交部南极管理局	总务委员会	2022—2025年	不需要
2	根据第21.255号法律规定，制定环境影响评估工作委员会职能及其评估程序条例	③	环境部	外交部南极管理局、智利南极研究所	2023年	符合《预算法》的机构预算

续表

编号	任务	对应优先领域	负责机构	涉及机构	完成时间	资金
3	根据第 21.255 号法律规定，制定包括废物储存、处置、处理和清除相关内容在内的《南极环境保护和养护条例》	③	环境部	外交部南极管理局	2023 年 3 月	符合《预算法》的机构预算
4	根据第 21.255 号法律规定，制定准则或措施条例，以应对可能对南极环境或其附属和相关生态系统产生不利影响的情况	③	环境部	国防部、智利南极研究所	2023 年 3 月	符合《预算法》的机构预算
5	根据第 21.255 号法律的规定，制定需事先授权活动的相关条例	③	环境部	外交部南极管理局、国防部	2023 年 3 月	符合《预算法》的机构预算
6	在财务委员会框架下编写关于国家南极活动经费筹措的研究报告	②	外交部南极管理局	南极政策委员会财务委员会	2021—2022 年	符合《预算法》的机构预算
7	制定《国家南极政策（2026—2030）》	②	外交部南极管理局	南极政策委员会总务委员会	2025 年	符合《预算法》的机构预算

目标 10

发展和提升可持续的联合基础设施和南极物流能力，实现本政策的目标。

编号	任务	对应优先领域	负责机构	涉及机构	完成时间	资金
1	开展特尼恩特·卡瓦哈尔基地重建项目，研究确定不同国家南极作业人员的派遣和驻留问题	①③④⑤	空军	外交部南极管理局、国防部副秘书处、南极国家运营商、智利南极研究所	2023 年	《公共部门预算法》

续表

编号	任务	对应优先领域	负责机构	涉及机构	完成时间	资金
2	实施并完善菲尔德斯湾基础设施项目，包括码头、仓库和机械设备等	①③④⑤	公共工程部	海军联合参谋部、南极国家运营商	2025年	部门融资

第三十九章　孟加拉国《领海和海域（修正）法案（2021）》

2021年11月28日，孟加拉国国会修订《领海和海域法（1974）》，制定了《领海和海域（修正）法案（2021）》，针对孟加拉国的海上边界和资产主权，勘探、开发和利用海洋资源，促进蓝色经济、海洋治理、海上合作及海洋科学研究的相关事项作出明确规定。

第一条　简称及介绍

1. 法案更名为孟加拉国《领海和海域（修正）法案（2021）》。

2. 即刻生效。

第二条　术语与定义

本法案中：

1. "人工岛"指人为的海床延伸，不论其在涨潮时是否突破上覆水域。

2. "大陆边缘"指孟加拉国大陆在水下的延伸，包括大陆架的海床和底土、斜坡和隆起，但不包括深海海床及其洋脊或底土。

3.《公约》指《联合国海洋法公约》。

4. "CrPC"指《刑事诉讼法典》。

5. "倾倒废弃物"指在海洋中由船舶、飞机、近海平台或其他人工构筑物产生或从其倾倒或投掷的废物和其他物质。

6. "测地线"指空间中两点之间距离最短的路径。

7. "历史性水域"指历史上被认为是孟加拉国不可分割的一部分的基线向陆地方向的内水。

8. "设施"包括永久停泊船、通信电缆、石油管道、军事监视装置、海岸附近的研究及生产平台等，《孟加拉国电信管理法》第2（12）节定义的电信设备，用于勘探或开发海床的船只或设备，海域内正在或打算用于自然资源勘探、开发、养护和管理的永久性或临时性构筑物。

9. "内水"指领海基线向陆一侧海域，包括所有河流及其河口、历史性水域、港口及其外部边界。

10.“海洋污染”指直接或间接流入海洋环境的物质或能量，导致或可能导致对生物资源和海洋生物造成有害影响，危害人类健康，妨碍捕鱼等活动，损害海水水质。

11.“海事法庭”指根据本法案设立的法庭。

12.“海域”指孟加拉国通过官方宪报公告的内水、领海、毗连区、专属经济区和大陆架及其他海域。

13.“船主”指目前合法指挥或掌管船只的人，军舰除外。

14.“海里”是用于测量海上距离的单位。

15.“海床”即海底，指海底的沙、岩、泥等物质表层，紧接底土之上。

16.“严重伤害或损坏”指造成重大人身伤害或大面积破坏公共场所、国家设施、基础设施、公共交通系统，造成重大经济损失，或对环境造成重大损害。

17.“直线”指地球表面两点的测地线连接。

18.“上覆水域”指覆盖大陆架海床或深洋底的水域。

19.“运输工具”包括输油及输气管道。

20.“军舰”指属于某一国家武装部队的船只，带有区分其国籍的外部标志，由国家军事总局正式委任的军官指挥，并由正规武装部队管理的船员驾驶。

21.“废弃物”包括所有被定义为废物的物质及其泄漏、排放或存储在环境中造成不利影响的物质。

22.“水层”是海面到海床的垂直连续部分。

在第二条后插入新章节如下：

2A. 无论此前其他法律中有任何规定，均以本法案规定为准。

2B. 本法案的域外适用。①本法案适用于海域外的孟加拉国船只上对孟加拉国国民所犯罪行；②任何人或船只在孟加拉国边界以外海域外至内或内至外犯下罪行，等同在孟加拉国境内犯下罪行，根据本法案接受审判。

2C. 领海基线。政府通过官方宪报公告确定领海基线的基点。

2D. 内水等主权。①孟加拉国的主权延伸到水体、海床及其底土以及内水上空的领空；②政府有权暂停船舶和军舰在内水的活动。

2E. 历史性水域。政府可通过官方宪报将其陆地领土邻近水域的界限指定为“历史性水域”。

第三条　领海

1. 领海包括水体、海床、底土和领海上的领空，由领海基线的最近基点起算，不超过 12 海里，并由领海基线向海方向测量。

说明：构成孟加拉国现有港口系统的最外围永久性港口工程，建立的锚地及其指定的外锚地等都应视为海岸的组成部分。

2. 孟加拉国的主权延伸到水体、海床及其底土以及领海上空的领空。

3. 政府可以就外国船舶进入内水和领海、指定航道、规定通航方案及铺设海底电缆和管道等事宜制定规则。

在第三条后插入新章节如下：

3A. 领海无害通过权。①外国军舰经告知政府后，可进入或通过领海；②行使领海无害通过权的潜艇或水下航行器，如遥控水下航行器、自主水下航行器、无人水下航行器等，在通过领海时应在水面航行并展示其旗帜；③事先未经政府明确同意，任何飞机不得享有无害通过权；④政府可就航行安全、环境保护和防止违反海关、财政、移民和卫生等法规的行为，制定领海无害通过的规则和条例。

3B. 对领海内外国船舶的刑事管辖权。①孟加拉国对通过领海的外国船舶具有刑事管辖权，在下列情况可逮捕人员或对航行期间犯下罪行的人员进行调查起诉：a. 犯罪后果波及孟加拉国；b. 扰乱孟加拉国和平，违反孟加拉国的法律或其领海的良好秩序；c. 船主或船旗国的外交代表或领事官员要求当地提供协助；d. 对制止贩运人口、武器和非法贩运麻醉药品或精神药物有必要性。②第①款所述内容均不妨碍孟加拉国实施其法律授权步骤。③政府可对通过内水和领海的载运核物质及其他放射性物质和危险废物船舶制定通行规则。

3C. 对领海内外国船舶的民事管辖权。①政府不得出于对船上的人行使民事管辖权目的拦截或转移通过领海的外国船舶；②政府不得为进行民事诉讼而逮捕或扣押船舶，在船舶通过领海航行过程中或为航行目的而承担或产生义务或责任除外；③第①款规定均不得损害孟加拉国法律授予的权利。

第四条　毗连区

1. 毗连区指在领海之外邻接领海，距离领海基线不超过 24 海里的区域，政府可通过官方宪报更改毗连区范围；

2. 政府可对违反或企图违反孟加拉国现行法律进行处罚：安全、移民和卫生、海关及其他财政事项。

3. 政府可就在毗连区行使上述权力制定规则，可在必要时限制船只进入毗连区，并在任何船只已经或可能触犯第 2 款罪行时采取行动。

第五条　专属经济区

1. 专属经济区海域范围延伸至与领海基线最近的基点相距 200 海里的一条线，政府可通过官方宪报公告变更专属经济区范围。

2. 专属经济区内，孟加拉国应该拥有：①勘探、开发、保护和管理自然资源以及利用潮汐、洋流和风力生产能源的主权权利；②装置建造、维护、运营人工岛、离岸码头、设施和其他构筑物的专有权和管辖权；③授权、管理海洋科学研究，保护海洋环境，防止和控制海洋污染的专属管辖权；④对人工岛、设施和构筑物执行海关、财政、卫生和移民法规的专属管辖权；⑤国际法承认的其他权利。

3. 其他国家享有航行、飞越自由以及在专属经济区内进行除军事演习以外的国际合法使用海洋的行为。

4. 政府可就本条款制定具体规则：①预防、减轻和控制专属经济区污染；②确定允许捕捞的鱼类；③确定自然资源的利用、勘探、开发、保护和管理；④登船；⑤宣布专属经济区内的指定区域、安全区、环境保护领域；⑥决定专属经济区的军事和其他活动。

在第五条后插入新章节如下：

5A. 禁止在专属经济区进行勘探、开发。①包括外国政府、国际组织在内的任何人均不得在专属经济区内勘探、开发自然资源，不得进行搜寻、挖掘和研究，但可依政府颁发的许可证或授权书，钻探、建造、维护或操作人工岛、离岸码头、装置等构筑物；②第①款所述规定均不得损害孟加拉国公民根据有效法律在专属经济区捕鱼的权利。

第六条　废除旧法案第六条

第七条　大陆架

1. 孟加拉国大陆架包括邻接领海，但在领海范围以外的海床和底土，是陆地领土向海洋的自然延伸，一直到大陆边缘的外缘。

2. 如果大陆边缘的外缘从领海基线延伸超过 200 海里，政府可以根据

《公约》规定确定大陆架的外部界限。

3. 政府可就宣布指定区域和安全区以及其他国家在大陆架铺设海底电缆和管道制定规则。

在第七条后插入新章节如下：

7A. 大陆架的主权权利和管辖权。孟加拉国在大陆架享有下列主权权利和管辖权：①自然资源的勘探和开发；②授权和监管人工岛、离岸码头等的建造、运营、维护和使用以及划定区域和安全区；③钻探的授权和监管；④海洋科学研究的授权、管理和控制；⑤保护海洋环境；⑥预防和控制海洋污染；⑦建造人工岛、设施和构筑物要执行海关、财政、卫生和移民法规。

7B. 禁止在大陆架内进行勘探或开发。包括外国政府或国际组织在内的任何人均不得在大陆架内勘探或开发自然资源，不得进行搜寻、挖掘和研究，但可根据政府授予的许可证或授权书，钻探或建造、维护、运营人工岛、离岸码头、设施、构筑物等。

7C. 关于公海的规定。①在本法案和国际法的约束下，孟加拉国在专属经济区 200 海里以外公海内应享有以下权利：a. 航行自由；b. 飞越自由；c. 自由铺设海底电缆和管道；d. 自由建造国际法允许的人工岛和其他设施；e. 捕鱼自由；f. 海洋科学研究自由。②悬挂孟加拉国国旗的船只有权在公海上行驶。③政府通过官方宪报确定授予船舶国籍、船舶注册和悬挂国旗的条件。④船舶应悬挂其本国国旗。⑤除国际条约或公约另有规定，悬挂孟加拉国国旗的船舶在公海上受孟加拉国的专属管辖。⑥本条款的任何规定均不得损害为联合国或国际原子能机构公务服务船舶或悬挂相关组织旗帜船舶的航行权利。⑦政府应保存船舶信息登记册，对每艘船及其船主有效行使行政、技术和社会事务的管辖权和控制权。⑧孟加拉国的军舰和军用飞机在公海应享有不受其他国家管辖的完全豁免。⑨如果船舶在公海与其他船舶发生事故，需要对船主或其他人员采取处罚措施，除船旗国或该国民所在国家的司法或行政当局外，其他当局不得采取任何处罚措施。⑩在不危及乘客、船员生命或船舶安全的情况下，孟加拉国船舶均可采取措施，以协助遇难船员、沉船或在公海处于危险状态的人员。⑪政府可根据协议，采取和执行法律或措施，依据国内法和国际法制定合作机制及在公海和专属经济区制定保护鱼类和海洋哺乳动物规则。

7D. 区域及其资源。①根据大陆架界限委员会(CLCS)的建议确定孟加拉湾区域，政府可通过官方宪报指定其界限。②“区域”及其资源应被视为人类的共同遗产。③在考古领域发现的物质或货物，应为了人类福祉保存或分配，若其文化、历史和考古学起源于孟加拉国，则应考虑孟加拉国的优先地位。④政府可就“区域”内的活动、勘探和开发方法以及孟加拉国参与国际海底管理局活动制定规则。

7E. 海洋治理。①为保持海洋健康、生产性、安全、有保障、有复原力，政府可为资源的可持续利用和能力建设作出决策，开发具有海洋相关经验、技能的人力资源，为利益攸关方提供战略指导；②政府应根据国际法采取措施，检查不同国家的船舶在其港口区内的人员详细资料；③任何外国船舶，经联合国安理会制裁和禁运后，不得进入孟加拉国港口或海区，不得停泊在孟加拉国港区；④漂过孟加拉国沿海岸线的遇难船员或被孟加拉国船只救起的船员，政府应提供适当场所并通知其居住国，采取安全遣返措施；⑤政府可制定管理和保护海洋区域的规则。

7F. 蓝色经济。①政府可制定政策和工作计划、在海洋区域内开展经济活动、以可持续方式勘探和开发海洋资源及使用海洋产品；②为增加蓝色经济效益，政府可采取措施可持续利用海洋资源。

7G. 海上合作。为与其他国家进行海上合作，政府将：①允许人员、货物、商品和车辆使用孟加拉国境内的港口或根据与其他国家的协定过境；②采取措施建立合作机制，促进航行安全，加强预报，保护海洋环境；③采取措施，与其他国家在海关、财政、移民或卫生管制、海洋生物技术开发及清除海区内沉船残骸等方面建立合作机制。

7H. 海洋科学研究。①政府在国际法特别是《公约》约束下，应有权在领海、专属经济区和大陆架管理、授权和开展海洋科学研究、水道测量和军事测量；②未经孟加拉国明确同意，不得在孟加拉国海域进行海洋科学研究、水道测量和军事测量；③政府可为海洋科学研究、水道测量和军事测量制定规则。

第八条　控制污染

1. 政府可采取措施预防和控制海洋污染，可持续地管理、保护海洋生态系统。

2. 政府可为维护管辖海域的环境质量和生态平衡制定规则：①预防、

减少和控制海洋环境污染；②预防、减少和控制来源于陆地、海洋活动、倾倒、大气传输的塑料和微塑料污染；③加强海洋和沿海生态系统的复原力，以可持续方式管理和保护海洋和沿海生态系统。

第九条　打击海盗、武装抢劫、盗窃和海上恐怖主义

政府应采取适当措施，制止包括海盗、武装抢劫、盗窃和海上恐怖活动进入、通过领海和内水或其外界水域，含专属经济区在内的孟加拉国领土，或在与邻近国家领海外侧范围内航行的船舶中发生上述活动。

第十条　海上人口非法交易

对于海上人口非法交易，应适用《预防和制止人口非法交易法案(2012)》的规定。“海上人口非法交易”包括招募、运输、转移、出售或购买、窝藏或接收、交换、驱逐或流放人员，通过威胁、使用武力或其他形式的胁迫、绑架、欺诈、说服、诱惑、暴力、滥用权力等手段拘留或参与其他非法行为。

第十一条　船只访问权

1. 为孟加拉国服务的军舰或获授权的船舶或飞机在公海上遇到外国船舶(有权完全豁免的船舶除外)、无国籍、悬挂外国国旗或实际为另一国家国籍但拒绝悬挂国旗，如有合理理由怀疑该船从事海盗、贩卖奴隶等活动，有权登船访问。

2. 在第1款的规定下，孟加拉国军舰或授权的船舶或飞机可在孟加拉国海军或孟加拉国海岸警卫队军官的指挥下向可疑船舶派遣船只或登船，必要时可进一步检查。

第十二条　逮捕和扣押海盗船舶或飞机

1. 在公海或国家管辖范围外区域，孟加拉国可扣押海盗船舶或飞机、或被海盗劫持且在海盗控制下的船舶或飞机，逮捕船员并扣押船上或飞机上的财产。

2. 因海盗行为进行扣押，可由军舰或军用飞机，或其他有明确标记和可识别是为政府服务并获授权的船只或飞机执行。

第十三条　船舶管辖权

1. 孟加拉国对正在或计划驶入、穿过或驶离孟加拉国领海、领海外部界限以外水域及孟加拉国与邻国内水外侧范围以外水域的船舶拥有管辖权。

2. 政府对以下情况可采取必要措施行使管辖权：在悬挂某一国家旗帜的船舶上发生犯罪；孟加拉国境内；涉及孟加拉国国民。

本款规定不适用于国家用作海军辅助或海关、财政、移民和卫生管辖的军舰或船舶；已退出航行或搁置的船舶：本款任何规定不得损害为非商业目的而运作的军舰及其他政府豁免的船舶。

第十四条　引渡

政府可应《制止危及海上航行安全非法行为公约》缔约国的请求，引渡海盗或被指控从事海盗活动、武装抢劫船只的人员。

第十五条　违反无害通过的处罚

1. 在领海内航行的外国船舶，以下情况将被视为犯罪：①以武力威胁或使用武力侵害孟加拉国主权、领土完整或政治独立，违反《联合国宪章》国际法原则；②武装演练、收集不利于孟加拉国国防安全的信息、影响孟加拉国国防安全的宣传行为、从船舶上发射或降落任何飞机或军事装置；③违反孟加拉国海关、财政、移民或卫生法规，装卸商品、货币或人员；④违反《公约》和《孟加拉国环境保护法》的故意污染行为；⑤进行捕鱼、研究或测量活动；⑥旨在干扰孟加拉国境内通信系统或其他设施的行为，其他没有直接关系但有损于孟加拉国和平、良好秩序和安全的活动。

2. 任何人犯有第1款所列罪行可被判处最长5年监禁，或最低1亿塔卡(约合746.33万元人民币)、最高4亿塔卡(约合2985.32万元人民币)罚款，或两者并罚。

3. 如船长和其他已被定罪的人再犯罪行，一经定罪，可受双重处罚，海事法庭可命令没收船舶或潜艇。

第十六条　对潜艇或其他水下航行器违法的处罚

如果任何潜艇或除军舰外其他水下航行器在通过领海时不显示旗帜，将处最长5年监禁，或4亿塔卡(约合2985.32万元人民币)罚款，或两者并罚，法庭可命令没收犯罪所用的船舶或潜艇。

第十七条　投掷核或危险废弃物的处罚

外国船舶船长在内水和领海排放或许可排放核或其他危险、有毒有害物质，应视为犯罪，船长将处最长7年监禁，或最低8亿塔卡(约合5970.64万元人民币)、最高11亿塔卡(约合8209.63万元人民币)罚款，或两者并罚。

第十八条　在毗连区内违法犯罪的处罚

任何人违反或企图违反毗连区海关、财政、移民或卫生法规，或在毗连区犯罪后进入孟加拉国，应视为犯罪，将处最少2年、最长7年监禁，最低1亿塔卡(约合746.33万元人民币)、最高3.5亿塔卡(约合2612.15万元人民币)罚款，或两者并罚。

第十九条　对专属经济区违法犯罪的处罚

任何人违反第五条规定，应处最低1亿塔卡(约合746.33万元人民币)、最高4亿塔卡(约合2985.32万元人民币)罚款，法庭可命令没收犯罪所用的船舶和设备。

第二十条　对在大陆架违法犯罪的处罚

任何人违反第7B款规定，应处最低3年监禁，最低1亿塔卡(约合746.33万元人民币)、最高2.8亿塔卡(约合2089.72万元人民币)罚款，法庭可命令没收犯罪所有的船舶和设备。

第二十一条　破坏海底电缆、电报或电话通信等的处罚

故意或过失破坏公海海底电缆，中断或阻碍电报或电话通信，破坏海底管道或高电压电缆，或可能导致破坏的行为被视为犯罪，应处最低3年监禁，最低5000万塔卡(约合373.17万元人民币)、最高1亿塔卡(约合746.33万元人民币)罚款。

本条规定不适用于依法救助船舶和生命的人员在采取一切必要预防措施后，为救助生命或船舶造成的破坏或伤害。

第二十二条　对污染的处罚

在孟加拉国海域有下列行为，应处最长3年监禁，或最低2000万塔卡(约合149.27万元人民币)、最高5000万塔卡(约合373.16万元人民币)罚款，或两者并罚：

1. 发生在孟加拉国管辖范围外地区，但在其管辖范围内造成污染的破坏性行为。

2. 排放本法禁止的污染物或其他物质。

3. 未依照规定向海洋排放污染物或者超标排放污染物。

4. 发生事故未立即采取措施造成海洋污染。

5. 直接或间接影响沿岸地区海洋环境。

6. 政府宪报指明的其他违法事项。

第二十三条　对未采取防止污染措施的处罚

如果外国船舶、设施有下列行为，船主或负责人应处最长 5 年监禁，或最低 1 亿塔卡(约合 746. 33 万元人民币)、最高 2 亿塔卡(约合 1492. 66 万元人民币)罚款，或两者并罚：

1. 作出或发起可能造成污染的行动。

2. 未能或疏于采取措施防止海洋污染。

第二十四条　对海盗、武装抢劫、海上恐怖主义和盗窃行为的处罚

1. 凡从事海盗或海上恐怖主义活动，将被处以监禁，最长为终身监禁。法庭可命令没收与犯罪相关的船舶或财产。

2. 意图从事、协助或教唆海盗或海上恐怖主义活动的人将被处以最长 14 年监禁，并可处以罚款。

3. 海上武装抢劫，处以最长 10 年监禁，并可处以罚款。

4. 犯偷窃罪者，处最长 3 年监禁或罚款，或两者并罚。

5. 从事劫持人质、与海盗有关的有组织跨国犯罪、海上恐怖主义和其他违反海上航行安全活动的人，应处最低 5 年、最长 20 年监禁，或最低 1 亿塔卡(约合 746. 33 万元人民币)、最高 4 亿塔卡(约合 2985. 32 万元人民币)罚款，或两者并罚。

第二十五条　根据第二十四条对犯罪时造成死亡的处罚

凡从事本法第二十四条规定的犯罪或意图犯罪时造成死亡的，应根据《刑法》规定接受处罚。

第二十六条　推定犯罪

若从该人直接监督或管理的地方救出受害人或追回与实施犯罪有关的事物，或者该人被获救的受害人认定为犯罪者，如果不能证明未犯罪，则可推定该人已犯罪。

第二十七条　成立海事法庭

1. 为落实本法，政府可通过官方宪报设立一个或多个海事法庭。

2. 如设立了超过一个法庭，则须在设立法庭的通知中确定法庭的管辖权。

3. 设立法庭前，政府可通过官方宪报通知，指派法官或赋予地区法官履行海事法庭的职责。

4. 法庭应由一名地区法官或政府与最高法院协商委任的其他地区法官组成。

5. 法庭应在政府确定的一个或多个地点开庭并进行活动。

第二十八条　调查罪行的权力

政府可通过官方宪报授予孟加拉国海军或孟加拉国海岸警卫队逮捕并调查本法所列罪行的权力。

第二十九条　图片、电子记录等的证据价值

若孟加拉国海军或海岸警卫队的成员或其他人接收到视频、照片、录音等以及犯罪或犯罪预备期间的卫星图像，应作为证据证明审判真实性。

第三十条　犯罪认定

未经政府授权的任何人提出书面申诉，法庭不得受理任何罪行。

第三十一条　保释条款

法庭不得根据本法予以保释，除非：

1. 获准就保释令举行听证会。

2. 法庭认为：①有合理理由相信被告可能不会被定罪；②罪行性质不严重，如被判有罪，处罚也不严重。

第三十二条　案件处理期限

1. 法庭应在立案之日起 180 天内处理案件。

2. 若法庭未能在指定时间内处理案件，可书面记录原因并最长延长 90 天。

3. 如果法庭未能在延长的时间内处理案件，则应在到期之日起 10 天内向最高法院提交报告。

第三十三条　法庭的权力

法庭可按照犯罪具体情况对罪犯处以罚款。

第三十四条　上诉

如不服法庭判决，可于该命令、判决或定罪之日起 30 天内向最高法院分庭提出上诉。

第三十五条　制定规则的权力

政府可以通过官方宪报公告制定规则。

第四十章 《欧洲议会和理事会欧盟印太合作战略联合通信文件》

2021年9月16日，欧盟委员会发布了《欧洲议会和理事会欧盟印太合作战略联合通信文件》，详细阐述了印太地区存在的机遇和挑战，并将其作为欧盟参与印太地区事务的理由；明确了欧盟参与印太地区事务的原则，包括民主、公正以及可持续等；罗列了绿色转型、海洋治理等七个优先合作领域，并在每个领域提出了相应的对策措施，以加深欧盟对印太地区事务的参与程度，扩大其在印太地区的伙伴网络。

第一节 引 言

印太地区是塑造国际秩序和应对全球挑战的关键地区，战略意义与日俱增。欧盟将以推进民主、法治等为基础加强参与该地区事务，以建立伙伴关系，巩固国际秩序，应对全球挑战，并为长期繁荣奠定基础。

本文件以下列方式介绍欧盟印太地区合作战略：

- 概述加强参与该地区事务的理由；
- 提出参与该地区事务的指导原则；
- 阐述加强该地区伙伴关系和合作的方法；
- 详述与伙伴合作实现愿景的方式。

第二节 欧盟的理由：互惠互利关系的坚实基础

印太地区带来了全球环境挑战，欧盟的未来与印太地区密切相关。该地区涵盖7个G20成员国，拥有世界3/5的人口，GDP占全球的60%，在新冠病毒大流行前贡献了全球经济增长的2/3，并处于数字经济前沿。

欧盟是印太地区国家的贸易和投资伙伴。欧盟引领了该地区的投资和发展合作，双方贸易往来居全球首位。该地区也是欧盟第二大出口目的地，并拥有马六甲海峡、曼德海峡等全球主要海上贸易通道。

从解决挑战中受益。2000 年以来，该地区二氧化碳排放量占全球总排放量的比例从 37%增长到 57%；到 2030 年，该地区能源需求增长将占全球的 70%以上。该地区也拥有众多海洋生物多样性热点区域，对应对气候变化和保护生态平衡至关重要。

近年来，印太地区的地缘政治动态引发了激烈竞争，军备增长明显，这可能直接影响欧洲的安全和繁荣。此外，网络安全等混合威胁也在增加。

印太地区的独裁政权危害着民主原则、人权和稳定。基于透明规则的全球竞争环境受到不公平贸易和经济胁迫的威胁，贸易、供应和价值链紧张局势加剧。新冠病毒大流行显示出欧盟和印太地区相互依赖，都可以从开放和多样化的世界市场中获得复原力。阿富汗危机也表明该地区的事件会直接影响欧洲安全。

鉴于此，欧盟须与印太伙伴加强合作，确保贸易环境稳定，深化和多样化贸易和投资关系，开放市场准入，并促进基于规则的国际秩序，以加速绿色和数字转型，保障供应链复原力，加强欧洲战略影响力和安全。

第三节　欧盟的愿景：参与印太地区事务的原则

欧盟将长期参与印太地区事务并寻求：

- 尊重民主、人权和法治，促进多边合作，捍卫以规则为基础的国际秩序；
- 促进竞争环境公正，贸易和投资环境开放且公平；
- 助力实现可持续发展目标，应对气候变化和环境退化等问题，支持社会经济可持续和包容性发展；
- 开展合作，实现《巴黎协定》和《生物多样性公约》目标；
- 寻求与联合国、东盟和非洲联盟等的长期合作；
- 支持包容性的政策制定和合作，听取各利益攸关方的声音；
- 建立互相支持的经贸关系，促进包容性经济增长和稳定，推动互联互通；

- 参与该地区事务，更好地认识到全球人口变化趋势的影响。

欧盟将通过政治和人权对话与协商、贸易优惠等方式捍卫人权和民主，在全球对违反和侵犯人权的个人、实体和机构采取限制性措施，并与印太伙伴合作，抵制破坏习惯国际法和国际人权文书规定的倡议。

欧盟支持女性享受人权和性别平等，使其能够积极参与公民和政治决策，并努力消除针对其的暴力行为；支持打击基于性别、种族、宗教等的歧视，支持少数民族和宗教团体的权利并倡议废除死刑；促进体面工作和尊重国际劳工组织标准，消除童工和强迫劳动。

欧盟将继续促进遵守国际人道法，向有需要的人提供救援，并支持解决阿富汗和罗兴亚危机等难民问题。

第四节　伙伴关系和合作

欧盟与印太地区的关系基于历史、文化、商业、合作和援助。欧盟将：

- 深化参与，提高该地区长期伙伴关系的价值；
- 与多边和区域组织及国际金融机构合作，促进多边主义；
- 着手危机管理、冲突预防和复原力建设措施；
- 通过欧洲团队同成员国合作，在国家和区域层面采取具体举措。

欧盟与许多印太伙伴签订了双边《伙伴关系与合作协定》，并已与非洲、加勒比和太平洋地区国家完成了新《伙伴关系协定》的谈判；计划与泰国和马来西亚签订新的《伙伴关系与合作协定》，并将与马尔代夫开始《伙伴关系与合作协定》谈判；深化与东盟等已参与印太事务伙伴的关系，并计划与澳大利亚、印度、日本和美国之间的四方安全对话在气候变化、疫苗等问题上建立友好关系。

欧盟将继续与中国接触，合作解决共同挑战，鼓励中国在印太地区发挥自身的作用；将与国际伙伴合作，保护欧盟的基本利益并推广欧盟的价值观。

欧盟将加强与印太地区各利益攸关方的伙伴关系，并将次区域的动态和特殊性纳入考量。

一、印度洋：欧洲进入印太地区的门户

作为欧洲进出印太市场的主干道，印度洋的稳定和航行自由至关重要。欧盟可依赖非洲联盟、印度洋委员会、环印度洋联盟等伙伴关系网络支持印度洋伙伴应对气候变化、海洋污染等挑战。

欧盟将成为区域性经济共同体的伙伴，助力强化印度洋委员会，贯彻与非洲伙伴的《经济伙伴关系协定》，并与东非共同体达成新的《经济伙伴关系协定》。

二、东盟的中心地位

欧盟和东盟的伙伴关系充满活力，涵盖政治、安全、经济等方面。欧盟赞赏东盟对多边主义的承诺，支持东盟中心地位原则、其为建立基于规则的区域架构所做的努力及其提供的多边主义支柱，支持东盟领导制定《南海行为准则》。

三、与太平洋地区伙伴的合作

欧盟将通过与非洲、加勒比和太平洋地区国家组织的《伙伴关系协定》加强与太平洋地区的长期伙伴关系，该协定将同欧盟与太平洋地区国家的《经济伙伴关系协定》一起为政治和战略参与提供基础。

欧盟也与太平洋岛国关系密切，并与太平洋岛国论坛、太平洋共同体和太平洋区域组织理事会紧密合作。

第五节　我们对愿景的追求：七个优先领域

新冠病毒大流行过后，欧盟将着力实现可持续和包容性的社会经济复苏，并在以下七个领域开展合作：

- 可持续和包容性的繁荣；
- 绿色转型；
- 海洋治理；
- 数字化治理和伙伴关系；
- 互联互通；

- 安全和防御；
- 人类安全。

一、可持续和包容性的繁荣

新冠病毒考验了社会、经济和供应链的复原力。欧盟和印太地区需要合作以“更好地重建”。第十三届亚欧首脑会议致力于推动可持续复苏，并得到了G20层面合作及宏观经济对话的支持和补充。欧盟还将与印度尼西亚、东盟、中日韩宏观经济研究办公室等交流宏观经济问题。

（一）具有复原力和多样化的价值链

具有复原力的价值链对复苏至关重要。欧盟将通过加强贸易关系、执行现有贸易协定、完成贸易谈判等方式与印太伙伴强化价值链，解决供应链战略依赖性等问题；将与伙伴共同加强对规则的保护，使国际贸易免受工业补贴等行为影响。

需解决缺乏体面工作和侵犯劳工权利的问题，打造负责任和可持续的供应链。欧盟致力于使足够多的国家支持环境、人权和劳工权利、尽职调查和最佳实践，确保负责任的商业行为，支持应对毁林和生物多样性丧失问题，促进发展中和最不发达国家融入区域和全球价值链。

为了减少贸易技术壁垒，欧盟将与印太伙伴开展标准制定等合作，并在绿色和数字转型领域启动监管合作。

欧盟的关键目标之一是确保印太地区的运输系统能抵御危机。按照《公约》等国际法开展维护和确保海上安全与航行自由的合作至关重要。

（二）贸易关系的基本要素

欧盟致力于与印太伙伴开展开放、可持续和基于规则的贸易，支持世界贸易组织现代化，并注重落实与日本、韩国等的全面贸易协定，与巴布亚新几内亚、斐济等太平洋岛屿国家的《经济伙伴关系协定》及与新加坡和越南之间即将生效的欧盟投资保护协议。

欧盟与中国完成了《中欧全面投资协定》谈判，符合双方共同利益。

欧盟致力于与澳大利亚和新西兰缔结贸易协定并与东非共同体达成《经济伙伴关系协定》。欧盟和印度恢复了贸易谈判，并为投资保护协议和地理标志协议启动了谈判，达成后将加强双方贸易和投资关系。欧盟还将与尚未签订贸易和投资协议的合作伙伴建立贸易和投资关系。

欧盟将进一步参与东盟及成员国事务，适时恢复与马来西亚等国的贸易谈判，并就区域贸易协定进行最终谈判。

一些印太国家受益于欧盟的普惠制关税优惠，加速进入了欧盟市场。孟加拉国、柬埔寨等该地区最不发达的国家受益于除武器外所有产品免关税、免配额待遇，巴基斯坦等获超普惠制待遇。这些手段对这些国家的经济发展、尊重人权和劳工权利及保护环境贡献巨大。

二、绿色转型

欧盟在印太地区行动的基础之一是与合作伙伴共同应对气候变化、生物多样性丧失、污染等问题。

欧盟将：

- 与制定了到2050年实现气候中性等目标的合作伙伴建立绿色联盟和绿色伙伴关系；
- 利用国际可持续金融平台分享实践，并与合作伙伴寻求方法和工具共性；
- 与能够有效应对气候变化和促进绿色转型的最大排放国或区域组织接触；
- 在双多边活动及国际论坛中优先考虑淘汰煤炭，停止新的煤炭投资、未减排的燃煤发电和煤炭开采，进行公正转型；
- 建立《2020年后全球生物多样性框架》，加大保护生物多样性的合作，恢复退化的生态系统；
- 共同为更多循环生产模式、更具复原力的供应链及更负责的资源开采创造条件；
- 促进无森林砍伐的供应链；
- 与东盟等合作，加强区域和全球行动，通过“重新思考塑料”项目等解决塑料污染；
- 通过高层对话等形式参与该地区的环境问题。

欧盟金融工具“邻里、发展和国际合作工具–全球欧洲”提供的资金当中，将有30%用于应对气候变化。约35%的“地平线欧洲”项目致力于气候行动，为欧盟和印太伙伴应对气候变化和生物多样性丧失提供合作机会。

（一）清洁能源和运输

欧盟着眼于：

• 利用能源对话等实现可持续、安全和可负担的能源。现有的合作伙伴关系包括土库曼斯坦-阿富汗-巴基斯坦-印度TAPI管道和中亚-南亚输电项目CASA1000等；

• 优先向脱碳和综合的能源系统转型，减轻对脆弱国家和地区的影响；

• 继续与印太伙伴通过创新使命框架等推动清洁能源技术研发方面的合作，实现迅速、廉价和高效的能源转型；

• 加强《全球市长气候能源盟约》下的合作，关注引领气候行动和能源转型的城市，使该地区的签署国数量翻一番；

• 实施《可持续与智能交通战略》，解决脱碳和数字化问题；

• 与一些印太经济体建立交通及铁路部门数字化合作关系。

三、海洋治理

欧盟将遵照《公约》等国际法，以确保海洋资源可持续管理和保护生物多样性为目标，加强印太地区的海洋治理；通过与库克群岛、基里巴斯、密克罗尼西亚联邦的《可持续渔业伙伴协议》及非法、不报告和无管制捕捞对话和工作组，支持印太伙伴改革渔业管理和控制体系，提升渔业合规性。

欧盟是印度洋金枪鱼委员会、南印度洋渔业协定等几个区域渔业管理组织的积极成员，并计划加入北太平洋渔业委员会，努力扩大这些机构的成果，与印太伙伴发展可持续渔业合作。

欧盟还将：

• 帮助南极海洋生物资源养护委员会在“南大洋”指定三个新的海洋保护区；

• 建立国际海洋数据网络和区域海洋预报系统，提高海洋治理能力；

• 支持实施相关《区域海洋公约和行动计划》，促进海洋治理、保护及污染预防，与东南亚合作确保有效管理海洋保护区；

- 与澳大利亚、日本等进行海洋事务和渔业高级别对话，保持与中国的蓝色伙伴关系；
- 发挥作为全球海洋安全提供者的作用；
- 改善渔民生活和工作条件。

四、数字化治理和伙伴关系

欧盟将加强在印太地区的国际数字伙伴关系，以强化在基础设施、商业和公共服务数字化转型及技能发展方面的合作，促进数字贸易，并为人工智能等新兴技术领域制定标准。合作将以工具箱为基础，利用监管合作、能力建设和技能培训等方式开展。

欧盟将适时与印太伙伴签订《数字伙伴关系协议》以正式确立伙伴关系。协议将建立更具复原力的技术供应链，为初创和中小企业提供商业机会，深化数据治理、可信流动等方面的合作，并补充世界贸易组织内部关于电子商务和数字贸易的谈判。欧盟提议首先与日本、韩国和新加坡谈判。

欧盟已和印度加强了数字合作伙伴关系，同意深化人工智能、高性能计算等新兴技术合作。

欧盟将通过支持《东盟数字总体规划 2025》加强与东盟合作，并建立欧盟–东盟通道，涉及数字互联互通及科学、研究、技术和创新投资。

欧盟将促进融合数据保护机制，确保数据在该地区内外安全和自由流动。现有此类成果包括 2019 年和日本建立了世界上最大的数据安全流动区，2021 年完成了与韩国的谈判并通过了对韩国的个人数据保护充分性决定。欧盟也正与新西兰开展工作，确保欧盟先前的充分性决定得以延续。印度、斯里兰卡等合作伙伴已通过或正在实施现代数据保护法，为未来的充分性谈判铺平了道路。欧盟还将加强与东盟等在制定共同数据保护标准方面作用重大的组织和网络进行对话。

(一)研究与创新

国际研究与创新合作对绿色和数字转型及增进社会福祉至关重要。“地平线欧洲”项目将促进与印太伙伴合作，共同寻求在尊重学术自由、诚信等基本原则基础上的公平竞争环境。

“地平线欧洲”项目为价值观相同的合作伙伴提供联合研究和创新机

会。欧盟已与澳大利亚、日本等开始了非正式讨论，并将促进人力资本发展合作，培训研究人员并提高其流动性。开展科学和区域合作活动也是与东盟伙伴关系的一部分。

（二）教育

“邻里、发展和国际合作工具-全球欧洲”项目提供的资金当中，将有至少10%的资金用于强化教育体系。欧洲团队向全球教育伙伴关系承诺的17亿欧元将用于中小学及职业技术教育培训。

新的伊拉斯谟+计划将为学生和教师在绿色和数字转型等领域提供学术交流机会。

五、互联互通

欧盟将促进与印太伙伴的全面互联互通。欧盟措施的可持续、全面和以规则为基础的原则是本战略的核心。

欧盟及其成员国间的全面伙伴关系对开展合作至关重要。欧盟将帮助合作伙伴建立能够吸引投资、竞争环境公平、满足可持续性标准并采用国际标准和原则的监管和政策环境，以促进数字化投资，加强与印太伙伴的联系。

调动私人投资需成员国的公共银行和出口信贷机构与欧盟私营部门和欧盟机构合作。除“邻里、发展和国际合作工具-全球欧洲”项目外，还将采用其他方式，如“连接欧洲设施”“地平线欧洲”“投资欧洲”项目及来自欧洲投资银行等的资源和技术援助。

欧盟将与日本、印度以及东盟开展合办项目，并加强与澳大利亚和韩国等其他伙伴及美国和加拿大等大国的双多边合作。《东盟-欧盟综合航空运输协定》是首个此类区域对区域协议，表明了欧盟深化与该地区互联互通的决心。

欧盟还将：

- 通过与东盟、新加坡等伙伴开展运输对话加强最高技术级别的关系；
- 资助航空伙伴关系等特定部门的技术合作；
- 与战略伙伴进行欧盟海上运输和安全双边对话；
- 寻求包含安全内容的空间对话并增加与该区域伙伴的交流。

我们还将努力与东非和西印度洋的合作伙伴和区域组织实现互联互通，确保更符合由非洲联盟批准的2021—2030年基础设施优先事项；密切与太平洋共同体的关系；补充南亚现有“南亚区域基础设施互联互通倡议”等区域倡议；在印太地区的南北连接上寻求协同，并继续参与亚欧会议可持续互联互通框架。

六、安全和防御

欧盟将通过保障海上交通线、能力建设和加强在印太地区的海军部署，促进开放且以规则为基础的区域安全架构。

欧盟和印太伙伴面临着相似的安全挑战和威胁。欧盟将通过部署海外任务和在共同安全和防务政策框架内采取行动扩大参与伙伴安全事务。欧盟目前在全球共有18个民用和军事任务，包括索马里欧盟海军亚特兰大行动在印度洋的海军行动及欧盟在莫桑比克的军事训练任务。

(一)海军部署

去年，索马里欧盟海军亚特兰大行动与日本、巴基斯坦等印太伙伴成功开展了联合海军行动。欧盟将寻求与印太伙伴进行多边演习等更多联合演习和港口停靠，以打击海盗并保护航行自由，并加强在该地区的海军外交。

欧盟将探讨如何确保其成员国在印太地区加强海军部署，并吸取从海上协同部署概念第一次评估中获得的经验教训，评估在印太地区攫取海洋利益区的机会，探索该地区伙伴参与这一倡议的可能性，与该地区伙伴合作。

(二)海上安全能力建设

欧盟将继续提升西印度洋伙伴的区域海上安全，将其印度洋“关键海上航线”能力建设项目扩展到南太平洋，增加与伙伴的协同；建设海上能力以打击毒品贩运、人口贩运和野生动物犯罪等；鼓励通过印太区域信息共享平台等信息融合中心巩固信息共享机制。

(三)扩大我们的伙伴关系

欧盟寻求在东盟安全架构中发挥更大作用，参与东盟防长扩大会议体系、东亚峰会和印度洋海军论坛等其他论坛。

欧盟将加强与伙伴在反恐、网络安全、不扩散和裁军、空间和海上安全方面的安全和防务对话，向该地区的欧盟代表团部署军事顾问，并与欧盟代表团及成员国大使馆合作，建立欧盟网络外交网络。

欧盟还将在加强亚洲存在和与亚洲的安全合作项目下加强与印度、印度尼西亚和越南等合作伙伴在海上安全和危机管理等方面的行动。欧盟军事专家已在印度尼西亚和越南开展工作。

印太伙伴为欧盟促进和平与稳定的行动做出贡献。欧盟已与澳大利亚、韩国等签订了《框架性参与协议》，将鼓励印太伙伴参与更多共同安全和防务政策任务和行动，并寻求与其他印太伙伴签订《框架性参与协议》，支持印太伙伴加强维持和平的能力。

（四）新的安全挑战

在网络安全问题上，欧盟将利用《布达佩斯公约》等现有标准和合作机制加强合作伙伴能力建设，以应对网络犯罪，提高网络复原力。在反恐方面，欧盟将授权社区打击暴力极端主义，促进欧洲刑警组织与合作伙伴执法机构合作。

欧盟将与伙伴就核安全及核、化学和生物武器不扩散合作，支持执行和普及《武器贸易条约》，并就武器出口管制和两用物项出口管制制定多边倡议。欧盟化学、生物、放射性与核风险缓解中心一直与东盟合作。欧盟将支持合作伙伴加强化学、生物、放射性与核风险缓解和灾害安全管理。

欧盟将打击印太地区操纵和干预外国信息的行为，扩大专家网络，与合作伙伴分享信息和经验，提高人们对信息操纵和干预的认知，以促进多元化和实事求是的信息环境，减少对外国渠道的依赖并应对其影响。

七、人类安全

（一）健康

新冠病毒大流行揭示了全球医疗保健系统、流行病应对机制、病毒性疾病研究和疫苗生产能力的不足。健康已成为合作的重点之一。欧盟已通过了两项方案，以协助合作伙伴应对新冠病毒大流行的卫生影响。

欧盟将继续与印太伙伴合作，确保对新冠病毒和未来全球卫生危机的有效多边响应，包括：

- 帮助中低收入的印太伙伴通过新冠病毒疫苗实施计划等手段获得疫苗，欧盟已通过提供人力、医疗设备等支持了阿富汗、孟加拉国、不丹等该地区的许多国家，欧盟卫生应急准备和响应机构将开展全球合作，解决国际供应链问题，扩大全球生产力，扩充获得医疗对策的途径；
- 加强符合《欧盟药物战略》的多边合作，确保药品及健康产业供应链的安全和多样化，促进获得高质量的药品和保健品；
- 合作开展传染病防治研究，增加获得药物和治疗的机会，印太伙伴能够通过“地平线欧洲”项目参与欧盟资助的研究和创新行动。
- 将已实施可互操作的新冠肺炎证书系统的国家与欧盟数字新冠通行证相关联，欧盟已公开了技术规范和基础软件；
- 向健康和可持续食品系统转型，加强就《农场到餐桌战略》和《生物多样性战略》的合作，就可持续食品系统对话，并开展双多边协商，支持在食品安全、动植物健康和可持续性方面合作。

（二）加强降低和应对灾害风险的工作

印太地区受到自然和人为灾害的极大影响。气候变化将放大这种影响，并使局势复杂化，增加人道主义需求。人道主义行动和早期预警系统可以很大程度上加强脆弱社区的复原力。欧盟将促进全球保护印太地区因灾害和气候变化而流离失所的人。

欧盟一直与阿富汗、巴基斯坦、伊朗及受自然和人为灾害最严重的东盟国家开展防灾合作，提供救援物资和应急小组应对紧急情况和灾害，并将继续与东盟灾害管理人道主义救援协调中心等组织一起支持灾害管理能力建设。抗灾基础设施联盟的行动也将纳入考量。

欧洲全球导航卫星系统将提供广播警报信息的新服务。欧盟哥白尼应急管理服务将协助印太国家开展救灾工作，并提供洪水、干旱和森林火灾的预警和监测信息。

第六节　议程执行：关键行动

欧盟将把本战略纳入现有区域和多边伙伴对话，并与成员国协调参与印太事务的方法。首脑会议、部长级会议等将加强战略的执行。欧洲议会将对此充分知悉。

执行本战略将从“邻里、发展和国际合作工具–全球欧洲”项目等来源获得资金。欧盟将利用欧洲可持续发展基金+支持的金融工具最大限度发挥预算的作用，确保从私营部门等广泛调动资金。

拟议欧盟行动要点：

• 通过多样化的经贸关系，制定符合价值观和原则的技术标准和法规，参与印太伙伴事务，建立更具复原力和可持续的全球价值链；

• 完成与澳大利亚、印度尼西亚和新西兰的贸易谈判，恢复与印度的贸易谈判并开始投资谈判，完成与东非共同体的《经济伙伴关系协定》，评估与马来西亚、菲律宾和泰国恢复贸易谈判的可能，与东盟进行区域对区域贸易协定最终谈判；

• 与马来西亚和泰国缔结《伙伴关系和合作协议》，开始与马尔代夫进行《伙伴关系和合作协议》谈判，充分落实即将与非洲、加勒比和太平洋地区达成的《伙伴关系协议》；

• 与印太伙伴缔结绿色联盟和绿色伙伴关系，应对气候变化和环境退化；

• 加强印太国家渔业管理和控制体系，打击非法、不报告和无管制捕捞，执行《可持续渔业伙伴协议》，以加强该区域的海洋治理；

• 扩大数字伙伴关系网络，探索制定新《数字伙伴关系协议》的可能；

• 加强与日本和印度的互联互通伙伴关系，支持合作伙伴建立恰当的监管环境，促进调动必要资金以改善欧洲和印太地区的互联互通；

• 加强“地平线欧洲”项目下的研究和创新合作，使澳大利亚、日本等印太伙伴参与此项目；

• 确保欧盟成员国加强海军部署，以保障印太地区海上交通线和航行自由，并提高印太伙伴确保海上安全的能力；

• 支持印太地区最不发达国家的医疗保健系统和防疫工作，在“地平线欧洲”项目下加强对传染病的合作研究。

委员会和高级代表请欧洲议会和理事会审议本联合通信，并就执行及审查进行合作。

第四十一章 《欧盟提升北极参与度，维护北极和平、可持续和繁荣》

2021年10月13日，欧盟委员会公布北极战略提案——《欧盟提升北极参与度，维护北极和平、可持续和繁荣》，旨在促进北极地区的稳定、安全与合作。新战略将进一步实施化石燃料开采禁令，努力构建停止购买北极化石燃料的多边法律框架，通过实施《欧洲绿色协议》提供缓解和适应气候变化的欧洲方案，并将继续与该地区的合作伙伴发展可持续合作关系，加快北极海洋治理进程。

第一节 总体介绍

欧盟(EU)位于北极地区，通过其环境足迹以及对北极的资源和产品需求等对北极产生重大影响。欧盟支持在北极开展多边合作，确保北极的安全、稳定、可持续、和平和繁荣，以保障欧盟的根本利益。

当前，北极面临严峻的气候变化威胁，且已面临前所未有的危机。北极对全球变暖尤为敏感，过去50年其变暖速度是地球平均速度的三倍。目前，北极海冰覆盖率处于1850年以来的最低水平，预计2050年前北极将出现夏季海面无冰的情况。格陵兰岛冰盖持续不断的减少和北极永久冻土的融化，导致海平面上升、天气系统紊乱、海岸侵蚀、生物多样性丧失和生态系统破坏等问题，其中海冰减少导致的反射光能损失(反照率效应)以及永久冻土融化导致的温室气体释放都急剧加速了气候变化。北极地区环境恶化的后果将波及全球，并以各种方式深刻地影响着自然和人类，原住民受到的影响尤为严重，将对代际平衡产生严重影响。联合国政府间气候变化专门委员会(IPCC)同期的报告再次强调了采取行动的紧迫性。

未来十年关系到应对气候变化和生物多样性危机的成败。欧盟在第26届联合国气候变化大会(COP26)召开前后分别通过了新《气候法》和“减碳55”(Fit for 55)一揽子计划，旨在承担全球责任。

北极地区的发展不仅受该地区政治和经济力量的推动，全球对北极资源和航道的浓厚兴趣使该地区成为地缘政治竞争的舞台，随时可能引发紧张局势，对欧盟的利益产生威胁。对北极而言，北极国家在应对区域挑战和机遇方面负有主要责任，但许多挑战已超出国界和区域边界，需通过区域或多边国际合作加以解决。欧盟全面参与北极事务是地缘政治的必然结果，欧盟的行动基于其价值观和原则，包括法治、人权、可持续发展、性别平等、多样性和包容性、支持基于规则的多边主义以及对国际法（特别是《公约》）的尊重。

第二节 政策目标

按照《北极问题的联合通信》的规定和2016年《欧盟外交和安全政策的全球战略》及欧盟委员会的政治优先事项，欧盟将通过以下方式提升北极参与度：①在不断变化的地缘政治格局中维持和平及建设性的对话，加强区域合作并制定新的安全挑战战略，以保持北极的安全和稳定；②采取有力行动应对气候变化挑战，通过环境立法、就黑碳和永久冻土融化等问题采取协调一致的行动，加强北极的复原力；③支持北极地区的包容性和可持续发展，使北极居民和子孙后代受益，重点关注原住民、妇女和青年人的需求，刺激就业，加大对蓝色经济的投资。

一、新地缘政治背景下的和平合作区域

欧盟将加强其战略远见，以区域合作为基础，侧重北极外交。在人身保护和搜救方面加强合作，维护北极安全。加强永久冻土融化的研究。

近年来，对北极地区感兴趣的国家数量急剧增加，北极作为地缘政治竞争的新舞台，对欧盟利益存在潜在威胁。同时，全球对北极资源和航道的关切促使北极军事活动急剧增加。欧盟致力于维护安全、稳定、可持续和繁荣的北极，要求北极必须保持其“稳定、和平的多边合作地区”的定位。欧盟理事会在2021年1月“关于气候和能源外交的结论”中指出，环境问题和气候变化对安全和国防至关重要，与伙伴国和联合国等国际组织通过多边关系开展密切合作十分必要。

俄罗斯在北极地区的军事部署反映了其全球战略定位和国内优先事

项，将带来安全挑战，同时进一步加剧气候变化。美国、挪威、英国、丹麦、加拿大和冰岛等国以及北大西洋公约组织都在密切关注事态发展。中国等其他参与者对北极关键基础设施、海上电缆、航运和网络空间等的关注度也逐渐提升。

申请北极理事会观察员地位的国家数量不断增加，形成了新地缘政治环境的缩影。为进一步提升欧盟参与北极理事会工作及专家小组活动的力度，欧盟重新申请正式观察员地位。欧盟将根据《北极理事会宣言》，与各观察员开展合作，继续为北极理事会做出贡献。

(一)加强战略远见

北极安全包括环境、经济和政治军事因素，欧盟密切关注北极安全领域的事态发展。气候变化和冰层融化带来了更大的地缘政治利益，围绕北极的战略竞争不断增加。欧盟将根据《2021 年战略展望报告：欧盟行动的能力与自由》中的行动领域，增强其把握战略趋势的能力，以更好地明确气候变化对北极以及全球安全环境的影响。欧盟将与包括美国、加拿大、挪威和冰岛在内的伙伴并肩同行，与北约开展战略合作，将研究气候变化对中长期安全的影响和共享研究数据作为与北约进行气候变化和安全交流的一个重要方面。

随着北极的经济和军事活动增加，欧盟卫星中心(EUSC)致力于提供与安全相关的地理空间分析数据，支持欧盟监测北极地区安全局势，采取建立信任、防止意外事件发生等措施加强北极稳定。“伽利略卫星导航系统”可提供搜救等安全保障服务，其公共监管服务将确保授权用户能够无限制、不间断地使用北极地区强大的导航服务，并提高该地区运营的安全性。

(二)以欧盟相互支持政策为基础

欧盟在《联合国海洋法公约》《联合国 2030 年可持续发展议程》的基础上制定政策，参与北极理事会、巴伦支海欧洲-北极理事会和“北方维度”(Northern Dimension，ND)政策框架的工作(参见重点 1)。

重点 1：欧盟和北方维度(ND)

ND 是欧盟、俄罗斯、挪威和冰岛的共同政策。

ND 伙伴关系涉及：①环境（包括核安全）；②公共卫生和社会福利；③运输和物流；④文化。

北方维度环境伙伴关系（NDEP）改善了波罗的海集水区的废水处理，解决了碳排放问题。项目通过欧洲复兴开发银行（EBRD）管理的 NDEP 支持基金（总计 3.5 亿欧元）运行。NDEP 的“核窗口”（Nuclear Window）是一个多边融资机制，旨在解决苏联时代俄罗斯西北部核遗产的相关风险。巴伦支海是世界上核废料和放射性废料堆积最多的地区之一。自 2002 年以来，捐助者已经向“核窗口”提供了 1.66 亿欧元，欧盟向“核窗口”捐助了 4000 万欧元。NDEP 极大改善了波罗的海的环境质量，降低北极水域辐射污染的危险。

欧盟建立了强大的北极研究网络，与加拿大、俄罗斯和美国签订双边科技合作协议。2016 年以来，欧盟通过北极科学部长级会议支持科学外交。全大西洋研究联盟（All Atlantic Ocean Research Alliance）已被要求加强北极研究。欧盟将把北极问题纳入与北极国家和其他国家（包括美国、加拿大、挪威、冰岛、俄罗斯、中国、日本、韩国、印度）及地区机构的对话。在欧洲对外行动服务局内设立北极事务特使，使欧盟成为北极外交联络点。

欧盟与格陵兰和法罗群岛有着重要的联系。为进一步巩固和加强欧盟委员会与格陵兰之间的长期合作，欧盟委员会将在努克设立办事处，以进一步加强和深化欧盟委员会与格陵兰政府间的伙伴关系，包括与北极事务特使密切合作，在共同关心的领域开展合作和对话。

重点 2：格陵兰

根据欧盟《海外组织决议》（《Overseas Association Decision》），格陵兰与欧盟开展对话以获得欧盟市场贸易优惠，成为欧盟支持的海外国家和领土中人均收入最高的地区之一（2021—2027 年期间预计为 2.25 亿欧元）。与欧盟的长期合作有助于加强格陵兰教育系统，知识和技能对格陵兰的社会经济发展至关重要。

2021 年更新的《欧盟与格陵兰可持续渔业伙伴关系协议》是欧盟与格陵兰长期合作、促进海洋资源的可持续利用的重要里程碑。欧盟寻求深化和扩大与格陵兰的伙伴关系，在绿色增长问题上进行合作。

欧盟在格陵兰岛设立办事处是加强双方伙伴关系的一个强有力信号。

(三)关于北极地区公民保护、安全和安保挑战的合作

全球对北极科学、资源、基础设施、交通和旅游的兴趣日益浓厚，安全问题的重要性随之凸显，需利用卫星收集环境、天气、冰、生物、航运和空中的相关数据并改善通信质量。受气候变化影响，野火和洪水在北极地区日益猖獗，北极理事会密切监测其发展变化，对响应能力水平的要求逐渐提升。

欧盟应对环境灾难危机的措施和经验将在北极发挥重要作用。欧盟将通过共同体民事保护机制(UCPM)和应急响应协调中心与主要合作伙伴开展合作。欧盟哥白尼应急管理服务在灾难发生前后提供监测、预警和地图测绘服务。欧盟的全球灾害警报与协调系统(GDACS)将改善重大突发灾害发生后的警报和协调工作。欧盟将提高哥白尼卫星和欧洲海洋观测与数据网(EMODNet)的能力，以更好地预测北极地区极端天气事件的影响。未来“伽利略卫星导航系统”的紧急预警服务将直接发送至受影响区域，为受灾难威胁的居民提供服务，特别是尚未覆盖陆地连接网络的偏远地区。

北极地区气候恶劣，天气不可预测，及时高效的搜救行动至关重要。“伽利略卫星导航系统”的搜救服务大大减少了海上救援所需时间，其信息网服务为在恶劣环境中工作的水手和飞行员提供了保障，目前“伽利略卫星导航系统”在全球范围内免费提供服务。欧盟将在海上搜救方面开展进一步工作，更多地利用欧盟卫星系统和欧盟机构提供的服务，同时通过北极海岸警卫队论坛促进海岸警卫队间的合作。为提高北极地区的船舶安全，欧盟支持国际海事组织(IMO)发布关于北极渔船和休闲船只的安全指南，制定有关航程规划和航行的强制性措施。

重点3：永久冻土融化

永久冻土和天然气水合物融化对北极构成风险，并对北极以外的地区产生了更广泛的影响，迫切需要解决相关问题。

气候变化：永久冻土融化释放的温室气体可能在北极和其他地区造成不可逆转的变化。欧盟将利用飞机、船舶和地面站的卫星观测数据，提高对这一过程的认识。

基础设施：超过70%的北极基础设施和45%的油气田都建在永久冻土

上，永久冻土融化会削弱基础设施的稳定性，增加海岸侵蚀的可能性。解决措施包括研发使永久冻土区域降温并保持稳定的装置和方法，提供永久冻土地区沉降和侵蚀的卫星数据以及制定更严格的建筑标准。

健康方面：国家卫生部门将监测和评估相关问题对人类、动植物健康造成的风险，如炭疽、永久冻土层中所含汞等污染物、污水管道损坏以及由于物种迁移和人类活动将病原体传播到永久冻土地区的风险。

进一步研究以制定适应和缓解措施，并增加对社区和可持续发展影响的认识。“北极热情”(Arctic Passion)项目将利用哥白尼卫星和现场观测数据，监测并预测永久冻土融化的情况。

一个关键目标是与北极国家，特别是俄罗斯进行更密切的合作，以改善环境和卫生安全，并制定缓解措施。此外，还需要了解气候变化、永久冻土融化与释放流行病病原体之间可能存在的联系。可建立一个监测系统，作为北方维度公共卫生和社会福利伙伴关系(NDPHS)的一部分，以检测此类病原体，并在该区域进行建模和预警。

卫生应急准备和响应管理局(HERA)将在预测健康威胁方面发挥关键作用，包括评估冻结在永久冻土中的细菌被重新激活所带来的危机。在未来可能出现的紧急卫生情况中，HERA 将与欧洲疾病预防和控制中心等机构合作，加强欧洲卫生安全架构以应对威胁。

二、加强北极抵御气候变化和环境退化的能力

欧盟认识到并将继续评估自身对北极地区的影响，旨在与国家、区域、地方以及北极社区密切合作。欧盟将重点对空气、陆地和海洋中影响北极地区的主要污染源以及对自然资源的不可持续开发采取行动。

(一)气候变化和生物多样性

气候变化和生物多样性存在相互依赖关系。欧盟是《联合国气候变化框架公约》和《生物多样性公约》谈判的主导力量。欧盟通过的新《气候法》包括到 2050 年实现气候中性、加强复原力等内容。“减碳 55”一揽子计划旨在使欧盟在 2030 年前将温室气体的排放量减少 55%，并将其转化为有利于北极的政策和承诺。欧盟还支持全球“30×30”目标，即通过建立海洋保护区网络和其他有效保护措施(OECM)，到 2030 年保护 30%的陆地和海

洋。欧盟也是《公约》执行“国家管辖范围以外区域海洋生物多样性(BBNJ)的养护和可持续利用协定”的坚定支持者。

北极海洋生物资源，包括鱼类资源的养护和可持续利用至关重要，欧盟是《预防中北冰洋不管制公海渔业协定》的缔约方(参见重点4)。

重点4：促进《预防中北冰洋不管制公海渔业协定》取得成功

该协议通过对中部北冰洋渔业采用预防性和基于科学的方法来保护海洋生态系统。欧盟对协定生效前的谈判和筹备工作做出重大贡献。作为对联合科学计划贡献的一部分，欧盟还将支持该协定的执行，在北冰洋中部进行研究。

为了保护北极，欧盟还支持在北冰洋指定海洋保护区，包括《保护东北大西洋海洋环境公约》(OSPAR)。

欧盟与欧洲航天局共同发布的《地球系统科学倡议》对于理解气候变化至关重要。哥白尼方案设有专门的北冰洋监测和预测中心，专门从事海冰观测和监测。欧盟将利用“地平线2020”计划中的“北极热情”等项目收集数据，进一步扩大北极服务，建立哥白尼北极主题中心，提供监测极地陆地和海洋的相关服务。

(二)解决塑料/海洋垃圾污染

到2030年，欧盟的塑料垃圾和微塑料减少目标分别为50%和30%。欧盟寻求达成一项全球塑料协议，以利用循环经济方法，解决塑料的全生命周期问题。此外，通过针对空气、水和土壤的《零污染行动计划》，欧盟将推动在全球打造无毒环境。欧盟积极参与北极理事会和OSPAR的工作，处理海洋垃圾问题。

(三)促进北极地区对减少黑碳的集体响应

黑碳导致区域性快速变暖，欧盟对大约36%的北极黑碳沉积负责。欧盟推动了一项政策以应对影响北极的黑碳排放挑战(参见重点5)。

重点5：黑碳

欧盟支持北极理事会的目标，即到2025年北极的黑碳排放量比2013年减少33%，并将努力实现这一目标。

欧盟鼓励所有北极国家确保北极社区使用可再生能源，减少柴油(电力)的使用，减少黑碳排放。

欧盟将在与北极理事会合作的基础上，与美国、加拿大和其他国家合作减少黑碳排放，以便与《零污染行动计划》保持一致。

欧盟还将促进合作，限制火灾(森林和泥炭)导致的黑碳排放，建议北极国家和非北极国家考虑建设和共享空中和地面森林消防方法。

欧盟将继续与北极理事会就关于黑碳的北极监测和评估方案密切合作。

作为国家减排承诺指令(EU)2016/2284 审查的一部分，NDEP 还将支持俄罗斯的黑碳项目，建立测量站网络。

“哥白尼全球野火信息系统”将监测北极火灾的影响及其排放量。

欧盟将继续加强哥白尼大气监测服务，提高预测全球黑碳气溶胶值的能力。

(四)支持北极的可再生能源

北极在可再生能源方面潜力巨大，欧盟将加强清洁能源合作，增进交流并探索清洁能源供应和能源转型。

(五)遏制化学污染

欧盟对北极圈以北的6%~8%的汞沉积负责，支持根据《水俣公约》采取有力行动，进一步遏制汞污染。欧盟即将修订的汞法规也有助于实现这些目标。

(六)降低海运的碳排放和环境足迹

欧盟对北极海运中排放的31%的二氧化碳和16.5%的黑碳负责。欧洲交通系统将向绿色和数字转型。

欧盟将领导在北冰洋推动零排放和零污染航运，符合《欧洲绿色协议》和“减碳 55”目标。欧盟认可 IMO 对北极航运的重油(HFO)禁令，并将推动其迅速和全面实施。欧盟及其成员国将促进北极航运减排。

(七)确保可持续和负责任的开发与加工，以实现“气候中性”

欧盟消耗了全球20%的矿产资源，但产出仅为3%。许多关键矿物依赖于少数或单一来源国。八个北极国家是关键原材料和其他原材料的重要供应商，欧洲北极地区已进行了重要的矿物开采活动，是创造当地增值产品和中下游产业的重要经济驱动力。

欧盟将促进采矿、废物管理和事故应对的环境、经济和社会评估，支持区域管理和循环经济实施。《欧盟的关键原材料行动计划》旨在确保欧盟工业可持续和安全地供应关键原材料。欧盟“关于可持续原材料的原则”强调健全的环境管理和生物多样性保护，促进能源有效利用，支持减缓和适应气候变化，并有助于提高原住民应对气候变化影响的复原力。该原则呼吁通过安全使用、回收、处置和从废物及其他二次资源中回收原材料，提高循环利用率。

通过可持续的原材料开采和加工，建立有弹性的欧盟价值链，将有助于北极地区通过创新和循环实现可持续发展，确保工作人员的健康和安全。通过清洁的绿色技术，提高对再生材料的利用能力，增加循环度，可以将采矿业对环境的影响最小化。欧盟将与全球合作伙伴一起为减少开发和加工过程对环境的影响制定最高标准。“地平线 2020”计划中的原材料研究和创新议题将包括生物多样性保护、环境友好、利用地球观测技术进行环境监测等。

其他全球参与者已经在迅速行动。获得足够的资源是欧盟“开放性战略自主”政策的关键，欧盟必须实现多元化的外部采购，以满足自身日益增长的需求。欧盟正与加拿大等资源丰富的国家发展战略伙伴关系，实现更紧密的价值链整合和研发合作，保持在环境、社会和治理标准上的一致性，以换取清洁合规的原材料。

欧盟也进口北极地区开采的石油和天然气。欧盟承诺通过实施《欧洲绿色协议》来实现《巴黎协定》规定的目标。欧盟部分暂停对北极碳氢化合物的勘探，致力于确保北极地区的石油、煤炭和天然气留在地下。

（八）加强北极的海洋治理

北冰洋最明显的变化是夏季海冰的消退，根据模型预测北冰洋将在未来十年内出现无冰夏季。温度变化会影响洋流，北温带海水酸化将对北极海洋和沿海生态系统产生显著影响。

《公约》为管理北冰洋提供了框架。欧盟将加强国际海洋治理，支持合作伙伴以确保清洁、健康和可持续地管理海洋。

欧盟与冰岛、挪威、英国、格陵兰和法罗群岛等合作伙伴将继续通过渔业协议等方式发展可持续关系，充分尊重管理斯瓦尔巴群岛及其水域的国际法律制度。

欧盟将加强哥白尼海洋环境监测局的能力，以满足北冰洋的具体需求。

三、刺激创新的绿色、蓝色和数字化转型

通过实施《欧洲绿色协议》，创建国际层面的优先事项，提供欧洲解决方案，减轻、适应和恢复气候变化带来的影响。

（一）促进科学、研究和创新，以造福北极

科学、研究、创新和技术是欧盟在北极地区的政策和行动的核心。欧盟在绿色、数字、健康和创新解决方案的合作中促进多边主义、开放性和互惠性。2014—2020 年间，欧盟对“地平线 2020”计划中的北极相关研究投资了约 2 亿欧元，用于支持北极科学发展。

卫星、大数据、人工智能和先进建模等创新技术可能会改变北极经济，使航运、渔业和旅游业等部门提高其可持续性和循环性，而蓝色技术、海上可再生能源、氢气和海上安全等新兴部门也依赖于创新和技术。

大多数“地平线 2020”计划资助的北极项目都涉及原住民，他们拥有北极生态系统的历史和当地知识。将通过第二个“欧盟极地网络”计划（EU-PolarNet2）下的专门研讨会和全大西洋研究联盟开展进一步工作（参见重点 6）。

重点 6：欧盟极地网络（EU-PolarNet）

EU-PolarNet 负责协调“欧盟极地集群”（EU Polar Cluster），该集群由欧洲极地委员会、斯瓦尔巴综合北极地球观测系统和 21 个欧盟资助的极地项目组成，包括北极生物多样性发展和变化、冰盖变化和海平面上升预测、北极的适应和可持续发展、北极标准化的能力建设等项目。

（二）优先考虑北极地区居民

由于不断增加的气候和社会经济压力，北极地区受到人口迁移进程的

影响随之增大。预计未来北极的总人口数将保持相对稳定，但不同北极地区之间的人口增长率和迁移量存在重大差异。欧盟将投资北极人民的未来生活，促进教育、可持续经济和就业，让年轻人、妇女以及原住民更多地参与北极决策。

人民是促进社会可持续发展和复原力的关键。北极地区在种族、治理、经济、人口、移民模式等方面存在差异，可持续发展需要各级决策管理人员进行包容、多样和有意义的对话。

“北极利益攸关方论坛和原住民对话”活动已成为欧盟北极政策的组成部分。欧盟定期与商业团体(如北极经济理事会)、代表市政当局的组织(如北极市长论坛)以及北极地区代表(如北部人口稀少地区网络)进行讨论。欧盟还与萨米理事会保持定期联系。

新冠病毒暴发警示提高对北极气候变化造成的健康威胁了解十分必要。(参见重点 7)。

重点 7：健康和复原力

欧盟的目标是与世界卫生组织和受影响最严重的北极地区当局开展项目合作，以加强和分享疾病暴发、自然灾害、气候变化和环境退化对野生动植物和人类构成威胁的知识。欧盟支持由北极理事会可持续发展工作组管理的“同一北极、同一健康”(OneArctic, OneHealth)项目。

欧盟的凝聚力政策，特别是“Interreg 北部边缘和北极计划”，为萨米人和因纽特人提供支持，根据北极地区特点，为跨境人员接触提供框架。

《联合国原住民权利宣言》是欧盟人权政策的重要组成部分。欧盟将根据《国际劳工组织第 169 号公约》促进原住民的权利和自由，并鼓励在自由、事先知情同意的基础上，与原住民充分协商和合作。

欧盟将在北极政策公众协商期间与青年保持密切联系，定期与来自北极的青年代表进行商讨。北极的青年组织已经参与了由伊拉斯谟计划(Erasmus+ Programme)资助的行动，以开发项目，并提供有关工作和培训、流动性学习或其他行动机会的信息，冰岛和挪威全程参与该方案的各项进程。

如果没有性别平等，就不可能实现真正的可持续发展。欧盟对北极科学的承诺有助于更好地理解气候变化、环境变化、移民模式和工业发展中的性别因素。欧盟支持女性在萨米理事会领导层中占据重要地位，确保在起草适用于北极的政策时能聆听女性的声音。欧盟将通过“邻国、发展和国际合作项目”资助与北极青年和女性相关的行动方案，促进城市间的合作。

（三）促进区域可持续发展

欧盟的北极政策旨在刺激创新的绿色转型，北极地区可以在创新领域展示就业机会，包括：绿色能源、可持续采掘业、电子保健、连通性和基础设施、可持续旅游、绿色技术、渔业和农业等（参见重点 8）。

欧盟的北极资金资助了瑞典北部和芬兰东北部关于农村凝聚力的政策计划，“Interreg 北部边缘和北极计划”涉及法罗群岛、冰岛、格陵兰、挪威和俄罗斯，扩大了欧盟行动的范围。《农村地区长期愿景倡议》为在北极地区建立更强大、互联互通、繁荣和有复原力的农村地区制定了共同的欧洲愿景。

欧盟 2021—2027 年的凝聚力计划将重点关注绿色和数字转型，通过智能专业化战略、创业融资和针对北极年轻人的倡议，为智能经济转型提供支持。芬兰和瑞典北部地区有资格获得新的“公正转型基金”，旨在减轻向气候中性经济转型所造成的社会和经济成本压力。

重点 8：投资北极

投资欧洲（InvestEU）计划适用于北极地区。欧洲投资银行（EIB）将与北欧投资银行等国际金融机构共同发挥关键作用。任何非欧盟国家都可以通过捐助 InvestEU 而与之关联。

InvestEU 能够为欧盟关键政策领域项目提供 3700 亿欧元的担保融资预算额，包括绿色和数字转型、研究和创新、欧洲卫生部门的新行动领域及战略技术。

通过专门的在线投资和信息门户网站，受益者更容易支持欧盟已有的和新的欧洲北极可持续发展计划。通过支持绿色转型的创新技术和解决方案的发展，帮助欧洲北极地区从欧盟复苏计划的投资中获益。欧盟复苏计划强调能源效率、可持续能源和产业转型。此外，欧盟气候行动创新基金还支持在海洋环境中开展低碳技术示范项目。

欧洲投资银行将支持北极地区的绿色能源，提高资源效率和促进可持续生产进程实施循环经济的项目均可获得融资和投资。

(四)连接北极

在北极缺乏全面覆盖的地面连接设施的情况下，欧盟将通过空间安全连接方案提供：

1. 政府安全通信，保护恶劣北极环境下的关键基础设施、危机管理、远程医疗、海上和空中监控；

2. 用于5G/6G通信、物联网、电子健康、空中和海上连接以及智能教育的商业安全通信；

3. 全面贯通高速宽带，确保北极地区和欧盟成员国的凝聚力，解决数据信息不对等问题。

“连接欧洲基金”的数字工具将向北极地区开放，为5G跨境走廊、5G智能社区、连接高性能计算机中心、海底电缆系统等项目提供资金。

吕勒奥、凯米、奥卢、纳尔维克和哈默菲斯特等欧洲交通网(TEN-T)中的港口形成了海陆运输的重要联系。将通过“连接欧洲设施基金”拓展运输通道，以运输源自北极地区的货物，并挖掘北方海航道的潜力。

第三节　结　论

欧盟承诺将提升参与北极地区及其周边地区活动的力度，以应对地缘政治、环境、经济、安全和社会挑战，与其他伙伴共同应对新挑战。欧盟委员会和高级代表将与欧洲议会、理事会和其他机构合作，共同执行上述行动。欧盟将扩大与北极及其他地区所有重要伙伴和利益攸关方的合作，致力于打造一个安全、可持续、繁荣与和平的北极地区。

第四十二章 《欧盟可持续蓝色经济新方法》

2021 年 5 月，欧盟委员会发布《欧盟可持续蓝色经济新方法》，旨在将"蓝色经济"完全纳入《欧洲绿色协议》，通过海上可再生能源开发、海上运输脱碳和港口绿化等手段，助力应对气候变化；更新渔具设计标准、船舶拆解标准和海上平台退役标准，采取行动减少塑料和微塑料污染；在沿海地区发展绿色基础设施以保护生物多样性，助力旅游业和沿海地区经济发展。

第一节 可持续蓝色经济概述

《欧洲绿色协议》要求将欧洲转型为现代化、有竞争力的资源高效型经济体，逐步实现温室气体净零排放，保护自然资本。《欧洲复苏计划》提出推动绿色和数字转型，使欧洲经济对子孙后代更加公平、更具弹性、更可持续。"蓝色经济"可帮助应对这一双重挑战：可持续蓝色经济将成为创新行动和思路的源泉，刺激经济快速且持久复苏。

欧洲蓝色经济创造了 450 万个直接就业机会，涵盖与海洋和海岸有关的所有行业和部门。过去十年，欧洲采取了重大措施来促进蓝色经济现代化和多样化。传统行业和海洋可再生能源、蓝色生物经济、海水淡化等新兴行业都在发展壮大，提供了新前景。这些行业的发展和其他经济活动给海洋环境带来了污染。气候变化和温室气体排放给海洋、海岸和周边居民带来了毁灭性影响。再加上资源过度开发和生物多样性丧失，对"蓝色经济"和整个社会的复原力构成严重挑战。

本文件从系统角度出发，将海洋政策纳入欧洲的新经济政策。海洋及"蓝色经济"对实现《欧洲绿色协议》提出的转型不可或缺。需要更好地连接绿色政策和蓝色政策，同时将此方法扩展到欧盟之外，在全球海洋治理中发挥示范作用。

本文件为蓝色经济制定了详细的议程，使其在实现《欧洲绿色协议》的目标中发挥重要作用。蓝色经济有能力推动绿色转型，用清洁、具备气候防御能力和对海洋环境影响轻微的可持续活动取代无节制的扩张行为。环境保护与经济发展并不冲突，我们需要将重点从“蓝色增长”转向可持续的蓝色经济。

欧洲海洋是全球应对气候和生物多样性危机的重要组成部分。必须扩大海洋保护，2030 年将保护率从目前的 11%提高到 30%，实现海洋污染防治目标，充分利用欧洲自然和海洋资源，实现欧洲 2030 年目标和气候中和目标。

本文件呼吁蓝色经济经营者支持《欧洲绿色协议》原则。向可持续蓝色经济的转变将有赖于与利益攸关方更密切的接触，必须将所有团体和行业围绕共同愿景团结起来。本文件(第二节)提出了关于脱碳、自然资本保护、循环经济和负责任的食品生产的蓝色经济议程。尽管并不详尽，但它宣布了一些新的计划，并说明了一些实现转型的工具(第三节)和促进因素(第四节)。

第二节　转变蓝色经济价值链

一、实现气候中和与零污染的目标

可持续蓝色经济为实现《欧洲绿色协议》的目标提供了诸多解决方案。欧盟希望在 2030 年前将温室气体排放量至少减至 1990 年的 55%，并在 2050 年前实现气候中和。海洋可再生能源有助于实现这些目标，并在 2050 年提供欧盟 1/4 的电力。欧盟委员会在 2020 年发布了一项欧盟海洋可再生能源新计划，目标是到 2030 年将海洋可再生能源产能提高 5 倍，到 2050 年提高 30 倍。

《欧洲绿色协议》要求将海洋运输在内的所有运输方式的温室气体排放量减少 90%。2020 年欧盟《可持续和智能交通战略》旨在于 2030 年前将第一批零排放船舶推向市场，并通过明确措施实现海洋运输脱碳。与此同时，可持续海运燃料海事倡议将促进可再生低碳燃料生产，并促进船舶停泊时使用陆上电力供应。《全欧交通网络条例》和《替代燃料基础设施指令》都将进行修订和调整，确保部署充足的燃料添加基础设施。

欧盟委员会计划在欧盟水域现有排放控制区的基础上，在地中海指定新的区域，并在黑海部署类似工作。

港口对区域和国家的连通和经济至关重要。港口的未来还在于发挥其作为能源枢纽对循环经济、通信和产业集群的关键作用。另一个重点是使用智能数字化解决方案，优化港口内和港口周围的交通流量和货物处理，以改善经营者工作条件和周围社区生活条件，促进专业休闲港口和渔港实现绿色运营。

为支持能源生产、促进海洋运输以及港口脱碳和消除污染，欧盟委员会将：

(1)创建海洋用户蓝色论坛，作为各海上产业经营者、利益攸关方和科学家的对话平台；

(2)通过以下方式促进欧盟资金在绿色海洋运输方面的使用：增加短途海运，不使用污染严重的运输模式；改造升级欧盟海运船队，提高能源效率；发展欧盟高度先进的制造和技术能力；

(3)争取利用新的欧洲海洋、渔业和水产养殖基金，支持捕鱼船队采用更清洁的发动机和清洁技术；

(4)追求《可持续和智能交通战略》强调的零排放港口目标；

(5)通过强化欧盟民事保护机制和欧洲海事安全局的防污染措施，支持成员国预防和应对海洋污染事故。

二、循环经济与污染防治

蓝色经济可以为多方面防治污染发挥重要作用，并从防治污染行动带来的新机遇中受益。

保持欧洲海洋清洁的重要承诺将得到欧盟《一次性塑料指令》的支持。委员会正在为渔具的循环设计制定标准，以促进渔具重复使用和回收。旨在减少遗弃渔具损害的措施参见委员会关于修订欧盟《渔业管制条例》的提案。欧洲海洋、渔业和水产养殖基金将继续为渔民提供财政支持，以收集垃圾和回收渔具，并按照欧盟《港口接收设施指令》规定，资助港口进行适当处理。

优先防止垃圾进入大海是关键。欧盟零污染行动计划旨在加强应对营养物质、污染物、垃圾和水下噪声污染的行动。

发展循环模式和循环解决方案也至关重要。2020 年欧盟循环经济行动计划提出了旨在尽可能长时间地保持经济活动中的材料和资源，最大限度减少浪费并提高循环性的议程。对于大型船舶回收，欧盟委员会计划在 2023 年前修订《船舶回收条例》，以扩大其范围并加强现有制度。对退役海上石油天然气平台的环境无害管理和最佳处理，欧盟遵循《保护东北大西洋海洋环境公约》，并将考虑修订相关立法。

为解决海洋中的主要污染源并促进回收解决方案，欧盟委员会将：

(1)在 2030 年前将海上塑料垃圾、进入海洋的营养物质以及化学农药的使用和风险减少一半；

(2)限制微塑料有意排放，制定关于微塑料无意排放的标签化、标准化认证和监管措施，包括采取措施增加在产品全生命周期对微塑料的捕获；

(3)确保报告在港口捕获的垃圾，并确保对使用后的塑料渔具进行回收。委员会将制定相关实施法案，并已要求行业标准化机构制定可回收渔具的标准；

(4)提议修订欧盟《船舶回收条例》和欧盟对海上平台的退役要求，确保海洋环境得到适当保护。

三、生物多样性和对自然的投资

生物多样性养护和恢复应被视为海洋经济活动的基本原则。

《欧盟 2030 生物多样性战略》强调，把保护范围扩大到欧盟 30% 的海域并建立生态廊道，将扭转生物多样性丧失趋势，有助于应对气候变化和提高复原力，同时产生财政社会效益。保护和恢复沿海生态系统，可以极大促进《欧洲绿色协议》脱碳目标实现。同样，设计人工鱼礁、恢复重要的海底生境以及开发去污染区或抗富营养化的解决方案，是重建生物多样性，恢复沿海和海洋生态系统的关键。根据欧盟立法，采取基于生态系统的前瞻性管理方法，将减少捕鱼、矿物开采和其他人类活动对海洋生态系统的不利影响。此外，欧盟委员会制定了渔具和网目尺寸规格，设定了禁渔区域和禁渔期。欧洲海洋、水产养殖和渔业基金将支持向破坏性更小的捕捞技术过渡。

为保护和恢复海洋生物多样性，欧盟委员会将：

(1)提出一项具有法律约束力的欧盟目标提案，以恢复退化的生态系统，特别是主要的鱼类产卵、育苗区和极具碳捕获、碳储存潜力的地区，并预防和减少自然灾害；

(2)在2021年底前提出一项新行动计划，以养护渔业资源和保护海洋生态系统，其中将特别研究保护敏感物种和生境的必要行动；

(3)与成员国、区域和欧洲环境署合作，在2021年底前确定和选定更多海洋保护区，并明确严格保护的含义；

(4)促进和支持地方参与性计划，将海洋资源的再生与保护当地生计相结合。

四、沿海地区的复原力

气候适应应以基于自然的解决方案为基础，在沿海地区，发展绿色基础设施将有助于保护生物多样性、沿海生态系统和景观，加强旅游业和沿海地区经济的可持续发展。据估计，1990—2020年，欧盟每年用于保护海岸线免受侵蚀和洪水危害的公共支出超过50亿欧元。如不采取行动，欧盟沿海地区生态系统服务丧失每年将带来3400亿~3600亿欧元的损失。欧盟有关适应气候变化的新战略提出了一个应对框架。根据这项战略的指导方针，欧盟委员会将：

(1)缩小知识差距，激励创新，提高沿海地区气候复原力；

(2)提高哥白尼和欧洲海洋观测与数据网的观测、建模和预测能力，更好地预测极端天气事件和区域性海平面上升的影响；

(3)促进同一海盆内有共同需求的沿海地区和岛屿之间合作，制定适应性战略和海岸带综合管理措施，投资可持续的沿海防御并调整沿海经济活动；

(4)在欧盟基金的支持下，协助成员国进行长期规划，分阶段进行投资。

五、负责任的食品体系

通过更好地利用海洋资源和选择食物、饲料的替代来源，蓝色经济有助于减轻食品生产的气候和自然资源压力。

当前的食品生产和消费体系是造成碳排放、污染和生物多样性丧失的行业之一。使该体系实现可持续发展是欧盟委员会“从农场到餐桌”战略的目标，其方法贯穿于蓝色经济各个方面，包括负责任捕捞活动、可持续水产养殖以及藻类生产。

欧洲渔业在将欧洲鱼类种群恢复到可持续水平并达到《共同渔业政策》的可持续性标准方面取得了长足进展，但重大挑战仍然存在。

欧盟《渔业管制条例》的不断修订和全面记录渔业和敏感物种副渔获物的需求，证实了从传统管制方法向新数字系统过渡的重要性。

渔业数字化和先进工具可以优化捕捞作业，同时进行数据收集分析，改善控制和监测，减轻行政负担，最终支持推广海洋生物资源的可持续管理。采取可持续管理方式，水产养殖将成为负面影响较小的食物和饲料来源。发展负面影响较小的水产养殖和环境服务，可促进《欧洲绿色协议》、从农场到餐桌战略以及可持续蓝色经济。欧盟水产养殖的新战略指导方针提出了实现这一转变的愿景和操作路径。投资微藻作为动物饲料新来源，有助于减少作为动物饲料的野生鱼类的捕获量。在海洋中生产藻类也有助于去除水中多余的碳、氮和磷。将藻类以及海基新食品和饲料产品引入欧盟市场是发展可持续食品行业的一个重大机遇。委员会还将探索细胞基础的海产食品作为创新和可持续性替代品的潜力。

“从农场到餐桌”行动计划包含一项可持续食品标签框架，将使消费者做出明智选择。欧盟食品供应链中负责任的商业和营销行为准则将做出承诺，支持渔民和水产养殖户的可持续努力，并使海产食品价值链更加可持续。

为了在蓝色经济中建立可持续的食品体系，欧盟委员会将：

（1）在 2023 年前提出一项建立渔业和水产养殖产品框架的立法提案，加快和促进向可持续食品体系的过渡；

（2）在 2022 年提出关于海产品的现代的、可持续的市场标准立法提案，为消费者和经营者提供关于海产品的环境和社会可持续性及碳足迹相关信息；

（3）在 2022 年通过藻类专项计划，支持欧盟的藻类产业发展。通过削减申请成本、促进市场准入、提高消费者对藻类产品的认识和接受度并缩小知识、研究和创新方面的差距来促进藻类作为新型食品获得授权；

（4）支持渔业管制的数字化转型，并通过修订渔业管制体系促进渔业规则的执行，以便逐步建立先进的渔业数字化管制机制；

(5)评估细胞海产食品的潜力、研究及投资需求；

(6)在实施欧盟《共同渔业政策》时，加强地中海和黑海的渔业管理，与利益攸关方密切合作，快速实施西地中海多年度渔业管理计划。

第三节 支持可持续蓝色经济的发展

一、海洋知识

高质量海洋数据是蓝色经济可持续转型的先决条件。欧洲海洋观测数据网整合了数百家机构的观测数据，使欧盟成为共享海洋数据和海洋观测的最佳实践典范。哥白尼海洋环境服务可提供欧盟以及世界范围内海域的卫星测量及预测数据，同时正在提高海洋的数字化程度、数据的分辨率和可用性，并将这些数据转化为知识和工具。此项工作，特别是地球“数字孪生”计划的开发，将通过监测和模拟海洋变化动态，应对复杂的环境变化及其社会经济后果。这也将成为对联合国“海洋科学促进可持续发展十年”计划的切实贡献。

社会经济数据是政策制定者和企业的重点投入方向。2018 年以来，《蓝色经济报告》对欧盟的蓝色经济做了系统性描绘，作为重要指标和工具持续跟踪着欧盟的蓝色经济进展。欧洲渔业和水产养殖市场观察组织和《蓝色生物经济报告》收集、整理并宣传了关于捕捞和水产养殖市场以及海洋生物资源创新性利用的数据。

为增加向可持续蓝色经济过渡所需的知识，欧盟委员会将：

(1)在 2022 年前制订一项海洋观测计划，组织和协调海洋数据收集工作；

(2)2021 年与欧盟委员会联合研究中心共同建立蓝色经济监测中心，该监测中心将每年发布《蓝色经济报告》，并提供蓝色经济脱碳进展的最新情况；

(3)出台成熟方法，将“自然资本”概念融入经济决策，同时评估和量化海洋生态系统服务的经济价值以及保持海洋环境健康的社会经济成本和效益；

(4)扩大哥白尼海洋服务的业务范围，使其成为欧洲海洋预测的重要参考及泛欧和全球海洋气候中心；

（5）进一步投资建模，在时空上更好地监测生物生态系统和渔业资源。

以上举措均符合欧盟委员会发布的《欧洲数据战略》，使公共部门的数据可重复使用并能够在欧盟内部进行跨部门自由传输和使用。

二、研究与创新

使蓝色经济成为驱动可持续创新的思想和行动源泉，海洋和海事部门的研究与创新至关重要。

大数据、人工智能、高级建模、精密传感器和自主系统等创新技术很可能在近期内给蓝色经济行业带来很大改变，提高航运、渔业和旅游业等传统行业的可持续性和循环性。

“地平线欧洲”项目的研究与创新投资将支持转型过程，以创建可持续的蓝色经济价值链，并实现绿色和数字化双重转型。“地平线欧洲”项目框架下的新任务和欧洲伙伴关系将赋予公民和各领域从业人员共同设计和实施解决方案的能力。

《智能专业化战略》与“地平线欧洲”项目密切配合，有助于在欧洲区域发展基金框架下推动创新。新的区域创新投资倡议将支持发展欧洲价值链的区域间项目，欧盟气候行动创新基金将支持海洋环境中的低碳技术示范项目。

欧盟委员会将通过以下举措为可持续蓝色经济开发一个泛欧创新系统：

（1）候选项目“健康的海洋、沿海和内陆水域”将致力于减少对海洋和淡水生态系统的干扰，解决生物多样性丧失和污染问题，推动蓝色经济解决方案，实现气候中和；

（2）将于2023年启动的“欧洲气候中和、可持续和富有成效的蓝色经济新伙伴关系”将采取公共计划形式，由欧盟、各国政府和国家研究机构共同资助。

三、投资

实现《欧洲绿色协议》的目标需要进行大量投资，可持续性是一切投资决策的主流和需要解决的关键问题。

在私人资本方面，欧盟委员会、欧洲投资银行、世界自然基金会与私营和公共金融机构合作确定了针对投资可持续海洋的原则。迄今已有50多家金融机构加入可持续蓝色经济金融倡议。目前正在开发的欧盟可持续投资分类法是界定可持续海洋经济活动的重要工具。

欧盟的公共资金对不太成熟的技术和项目仍至关重要。新"投资欧盟"计划将涵盖海洋港口运输、海洋可再生能源、生物多样性保护和恢复、可持续水产养殖和海洋观测等领域。凝聚力政策基金将继续支持和利用绿色和净零碳解决方案，为转型项目提供支持。另外，欧洲恢复和复原力基金将支持欧盟成员国向现代、资源高效、有竞争力和有弹性的经济转型。相关国家计划将支持蓝色技术和能力的改革与投资，排除对环境造成重大损害或破坏海洋资源可持续利用的项目。

为扩大对本文件中关键优先事项的公共和私人投资，欧盟委员会将与欧洲金融机构合作：

(1)与欧洲投资银行合作，减少欧洲海洋污染，考虑激励私人投资者和公共开发银行加入该项工作；

(2)与欧洲投资基金合作，探索促进可持续蓝色经济共享管理金融工具的框架；

(3)为帮助小型企业，欧盟委员会蓝色投资平台将为其创造接触投资者的机会并提供建议，在"投资欧盟"计划框架下提供预算担保，结合欧盟预算财政支援方案，利用私人资本为"蓝色科技"初创企业和早期公司的风险资本提供资金；

(4)修订欧盟国家援助规则和欧洲《可再生能源指令》，支持以环保高效的方式推广清洁能源。

四、蓝色技能和就业

欧洲双重转型仍提供了巨大的就业潜力，挖掘这一潜力的关键是使前沿技术企业能够吸纳优质劳动力。

欧洲新技能议程通过升级和再培训帮助企业和个人适应数字化流程和新技术。在伊拉斯谟+项目下发起的海洋技术发展联盟阐述了如何弥补海洋可再生能源和造船业的差距，并提出了将在国家和区域层面展开的技术战略。

自2016年以来，“蓝色职业计划”一直为蓝色经济职工的再培训提供援助。为促进海洋领域就业的性别平衡，欧盟委员会将对从事海洋事业女性的数据收集、整合和分析进行投资。

2021年，欧盟委员会提出了“欧洲社会权利支柱行动计划”及其20项原则。欧洲海洋、渔业和水产养殖基金特别支持对渔民的培训和技能提高。欧盟致力于通过在蓝色经济领域开展技能培训、改善海员和渔民工作条件来保障蓝色经济从业者的健康和安全。

欧盟委员会的目标：

(1)鼓励并推动根据欧盟行业战略中确定的蓝色经济相关行业的技能协议建立技能伙伴关系；

(2)2022年在欧洲海洋、渔业和水产养殖基金下发起一项蓝色职业提案征集活动和一项针对女性的提案征集活动；

(3)促进国际劳工组织和国际海事组织公约的对接和运用，改善从业者工作条件，提高对船员的培训要求和行业竞争力。

第四节　为可持续治理创造条件

海洋可为全人类带来惠益，但存在不考虑后果的过度开发风险，这就需要在空间规划、公民参与、区域合作、海上安全和国际政策方面制定广泛接受的规则和公约。

一、海洋空间规划

海洋空间规划可防止政策优先事项间的冲突，并协调自然保护和经济发展的关系。涉及公民和利益攸关方的公共协商是海洋空间规划制订与实施过程中的基本部分。

海洋空间规划在实现欧洲脱碳和生物多样性保护目标方面发挥核心作用。《欧盟生物多样性战略》指出，为采用基于生态系统的管理方法，海洋空间规划应致力于覆盖所有海洋产业，欧洲《海洋空间规划指令》确保在规划早期阶段就能确定并避免对自然环境的潜在负面影响，同时确保与欧洲《能源和气候计划》以及《海洋战略框架指令》中定义的良好环境相一致。

欧盟委员会将：

(1)在 2021 年 3 月国家海洋空间规划通过后，于 2022 年报告《欧盟海洋空间规划指令》的执行情况，并就欧盟委员会如何促进国际合作、鼓励成员国将海洋可再生能源发展目标纳入各自国家海洋空间规划提出建议；

(2)2021 年开始审查《欧盟海洋战略框架指令》，并根据结果在 2023 年前对该指令尽可能进行修订；

(3)为基于生态系统的海洋空间规划方法制定指南，并结合同一海洋空间的不同活动，促进海洋空间的多用途利用。

二、公民参与和海洋知识

可持续蓝色经济政策将鼓励公民参与，并据此得以完善。

欧洲公民高度重视海洋健康，支持以可持续发展方式对待海洋。现代化移动应用程序允许公民跟踪、监控或报告观察到的环境破坏现象或行为，欧盟备选海洋任务之一就是利用新方式吸引欧盟公民参与并赋予其权力。

欧盟委员会发起的 EU 4 Ocean 联盟将为欧洲学校建立网络，将海洋问题带入课堂。EU 4 Ocean 联盟将确保致力于海洋保护的组织开展联合项目，让公民参与其中。

委员会将与联合国教科文组织政府间海洋学委员会、欧盟成员国和国际伙伴合作，促进联合国“海洋科学促进可持续发展十年”计划的海洋知识项目。

三、区域合作和对沿海地区的支持

沿海地区和岛屿是蓝色经济发展的关键地区。欧盟将继续支持合作，为每片欧洲海域制定有针对性的战略，并将同样的合作方式推广至与欧盟共享海域且海洋生物资源和地理经济特征类似的邻国。

欧盟委员会支持宏观区域的合作框架，即《大西洋行动计划 2020》《西地中海海洋战略》《黑海共同议程》《欧盟亚得里亚海和伊奥尼亚海区域战略》以及《欧盟波罗的海区域战略》。

欧盟一半以上的旅游酒店产业位于沿海地区，30%的酒店位于海滩度假区。海洋和沿海旅游业作为蓝色经济的支柱，与其他领域各部门密切相关，在疫情中受到严重打击。为此，欧盟委员会制定框架，旨在重启安全的旅游业，为更具复原力和可持续性的海洋和沿海旅游业铺平道路。

近年来，气候友好型和可持续的旅行体验愈发受到旅行者欢迎，疫情则进一步推动了对“慢游”和户外自然旅游目的地的需求。预计“可持续性”将在旅游选择中更加突出，更具可持续性的生态旅游目标和趋势可指导欧洲国家、区域和地方各级财政和投资的运用。

为支持沿海地区恢复，欧盟委员会致力于：

(1)帮助城市和地区进行绿色和数字转型，充分利用欧盟各项资金和激励措施，委员会将制订一揽子支持计划和战略指导，敦促成员国将海域和宏观区域战略纳入欧盟基金的规划；

(2)通过欧盟基金促进和支持海洋和沿海生态旅游的发展。欧盟的支持将着眼于展示欧洲大陆多样化的海洋遗产，管控游客流量，提供多样化服务，扩大淡季旅游；

(3)根据2017年议程文件，欧盟委员会将继续支持最外围区域，保护多样化的生态系统，制定外围区域的可持续蓝色经济战略，交流最佳实践，应对共同的气候适应挑战；

(4)推动与邻国和其他国家的伙伴关系持续深入，以发展蓝色经济供应链。睦邻、发展及国际合作机制、欧盟援助机制和其他欧盟基金将持续支持合作倡议，特别是实施《地中海联盟关于可持续蓝色经济的第二次部长宣言》、与南部邻国的新伙伴关系以及《西巴尔干经济投资计划》。

四、海上安全

安全可靠的海洋空间是维护欧盟战略利益的先决条件。

欧盟的海上安全战略和相关行动计划为海上安全挑战提出了合作性对策，最重要的挑战是环境安全，涉及观测预报和气候变化应对以及预防非法排放、废物倾倒、事故和其他环境风险。交流现场观测、空中和卫星数据等信息，是应对安全挑战、防止海上非法活动和执法的关键因素。欧盟的三个主要机构在海岸警卫队职能方面的合作产生了显著效果，为加强信息交流，欧盟委员会开发了海洋领域信息共享系统(CISE)。

CISE允许多个民事、军事部门和跨境当局就海上事件实时交流信息。该计划目前的过渡阶段将持续到2023年，由欧洲海事安全局在成员国和其他欧盟机构的密切参与下管理。

欧盟委员会将：

提议在2024年根据过渡阶段结果推动CISE正式运营，在欧盟海上监视机构之间建立一个成熟的信息共享系统。

五、促进欧盟之外的可持续蓝色经济

促进欧盟的可持续蓝色经济不能仅限于欧盟范围内。因此，欧盟的责任不仅在于捍卫欧盟市场免受不可持续产品和做法的危害，还在于确保欧盟企业在全球市场的公平竞争环境，同时促进欧盟的专业知识、环境行动和法治对外传播。

根据《公约》以及《国际海洋治理议程》，欧盟委员会将继续在国际上为可持续的蓝色经济创造条件。委员会将支持欧盟伙伴关系和协议内的可持续海洋发展，并在区域渔业管理组织中促进可持续渔业发展，继续根据欧盟法规打击非法捕捞和海产品作假行为。通过《可持续渔业伙伴关系协议》，委员会将继续改善伙伴国的渔业治理。

在国际谈判中，欧盟应倡导在充分研究深海采矿对海洋环境、生物多样性和人类活动的影响、了解其风险并证明技术和作业实践不会严重损害环境之前，不得在国际海底区域开采海洋矿物。

欧盟委员会将：

(1)在联合国《生物多样性公约》第十五次缔约方大会上，倡导建立《2020年后全球生物多样性框架》，以保护和恢复海洋生态系统和生境，并涵盖一项保护世界上至少30%海洋的全球协议；

(2)支持在第四届《公约》政府间会议上就国家管辖范围外海域的生物多样性缔结一项具有法律约束力的协定，促进公海资源养护和可持续利用；

(3)牵头达成一项关于塑料问题的全球协议，鼓励采用循环经济方法解决塑料问题，为在全球范围内更有力地协调应对塑料污染奠定基础；

(4)努力完成世界贸易组织关于渔业补贴的多边谈判，落实可持续发展目标14.6，即禁止导致产能过剩和过度捕捞的渔业补贴形式，取消助长非法、不报告和无管制捕捞的补贴；

(5)利用欧盟委员会影响力，帮助促成在南极海洋生物资源养护委员会框架下指定“南大洋”三个海洋保护区的提案(东南极、威德尔海和南极

半岛);

(6)支持非欧盟国家推进蓝色经济，委员会将提供财政支持，将可持续的蓝色经济方法纳入全球海洋治理合作中。委员会将考虑设立一个欧盟–非洲蓝色工作组;

(7)支持多边倡议，如“联合国生态系统恢复十年”计划和联合国“海洋科学促进可持续发展十年”计划;

(8)通过与联合国教科文组织政府间海洋学委员会合作，促进国际层面的海洋空间规划;

(9)根据国际海洋治理论坛最近的磋商和建议，更新欧盟国际海洋治理议程。该议程应确保蓝色经济发展不损害海洋生态系统，促进透明包容的决策，并提高社会可持续标准。

第五节　结　语

本文件提出了欧盟委员会对未来十年海洋政策的建议，以使《欧洲绿色协议》中设想的转型在海洋经济中成为现实。即将出台的海洋任务将进一步在内容上进行补充。欧盟委员会将与欧洲议会、欧盟理事会和其他欧盟机构合作，酌情实施提出的议程和措施。欧盟委员会将与所有海洋利益攸关方进行沟通，以公平公正的方式塑造可持续的蓝色经济。

第四十三章 《太平洋岛国论坛领导人海洋声明(2021)》

2021年3月，太平洋岛国领导人借太平洋岛国论坛平台正式发布了《太平洋岛国论坛领导人海洋声明(2021)》，同时发布《蓝色太平洋大陆战略(2050)》以指导域内国家发展各类海洋事务。文件指出，太平洋岛国的生存与发展高度依赖海洋，将把海洋事务作为国家政策及计划的优先事项。文件从维护海上边界免遭侵蚀、促进海洋互联互通、发展海洋可再生能源、保护海洋生物多样性、可持续管理海洋资源、防治海洋污染、应对气候变化、促进蓝色经济复苏等多个重点领域论述了太平洋岛国已取得的成绩及今后工作方向。

第一节 总 述

南太平洋地区96%的面积是海洋，是区域地理、文化及经济的核心。太平洋岛国论坛领导人将整个区域视为一个蓝色太平洋大陆，致力于在地区层面采取强有力的行动措施。

2021年伊始，太平洋岛国论坛领导人将以《蓝色太平洋大陆战略(2050)》为指导文件，保护整个地区及域内人民。该项新战略将加强海洋及气候变化因素在所有地区及国家政策、计划中的优先地位。

太平洋岛国论坛领导人认识到，新冠病毒为南太地区及当地海洋产业带来了持续的影响及挑战。一方面，这种流行疾病对全球政治、经济造成了严重破坏；但另一方面，也为蓝色太平洋地区在国家、地区及全球层面的海洋合作提供了机遇，包括从新冠病毒影响中不断调整恢复以及努力实现《巴黎协定》的既定目标等。

海洋对于实现可持续发展目标潜力巨大，但需保证海洋的健康、多产及高复原力。从当前海洋生态系统不断退化的状况看，太平洋岛国迄今为止不仅未采取足够的行动，还放任其风险日益增加。为保护全球海洋，各国需开展更多工作，使海洋为气候变化等生存挑战提供解决方案。

作为蓝色太平洋地区的守护者，太平洋岛国在太平洋保护问题上已展现出了领导能力及集体决心，这是从祖先处继承下来的宝贵遗产，并将继续传至子孙后代。太平洋岛国必须关心、投资及培育海洋，才能继续从海洋中获益。

第二节　重新致力于区域海洋政策

太平洋岛国论坛领导人重申此前的承诺，即在地区承诺及政策工具的指引下，作为在蓝色太平洋地区的一个整体，可持续地管理、利用、养护海洋及其资源（注：上述承诺包括《维默尔宣言：对太平洋岛国地区自然保护行动的承诺（2021—2025）》《关于气候变化紧急行动的卡耐基二世宣言（2019）》《关于地区安全的博埃宣言（2018）》《波纳佩海洋声明：可持续发展道路（2016）》《帕劳宣言："海洋：生命与未来"（2014）》《太平洋大洋景观框架（2010）》《太平洋岛国关于综合战略行动政策的区域海洋框架（2002）》《太平洋岛国自然保护区及保护区框架（2021—2025）》《关于海洋垃圾的区域行动计划》《清洁太平洋战略（2025）》《太平洋区域主义框架》《太平洋复原力发展框架》以及《关于可持续太平洋渔业的区域路线图》）。

第三节　海洋议题引导及国际参与

太平洋岛国论坛领导人确认，太平洋岛国论坛外交部长会议决定，优先考虑可持续的海洋管理、利用及保护，以促进该论坛的国际参与度及议题引导能力。当太平洋岛国共同参与 2022 年联合国海洋大会、《生物多样性公约》第十五届缔约方会议、"我们的海洋"大会以及《联合国气候变化框架公约》第二十六届缔约方会议以及实施联合国"海洋科学促进可持续发展十年"（2021—2030）和"联合国生态系统恢复十年"（2021—2030）行动计划时，必须共同增进对海洋的了解，增强海洋科学与政策的有效衔接，并集中精力有效履行所有已做出的及进一步的承诺，以确保当下及未来的海洋事务的蓬勃发展。太平洋岛国论坛领导人注意到，太平洋海洋事务专员在宣传及关注海洋优先事项、决定和程序方面起到了重要作用，其中包括监督及报告执行地区海洋承诺的进展情况。

太平洋岛国论坛领导人赞赏帕劳获得了第七届“我们的海洋”大会的主办权，并认识到在蓝色太平洋地区举办此次会议及其他各类国际活动，将为展示地区领导力、建立伙伴关系、提出面向行动的解决方案等提供关键机会。

第四节 生物多样性保护

太平洋岛国论坛领导人注意到全球生物多样性正陷入危机，并强调了在蓝色太平洋地区各国国家管辖范围内外实施强而有效的海洋治理的重要性，以确保对海洋的全面、可持续管理。

太平洋岛国论坛领导人支持制定及实施《2020 年后全球生物多样性框架》，该框架将与《蓝色太平洋大陆战略(2050)》一道，为太平洋岛国整体保护丰富的生物多样性进一步提供动力。

太平洋岛国论坛领导人致力于尽快确定、通过及生效一项具有法律约束力的国际文书，以养护及可持续利用国家管辖范围外区域海洋生物多样性。该文书建立了一个强大且雄心勃勃的框架，须以原住民、地方社区现有的最佳科学信息及传统知识为基础，并充分考虑到预防措施，认识到小岛屿发展中国家的特殊情况。该框架还要认识到沿海国家的特殊利益及作用，并考虑到相关活动及气候变化的累积影响，同时又不得损害现有法律文书、框架以及相关的全球、地区和部门机构的利益。

第五节 紧急的气候变化行动

太平洋岛国论坛领导人呼吁采取紧急行动，以减少及预防气候变化对海洋不可逆转的影响，并重申气候变化是对蓝色太平洋地区各国人民生计、安全及福祉的最大威胁。太平洋岛国论坛领导人还关切到，根据目前的发展趋势，除非采取紧急行动，否则全球温度将在 2030 年前上升超过 1.5 摄氏度，对海洋造成严重的负面影响。必须正确认识海洋、气候、生物多样性之间的联系，不能以牺牲一方为代价保护另一方，并且需要有积极的进取之心。这应包括实现或超额实现国家自主贡献目标，制定面向21世纪中叶的低排放发展战略，并确定到2050年实现净零碳排放的承诺及战略。

太平洋岛国论坛领导人欢迎召开关于海洋及气候变化的对话会，该对话会应考虑如何增强缓解及适应气候变化的各类行动，包括考虑在《联合国气候变化框架公约》内制定一项关于海洋的工作方案。

太平洋岛国论坛领导人呼吁增加投资以建立海洋观测系统，更好地了解气候变化对海洋的影响，开展蓝碳保护及恢复计划以缓解和适应气候变化，开展对岛屿的监测及预测以强化自然灾害响应、降低风险战略。国际社会必须通过各类渠道，履行2020年后每年至少为全球气候事务融资1000亿美元的承诺，对发展中国家的气候行动进行必要投资。这项投资应在其实施过程中进行明确说明，还应包括为海洋事务探索创新的融资方案及机制。

第六节　使蓝色太平洋地区保持稳固

太平洋岛国论坛领导人认识到和平利用海洋的重要战略意义及战略价值，我们重申维护以《联合国宪章》为基础而建立的基于规则的国际秩序，遵守《公约》以及通过和平手段解决国际争端的承诺。

确保蓝色太平洋大陆免受海平面上升及气候变化的威胁，是全面实现蓝色太平洋大陆亟待解决的问题。太平洋岛国论坛领导人致力于尽快解决待定的海洋边界主张，通过缔结相关条约及确立法律框架等方式，以支持向可持续发展路径迈进。应认识到蓝色太平洋大陆的和平及安全不仅受到自然环境的威胁，还受到外部地缘战略利益的影响。太平洋岛国论坛领导人致力于通过集体努力，采取包括推动国际法不断发展完善等方式，以确保太平洋岛国论坛成员国一旦依据《公约》划定了海域范围，其海域面积不会因海平面上升及气候变化而减少或受到挑战。

第七节　海洋及其资源的养护和可持续管理

太平洋岛国论坛领导人承诺在现有最佳科学信息及传统知识的基

础上，负责任且有效地管理蓝色太平洋的全部区域，以确保其健康、富产、安全和具有复原力。这包括在设计制定保护及管理措施、基于区域的管理措施(包括海洋保护区)的过程中，要考虑到生态及文化的内在联系。

太平洋岛国论坛领导人致力于确保蓝色太平洋地区目前受非法、不报告和无管制捕捞，有害渔业补贴，气候变化和海洋污染等因素影响的渔业资源能够保持长期的可持续性及生存能力。太平洋岛国论坛领导人已认识到当地渔业资源对社区及经济福祉的重要意义，并得到了太平洋岛国论坛领导人制定的区域渔业路线图的指引。金枪鱼渔业所创造的经济收入为太平洋岛国论坛成员国提供了急需的资金，该产业还为地区创造了超过 2.2 万个工作岗位。此外，由于新冠病毒对旅游业等经济产业的影响，使得无论从经济回报或是粮食安全考虑，渔业资源对太平洋岛国论坛成员国的重要性均得到了提升。

太平洋岛国论坛领导人呼吁采取更多技术手段，以解决威胁渔业资源可持续发展的各项因素，并降低对社会及经济福祉相关的影响。太平洋岛国论坛领导人呼吁不断扩大投资规模，以提升海洋及沿海生态系统恢复和管理能力、促进水产养殖可持续发展、增加相关科研活动数量。未来还将投资于可持续海洋及沿海旅游、渔业产业恢复、社区经济增长、粮食安全。太平洋岛国论坛领导人呼吁进行有侧重的投资及能力建设，以便为子孙后代保留关于可持续捕捞的传统知识。

第八节 促进海上连通性及开发海洋可再生能源

太平洋岛国论坛领导人认识到海上运输业对于蓝色太平洋地区的发展起着至关重要的作用，因此呼吁海上运输业要遵循可持续及弹性发展的原则，包括投资新技术，以确保实现安全、便捷、高效、成本较低的海上运输，并为国际海事组织的脱碳战略及船舶降噪工作做出贡献。

太平洋岛国论坛领导人致力于促进伙伴关系，以鼓励对可持续的海洋可再生能源进行投资，从而获得新的经济发展机遇，并提升域内国家的能源安全。

第九节 应对海洋污染

各类海洋污染(包括塑料、核废料、放射性及其他污染物、第二次世界大战及其他海难形成的船舶残骸、未爆弹药等)均会对生态及社会经济产生负面影响。海洋污染除了影响依海为生的人们及经济发展外，还会使生态系统及物种面临风险。塑料污染便是一项全球性威胁，几乎影响着全球所有海洋和淡水生态系统。对于因管理不善而在全球海洋中出现的大量塑料，太平洋岛国论坛成员国仅应为其中的 1.3%承担责任，但却成了塑料污染的主要受害者。

在蓝色太平洋地区，太平洋岛国论坛领导人已经制订并实施了《关于海洋垃圾的区域行动计划》，以作为《清洁太平洋战略(2025)》的重要组成部分。但太平洋岛国论坛领导人认识到，因全球海洋具有的互联互通性，意味着要有效解决海洋污染需依靠所有国家及人民的参与。太平洋岛国论坛领导人呼吁环太平洋国家依据国际法规定，迅速采取措施以预防并有效管理海洋污染和垃圾(包括陆源污染物)。目前最有效的控制措施仍然是预防及避免废物的产生。太平洋岛国论坛领导人进一步呼吁各国政府建立适当的全球性机制，以实现全球塑料经济的转型。

第十节 获得发展融资及促进蓝色经济复苏

若要实现蓝色太平洋地区的发展目标，需要提升海洋发展水平并拓宽资金来源，要求在各层面创造有利的发展环境，包括在国家层面进行机构及人员的能力建设，促进在科学、知识、基础设施、技术、创新等领域的进步，从而为应对地区的特殊性及诸多挑战营造开放环境。

太平洋岛国论坛领导人呼吁强化与发展伙伴之间的合作，以应对新冠病毒带来的各类挑战，为经济复苏做出持续努力，并促进可持续海洋经济的形成。太平洋岛国论坛领导人呼吁建立创新筹资机制，调动财政资源以提高融资的规模及效力，有效地在地区内实现海洋治理目标。

太平洋岛国论坛领导人呼吁绿色气候基金、全球环境基金、适应基金等全球融资机构加大在海洋及气候变化领域的投资，呼吁国际社会认可创新型初创企业作为倡导者，协助国家应对发展挑战，并促进制定具有可持续性及创新性的解决方案，包括实施基于生态系统的气候变化适应性措施，以进一步推进关于新冠病毒的地区恢复工作。

海洋不仅承载着太平洋岛国的过去，寄托着太平洋岛国的当下，更牵引着太平洋岛国的未来。通过加深对海洋管理的集体责任及所负责任的理解，将有助于太平洋岛国政策制定者更好地保护蓝色太平洋地区及域内人民，并确保蓝色太平洋大陆拥有更加美好的未来。

第四十四章　联合国教科文组织《全球海洋科学报告》

2020 年 12 月 14 日，联合国教科文组织政府间海洋学委员会(IOC-UNESCO)发布了第二版《全球海洋科学报告》，即《全球海洋科学报告 2020》(GOSR2020)。GOSR2020 评估了全球海洋科学能力的最新现状和趋势，凸显了海洋研究及相关国际合作对 21 世纪所有关键问题的重要意义。GOSR2020 为决策者、学者和其他利益攸关方了解和利用海洋科学潜能以应对全球挑战提供了重要参考文件，并对掌握联合国《2030 年可持续发展议程》目标实施进展情况具有重要价值。

第一节　介　绍

一、海洋科学的重要性

联合国教科文组织政府间海洋学委员会(IOC-UNESCO)是可持续发展目标指标 14. a. 1 的指定评估机构，自 2014 年起将系统地编制《全球海洋科学报告》和传播研究成果(以及提供开放获取的基础数据)作为职能任务的一部分。

IOC-UNESCO 于 2017 年 6 月出版的第一版《全球海洋科学报告》(GOSR2017)首次评估了全球海洋科学能力的现状和趋势。报告考虑了按性别分列的数据，确定和量化了国家、区域和全球范围内海洋科学的关键要素，包括劳动力、基础设施和出版物。报告首次系统地强调了推进海洋科学和技术国际合作的机会以及能力的缺乏。

GOSR2020 为迎接即将到来的“海洋十年”的新挑战提供更进一步的支持。《全球海洋科学报告》未来的新版本将有助于评价“海洋十年”对海洋科学能力的影响。此外，GOSR2020 还尝试通过了解人类如何影响自然海洋进程以及为可持续的蓝色经济提供信息支持，来评估作为可持续发展核心要素的海洋科学领域的投资情况。

二、GOSR2020 组织框架和报告展望

GOSR2020 包括八个章节：第一节评述 GOSR 的演变和组织框架；第二节提出数据收集和分析技术的定义和方法；第三节重点探讨海洋科学资助；第四节介绍研究能力和基础设施现状；第五节分析科研生产力和海洋科学的影响；第六节介绍海洋科学对可持续发展的影响和应用；第七节从采集到管理，研究海洋数据和信息；第八节列出结论和建议。

众所周知，全球海洋的健康正受到严重威胁。多种海洋压力因素正发挥影响，例如海洋酸化、脱氧、富营养化、蓝碳生态系统退化、塑料污染和过度捕捞等。人们对这些压力源如何相互作用及其协同效应知之甚少；也有证据表明，全球海洋的一些重要功用正在衰退，例如碳储存能力。

相关政策的制定进程日益需要海洋科学研究成果以及有关海洋科学工作与海洋研究和观测能力的相关信息。《全球海洋科学报告》有助于为政策协商提供信息支持，还可促进人们了解海洋和沿海地区对生态系统服务、生计、全球经济以及对人类福祉的贡献。这就要求为支持可持续发展目标14(SDG14)而持续开展相关报告工作。这也是 GOSR2020 及后续各版《全球海洋科学报告》的宗旨。

第二节　定义、数据采集和数据分析

一、报告的编制

GOSR2020 使用了各种公开资源和质量控制资源以及调查问卷数据，为报告的编制收集了所需数据和信息。GOSR2020 既采用了定量数据，如同行评审出版物的数量、海洋科学相关专利的数量、科研船只的数量和国家资助金额，也采用了定性数据，如海洋科学文献和获取的数据以及国家海洋科学优先事项。GOSR2020 中提出的许多研究成果都与研发、国内生产总值以及国家人口规模等相关数据进行了对照。这类比较可对 GOSR2020 的研究成果进行基准化分析。

GOSR2020 的数据处理工具包括：调查问卷；同行评审的文献、国家

报告和网络来源；基于国际文献和专利数据库的文献计量和技术计量分析；出席国际会议或专题研讨会的海洋科学家的性别和年龄分析。遗憾的是，由于目前尚未建立获取 GOSR2020 调查问卷所需类型信息的国家报告机制，因此报告无法获得某些类型的定量评测数据。

二、海洋科学归类的定义和分类

定义海洋科学并做进一步分类，可根据《2030 年可持续发展议程》，尤其是 SDG14，即“保护和可持续利用海洋和海洋资源促进可持续发展”进行全球比较和跨学科分析海洋科学的产品和性能。根据 GOSR2017 提出的方法和 IOC-UNESCO 临时专家组 2013 年提出的建议，GOSR2020 编委会同意 GOSR2020 部分分析关注国家和国际海洋研究战略和政策的八类高级别议题。这些类别涵盖了综合性、跨学科和战略性的海洋研究领域。

蓝色增长：是指对可持续利用海洋资源的研究和支持，包括对食品安全方面具有经济重要性的物种(海洋渔业和海水养殖)开展研究。

人类的健康和福祉：指对海洋与人类健康和福祉间关系的研究。

海洋生态系统功能和演变过程：指海洋生态系统的结构、多样性和完整性，包括非生物和生物特征。本报告中的“海洋生态系统功能和演变过程”类别包括生物多样性、物理环境、重要生产、消费、沉积、不同营养水平的好氧和厌氧过程、生物泵等。

海洋地壳和海洋地质灾害：指海洋地质地球物理研究，涉及热液喷口、地震学、运动和相关海洋灾害(海啸、海平面快速上升、洪灾、飓风和极端沿海天气事件)等。

海洋和气候：涉及海洋与气候关系，即海洋在气候系统中的作用和气候变化对海洋的影响。

海洋健康：主要是从人为活动造成的不利和累积影响的角度，研究物种多样性、遗传多样性、表型可塑性、生境损失以及生态系统结构和过程改变等方面的海洋环境状况。

海洋观测和海洋数据：与海洋科学所有类别都存在联系，包括收集、管理、传播和使用海洋数据和信息，建立对海洋和大洋的认识。

海洋技术：与海洋创新、海洋科学设备和系统的设计和开发以及海洋资源的勘探和开发有关。

三、数据资源与分析

“GOSR2020 调查问卷”是报告中的一个主要数据收集工具。调查问卷要求 IOC-UNESCO 成员国提供有关海洋科学的国家信息。GOSR2020 的调查问卷是根据 GOSR2017 的调查问卷和国际海洋数据和信息交换(IODE)调查编制的，由编委会和 IOC-UNESCO 成员国代表进行审查。调查问卷可收集评估指标和所需的核心数据和信息，以评估国家海洋科学的能力、进展和挑战。问卷包含必要的定义说明，以避免对一些问题作出解释。调查问卷可以通过交互式门户网站在线访问和下载，成员国可以查阅英文、法文和西班牙文三种语言的调查问卷。

IOC-UNESCO 秘书处共收到 45 个国家对 GOSR2020 调查问卷的答复(占 IOC-UNESCO 成员国的 30%)：包括澳大利亚、比利时、巴西、保加利亚、加拿大、智利、中国、哥伦比亚、科摩罗、刚果民主共和国、丹麦、厄瓜多尔、萨尔瓦多、芬兰、法国、德国、几内亚、伊朗、爱尔兰、意大利、日本、肯尼亚、科威特、马达加斯加、毛里塔尼亚、毛里求斯、墨西哥、摩洛哥、莫桑比克、缅甸、荷兰、挪威、阿曼、秘鲁、波兰、葡萄牙、韩国、俄罗斯、索马里、南非、西班牙、瑞典、土耳其、英国和美国。在向 GOSR2017 提交信息的 34 个成员国中，有 11 国没有回复 GOSR2020 问卷。由于两版问卷有些问题是相似的，所以提交给 GOSR2017 的信息如果适用，也可采用。值得注意的是，有些地区的国家提交的报告数量有限，这限制了 GOSR2020 的部分分析工作。GOSR2020 较第一版获得了更多的成员国回复信息，表明 GOSR2020 通过增加联机访问等调查问卷改进机制，取得了一定进展。

(一)文献计量分析

文献计量分析由加拿大 Relx 集团 Science-Metrix 公司提供。GOSR2020 涵盖了 2000—2017 年全球海洋科学领域的科学文献产出情况。主要数据来源是爱思唯尔公司的 Scopus 数据库(权威的文献和索引数据库)，数据库涵盖了 176 个学科的超过 4.3 万份科学期刊。需要指出的是，GOSR2017 文献计量分析是基于 Web of Science 数据库而非 Scopus 的数据和信息。

(二)技术计量分析

GOSR2020中采用的技术计量分析首次对2000—2018年期间全球海洋科学专利数据进行了评估。技术计量数据集由加拿大Relx集团Science-Metrix公司提供。专利族群的选择是基于一个适用的关键词库，其来源的数据集可被用于从五大专利机构(美国专利商标局、欧洲专利局、韩国知识产权局、日本专利局和中国国家知识产权局)选择海洋科学相关文章。数据由世界知识产权组织、合作专利分类体系以及世界各国和地区提供。世界知识产权组织的35个领域提供技术领域(如生物技术、化学工程)的高级分类专利，而合作专利分类体系(美国专利商标局和欧洲专利局联合开发)是在世界知识产权组织的国际专利分类体系基础上建立的，提供对技术专利更高水平和更详细的分类方法。

第三节　海洋科学资助

一、海洋科学资助的战略展望

新冠病毒对国际海洋研究格局产生深远影响，导致需重新明确项目、长期供资计划、研究基础设施建立的优先次序。在这方面，海洋科学的重要性需继续放在最重要的位置，以应对海洋经济活动增加、海洋环境加速恶化和气候变化带来的挑战。

海洋科学的资金分配在各国和各区域间存在较大差异，发展中国家的预算较低。基于GOSR2020调查问卷的数据，美国海洋和沿海预算最高，包括海洋科学及其他海洋和沿海政府项目在内，超过120亿美元，紧随其后的是日本(6亿美元)和澳大利亚(2017年为5.11亿美元)。2013—2017年，海洋科学预算变化很大。数据显示，14个国家的预算呈现递增态势(俄罗斯年增长率最高，达10.4%，其次是英国和保加利亚)，而9个国家预算减少，特别是日本、厄瓜多尔、土耳其、巴西和意大利。总体而言，海洋科学支出占比明显低于其他主要研究和创新领域。各国国内研究与开发总支出中，海洋科学支出占比相当低。2017年，各国研究预算中海洋科学拨款所占比重从0.03%到11.8%不等，平均仅有1.7%。秘鲁

(11.8%)最高，其次是南非(5.6%)、爱尔兰(5.3%)、挪威(4.4%)和葡萄牙(3.5%)。

(一)未来展望：挑战和机遇

展望海洋科学资助的未来前景，需要特别关注几个领域：促进科学“生产者”和科学“使用者”之间的联系和交流，例如政府、行政当局和行业；在基础海洋研究和基础设施投资之间找到平衡；加强海洋科学对可持续发展的贡献；促进发展中国家之间的持续合作和能力建设，造福所有人。

此外，决策者还需要在维持海洋科学基础设施(如重要的海洋观测系统)和支持科学研究活动之间平衡资金(和其他资源)的分配。虽然人们已认识到要保持海洋科学对可持续发展的重要贡献，就必须支持这两个领域，但科学预算减少的全球趋势可能需要决策者在这之间进行再平衡。有人建议将一定比例的预算分配给基础设施，并增加针对核心海洋科学研究的“长期资助”，但各国情况各不相同。

尽管海洋科学对人类发展的贡献非常重要，但还需确保资助关键研究领域，以对可持续发展，特别是对 SDG14 做出更大贡献。这可能需要在“纯”研究和“应用”研究之间科学地分配资源，并优化实现可持续发展目标的相关举措。这不仅有助于实现可持续发展目标，而且可更有效地部署人力和技术资源，避免工作重复并加强各国间的合作。

(二)展望“海洋十年”

目前，海洋科学经费主要来源是各国政府。各国对海洋科学的投资额不同；然而，平均只有 1%的国家研究预算支持海洋科学。考虑到气候变化、生物多样性丧失和不可持续利用海洋的相关风险日益增加，海洋科学应继续作为优先事项。实现“海洋十年”的雄心壮志需要增加国家对海洋科学的资助，并进一步调动其他资源。

二、资金来源

近年来，海洋科学经费来源日渐多样化，目前包括国家行政部门、国际计划、私营部门、基金会和慈善组织以及创新性筹资机制。

(一)国家机构预算

各国通过不同的行政部门资助海洋科学，有些与海洋活动有明显联系(如渔业部、环境部、国防部)，有些则参与到科技研发中(如科学部、食品安全部、技术部、航天机构)，有些是广泛政策层面的机构(如经济、贸易部门)。在小型发展中国家尤其如此，这些国家的政府部门和法定机构联系密切，很难有效地将每个实体资助海洋研究活动的具体预算分开。

根据GOSR2020调查问卷结果，美国海洋预算最高，其次是日本和澳大利亚。2017年，美国向海洋和沿海活动拨款超过120亿美元，包括对海洋科学及其他海洋和沿海政府项目的投资。2013年日本海洋科学经费约为14亿美元，2015年减少到7.68亿美元，2017年略低于6亿美元。2017年，澳大利亚海洋科学预算为5.11亿美元。向海洋科学拨款超过2亿美元的6个国家分别是：挪威(3.67亿美元)、法国(3.33亿美元)、德国(3.12亿美元)、英国(2.93亿美元)、韩国(2.28亿美元)和加拿大(2.2亿美元)。

(二)海洋科学资助合作计划

国际合作有利于为海洋科学提供资金，相关条约和政府间组织为个别国家提供促进海洋合作的机会，并设置具有海洋研究跨境融资机制的专门协调机构。

在欧洲，多项举措将不同的国家研究和科学组织聚集在一起，为海洋科学活动提供资金。

在非洲，《阿比让公约》和《内罗毕公约》等重要公约旨在促进海洋和沿海地区合作，促进区域海洋科学合作。

在亚太区域，许多区域机构在资助海洋科学计划。例如，IOC-UNESCO西太平洋小组委员会是一个重要的国际协调小组，已制订了一些关于海洋进程和气候变化、海洋生物多样性、海产品安全保障及海洋生态系统健康的科研合作计划。

（三）私营部门

私营部门正在为资助海洋科学计划做出越来越大的贡献。许多企业与研究人员合作，提高专业知识技能，完善以科学为基础的决策，尊重法规，避免对海洋环境造成负面影响。大多数私营投资策略的目标是在合理风险范围内获得尽可能高的回报。

（四）基金会和慈善组织

慈善活动正日益成为推动科学发展的重要资金来源。私人基金会和捐赠者的资助推动了创新性研究，并促进新合作的发展和额外资源的获取。慈善资金采取不同的形式，如捐款、遗产馈赠以及版税、股息和彩票收入。

（五）探索资助海洋科学的其他创新方法

与其他科学领域一样，海洋科学也可受益于创新性筹资机制，包括跨学科研究基金、众筹、彩票抽奖和征税。

第四节　科研能力和基础设施

一、人才资源

“海洋十年”的核心目标之一是通过能力建设，改善能力有限地区和群体的科学知识基础。海洋科学领域从业人员的能力建设使教育、创新、经济增长和就业密切相关。

在 GOSR2020 调查问卷中，根据 2013 年和 2017 年的数据，对一些国家的海洋科学人员总数及其变化（方差百分比）进行了比较，发现 27 个国家中有 17 个国家的工作人员数量有所增加。从萨尔瓦多的 12 人到美国的 13 434 人，45 个国家的海洋科学人员（包括研究人员和技术人员）的总数不等。根据现有数据，平均 53%的海洋科学人员是研究人员（科学家与技术支持人员的平均占比为 1∶0.89）（图 44-1）。但这里的一些数据只是粗略估计或来自某个国家海洋研究机构的下属组织。

国家	海洋科学人员总数	海洋科学研究人员总数	海洋科学研究人员比例(%)
美国(2013年)	13 434	5 874	43.7
伊朗(2015年,FTE)	5890	879	14.9
南非(2017年)	5 000	2 000	40.0
法国(2017年)	4 637	3 298	71.1
葡萄牙(2016年)	4 022	3 326	82.7
德国(2013年)	3 328	2 385	71.7
英国(2017年)	3 275	1 394	42.6
西班牙(2017年)	3 101	1 704	55.0
挪威(2017年)	2 907	1 955	67.3
意大利(2017年)	2 708	1 657	61.2
韩国(2017年)	2 159	537	24.9
加拿大(2017年, DFO)	1 760	186	10.6
比利时(2018年)	1 617	1 179	72.9
日本(2017年,OSJ)	—	1 591	—
瑞典(2017年)	—	1 200	—
印度(2013年)	971	452	46.5
丹麦(2017—2018年,机构子集)	968	561	58.0
土耳其(2017年)	933	710	76.1
莫桑比克(2017年,研究机构子集)	800	50	6.3
荷兰(2017年,WMR,NIOZ,Deltares)	731	—	—
爱尔兰(2017年)	687	561	81.7
波兰(2017年,机构子集)	625	204	32.6
巴西(2014年)	—	606	—
肯尼亚(2017年)	530	150	28.3
智利(2017年,SHOA PUC,UCSC)	526	230	43.7
澳大利亚(2017年,机构子集)	426	110	25.8
芬兰(2017年)	370	201	54.3
几内亚(2017年)	313	156	49.8
摩洛哥(2017年)	300	200	66.7
毛里塔尼亚(2017年, IMROP)	259	68	26.3
秘鲁(2017年)	190	60	31.6
保加利亚(2017年)	156	51	32.7
克罗地亚(2013年)	150	110	73.3
厄瓜多尔(2017年)	101	46	45.5
多米尼加(2013年)	94	29	30.9
科威特(2017年)	90	45	50.0
贝宁(2013年)	89	67	75.3
马达加斯加(2017年)	88	50	56.8
苏里南(2013年)	75	5	6.7
刚果民主共和国(2017年)	67	12	17.9
安哥拉(2013年)	55	31	56.4
哥伦比亚(2017年,FTE,机构子集)	48	28	58.3
毛里求斯(2017年,MOI,UoM,MMS和CSMZAE)	42	24	57.1
阿曼(2017年)	28	15	53.6
萨尔瓦多(2017年)	12	4	33.3

图 44-1 海洋科学人员总人数、海洋科学研究人员总人数、研究人员占海洋科学总人数的占比(%)的统计数据。数据年份为可提供数据的最新年份。在没有统计数据的情况下,提供了全时工作当量(FTE)的数据。无法提供适当数据的情况标记为"–"

通过分析 GOSR2020 调查问卷的数据并辅以 GOSR2017 调查问卷提交的数据，平均而言，38.6%的海洋科学研究人员是女性，与 GOSR2017 调查问卷中报告的水平(38%)相似，并且仍然比全球自然科学领域女性研究人员的占比高出 10%。这表明，海洋科学领域在缩小性别差距方面已经做了重要的工作；然而，各学科中的女性人数在地区和国家范围存在差异。

二、海洋科研机构

在国家提供的关于海洋科学机构的资料中，数据类型存在很大差异。有些国家按主要组织汇总资料，有些则按较大组织机构中的各部门来加以区分。

对海洋科研进行投资的国家通常是由相关各部委组成的复杂的科学管理架构。根据 GOSR2020 调查问卷获得的数据，海洋科学机构数量排名前五位的国家是日本、美国、比利时、西班牙和英国。

三、海洋观测设施

GOSR2017 调查问卷汇编了 2012—2015 年间关于科考船和其他研究基础设施/设备的信息。而 GOSR2020 调查问卷则收集了 2013—2017 年基础设施的新信息(图 44-2)。

根据 GOSR2017 和 GOSR2020 调查问卷所获 42 个国家的数据，用于海洋科研活动的船只总数为 1081 艘，其中 924 艘是主要用于海洋科学的科考船，157 艘为沿航线顺道进行观测的船只。对 GOSR2017 和 GOSR2020 调查问卷的调查结果进行比较显示，海洋科考船的数量增加了 3 倍，特别是在沿海地区使用的科考船。在拥有超过 20 艘科考船的国家中，前 8 名依次是：美国(441 艘)、日本(50 艘)、瑞典(42 艘)、加拿大(40 艘)、韩国(26 艘)、英国(26 艘)、德国(25 艘)和土耳其(24 艘)。

有 42 个国家通过 GOSR2020 调查问卷提供了关于海洋科研技术设备的信息。虽然没有提供基础设施或设备的数量，但统计结果显示拥有各类型设备数量排名前五的国家是美国、德国、挪威、日本和加拿大。报告调查结果显示，国家使用的基础科研设施包括科考船(载人潜水器)、水面无人艇、系泊系统、遥控潜水器、自主水下航行器、水下滑翔机和空中无人机等。

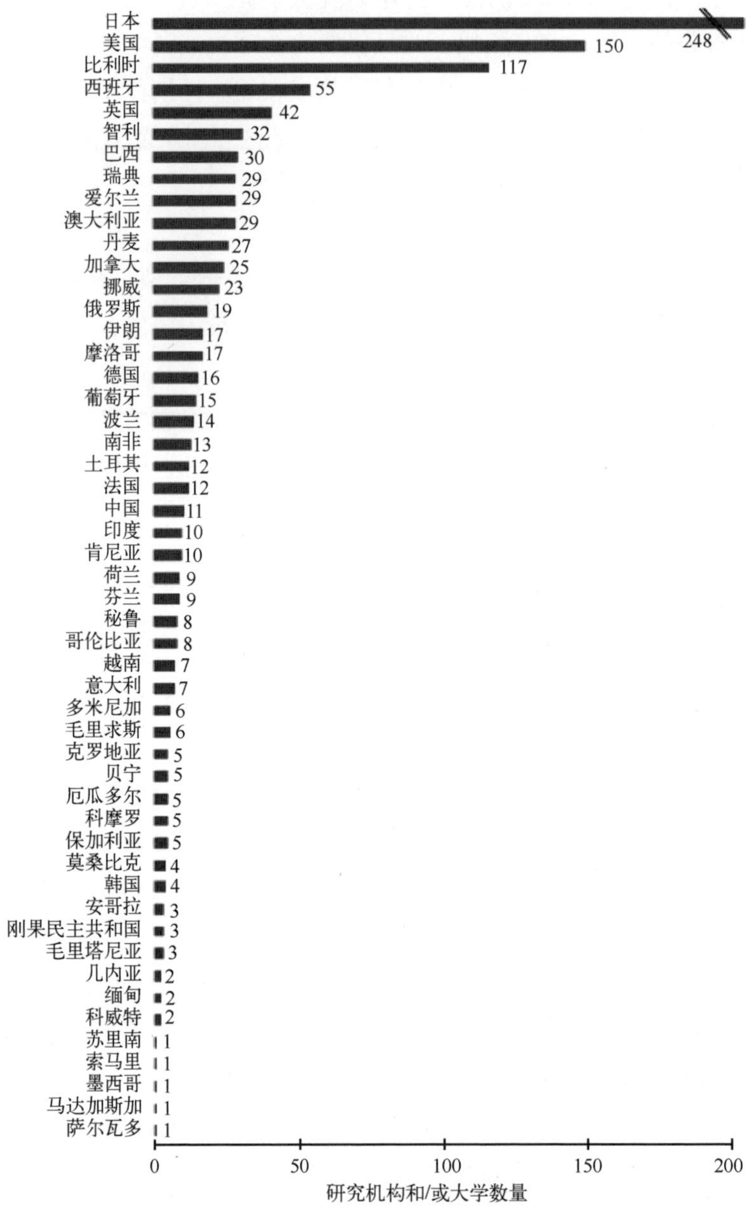

图 44-2　按国家分列的海洋科学机构、海洋实验室和实地站的数目

资料来源：基于 GOSR2017 和 GOSR2020 调查问卷数据。

第五节 海洋科学产出和影响分析

一、衡量全球海洋科学出版物

总体而言，海洋科学同行评审论文数量在过去 18 年间有所增长，从 2000 年的 41 614 篇增加到 2017 年的 116 253 篇，产出增长了 179%。发表论文的年增长率大多在 4%~9%之间，2015 年有所下降。减少的主要原因是该年的会议论文数目减少(图 44-3)。

过去 18 年中，可持续发展目标地区的出版物产出比例发生了变化。其中，最明显的变化是东亚和东南亚地区的产出增长了 10%，主要由中国推动，日本和韩国的影响较小。其他地区的产出也有所增长，包括北非和西亚、中亚和南亚、拉丁美洲和加勒比地区。欧洲和北美洲的产出量虽持续增长，但其增长率已从 2000—2005 年的约 6%下降到 2012—2017 年的 3%。

年份	所有文件	文章	会议论文	增长率
2000	41 614	35 273	5 125	
2001	43 689	37 402	5 038	0.05
2002	47 355	39 217	6 632	0.08
2003	49 475	39 231	8 105	0.04
2004	53 874	41 373	9 605	0.09
2005	61 492	43 965	13 884	0.14
2006	63 649	50 316	10 379	0.04
2007	69 665	54 124	13 008	0.09
2008	73 335	58 311	12 664	0.05
2009	78 020	62 263	13 469	0.06
2010	83 035	64 826	15 556	0.06
2011	90 616	70 031	17 460	0.09
2012	94 881	74 336	16 852	0.05
2013	101 819	81 786	16 971	0.07
2014	107 286	86 429	17 260	0.05
2015	106 220	87 621	14 916	-0.01
2016	113 586	93 826	15 625	0.07
2017	116 253	95 713	15 852	0.02

图 44-3 2000—2017 年，每年的海洋科学出版物产出量和增长率

二、合作在促进科学发展和基于科研的管理方面发挥的作用

科学研究对社会可持续发展至关重要，因而，各国政府、私营部门、政府间组织和非政府组织应尽可能提供有利的合作环境和框架，以促进各国、各部门、各机构和各学科之间在科研领域的合作。IOC-UNESCO一直致力于科学领域的合作，主要是建立国际合作网；指引发达国家和发展中国家的科学家着眼于海洋综合研究；加强海洋领域跨学科活动；推动国家科研方案的制定和建立新的全球数据库。

在全球范围内，有组织的科研合作倡议可以促进海洋科学的进步，范例包括：世界气候研究方案、全球海洋观测系统、国际海洋碳协调项目、政府间有害藻华专门委员会和政府间气候变化专门委员会的项目和方案等。这些进程已运作多年，并与许多研究和观测方案相联系，这些方案将继续促进气候和海洋的合作研究并提高协同作用。合作网除促进实现全球研究目标外，另一个关键作用是将传统上未进行合作的学科(如海洋化学、生物学、生态学和生物地球化学)结合起来，以提高对地球系统历史和未来变化的综合理解。

此外，IOC-UNESCO还与其他组织合作，发起或参与了对认识海洋进程和生态系统具有变革意义的全球科研计划，例如全球海洋通量联合研究、海洋生物普查、全球海洋生态系统动力学研究等。

联合国已就应对科学挑战达成了一系列议程，例如《2030年可持续发展议程》《巴黎协定》和“海洋十年”。从2015年开始，《2030年可持续发展议程》及其可持续发展目标为几乎所有与可持续未来最为相关的举措确立了框架和起点，这本身就是一种变革。科学研究可以增进对可持续发展目标的了解，并引导相关决策(图44-4)。

“海洋十年”(2021—2030年)是实现SDG14“水下生命”(和其他可持续发展目标)的一项重要举措，将有助于扭转海洋健康下降趋势，并将全球的海洋利益攸关方团结在一个共同的框架下，确保海洋科学能够充分支持各国为人类与海洋的可持续联系创造必要条件。

总之，为应对广泛的科研问题和挑战，应采用新方案，鼓励跨学科、机构间和跨部门的行动和合作。联合国在促进国际合作方面的作用越来越重要，在实施长期核心计划的基础上，提高科研人员、各学科和机构之间

的多学科和跨学科合作能力，将成为联合国机构以及制定科学研究政策和从事科研合作的其他组织机构面临的一项重大挑战。

	2000—2005年			2006—2011年			2012—2017年		
	总计	%	增长率	总计	%	增长率	总计	%	增长率
撒哈拉以南非洲	4 778	1.47	0.08	8 362	1.63	0.07	13 233	1.77	0.06
北非和西亚	9 661	2.97	0.10	18 380	3.57	0.09	31 015	4.16	0.07
中亚和南亚	9 044	2.78	0.11	22 073	4.29	0.12	41 458	5.56	0.05
东亚和东南亚	50 304	15.48	0.12	112 069	21.79	0.11	196 386	26.33	0.06
拉丁美洲和加勒比地区	16 324	5.02	0.09	31 418	6.11	0.08	49 112	6.59	0.05
大洋洲	17 773	5.47	0.07	28 257	5.49	0.07	40 204	5.39	0.04
欧洲和北美	217 081	66.80	0.06	293 673	57.11	0.04	374 376	50.20	0.03

图 44-4　2000—2005 年、2006—2011 年和 2012—2017 年可持续发展目标地区的总产出、占比和年均增长率

第六节　海洋科学促进可持续发展

国际社会行动举措与联合国《2030 年可持续发展议程》保持一致，可持续发展目标概述人类和地球当前和未来和平与繁荣的共享蓝图，呼吁各国政府、机构和公众团结一致，支持可量化的目标指标，实现共同繁荣的未来。《2030 年可持续发展议程》的宏图伟愿在即将到来的“海洋十年”中亦有明显体现——“构建我们所需要的科学，打造我们所希望的海洋”，推动形成变革性的海洋科学解决方案，促进可持续发展，将人类和海洋联结起来。海洋科学激发了人们对自然世界的探索和认知，阐明海洋在地球系统中的核心作用。SDG14 特别提出“保护和可持续利用海洋和海洋资源以促进可持续发展”。将该目标纳入《2030 年可持续发展议程》表明，人们认识

到海洋在人类福祉中的关键作用。海洋是地球上最大的生物群系，既是人类营养、健康和娱乐所依赖的基本资源的来源，也是许多沿海社区文化特性的有机组成部分。因此，各国努力实现 SDG14，同时也是在为实现其他可持续发展目标做出贡献。

在对 GOSR2020 相关问题作出答复的 37 个国家中，超过 70%的国家已制定《2030 年可持续发展议程》目标实施战略和路线图。但仅有 21%的国家表示，已制定侧重于海洋和 SDG14 的专项战略(图 44-5)。

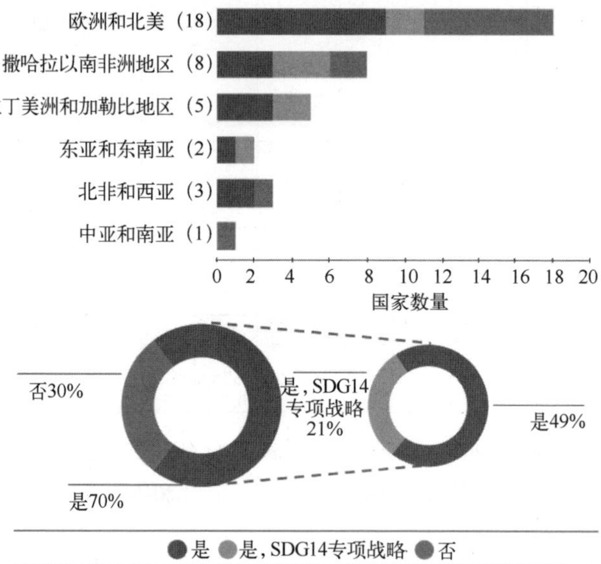

图 44-5　已制定国家层面的《2030 年可持续发展议程》实施战略（“是”）和/或 SDG14 实施战略的国家与未制定此类战略的国家在全球和各地区组内的分布情况

研究和科学监测为各国提供了信息，使它们能够可持续地从海洋的食品供应、旅游和海岸保护中受益，这在 GOSR2020 调查问卷的答复中有所体现。然而，保护生物多样性的价值、人类健康和福祉的价值同样重要，海洋科学有助于社会理解和保护这些价值，进而可以为影响海洋和沿海地区管理和可持续性的社会选择提供信息。

在全球范围内对 GOSR2020 调查问卷作出答复的国家中，超过 60%的国家表示已为 SDG14 设立中心。根据评估，SDG14 的许多目标可能无法按时实现，特别是商定到 2020 年实现的 14. 2、14. 4、14. 5 和 14. 6 目标。伙伴关系的建立有助于海洋科学发展，有必要探索与私营部门和企业的新型关系，通过强有力的海洋知识普及和公民科学项目加强知识的应用，确保海洋对各国产生重要影响。

即将到来的“海洋十年”预计将重新激起人们对通过共同设计的研究和观察获取海洋数据和信息的兴趣，并将重点放在获取符合利益攸关方目的的数据和信息上。在“海洋十年”框架下，国家、区域和全球各层面开展的以海洋科学为主题的能力建设和海洋技术转让行动，将努力为可持续发展制定开创性的海洋科学解决方案，更好地将人类和海洋联系起来。

第七节　促进海洋可持续利用的数据和信息

一、介绍

迄今为止，各种海洋观测系统为人们提供了获取大量实地和远程观测数据的途径：全球气候观测系统提出的“基本气候变量”和全球海洋观测系统描述的“基本海洋变量”。

这些系统支持建模工作，因而产生大量数据。例如，21 世纪初开始的 Argo 项目已提供大量的全球温度和盐度水体剖面图，目前也开始收集其他生物地球化学参数数据。但是，各变量的数量和复杂性差别巨大，攸关方案往往也只收集指定变量数据。

世界海洋数据库、全球海洋数据考古学和救援、全球温盐剖面计划、全球海洋表层走航数据试点项目和海洋生物地理信息系统等国际项目和相关的数据库，在过去几十年中推动了历史和当代海洋数据的交换，也促进了协同作用，制定了质量控制程序以及整合地方、区域和全球不同空间尺度的研究质量数据，从而使储存在这些数据库内的海洋数据量持续增加。

目前，IOC-UNESCO 正通过国际海洋数据和信息交换（IODE）项目发展 IOC-UNESCO 的海洋数据和信息系统（ODIS）理念。这是一个电子环境系统，能让用户获取和访问沿海和海洋数据信息和 IOC-UNESCO 成员国、相关项目和 IOC-UNESCO 其他合作伙伴提供的相关产品或服务。IODE 将通过与现有利益攸关方（无论是否与 IOC-UNESCO 有关联）的合作，为 ODIS 做出贡献，并通过现有解决方案，改进现有数据和信息的发现、获取、说明和技术互操作性。

二、IODE 数据网和信息基础设施

在 IODE 框架下，国家海洋数据中心（NODCs）的数量自 1961 年以来稳步增长，到 2020 年活跃的数据中心总数达到 57 个。此外，管理自身数据并提供数据服务（通常是在线的）的科研组、项目、计划和机构的数量也在增加。IODE 网在关联数据单元体系下与这些数据中心开展合作。根据 GOSR2020 调查问卷的回复材料，约 90%的数据中心保持着区域合作，近 80%在 IODE 网之外建立了国际合作。

总体而言，分布在世界各国的海洋科学数据中心主要管理物理数据，其次是化学数据和生物数据；这些调查结果与 GOSR2017 获得的结果相似。目前有超过 70%的受访者报告了涉及海洋污染物和渔业管理的数据，而 2017 年获取的这类数据还不到 50%。尽管在《2030 年可持续发展议程》和“海洋十年”背景下，人们对多学科和跨学科数据和信息的需求日益增加，但接受评估的数据中心中只有不到一半收集处理社会经济数据。

大多数数据中心的工作重点是提供元数据和数据的联机存取以及地理信息系统产品。与 GOSR2017 相比，数据中心似乎正在加强除传统数据管理之外的工作，更加注重提供数据和信息、电子文档和电子出版物等产品和服务以及获取已发布的海洋数据和数值模型数据。

在所有地区，数据中心提供的主要服务是元数据和数据档案。各区域可保证获取记录成文的方法、标准和准则。相反，大多数区域，特别是在北非和西亚或中亚和南亚，没有充分提供专门的数据管理措施。此外，许多地区还无法提供网络服务。然而区域分析的价值有限，因为某些区域，特别是大洋洲、中亚和南亚对 GOSR2020 问卷作出的答复很少。

三、数据管理政策

数据共享和数据开放存取是国际、区域和国家海洋学数据和信息管理系统的关键组成部分，确保各类社会群体平等和公平地获得数据、数据产品和服务。已制定的国家数据存储和共享政策可作为优先事项指标以便确保海洋数据和信息的存储、共享和使用。人们仍不甚了解数据和信息共享

和再利用所面临的一个主要挑战，即数据许可，例如经合组织在2017年指出的那样，建议各国政府为共享不同类型的公共研究数据而努力建立普遍认同和执行的法律和道德框架。基于GOSR2020问卷调查结果，77%的国家数据中心采用IOC-UNESCO成员国在2003年通过的海洋数据交换政策，但调查中有23%的国家数据中心指出，它们未采用或不了解他们的国家是否采用IOC-UNESCO的海洋数据交换策略。

第八节　规划海洋可持续发展能力

一、评估海洋科学基础设施、人力资源和能力建设

GOSR2020以IOC-UNESCO成员国提交的原始数据、文献计量和技术计量数据以及相关科学组织提供的信息为基础，评估了世界各地目前的海洋科学能力。报告还指出，海洋科学将继续为海洋资源的可持续利用提供支持，并为可持续发展做出贡献。

GOSR2020表明，海洋科学继续保持开放姿态，吸引来自各地区的科学家，围绕共同关心的议题，组织开展数据的收集和说明，分析信息和开发预测模型等。这一发现并不出人意料，因为科学一直都是来自所有国家和文化背景的人员之间开展和平对话的工具。

报告指出，南南合作和南北合作对于加强或发展海洋科学能力至关重要。事实上，三方合作将为海洋技术转让的成功实施发挥重要作用。在这方面，由IOC-UNESCO和这一领域的许多其他参与者推动的全球科学方案对于确保向全球所有科学家提供发挥公证人作用的中立平台是十分重要的，有助于扩展海洋科学的战略维度(有时是政治维度)，并为科学的繁荣和其独创性的应用创造一个中立的环境，也为来自科学所代表的创意产业的新发现创造一个中立的环境。鉴于人类、社会和环境所面临的持续和尚未解决的海洋可持续发展领域的挑战，这类行动的开展比以往任何时候都更加紧迫。

二、展望未来十年的海洋科学

加强海洋数据管理是“海洋十年”的优先主题之一。“海洋十年”将管

理、分享和利用相关海洋数据、信息和知识作为协助实施变革行动的关键领域。“海洋十年”的目标是创建一个多利益攸关方参与和多构成部分的“数字化海洋生态系统”，该系统将由现有的和新开发的可互操作的数据基础设施组成。建立“数字化海洋生态系统”将是一个动态的持续过程，包括已建立的以及刚涌现的方法和技术。包括海洋技术转让在内的能力建设对于确保公开和公平获取数据、信息和知识以及促进与非数字化知识(例如地方和原住民知识)的联系都至关重要。

海洋科学的成果发现可以应用于诸多领域，且原则上是无限制的。科学实践的规则之一是不要预测科学的发展方向，因为科研发现往往是不可预见的，无论是在基础研究，还是在研究实践方法领域，都具有独创性。

GOSR2020 和“海洋十年”都提出迫切需要采用新方法来获取数据和信息，克服阻碍科学知识传承的关键障碍，促进行动，迈向海洋的可持续管理和发展。目前，海洋科学离这样一场必要的数据革命还相距甚远。另一方面，GOSR2020 提出，海洋数据的用户类型继续多样化，这既表明了海洋数据与多个利益攸关方业务的相关性，也表明了利益攸关方未来日益增长的数据需求趋势。

除急需对海洋数据方法进行变革外，还需采集全球海洋完整数据，这方面的海洋观测一直很缺失。未来十年的数据采集以及所需的人力资源、基础设施和金融资源，旨在实现包括动态海洋图在内的全面而完整的海洋数字化展示，使数据满足各利益攸关方的需求，从而推进“海洋十年”的协作发展。

通过采取恰当的能力培养措施，同时大幅提高不同行为体对科学知识的吸收和利用，以显著提高国家海洋科学生产力，对于实现“海洋十年”雄心勃勃的变革性成果至关重要。未来十年将得益于各国在海洋科学和竞争力愿景之间进行权衡，并且需要加强科学合作的机会。“海洋十年”应在共同制定海洋研究和观测议程、共同推进知识生产和提供海洋解决方案的基础上，采取统一行动；调动兴趣和资源，进一步发展海洋科学与知识和技术转让能力，使世界各国能够共同致力于实现可持续的海洋并从中受益；将海洋可持续性与可持续的蓝色经济进一步联系起来；并履行一系列与清洁的、数据公开的和安全的海洋有关的社会共同目标。

第四十五章　北极理事会《雷克雅未克共同宣言》

2021年5月20日，第12届北极理事会部长级会议通过线上和线下结合的方式在冰岛雷克雅未克举行。北极理事会八个成员国(美国、加拿大、俄罗斯、挪威、瑞典、丹麦、芬兰和冰岛)外长在会上签署了《雷克雅未克共同宣言》，重申北极理事会致力于维护北极地区和平稳定和建设性合作，强调北极国家在促进地区负责任治理方面的独特地位以及应对北极气候变化的重要性。

第一节　序　言

八个北极国家的部长代表以及北极理事会六个永久参与方代表，在冰岛结束第二次担任主席职务之际，相聚在冰岛雷克雅未克，通过线上和线下相结合的方式召开北极理事会第十二届部长级会议，重申致力于维护北极地区和平、稳定和建设性合作的承诺。

庆祝北极理事会成立25周年以及在北极地区可持续发展和北极环境保护方面取得的进展，强调北极理事会作为区域卓越合作论坛的作用，并重申我们承诺致力于进一步巩固北极理事会并为其工作提供战略指导。

认识到北极国家和永久参与方在应对北极新挑战和机遇方面的合作优势，并强调其在促进负责任治理北极事务中的特殊地位。

强调实现《巴黎协定》目标的重要性，并呼吁《巴黎协定》所有缔约方，包括北极国家和北极理事会观察员国，按照《巴黎协定》各项目标，实施和加强国家自主贡献和其他措施。

注意到北极理事会工作在人类和社会层面上的重要作用，重申北极居民的福祉是北极理事会工作的核心，认识到北极社会、文化和经济的多样性，并承认致命流行病的影响。

认识到原住民的权利和特殊性以及北极理事会永久参与方的特殊作

用，并重视《联合国原住民权利宣言》。

注意到由于气候变化和其他因素，进入北极地区变得越来越容易，这可能为新的经济活动提供机会，重申北极的活动应是可持续和透明的，并强调应对气候变化的努力，如向低碳节能的有效应对方式过渡，有助于可持续地创造就业机会。

认识到北极独特的生物多样性，注意到气候变化和其他压力因素对北极生态系统的严重威胁，重申致力于保护北极环境的承诺。

强调加强北极科学研究和开展长期观测的重要性，并注意到科学数据、传统知识与地方知识将继续为北极地区和北极理事会的工作提供决策基础。

赞赏北极理事会各附属机构在冰岛任期内，应对疫情造成的紧急情况并高质量地完成了工作。

重申联合国可持续发展目标的重要性以及到 2030 年有效落实目标的必要性。

第二节　北极的人民和社区

1. 重申我们支持在促进北极社区安全、健康和北极居民福祉的事项上开展合作，认识到气候变化对北极的影响越来越大，注意到新冠病毒对北极社区的影响，欢迎北极理事会开展工作，评估新冠病毒对北极的影响，并采取应对措施，同时鼓励进一步开展工作，以支持北极社区应对未来全球健康挑战及其他重大干扰的能力建设。

2. 认识到新冠病毒等致命疾病的出现证明了人类健康、动物和环境之间的内在联系，欢迎通过“同一北极，同一健康”项目在建立北极周边地区健康专家网络方面继续取得进展，重申支持北极的心理健康和自杀预防工作，注意到在减少来自持久性有机污染物(POPs)、重金属和其他有毒物质污染方面的进展，欢迎《俄罗斯快速环境评估示范项目报告》，该项目评估了农药储存设施对人类健康和环境的威胁，并鼓励继续在这一领域开展工作。

3. 注意到尽管在北极社区中检测到的许多污染物含量水平有所下降，但因自给自足的传统习俗，北极原住民仍是全球受食品污染影响最大的人群之一，重申支持继续研究新出现的和已受管制的污染物，敦促北极国家审议与 POPs、汞与人类健康和污染物相关的最新报告及建议，并呼吁在《斯德哥尔摩公约》和《水俣公约》框架下加强相关措施的执行力度，尽可能消除 POPs 和汞排放。

4. 强调理解和解决北极偏远社区的需求和挑战问题是北极理事会的核心作用，欢迎落实“基于社区的黑碳和公共健康评估”项目，这将为社区减少烹饪、取暖和能源生产中的黑碳提供有价值的见解，并指出支持北极偏远社区和原住民社区的减排工作将有助于推动在环境和气候方面的共同努力。

5. 认识到清洁和安全的能源对北极社区的复原力至关重要，强调需要继续开展“北极远程能源网络学院Ⅱ”工作，强调在北极社区推广使用可持续、可负担、可靠的清洁能源的重要性，并鼓励在北极地区进一步开展创新和可再生能源解决方案及相关能力建设工作，以应对气候变化。

6. 认识到要加强预防、准备和应对措施，减轻紧急情况对北极居民和环境的负面影响，欢迎继续采取行动确保落实《北极海洋石油污染预防与应对协定》和《北极海空搜救合作协定》，认识到北极地区野火威胁日益增加，注意到为应对这一严峻挑战而正在推进的合作，并鼓励努力应对气候变化、人为和自然灾害等带来的影响。

7. 注意到为预防和应对放射性核素释放造成的事故和威胁开展的知识和经验交流，欢迎冰岛在担任主席国期间设立辐射问题专家组，以审查核废料、应对措施等的相关风险。

8. 注意到在发展和扩大“环北极地区环境观察员网络”方面取得的进展，越来越多的人参与其中，认识到该网络在能力建设和知识共享方面的价值，包括在原住民和当地青年中的价值，并欢迎进一步支持该项目。

9. 强调性别平等和尊重多样性对北极可持续发展的重要性，欢迎《泛北极报告——第三阶段北极两性平等工作》，鼓励将基于性别的分析纳入北极理事会主要工作，并呼吁进一步采取行动，促进北极性别平等。

10. 认识到让北极青年参与国际合作的重要性，欢迎北极理事会附属机构提出的青年参与倡议，鼓励北极高级官员委员会继续寻求可行和新颖的方式，支持青年跨区域合作。

11. 欢迎联合国宣布2022—2032年为“国际原住民语言十年”，强调北极原住民语言与知识间存在明显关联，鼓励给予北极原住民语言使用者传承和保护他们语言的权力，并欢迎北极原住民语言和文化遗产数字化项目。

第三节　可持续经济发展

12. 重申北极需要保持并进一步发展成为一个充满活力的地区，使居民能够获得就业机会，增进北极的经济和社会福祉。

13. 重申必须了解北极独特、多样和不断发展的经济，承认原住民的传统贸易和谋生方法在北极经济中的重要作用，欢迎第四份《北方经济——ECONOR 2020》报告，鼓励北极高级官员委员会继续努力维护并提升北极社区的经济多样性。

14. 重申进一步发展北极可持续经济的重要性，承认负责任的资源管理和可持续经济发展对该区域生计的作用，支持与利益攸关方合作，采取具体办法，进一步促进可持续经济活动，鼓励创新和创业精神。

15. 强调低碳和可持续投资及发展具有适应力的基础设施的重要性，如：强化能源、通信和运输网络，这将有利于北极社区有效获得公共服务；认识到与私营部门合作的重要性，这有助于向低碳经济转型；鼓励在考虑对生物多样性和传统土地利用影响的前提下，就共同关心的问题和能力建立伙伴关系。

16. 欢迎“北极食品创新集群”的工作，支持当地粮食生产，强调北极粮食安全的重要性，扩大北极地区在全球可持续粮食生产中的作用。

17. 承认保护北极海洋生物资源的重要性，欢迎《北极地区蓝色生物经济报告》，强调通过可持续管理和负责任利用北极海洋生物资源，释放经济发展潜力，并鼓励北极国家适当推动蓝色生物经济可持续发展。

18. 认识到在北极增加就业机会和提高生活水平的必要性，承认支持北极企业的必要性，并强调必须以负责任的方式实施所有项目，同时尊重原住民的权利。

第四节　气候、绿色能源解决方案、环境和生物多样性

19. 注意到在过去 50 年里，北极变暖的速度是全球平均速度的三倍，对环境、生物多样性、社会和基础设施以及许多北极社区居民的生活产生了有害影响，认识到黑碳在北极的沉积加速了冰雪融化，加剧了气候变化的不利影响，未来全球温室气体和短期气候污染物（SLCPs）的排放将在很大程度上决定北极气候变化的程度，重申需要加强行动，实现长期温控目标，有效落实《巴黎协定》，减少温室气体和 SLCPs 排放，减缓全球和北极平均气温上升速度。

20. 注意到全球温室气体和 SLCPs 的人为排放持续增加，导致气候变化，并对北极产生重大影响，对人类、社会和生态系统产生广泛的有害影响，并强调必须加紧努力实现《巴黎协定》的长期气温目标。

21. 欢迎《2021 年北极气候变化最新情况》报告，指导北极理事会继续推进其对北极气候变化的监测和评估工作，并为政府间气候变化专门委员会、生物多样性和生态系统服务政府间科学政策平台及其他相关国际组织的评估提供信息和帮助，以推动采取更有力的全球行动，减少温室气体排放，防止生物多样性丧失。

22. 批准关于北极国家和几个观察员国在减少黑碳和甲烷排放方面集体进展的《2021 年黑碳和甲烷问题专家组进展和建议摘要》报告，鼓励北极国家和观察员国开展合作并落实报告建议，支持到 2025 年实现黑碳排放量与 2013 年相比减少 25%～33%的理想目标，大力鼓励观察员国承诺实现类似的减排目标，考虑对目标进行更新，并在下一次北极理事会部长级会议上提出建议，同时注意到需要采取更多行动和措施，大幅减少甲烷排放总量。

23. 欢迎开展工作减少北极石油和天然气燃烧产生的黑碳与甲烷排放，重申继续开展北极合作以减少 SLCPs 的重要性。

24. 意识到北极加速变暖，带来海冰和积雪减少、海岸侵蚀和其他影响，认识到迫切需要全面采取适应气候变化的措施，支持提高北极社区适应气候变化的能力，并鼓励进一步努力确定和分享应对这些挑战的最佳

实践。

25. 认识到北极原住民在加剧气候变化方面的作用最小，但他们是最先察觉到气候变化并受其影响的居民群体之一，同时注意到就低碳经济相关问题与北极原住民协商的重要性。

26. 欢迎《零北极：基于传统的碳中和北极建设概念》报告，敦促加强相关工作，支持创新方法、能力建设和技术，推进可靠、清洁的能源解决方案。

27. 注意到北极地区可持续和低碳能源、关键矿物以及创新解决方案的潜力，将有助于加速全球向可持续能源转型，并在考虑到脆弱的生态系统和生物多样性的情况下，支持北极社区的可再生能源开发和合作，同时采取高标准为健康、安全和环境提供保障，提高合作可靠性。

28. 认识到生物多样性及其保护的内在价值，并强调其对北极居民环境、文化、经济和精神福祉的重要性，强调保护北极生态系统的重要性，促进建立基于自然的保护区等解决方案，通过以原住民为主导的保护工作和其他基于区域的有效保护措施，保护北极生物多样性，并呼吁采取行动，促进生态系统管理方法，将生物多样性纳入相关决策的主流，酌情继续对《生物多样性公约》做出贡献。

29. 强调持续监测和养护北极生物多样性的重要性，欢迎《环北极陆地生物多样性状况报告》和《环北极生物多样性监测方案战略计划（2021—2025年）》，鼓励进一步满足监测需求，编写北极生态系统生物多样性状况报告，为国家、区域和全球性措施提供信息支撑。

30. 认识到北极湿地和森林对生物多样性的支持作用，为减缓和适应气候变化做出重大贡献，并为北极和全球社区提供重要的生态系统服务，欢迎《北极湿地的复原力和管理：主要结论和建议》报告，鼓励落实其中的建议，继续开展北极湿地相关工作。

第五节　北极海洋环境

31. 注意到二氧化碳浓度增加、海洋酸化以及气候变化对北极海洋和沿海环境的广泛影响，并决定继续监测和评估这些影响，为改善海洋活动以及北极环境保护相关合作提供信息。

32. 注意到气候变化和其他压力因素对北极海洋生物多样性和沿海社区造成的压力越来越大，关注信息简报《变化中的北极海洋保护区》和《北极原住民粮食安全——变化中的海洋影响》，同时依照国家立法、国际法以及现有科学数据，参考对社会经济的影响，认识到海洋保护区和其他合适的区域养护措施可作为加强生物多样性保护和复原力的有效工具，并欢迎继续就上述问题开展工作。

33. 欢迎北极高级官员委员会和专业人员就海洋相关问题开展"首次北极高级官员委员会海洋机制对话"，以落实"北极海洋合作特遣组Ⅱ（2019）"的建议，并期待今后任职的主席能够继续开展此类对话。

34. 重申《北极海洋战略计划（2015—2025）》（AMSP）和"北极生物多样性行动 2013—2021"为保护和可持续利用北极海洋生物资源提供的战略指导意义，欢迎更新 AMSP 以应对新的和正在出现的问题，并期待《预防中北冰洋不管制公海渔业协定》得到所有缔约方的批准并生效。

35. 欢迎《关于北极海洋连通性模型的最终报告》以及"环北极生物多样性监测计划"为建立监测和评估北极沿海生态系统知识合作平台所做出的努力。

36. 重申生态系统方法对北极海洋环境管理的重要性，鼓励使用《北极海洋管理的生态系统方法实施指南（2019）》，并欢迎与之相关的活动。

37. 注意到《北极新出现的持久性有机污染物和化学品：气候变化的影响决策者摘要（2020）》和《汞评估决策者摘要（2021）》中记录的长期污染对北极环境和野生动物的影响。欢迎进一步研究气候变化对污染物的影响，鼓励在污染物和气候变化研究中使用科学知识、传统知识和地方知识，并根据国际化学品相关协定进行审议，合作提供北极数据。

38. 注意到北极环境中存在海洋垃圾和微塑料，促进改善废弃物管理工作，以预防和减少海洋垃圾，鼓励北极国家与相关区域和国际组织合作，通过生命周期法处理废弃物和海洋垃圾。

39. 欢迎与海洋垃圾相关的工作，批准《北极海洋垃圾区域行动计划》（ML-RAP），承认该计划在减少北极地区海洋垃圾方面的重要作用，强调需要确保该计划有效执行，并呼吁观察员国酌情采取行动，减少来自北极以外的海洋垃圾。

40. 欢迎《垃圾和微塑料监测计划》，该计划补充了 ML-RAP 和其他国际活动，并鼓励北极国家支持在整个北极地区实施该计划。

41. 认识到全球废弃物有效管理系统方面的差距助长了海洋垃圾的出现，欢迎加强合作和努力，以有效应对北极固体废弃物和提升海洋垃圾管理能力，认识到在北极航运问题上加强合作的重要性，并欢迎就北极港口接收设施开展区域合作，对船舶产生的废弃物进行有效管理。

42. 注意到北极航运的增加，批准更新《北极海洋航运评估》，承认北极航运最佳实践信息论坛在促进《极地水域船舶航行安全规则》实施方面的作用，并鼓励与利益攸关方合作，促进环北极地区的安全和可持续航运。

43. 认识到北极航运活动日益增多，强调有必要开发航线，尽量减少对沿海社区和海洋环境的不利影响，欢迎《北极水下噪声——了解影响和确定管理解决办法——第一阶段最终报告》和《关于北极低影响航运走廊及原住民和地方社区参与海洋活动参考指南》。

44. 欢迎开发与环北极地区溢油应急能力和北极风险评估相关的网络工具，制作关于社区预防、准备和应对溢油事件的在线视频，并鼓励北极国家酌情推广使用这些工具。

45. 欢迎《国际防止船舶造成污染公约》关于禁止在北极水域使用和运输重质燃油作为燃料的修正案，以保护海洋环境，并支持建立关于替代燃料及其特性的知识库，为今后在北极开展预防、准备和应对溢油事件提供信息。

46. 欢迎联合国宣布 2021—2030 年为“海洋科学促进可持续发展十年”，并注意到其预期成果对北极海洋环境的重要性。

第六节　加强北极理事会

47. 回顾设立北极理事会的《渥太华宣言》，赞扬北极理事会过去 25 年来在北极问题上进行的成功合作，承认需要确保理事会能够随时准备迎接未来的挑战，决定通过一项战略计划，指导理事会今后十年的工作，并指导北极高级官员委员会采取必要行动执行该计划。

48. 承认国际科学合作在获取北极地区自然灾害、气候变化和污染状况数据方面的重要作用，并指导北极高级官员委员会探讨北极理事会是否有可能对北冰洋进行科学考察。

49. 欢迎在北极理事会秘书处(ACS)运作六年后对其开展审查，注意到ACS成立以来一直高效地支持北极理事会开展工作，还注意到ACS根据审查结果修改了管理文件，指导北极高级官员委员会协助ACS，继续更好地支持北极理事会活动。

50. 欢迎更新《北极理事会通信战略(2020)》，重申北极理事会及其附属机构交流协作的重要性，并指导北极高级官员委员会有效沟通协调，确保公众能够查阅北极理事会所有报告。

51. 承认永久参与方做出的宝贵贡献和原住民秘书处提供的支持，鼓励为促进原住民充分、有效参与北极理事会而做出的努力，

52. 认识到充分应对北极环境的迅速变化需要持续且能获得可靠数据的观测网络，这有助于提升认知和决策，欢迎在执行关于管理和获取数据的指导原则方面取得的进展，并促进北极理事会形成可查找、可获取、可互操作、可重复使用和广泛共享的数据。

53. 欢迎北极高级官员委员会设立一个非正式小组，评估进一步加强北极理事会项目融资和项目支撑小组(PSI)未来的工作，决定将PSI的工作任务期限延长至2023年底，鼓励北极国家在此期间继续向PSI自愿捐款，并指导北极高级官员委员会就此问题向2023年部长级会议报告。

54. 赞同北极理事会-北极海岸警卫队论坛《关于加强和促进北极安全、可持续和负责任的海上活动的合作声明》，并期待与北极海岸警卫队论坛加强合作。

55. 赞赏2019年10月在雷克雅未克举行的北极经济理事会与北极理事会第一次联席会议，并期待与北极经济理事会及其他合适的非政府和私营组织进一步合作。

56. 赞同北极理事会和北极区域水文委员会关于北极水文测量的联合声明，鼓励北极各国政府改进北极地区的水深测量、水文测量、数据收集和制图。

57. 赞赏2021年5月在东京举行的第三次北极科学部长级会议，并注意到会上通过的《部长联合声明》。

58. 祝贺北极大学联盟(UArctic)成立20周年，承认UArctic对北极知识和科学做出的宝贵贡献，该网络由北极地区内外的高校、学院和研究机构组成，注意到北极理事会在建立UArctic中发挥的作用，并欢迎UArctic

通过 2020 年在芬兰建立分部得到进一步加强。

59. 认识到观察员在北极理事会工作中发挥的重要作用，注意到北极高级官员委员会和附属机构努力增加有意义的活动，指导北极高级官员委员会审查观察员的作用及其继续参与北极理事会工作的方式，并呼吁观察员更多地参与北极理事会的项目和目标。

60. 关注对 1998—2000 年和 2017 年期间费尔班克斯观察员小组的第二次审查，重申被审查者的观察员地位，并指导北极高级官员委员会对罗瓦涅米观察员小组开展第二次审查，并于 2023 年向部长们报告审查结果。

61. 采纳北极高级官员委员会提交给部长们的报告，包括其工作组的工作计划和交付成果，批准北极理事会秘书处 2022—2023 年的预算，指导北极高级官员委员会审查北极理事会工作组和其他附属机构的作用，并视需要调整其任务。

62. 赞赏冰岛在 2019—2021 年担任北极理事会主席期间的作用，接受俄罗斯在 2021—2023 年期间担任理事会主席以及于 2023 年主办第十三届部长级会议的提议。

第四十六章 《“海洋十年”——北极行动计划》

2021 年 6 月 1 日，联合国“海洋科学促进可持续发展十年”(以下简称“海洋十年”)高级别启动大会正式发布《“海洋十年”——北极行动计划》(以下简称《行动计划》)。《行动计划》由丹麦海洋研究中心领衔的国际工作组制订，是“海洋十年”框架下的首个区域行动计划。《行动计划》明确了北极地区面临的挑战，确定了“海洋十年”在北极地区的重点行动及优先事项，提出了变革性的海洋科学解决方案，制定了高效协调国际合作的战略。

第一节 序 言

“海洋十年”是调动社会各界促进科学进步、应对可持续发展挑战的绝佳机遇。当前，海洋可持续发展面临诸多复杂挑战，需在全球、区域和地方各层面予以应对。2020 年 1 月，在挪威特罗姆瑟举办的“政策—商业—科学对话会议”上，北极倡议首次被提出，同年 10—11 月召开线上研讨会开始制订《行动计划》，2021 年 3—4 月召开线上研讨会对《行动计划》进行审查。

本《行动计划》的制订标志着北极地区已正式准备好加入“海洋十年”，为北极可持续发展提供了变革性解决方案，同时可为更多实施“海洋十年”的北极地区提供启发和指导，下一步将持续加强此类包容性做法，使北极不同社区和利益攸关方都能参与其中。

第二节 北极“海洋十年”进程简述

《行动计划》遵循“海洋十年”行动的共同议程，也是“海洋十年”下首个区域行动计划，指出了当前北极地区可持续发展需应对的主要挑战，旨在为北极居民和利益攸关方提供支持，主要挑战和相应的对策建议将在“海洋十年”实施过程中不断更新。

“海洋十年”致力于推动海洋科学提供者和使用者间的合作，产业界和政策制定者等科学界以外的人士是“海洋十年”及《行动计划》的主要目标。“海洋十年”重视多样性，致力于初步形成海洋专业人员职业网，确保2030年后“海洋十年”的延续和传承。

本《行动计划》既谋求为全球公众、北极原住民和当地居民提供惠益，同时也致力于在战略政策层面为海洋科学发展提供支持，将通过海洋生态系统管理等手段加速北极可持续发展。《行动计划》鼓励发展权利持有者和利益攸关方等“海洋十年”的重要参与者，积极主动地参与新举措的落实和更新，以弥补不足并解决问题。

本计划不归任何人所有，也不对任何机构或政府产生法律约束力。各方应尊重北极原住民和当地居民的权利和利益，这同样是“海洋十年”活动、项目和方案的一部分内容。

《行动计划》旨在通过海洋科学和本土知识，助推可持续发展目标(SDGs)的实现，其在地理上涵盖整个北极地区，包括海洋和沿海地区，是多个原住民族的领土和家园。《行动计划》明确了实现“海洋十年”的目标：①实现清洁海洋，海洋污染源被查明，海洋污染有所减少或被消除；②实现健康、有复原力的海洋，海洋生态系统得到保护、恢复和管理；③实现物产丰盈的海洋，能够为可持续的粮食供应和海洋经济发展提供支持；④实现可预测的海洋，加强了解并能够应对不断变化的海洋状况；⑤实现安全的海洋，保护人类生命和生计免因海洋遭到威胁；⑥实现可获取的海洋，开放、公平地获取与海洋相关的数据、信息、技术和创新；⑦实现具启发性和吸引力的海洋，意识到海洋与人类福祉和可持续发展息息相关。

为实现上述目标，《行动计划》的编制重点回答两个问题：①阻碍北极地区实施“海洋十年”的障碍是什么；②何种变革性的海洋科学解决方案能够克服上述障碍以及在“海洋十年”中如何实施这些方案。《行动计划》就如何克服科学认知空白、数据可用性等障碍形成了关键意见，并围绕研究性挑战、组织性挑战和应用性挑战三类挑战制定了解决方案。

一、研究性挑战——研发变革性的海洋科学解决方案

“海洋十年”北极地区的变革性海洋科学解决方案包括：①为北极地区提供详细、开放的信息清单，包括水深、海洋学状况等，以支持循证决策；②了解北极核心气候和生态系统动态、人为压力对环境和生态系统的影响及威胁该地区人类健康和安全的机制；③通过信息服务近实时观测北极环境状况和发展趋势，包括设计持续观测方案等，确定生物多样性、天气及海况等领域的基线和趋势；④预测数小时至数千年的北极气候和生态系统动态以实现气候适应，并开展基于生态系统的人类活动管理。

二、组织性挑战——在北极地区实现科学的高影响力

国际合作组织和机构认为，为北极地区提供高影响力的解决方案至关重要。为此，《行动计划》提出了推进优先事项的专门议程，即：①从各尺度连接北极地区；②发展长期、大规模国际合作资助项目；③在各层面协调北极研究、管理和观测项目，加强合作；④共建并维护联合开放数据共享平台；⑤共同设计和开展跨地区、国家和区域的行动；⑥与北极地区的权利所有者和利益攸关方合作，提高全球对北极问题的认知，提升整个区域的海洋知识水平；⑦开发技术，提高整个地区全年多学科观测项目的时间和地理覆盖。

三、应用性挑战——强化北极海洋科学的社会效益

海洋科学是“海洋十年”和《行动计划》的基础，需开展专门行动实现并应用科学研究带来的好处。《行动计划》就如何将科学进步转化为有形的产品和服务，实现“海洋十年”的预期成果提出了专门的对策，即：①开发航运安全所需的业务信息服务；②发展搜救(SAR)和溢油响应(OSR)能力；③加强风险和灾害管理与应对；④通过综合框架管理海洋和沿海环境；⑤通过指定海洋保护区管理脆弱生境或受威胁物种；⑥以灵活的执法措施管理海洋和沿海地区；⑦与关键企业利益攸关方和政府合作，开展针对北极的企业社会责任项目。

第三节　在北极实施“海洋十年”的需求

北极海洋环境的变化对北极生态系统、沿海社区及经济等均可产生重大影响，原住民和当地居民在北极事务中可发挥独特的作用。在北极地区开辟新机遇，基本要求是充分挖掘当地知识、科学和技术潜力，确保最佳的社会、经济和环境效益，将最佳知识作为决策和政策基础。联合国启动“海洋十年”，支持与海洋相关的变革性行动和可持续发展，同时也带来了新的合作机遇和合作伙伴，以实现“海洋十年”的预设成果。

在北极地区，“海洋十年”有助于推动区域海洋系统调动全球的科学和社会发展。为此，联合国教科文组织政府间海洋学委员会鼓励做出国际努力，制订区域行动计划，明确实现“海洋十年”目标的途径。

《行动计划》的主要目标包括：①为权利所有者和利益攸关方寻找共同关切，即在北极地区实现“海洋十年”目标；②将北极地区高级别挑战作为“海洋十年”的组成部分，权利所有者和利益攸关方应协作支持“海洋十年”；③政策、科学和创新领域的国际合作得到北极地区国家的支持，跨国北极原住民组织也日臻完善。

第四节　需克服的关键障碍

实现“海洋十年”目标的障碍十分明确，且许多障碍并非北极地区特有，并且交叉存在。

一、不联通的北极

与世隔绝的北极地区原住民、社区等无法从合作中受益，造成重复行动、适得其反、文化误解、原住民边缘化等风险。“海洋十年”在北极取得进展的先决条件包括消除北极内部的互联互通障碍等。

二、保障北极安全和健康的措施不足

北极环境不断变化，居民和基础设施面临重大风险，包括来自陆地和

海洋的威胁、对海洋生物多样性的不良影响等。关键挑战之一是为北极地区提供了解、管理和应对环境变化及风险的手段，为北极原住民、当地居民和自然环境提供一个安全可靠的未来。

三、缺少资源价值和分布相关知识

北极地区的许多自然和文化遗产尚未得到充分重视。提供北极地区现有资源的详细清单以及有效利用的方案是促进发展、决策及提高对区域重要性认识的重要步骤。克服这一障碍需意识到原住民与环境和自然资源的相互关系。

四、北极海洋生态系统管理不足

了解和管理不同层面的活动对北极海洋生态系统的影响十分重要。将为北极地区提供基于生态系统的管理纳入国家和国际战略，并在战略中制定目标，整合新知识，进行成果认定和评估，以便在北极发展可持续蓝色和绿色经济。

五、对北极地区的支持不足

北极是全球环境稳定的重要组成部分，了解北极环境现状和发展趋势并对北极环境进行管理符合全球利益。北极地区的可持续发展也符合北极内外国家和人民的利益。克服北极区域倡议的障碍是全球共同的责任，也是实现可持续发展的必要步骤。

第五节 北极行动计划

北极面临诸多可持续发展挑战，确定具体的行动方案非常困难。为此，《行动计划》为研究性挑战、组织性挑战和应用性挑战分别制定了相应解决方案，这些挑战具有高度交叉性，如北极地区原住民和当地社区的有效和直接参与以及数据的收集、管理和共享，二者需在整个“海洋十年”实施期间加以解决，加强当地社区和原住民在应对气候变化方面的知识、技术、实践和努力，并将本土知识体系纳入政治、社会、文化等当中。

一、研究性挑战——研发变革性海洋科学解决方案

解决方案（一）：为北极地区提供详细、开放的数据和信息清单，包括水深、海洋条件等，使循证讨论和决策透明化。研究面临的挑战包括：

1. 发现自然资本的地质多样性和生物多样性，确定北极地形、海景等对北极内外人民的贡献。确定北极地区生态系统服务提供的时间、地点及受益者；承认本土知识的重要作用并制定相应的保障措施；利用新技术实现更有效的数据收集，填补知识空白，以支持综合生态系统评估，并对区域科学规划和协调组织的成果加以利用。

2. 明确北极生态系统服务的价值。该挑战涉及推进知识框架和系统化测绘工作等，需接纳和记录本地科学知识，发挥其对政策交流的重要价值和作用；测绘工作应涵盖当前和未来的资源利用：

（1）使用空间规划原则等确定领域，在这些领域中，一个部门或权利所有者的活动可能减少或增加其他部门或权利所有者的价值；

（2）明确因管理不善或信息错误造成的价值损失，即由于未实施生态系统综合管理造成的损失等；

（3）摒弃采掘业，明确可持续产业的增长潜力及其对北极社区和原住民的影响；

（4）理解国际协议或冲突如何影响价值和管理，特别是物种迁移和其他生态系统服务改变造成的影响。

3. 明确北极地区面临的人类健康风险并实施跨部门风险管理。这一挑战指地质灾害等广义的灾害风险。应评估风险，重点发现以前被忽视或低估的风险以及针对北极生态系统和社区特点的风险。这一挑战的范围包括：

（1）何时何地应将气候变化视为对基础设施、防灾活动等的威胁；

（2）区域和生态系统间的联系，这些区域和生态系统可能危及人类和海洋健康；

（3）环境和社会发展如何影响风险和风险管理，包括保护区、航运等措施的作用等；

（4）如何确保认识到原住民及其社区面临的风险。

解决方案（二）：了解北极核心气候和生态系统动态。亟需变革，以更

好地理解人为压力对环境的影响以及威胁人类健康和安全的机制，使各层面的权利所有者和利益攸关方了解环境和人类面临的机遇与威胁及如何变化。

研究面临的挑战包括：

1. 了解北冰洋-气候关系和生态系统动态。实现北极可持续发展需要对地球系统的物理、化学等组成部分及其中的关联有更好的了解，以便应对气候变化及其相关影响。研究应涉及：

(1)与气候、生物地球化学和生态系统过程及临界点相关的重点知识；

(2)北极生态系统的多样性、现状和复原力，以揭示生态过程，并分析其在北极不同地区的重要性；

(3)开发北极海洋环境观测等新技术和方法；

(4)明确观测项目的关键变量和要求。

2. 理解人为压力如何影响环境健康和复原力。这一挑战涉及辨别人为压力，并量化其对关键生态系统的影响。应支持以下研究：

(1)了解污染物的毒性及压力的累计影响；

(2)确定生态临界点及污染和气候变化的关系，以量化北极内外的压力对北极的影响；

(3)提供知识基础，开展减少污染源或污染活动的政策行动；

(4)消除政策障碍。

解决方案(三)：利用信息服务近实时观测北极环境状况和发展趋势。建立全年观测方案以确定海冰基线和趋势、天气及海况等数据，为了解和应对环境变化及风险提供更好的基础。

研究面临的挑战包括：

1. 通过泛北极观测计划观测北极环境状况、人为压力和人类活动，并跟踪相应变化。可通过持续观测大气、海洋等参数以及监测生态系统的社会和经济指标等，了解北极海洋和海岸生态系统的变化，推动理论、操作和气候模型的开发及同化等，并为可持续发展提供基础。应开展以下活动：

(1)建立泛北极分布式观测计划。数据收集须跨越冰冻圈、水圈等层面，结合社会、经济及人为压力进行跨学科分析。应涵盖原位观测和基于遥感卫星的观测，以覆盖所有相关领域；

(2)增强基于卫星观测的连续性，增加服务重叠期，减少观测误差；

(3)增加部署北极自主观测平台以补充船基观测；

(4)获取更多古海洋学观测资料；

(5) 开展跨国全年多学科船载实地采样活动，提供标准化测量原位数据集。

解决方案(四)：预测和预报北极生态系统和气候动态。预测应涵盖数小时至数千年的时间尺度，使利益攸关方能够确定首选生态系统方法。

研究面临的挑战包括：

1. 开发预测工具，指导循证决策。准确的预测能力有助于起草战略并评价新企业的潜力、新政策的效率及人为活动的影响。发展要围绕以下重点：

(1)应用高分辨率海冰制图和预报工具，支持高效和安全的航行等；

(2)应用预测极端天气等工具支持政府、社区和行业的气候适应战略；

(3)应用评估人为压力影响的工具明确相关管理对策；

(4)应用生态预测工具，支持气候适应并评估关于可持续资源开发的科学建议。

二、组织性挑战——在整个地区实现科学的高影响力

国际合作及组织和机构支持对在北极提供高影响力的解决方案至关重要。

(一)支持北极地区连通

要支持北极内外的互联互通，如提供关键信息技术以及数字和人力基础设施与技能，并支持国家间的数据交换等。全球性和区域性组织、原住民等可对此发挥关键作用。

(二)建立大规模长期国际合作资助项目

为促进北极地区的发展，应在共同认识到需要在开展大规模北极合作的基础上，建立与观测、研究和管理有关的大规模长期国际合作资助项目。国家、权力所有者、利益攸关方和私人基金会需对此作出相应承诺。

（三）合作和协调当前和未来的北极研究、管理和观测项目

为推进北极地区发展，要加强北极研究、管理和观测项目的合作与协调。区域和国际方案管理者需汇集在一起交流方案，并在数据收集和共享标准化等方面合作，为今后共同拟订泛北极综合观测方案框架奠定基础。应认可“从上至下的努力”和“自下而上的倡议”，并为制定涵盖北极内外区域的北极综合框架提供启示和经验。制定观测系统的第一步是确定差距和未来努力的优先次序。

（四）与关键权利所有者和利益攸关方合作，创建和维护联合开放数据共享平台

可通过开发和维护联合开放数据共享平台实现对数据的直接访问。这需要清除目前的障碍，并承认和保护原住民的权利、知识和价值观等。数据共享平台应跨越各领域，确保与科学、社会等建立广泛联系。关键目标是将数据访问集中到一个可互操作的平台，促进数据标准化，并提供综合分析和预测服务。开放元数据应进一步支持平台的运营，并允许用户在三个维度上搜索现有的监测工作：

- 空间范围、比例尺及分辨率(将其视作地图)；
- 时间尺度及分辨率(最高至实时)；
- 环境变量和人类活动。

（五）共同设计和制定连通各层面的行动

决策者和专家近期才认识到本土知识能够且应当为相关活动提供信息，基于本土知识和科学的决策会更加有力并能得到更广泛的接受。“海洋十年”的非北极居民等利益攸关方应对此有所认识，并同北极居民积极合作。

（六）与北极地区权利所有者和利益攸关方合作，提升全球对北极问题的认识，提高北极地区的海洋知识水平

不同北极社区无法获得有关各自发展、风险和机遇的最新信息，这将构成一大挑战。“海洋十年”的权力所有者和利益攸关方应承担责任，在提升海洋素养、社区环境监测及教育等方面合作，为所有居民搭建参与桥梁。

(七)开发技术，提高不同数据类型的时间和地理覆盖

未来“海洋十年”合作应支持开发新一代极地“硬”技术，既能承受恶劣环境，也能实现远程操作；既涵盖最新和尚在研发中的技术，也可改进现有技术以减少观测活动对环境的影响，实现对建模和预测的更好支持。

三、应用性挑战——强化北极海洋科学的社会效益

北极地区非常需要适应性管理框架以克服“传统”管理机制的缺陷。为此，应发展“知识价值链”，使科学进步让权利所有者和利益攸关方能够提供有形的服务和产品。

(一)开发航运安全所需的业务信息服务

北极地区缺乏航运安全所需的信息和设施。为此，应更新和扩大航运安全所需的数据，并遵守《国际海上人命安全公约》等要求；建立负责汇编和协调信息的机构或平台，以改进航运计划，并提供以下服务和产品：

- 最新的航海图，明确保护区等应躲避的敏感区域；
- 提供天气、海况等近实时信息和预报服务；
- 海上领航员及排班；
- 基于当地知识的导航问题；
- 避难港附近信息；
- 燃油选择。

国际海事组织等国际组织应与各国共同为船舶提供所需信息，并设立联合中心广播海上航行信息。

这一挑战也可通过开设一站式服务得到解决，该服务可用于发布航行任务所需的信息。

(二)发展搜救(SAR)和溢油响应(OSR)能力

SAR 和 OSR 是对泛北极地区安全和环境保护的一大挑战。由于基础设

施和资源缺乏、当地社区和原住民的需求与能力未被纳入搜救和响应方案、灾害治理机制组织性较差，当前的应对方案仍达不到国际标准。

从海洋科学角度看，SAR 和 OSR 在北极地区面临着巨大挑战。对响应方法的环境影响评估是重要的新兴研究领域。最理想的情况是，有关航运安全的信息也能改进环境信息并用于确定应对方案。应特别注重在应急响应时协调利用商业船只，以覆盖更广阔的地理区域。了解当地社区的能力，并向其提供与药品和溢油反应有关的设备和培训等，能够使其在未来的行动中发挥更大作用。

(三)风险和灾害管理与应对

有效应对北极地区风险和灾害的潜力正不断增加。但如果权利所有者和利益攸关方没有或没有以适当形式得到信息，应对能力将不会继续提升。需采取下列措施：

1. 整理、翻译、合并和分发北极数据和风险地图，以支持政府、社区等充分规划和应对灾害与风险。采取“泛北极综合风险知识中心”的形式应对灾害和长期风险，其代表应来自北极国家、地方当局等。有关风险和应对措施的观点将多种多样，因此应广泛、包容地选取代表。

2. 在评估船舶是否符合《极地规则》时，北极国家港口当局应建立更好的协作。可通过为地方当局、船级社和保险公司建立论坛促进协同合作，提高对贸易和过境船只的风险评估。

(四)通过综合框架管理海洋和沿海环境

在北极大部分地区目前仍未建立综合框架以协调海洋和沿海管理，应采取行动予以解决。行动应建立在基于生态系统的适应性方法上，并辅以专门的观测计划，包括承认北冰洋及沿海海域在北极原住民粮食安全方面的重大作用。关键是分析现有的基于北极生态系统的管理方法和最佳实践，以在尊重国家主权、资源管理等的同时确定需要扩充的内容，并与原住民代表组织合作，争取在 2025 年前建立综合管理国际框架，并在 2030 年前由北极国家作出具体承诺。

(五)通过指定海洋保护区管理脆弱生境或受威胁物种

北极是世界上少有的环境相对完整的大型海洋区域之一。然而，北极地区气候变化会改变海洋和海岸生态系统；洋流和气流轨迹变化会改变污染水平并影响污染物的迁移。为此，应确定北极生物多样性热点地区以及具有重要生态意义的区域等，以确定候选海洋保护区；还应进一步确定资源管理者的保护责任，并得到利益攸关方的支持。

（六）以灵活的执法措施管理海洋和沿海地区

北极地区的环境执法颇具挑战。为此，在加强国际合作的同时应采取新的数据获取和共享方法，并着力减少环境犯罪，如打击中北冰洋公海区域内的非法、不报告和无管制捕捞等。

（七）与关键企业利益攸关方和政府合作，创建针对北极的企业社会责任项目

应通过北极理事会、北极经济理事会或联合国各机构促进北极地区各领域的可持续发展。也可制定专门的“企业社会责任”（CSR）项目来解决北极地区、北极原住民等具体问题，并借鉴与CSR相关的全球发展模式，如“环境、社会和公司治理”（ESG）方法。这些行动特别适合作为战略基石，以将可持续性目标纳入北极商业管理当中。

四、从《北极行动计划》到“海洋十年”行动

《行动计划》已完成制订，并将不断更新和评估以实现更大价值。在落实《行动计划》时将：①推动《行动计划》向“海洋十年”行动转型，方案的形式多种多样，如区域项目或与其他“海洋十年”项目关联的专题项目；②确定用于监测进展和定期审查文件的机制，确保“海洋十年”行动不断更新，能够反映整个“海洋十年”间的区域优先事项，对《行动计划》的审查可对标“海洋十年”监测和评价框架，并与《海洋十年实施计划》审查程序时间一致；③通过区域工作组等方式，形成并巩固区域治理，明确各方责任、时限和步骤，确保北极国家、北极区域组织、原住民组织和论坛对《行动计划》的所有权得到认可和强化；④强调区域工作组未来的任务，并说明区域工作组与区域和主题实践社区及“海洋十年”委员会间的关系；⑤明确工作组在推动制定和提交共同方案、项目和倡议及促进多部门参与中发挥的作用；⑥明确筹资渠道，以在实施《行动计划》的基础上制定各项方案、

项目和倡议，并进行区域协调；⑦明确利益攸关方的参与和宣传活动，继续吸引其他利益攸关方参与，并提升对“海洋十年”的认识，如为原住民、工商界等优先群体制定具体机制等。

目前没有实体机构能够通过《行动计划》满足所有与北极可持续发展相关的需求，但可利用现有的科学协调和规划组织，在“海洋十年”间协助执行和调整本计划。如国际北极科学委员会(IASC)下设的海洋工作组(MWG)以及IASC和北极理事会共同支持的北极可持续观测网络(SAON)都有兴趣协助修订《行动计划》。同时，应认识到仍需其他实体和项目的参与，通过科学和本土知识促进北极可持续发展，代表海洋科学使用者或资源供给者的其他利益攸关方将在《行动计划》中担任重要角色。

附录　2021年国际海洋大事记

海洋管理大事记

1月6日，欧盟委员会海洋事务与渔业总局发布《海洋空间规划沟通指南：一个令人鼓舞的机构间合作的时代》。

1月6日，加拿大海洋与渔业部将恢复已枯竭的商业鱼类资源的相关规定纳入《渔业法》。

1月12日，韩国国务会议审议通过《第三次海洋水产发展基本计划(2021—2030)》。

1月13日，世界岛屿和沿海生物圈保护区网(WNICBR)发起了旨在减轻新冠病毒影响的项目资助方案。

1月14日，加拿大环境和气候变化部批准三家化石燃料公司在加拿大圣约翰以东或东北350千米至375千米之间进行钻探。

1月15日，美国国务院发表声明，宣布建立伙伴关系以监督在南大西洋的非法、不报告和无管制捕捞行为。

1月19—21日，世界自然基金会英国分会和天空海洋救护组织(Sky Ocean Rescue)联合举办了“2021海岸带的未来——恢复海洋”线上会议。

1月20日，联合国教科文组织(UNESCO)发布最新一期世界岛屿和沿海生物圈保护区网(WNICBR)通信。

1月22日，法国海洋部际委员会召开会议，提出海洋领域四项重要措施：制定覆盖全部港口系统的国家港口战略、制定国家深海海底战略、部署海洋可再生能源设施、振兴海运与港口产业。

1月23日，突尼斯农业、水资源和渔业部宣布，将对15米以上渔船进行卫星监测，以确认船舶位置和打击非法、不报告和无管制捕捞行为。

1月25—28日，国际海底管理局(ISA)和印度尼西亚外交部合作召开“国家能力建设研讨会”。

1 月 28 日，瑞典“源头到海”管理行动平台（S2S 平台）启动《2021—2025 年战略》。

1 月 28 日，美国巴尔的摩市推进海滨修复项目，通过改善野生动物栖息地、适应海平面上升和改善水质，实施基于自然的解决方案。

2 月 2 日，联合国可持续蓝色经济金融倡议（UNEP FI）官网发布新报告《潮流：绘制新十年的海洋金融蓝图》。

2 月 4 日，塞舌尔农业、气候变化与环境部推进博瓦隆海岸修复项目，预计将在六个月内分三个阶段完成。

2 月 8 日，联合国粮食及农业组织（FAO）渔业委员会第三十四届会议批准了首份《可持续渔业和水产养殖宣言》。

2 月 9 日，欧盟委员会通过《地中海新议程》，指明优先领域：人类发展治理规则和法律、经济复原力和数字化、和平与安全、移民与人口流动以及绿色转型。

2 月 10 日，太平洋海洋事务专员办公室向太平洋岛国领导人提交《蓝色太平洋海洋报告（2021）》。

2 月 12 日，英国土木工程师学会发布《沿海防御设计与实践指南》。

2 月 15 日，全球金枪鱼联盟（GTA）、国际海产品可持续发展基金会（ISSF）、全球海产品溯源对话（GDST）、海产品业务管理（SeaBOS）和全球可持续海产品倡议（GSSI）以及全球超过 150 家零售商和海产品企业领导人发表联合声明，提出打击非法、不报告和无管制捕捞行为对海产品行业的未来以及人类的健康与发展至关重要，提倡通过严格的港口管控和海产品的可追溯性来解决非法、不报告和无管制捕捞问题。

2 月 15 日，澳大利亚政府发布《科科斯群岛法》（修正案）、《珊瑚海岛法》（修正案）、《圣诞岛法》（修正案）、《诺福克岛法》（修正案）等多项法案。

2 月 17 日，越南政府批准颁布第 11/2021/NĐ-CP 号决定，明确规定可将多年平均高潮线向海一侧区域出让给个人和组织用于开展海洋资源开发活动，并对海域使用权租赁进行规定。

2 月 19 日，韩国开始实施《海洋调查与海洋信息利用相关法律》施行令。

2 月 22 日，美国参议院提出《热带森林和珊瑚礁保护再授权法》

(TFCA)。

2月22日,世界自然基金会(WWF)地中海海洋计划研究小组发布《恢复地中海生物多样性和重建鱼类种群的方案》。

3月2日,澳大利亚瓦南布尔城市委员会发布《荒野海岸景观总体规划》。

3月3日,加拿大海洋与渔业部长宣布正式启动加拿大联合国"海洋科学促进可持续发展十年"活动。

3月4日,法国发起"法国海洋景观"倡议。

3月8日,韩国海洋水产部发布《第三次水产资源管理基本计划(2021—2025)》。

3月10日,国际能源署海洋能源系统(IEA-OES)发布《2020年度海洋能源报告》。

3月10日,澳大利亚发布《海洋综合观测系统2030年战略》,提出强化观测数据对政策支撑的作用、增强对气候灾害的影响认识、最大限度与全球伙伴共享观测数据等任务。

3月11日,欧洲议会通过新修订的《欧盟渔业管理制度》。

3月11日,萨摩亚财政部经济政策及规划司发布《萨摩亚2040:迈向高速经济增长的转型道路》战略。

3月15日,"海洋行动之友"合作平台发布第一阶段工作(2018—2020年)影响力报告。

3月15日,巴西实施《国家海上油田振兴计划》。

3月16日,日本正式开展大规模海底地震的调查观测。

3月16日,英国国防部宣布将更新《国家造船战略》。

3月19日,欧盟发布欧洲海洋空间规划项目综合地图,全面标记了由欧盟资助的各成员国海洋空间规划(MSP)项目以及欧盟国家间的MSP合作项目。

3月19日,在欧盟"地平线2020"计划和欧盟全球环境与安全监测系统(哥白尼计划)框架下,意大利、法国、希腊、西班牙和葡萄牙高校联合发起旨在开发新的欧洲洪水感知系统(ECFAS)的科研项目。

3月22日,联合国教科文组织政府间海洋学委员会(IOC)发布报告《利用海洋知识促进海洋经济可持续发展》。

3月22日，南太各国领导人联合发布《2021年太平洋岛国论坛领导人海洋声明》。

3月24日，全球海洋空间规划项目(MSPglobal)发布五份报告：《确定海洋空间规划的现有和未来条件》《海洋空间规划与可持续蓝色经济》《气候变化与海洋空间规划》《海洋空间规划的能力建设》《海洋治理和海洋空间规划》。

3月29日，欧盟旗下泛欧海洋研究合作创新平台“健康和富有成效的海洋和海洋研究欧盟联合规划倡议”(JPI Oceans)发布“2021—2025年最新战略议程”。

3月30日，美国内政部宣布，将对墨西哥湾四个石油和天然气生产州(亚拉巴马州、路易斯安那州、密西西比州、得克萨斯州)海岸带保护和恢复项目、飓风防护计划、海洋和海岸带复原力管理计划给予财政支持。

3月30日，英国发布《加勒比地区渔业气候变化适应行动框架2021》文件。

3月31日，欧盟通过了芬兰政府与奥兰自治省合作制定的《〈共同渔业政策〉国家监测战略(2021—2027)》。

3月31日，厄瓜多尔发布本国首个多物种小型远洋渔业管理计划。

4月6日，地中海渔业综合委员会(GFCM)启动地中海渔业立法统一资料库(GFCM-Lex)，成为该地区首个此类型资料库。

4月7日，非政府组织蓝色海洋基金会发布《国家海洋公园——英国海洋愿景》。

4月7日，马来西亚沙捞越州成立沙捞越海岸警卫队。

4月9日，挪威提出《保护海洋重要自然地》综合国家计划。

4月13日，由德国不来梅大学海洋环境科学中心和阿尔弗雷德·韦格纳研究所领导的团队创建了一幅新地图——GLOMAP(冰川海洋地图)。

4月14日，由联合国教科文组织政府间海洋学委员会(IOC)发起、比利时佛兰德大区政府提供支持的海洋数据中心(OIH)项目网站正式启动，网站将协助海洋科学专家交流数字技术及共享海洋数据。

4月20日，巴西正式启动联合国“海洋科学促进可持续发展十年”。

4月21日，北欧部长理事会发布报告《加强全球科学知识体系建设以减少海洋塑料垃圾污染》。

4 月 23 日，国际电工委员会(IEC)海洋能技术委员会(TC 114)发布了 IEC TS 62600-40 新标准，提供了海洋能源工业噪声测量的两种方法，一是将水听器安装在海底，二是安装在海面浮标上。

4 月 28 日，英联邦发布《海洋酸化政策应对指南》。

4 月 28 日，美国参议院商业、科学和运输委员会审议《国家海洋勘探法案》。

4 月 29 日，韩国发布《智能海上交通信息服务基本计划(2021—2025)》。

5 月 10 日，世界自然保护联盟(IUCN)发布首个在欧洲和地中海区域设计及实施蓝碳项目的指南《欧洲和地中海蓝碳项目创建手册》。

5 月 12 日，美国参议院商业、科学和运输委员会审议《蓝色地球法案》，又称《促进对五大湖、海洋、海湾和河口的长期认知与探索法案》。

5 月 12 日，《欧洲基于生态系统的海洋空间规划及评估》基于“欧盟海洋空间规划指令”，提供了一套海洋空间规划(MSP)指标。

5 月 13 日，爱尔兰公布海上电力输送系统框架政策声明。

5 月 14 日，澳大利亚国家海洋博物馆发起“海洋精神崛起”倡议。

5 月 20 日，联合国教科文组织(UNESCO)计划启动有史以来规模最大的水下文化遗产国际合作保护计划，阿尔及利亚、克罗地亚、埃及、法国、意大利、摩洛哥、西班牙和突尼斯等地中海的八个国家成为合作计划的参与国。

5 月 21 日，韩国首次发布《海洋废弃物及海洋污染沉积物管理基本计划(2021—2030)》。

5 月 27 日，联合国教科文组织(UNESCO)召开“未来常态蓝图：完善东南欧和地中海的生物圈保护区建设并发挥其作用”研讨会。

5 月 27 日，国际海洋行业协会理事会(ICOMIA)发布《应对气候变化的政策》。

5 月 31 日，欧盟委员会发布《一次性塑料制品指南》，明确禁止所有氧化降解塑料，计划 2022 年制定政策框架并建立应用标准、2024 年 12 月 31 日前制定国家最低年回收塑料废弃渔具收集率。

6 月 5 日，秘鲁发布 008-2021-MINAM 号最高法令，正式建立该国首个完全的海洋保护区——纳斯卡海岭国家海洋保护区(RNDN)。

6 月 7 日，日本海洋政策学会与笹川和平基金会海洋政策研究所联合发布日本就联合国“海洋科学促进可持续发展十年”的倡议。

6月8日，海洋危机组织发布《蓝色宣言2020年进展评估概要》，首次对《蓝色宣言》2020年的任务实施情况进行评估。

6月8日，英国发布《北海海上风电运维脱碳创新路线图》。

6月8日，马来西亚环境与水务部起草“国家海洋垃圾路线图”，以保护本国海洋和海洋资源。

6月11日，海洋危机组织发布《以自然为中心规划海上可再生能源》报告。

6月15日，澳大利亚科学院发布《澳大利亚可持续海洋和海岸国家战略（2021—2030）》。

6月16日，欧洲海洋局发布《数字海洋时代的持续原位海洋观测》政策简报，呼吁发展可持续的海洋观测，以解决关键性海洋问题。

6月16日，英国政府环境顾问机构“自然英格兰”发布《自然英格兰的海上风电方法》报告。

6月17日，美国参议院提出《海岸线经济和生态系统再投资法案》，加大基础设施复原力、飓风应对、栖息地恢复和抵御海岸侵蚀等项目投资力度。

6月21日，英国海洋管理局发布《英国渔业管理蓝皮书》。

6月22日，新西兰发布“海上安全战略”。

6月23日，联合国环境规划署和国际资源委员会发布《沿海资源治理：对可持续蓝色经济的意义》报告。

6月24日，越南政府发布关于在28个沿海省市建立协调机制，以制止越南渔船在他国海域进行非法、不报告和无管制捕捞的政府令（17/CT-TTg号）。

6月24日，印度古吉拉特邦海事大学与印度国际金融服务中心管理局签署谅解备忘录，共同推进成立该国首个国际海事仲裁中心——印度古吉拉特国际海事仲裁中心（GIMAC）。

6月29日，加拿大正式实施《太平洋鲑鱼战略倡议》。

7月1日，爱尔兰政府正式启动《国家海洋规划框架》（NMPF），并发布与之配套的《海洋区域规划法案2021》。

7月5日，新加坡国家发展部宣布今年将在白礁填海造地。

7月7日，菲律宾众议院通过建立“菲律宾隆起自然公园”的法案，确定“菲律宾隆起”为国家综合保护区系统法案框架下的保护区。

7月9日，美、日、澳、英、印、加、德、印度尼西亚、南非等国共同成立“全球珊瑚研发加速器平台”，推动科技和研发，支持保护和恢复珊瑚礁，应对气候变化。

7月9日，地中海渔业综合委员会（GFCM）通过“GFCM2030战略”。

7月16日，联合国环境规划署、《内罗毕公约》组织和西印度洋海洋科学协会共同发布《海洋保护区展望》。

7月17日，格陵兰自治政府宣布停止勘探和开采石油和天然气，保护格陵兰因纽特人可持续传统农业及捕鱼业、避免潜在的溢油造成的海洋环境污染风险。

7月19日，联合国教科文组织政府间海洋学委员会（IOC）发布《联合国“海洋科学促进可持续发展十年”国家委员会运作指南》。

7月23日，国际可再生能源署（IRENA）发布“G20海上可再生能源行动议程”。

7月26日，联合国教科文组织政府间海洋学委员会（IOC）制定“2022—2029年中期战略框架”。

7月26日，在中国福州举行的第四十四届世界遗产大会上，“韩国的滩涂”获准列入《世界遗产名录》。

7月26日，《G20海洋塑料垃圾行动报告》正式发布。

7月26日，国际电缆保护委员会（ICPC）发布《保护和促进海底通信电缆具有恢复力的政府最佳实践》。

8月4日，美国发布《碳捕集、利用与封存（CCUS）》白皮书。

8月4日，加拿大宣布将投入4000万加元在西北航道沿线上建造深水港。

8月10日，世界自然保护联盟（IUCN）海洋连通性工作组发布《海洋保护区（MPA）及其网络设计的海洋连通性保护经验法则》。

8月10日，英国环境、食品与农村事务部和鲸类搁浅调查项目（CSIP）签订了为期十年（2021—2031年）的合同，将为该项目提供充足的资金支持。CSIP是世界上最大的搁浅和死亡原因数据集之一。

8月11日，越南发布《2016—2020年国家海洋、岛屿环境现状报告》。

8月16日，爱尔兰颁布《海域规划法案(2021)》。

8月16日，越南颁布《关于批准“越南筹备并参与制定全球海洋塑料污染协定”的决定》。

8月16日，世界自然保护联盟(IUCN)发布4份全球案例研究汇编，说明水产养殖可以作为基于自然的解决方案纳入海洋保护工作的科学依据。

8月17日，日本海上保安厅发布消息称，飞机在小笠原诸岛硫黄岛以南约50千米的“福德冈之场”发现了新岛屿。

8月19日，东盟与湄公河委员会(MRC)举行首届“水安全对话”会，东盟正式参与对湄公河水域的保护工作。

8月24日，日本开展“2021年智能岛屿”实地调查计划。

9月1日，欧洲海事安全局(EMSA)和欧洲环境署(EEA)发布首份《欧洲海上运输环境报告》。

9月1日，由德国联邦内政部(BMI)、海事和水文局(BSH)共同制定的“北海和波罗的海专属经济区(EEZ)新空间规划”生效。

9月3日，澳大利亚政府发布《海上电力设施法案(2021)》。

9月4日，印度泰米尔纳德邦政府宣布，将在该邦南部沿海地区建立印度首个儒艮保护区。

9月6日，萨摩亚正式启动国家海洋空间规划制订工作。

9月10日，英国海外领地阿森松岛政府发布《海洋保护区五年管理计划》。

9月13日，国际可再生能源署(IRENA)发布《海上可再生能源部署行动议程》。

9月14日，美国国家海洋与大气管理局的综合海洋观测系统(IOOS)办公室宣布11项新的五年合作协议，以支持美国气候、沿海、海洋和五大湖观测能力的持续增长与现代化。

9月15日，澳大利亚政府完成《大堡礁海洋公园管理条例》修订工作。

9月20日，联合国全球契约组织成立海洋管理联盟，以应对生物多样性和气候变化双重危机。

9月22日，世界经济论坛的“海洋行动之友”发起了三项高级别倡议：蓝色食物伙伴关系倡议、杜绝海产品损失和浪费的倡议、蓝色恢复中心倡议。

9月22日，欧盟启动关于区域海平面上升趋势及其影响的新项目——沿海气候核心服务(CoCliCo)。

9月27日，联合国全球契约组织发布《气候与海洋的联系：实现1.5摄氏度温控目标的气候智能型海洋蓝图》。

9月28日，韩国海洋水产部编制《滩涂管理和恢复基本计划(2021—2025)》。

10月4日，联合国全球契约组织发布《海藻作为基于自然的气候解决方案愿景声明》。

10月4日，越南政府副总理黎文成签署第1662/QĐ-TTg号决定，批准颁布《保护和发展沿海森林以应对气候变化和实现绿色增长规划(2021—2030年)》。

10月4日，越南政府副总理黎文成签署第1664/QĐ-TTg号决定，批准颁布《到2030年越南海水养殖发展规划和2045年展望》。

10月5日，美国发布《国防部气候适应计划》。

10月6日，联合国教科文组织(UNESCO)和欧盟委员会(EC)联合编制并发布《国际海洋空间规划指南》。

10月8日，欧盟发布《繁荣蓝色经济，共享海洋知识》简报。

10月13日，法国海洋部颁布有关自主航行船舶和海上无人航行器的法令，法国成为首批将海上无人航行器和自主航行船舶概念引入法律体系，并对其操作进行明确规定的国家。

10月15日，联合国教科文组织政府间海洋学委员会(IOC)启动新一轮的联合国“海洋科学促进可持续发展十年”行动倡议。

10月18日，国际能源署——海洋能源系统(IEA-OES)发布《海洋热能转换白皮书》。

10月20日，波罗的海海洋环境保护委员会(HELCOM)通过了更新的《波罗的海行动计划》。

10月26日，新加坡设立世界首个海洋地图创新技术实验室，研发新技术以便更准确地绘制世界海洋地图。

10月26日，英属皮特凯恩群岛政府发布了一项为期五年的《海洋保护区管理计划》。

10 月 27 日，“零排放联盟”发布《零排放航运业转型战略》，这是全球首份将转型理论与技术经济因素相结合的航运业转型研究报告。

11 月 1 日，澳大利亚政府主导的“海底地形图测绘”项目发布《年度报告》。

11 月 2 日，萨摩亚发布《萨摩亚海洋生物区域报告》、《特别海洋区》信息图表材料、《海洋生态系统服务评估》《海洋生物区域》和《萨摩亚海洋规划》手册。

11 月 3 日，世界自然保护联盟(IUCN)发布《应对海洋风险》报告。

11 月 8 日，地中海渔业总委员会(GFCM)发布《地中海和黑海战略2030》。

11 月 10 日，英国牵头发起“克莱德班克宣言”，提出将在 2026 年前至少建立 6 条“绿色航运走廊”。

11 月 15 日，澳大利亚政府正式修订《2018 年水下文化遗产法案》。

11 月 16 日，马来西亚政府启动《2021—2030 年国家海洋废弃物政策与行动计划》。

11 月 17 日，英国政府正式实施“蓝盾”计划。

11 月 22 日，马来西亚政府启动了《2021—2030 年南海、苏禄海和苏拉威西海金枪鱼产业战略发展规划》。

11 月 25 日，《保护、管理和开发东非地区沿海和海洋环境的内罗毕公约》(《内罗毕公约》)第十届缔约方大会(COP10)通过了关于保护和管理西印度洋的决定。

11 月 25 日，法国国民议会通过了保护和可持续利用海洋法案。

11 月 28 日，孟加拉国国会通过了《2021 年领海和海域法(修正案)》。

11 月 30 日，联合国教科文组织政府间海洋学委员会(IOC)宣布启动“联合国海洋科学促进可持续发展十年创意交流工具包”。

11 月 30 日，欧洲海洋数据与观测网络(EMODnet)启动为期 2 年的海底栖息地项目第四阶段，将更新大比例尺欧洲海底栖息地地图，并将其覆盖范围扩展至里海和加勒比海，完成新环境层的开发。

12 月 6 日，第二十二届《保护地中海海洋环境和沿海地区公约》缔约方会议在土耳其安塔利亚召开，通过了在地中海地区设定硫排放控制区(SECA)的决定。

12月8日，英国研究与创新组织(UKRI)发布“可持续海洋”的信息图，记录了关键海洋数据。

12月9日，联合国大会讨论并通过了与“海洋与海洋法”和“可持续渔业”相关的两项决议，欧盟敦促尽快完成BBNJ协议谈判，呼吁加强海洋治理。

12月9日，意大利生态转型部与意大利国家环境保护研究所(ISPRA)签署《恢复与保护海底和海洋栖息地谅解备忘录》。

12月14日，美国总统签署“建立美国跨国有组织犯罪委员会”的行政令，打击非法、不报告和无管制捕捞等跨国有组织犯罪。

12月15日，欧洲海洋局(EMB)发布报告《海洋地质灾害：保护社会和蓝色经济免受潜在威胁》。

12月20日，澳大利亚联邦政府和昆士兰州政府联合修订2015年发布的《大堡礁2050年长期可持续计划》。

海洋经济大事记

1月1日，英国和欧盟在“贸易与合作协议”下针对渔业领域开展合作，双方可行使勘探、开发、养护和管理其水域内海洋生物资源的权利。

1月5日，印度总理莫迪表示，政府正在卡纳塔克邦、喀拉拉邦等印度南部沿海各邦推行“蓝色经济”综合计划。

1月13日，美国杜克大学和瑞典斯德哥尔摩大学的研究人员发表《海洋100：海洋经济中的跨国公司》，首次指出利用世界海洋获得的大部分收益都集中在100家跨国公司手中。

1月13日，波兰参议院正式通过《海上风电法》，波兰的目标是到2030年完成3.8吉瓦，到2040年完成10吉瓦，到2050年完成28吉瓦的装机目标，使波兰成为波罗的海最大的海上风电市场。

1月14日，韩国海洋水产部发布《抢占世界海洋生物市场战略(2021—2030)》。

1月14日，挪威奥德菲尔公司(Odfjell SE)发布国际航运业首个可持续性挂钩债券(SLB)，债券发行规模为8.5亿挪威克朗(约6.44亿人民币)，到期日为2025年1月，该债券将二氧化碳减排目标与债券融资条款联系起来。

1 月 16 日，俄罗斯诺瓦泰克公司旗下亚马尔 LNG 项目租用俄罗斯现代商业船队公司的 Arc7 型冰级油轮“克里斯托弗 · 德 · 玛格丽”号，首次在没有破冰船护航的情况下独立从萨别塔港沿北方海航道向东航行运送货物。

1 月 18 日，俄罗斯国家海港公司新闻处表示，在“俄罗斯海港”联邦项目的框架内，计划在 2021 年将俄罗斯海港的吞吐能力增加 5000 万吨。

1 月 19 日，美国国家海洋与大气管理局发布《2021—2025 年蓝色经济战略规划》，为促进美国蓝色经济和全球海洋经济发展的新途径制定了路线图，预计未来 10 年全球海洋经济的价值将翻一番，达到 3 万亿美元。

1 月 27 日，2021 年世界经济论坛“达沃斯议程”对话会召开线上会议，就打造全新的海洋经济等议题展开研讨。

1 月 28 日，印度发布该国首份《蓝色经济政策》(草案)，确定了印度发展蓝色经济的优先领域。

1 月 28 日，在欧盟五年期的 FISH4ACP 项目支持下，马绍尔群岛启动了一项渔业计划，旨在发掘其金枪鱼渔业价值链的潜力。

2 月 1 日，联合国粮食及农业组织(FAO)发布《新冠病毒对渔业和水产养殖粮食体系的影响》报告，指出 2021 年全球渔业和水产养殖业受到新冠病毒冲击，形势可能更为严峻。

2 月 3 日，美国海洋能源管理局声明指出，重启“葡萄园风”(Vineyard Wind)海上风电场计划许可审查。

2 月 5 日，韩媒称韩国将在全罗南道新安建造 8.2 吉瓦的世界最大规模海上风电场。

2 月 9 日，欧洲风电协会 WindEurope 公布数据称，2020 年欧洲在海上风电领域的投资达 263 亿欧元，新增产能达 7.1 吉瓦。

2 月 9 日，坦桑尼亚桑给巴尔岛政府表示，当地政府将充分挖掘蓝色经济潜力，从而改善民生、创造就业和推动地区经济增长。

2 月 10 日，在太平洋岛国论坛经济部长会议上，太平洋海洋事务专员办公室发布了 7 份“太平洋海洋金融报告”，为太平洋岛国领导人参与海洋经济事务决策提供参考。

2 月 12 日，比利时安特卫普和泽布吕赫市政府宣布，将合并两市的港口，设立“安特卫普-布鲁日港”，合并或需一年时间，两港口承诺将共享资源，以实现可持续增长。

2月16日，西班牙能源公司伊维尔德罗拉宣布，计划投资超过10亿欧元建设本国首个商业化浮动风电场。

2月17日，全球海事新闻网称，马士基公司将在2023年推出世界上首艘碳中和班轮船，比预想的2030年提前了7年，从而加快实现海上作业脱碳的目标。

2月18日，欧洲海洋能组织(OEE)为海洋能源行业设计一个全新的欧洲保险基金，作为欧盟资助的OceanSET项目的一部分，减轻创新海洋能源项目的早期风险，加速海洋能源产业的推广。

2月23日，欧盟委员会旗下欧洲海洋渔业基金(EMFF)资助的MarENet项目启动了“2021蓝色创业计划”，旨在培养爱尔兰、法国、西班牙等大西洋沿岸国家蓝色经济部门的创新性经营理念。

3月2日，联合国可持续蓝色经济金融倡议(UNEP FI)发布蓝色金融新指南——《扭转局面：为可持续的海洋恢复融资》，为金融机构在海产品、航运、港口、海上可再生能源以及海洋旅游的融资提供了一份完整的路线图。

3月2日，印度总理莫迪在“2021年印度海事峰会”开幕式上称，印度政府已经制订计划，在78座灯塔附近发展旅游业，使之成为独特的海上旅游地标。

3月3日，美国船级社发布海上风电报告，评估了美国港口基础设施、专业靠泊条件以及美国海上风电产业的现状、发展趋势和面临的挑战。

3月4日，俄罗斯pro-北极网报道称，2021年1—2月，北方海航道共计运输货物481万吨，其中液化天然气和凝析油占总货运量的67%。

3月17日，英国政府、苏格兰政府代表与奥克尼、设得兰和外赫布里底群岛的地方领导人共同签署了“岛屿发展协议重要条款”(Heads of Terms for the Islands Growth Deal)，决定为三个群岛的经济项目投资。

3月23日，新西兰总理首席科学顾问Dame Juliet Gerrard教授编写并发布了《新西兰商业捕捞的未来》报告，建议制订《2040年海洋战略行动计划》，将生态系统方法应用于渔业管理，完善渔业管理的监管框架，建立集中数据平台。

3 月 25 日，世界银行发布《海洋繁荣：印度尼西亚蓝色经济改革》报告，指出海洋已成为印度尼西亚实现繁荣的核心要素，渔业每年为该国带来 270 亿美元(约合人民币 1766 亿元)的经济收入。

3 月 25 日，联合国人类居住区规划署和联合国环境规划署共同发起为期四年的“蓝色行动”。该行动的总投资额为 2500 万欧元，由欧盟提供资助。行动旨在利用重要的沿海和海洋资源，实现肯尼亚蓝色经济的可持续发展。

3 月 25 日，全球风能理事会(GWEC)发布《2021 年全球风能报告》称，全球需要在未来十年内以三倍速度建设风力发电设施，以确保如期实现净零排放目标和避免气候变化造成的严重影响。

3 月 29 日，欧盟委员会批准了新的德国海上风能支持计划——“Wind-SeeG”，以进一步发展德国海上风电。

3 月 31 日，爱尔兰农业、粮食和海洋部公布了《海洋食品年度商业报告》。

4 月 6 日，世界银行发布消息称，该机构正在开发创新经济方案，建立激励机制并促进“塑料智能投资”。

4 月 8 日，全球变暖政策基金会发布《海上风电成本预测》报告，基于对海上风电场财务数据的分析指出，近年来海上风电成本居高不下，行业前景不容乐观。

4 月 13 日，北极理事会海洋环境保护工作组(PAME)发布《北极船舶状况报告》指出，2013—2019 年，通过西北航道的船舶量增加了 44%。

4 月 21 日，俄罗斯国家核动力船舶公司总经理亚历山大·涅克柳多夫表示，俄方计划在 2025 年中期前建成北方海航线所需的商业破冰船队和带有配套基础设施的枢纽港口网络。

5 月 6 日，欧盟环境和海洋事务专员 Virginijus Sinkevicius(维京尼乌斯·辛凯维奇斯)称，可持续渔业活动、废弃海上平台回收以及海洋能源开发利用等均为实现《欧洲绿色协议》发挥重要作用。

5 月 11 日，美国内政部和商务部发表联合声明称，政府已正式批准在马萨诸塞州建设国内首个大型海上风电场项目。

5 月 11 日，欧盟地区性基金组织 Interreg 为波罗的海地区可持续利用海洋资源的多个创新型蓝色经济项目提供支持，目前共资助了涵盖贻贝和藻类培育、海洋空间规划、渔业、海洋文化遗产、蓝色生物技术在内多个领域的项目。

5月11日，埃及政府宣布扩大苏伊士运河南部的计划，主要涵盖苏伊士运河市至大苦湖段约30千米航道，将在此前基础上加宽40米，最大深度从20米加深至22米，计划完成后将使苏伊士运河南段航道拥有双向通行能力。

5月17日，欧盟委员会发布《欧盟蓝色经济报告2021》，概述了欧盟27个海洋经济产业的表现，并指出海洋能、海洋生物技术和水下机器人等新兴领域发展迅速，在欧盟实现碳中和、循环和生物多样性经济的过渡中发挥重要作用。

5月18日，国际能源署(IEA)发布《净零排放2050——全球能源行业路线图》报告，指出到2050年全球近90%的电力来自可再生能源，其中太阳能光伏和风能合计占近70%。

5月20日，挪威高北新闻网发布消息称，挪威统计局发布了《北部经济——ECONOR 2020》报告，全面概述了2012—2018年间北极地区的社会经济状况。

5月26日，欧洲理事会发布《关于可持续蓝色经济的总结》报告，认为健康的海洋、知识、繁荣和社会公平是蓝色经济发展的四大支柱，同时强调在可持续蓝色经济基础上建立有效海洋治理的必要性。

5月27日，欧洲风能协会发布报告称，港口是海上风电发展的关键，为实现欧盟《海上可再生能源战略》中的海上风电发展目标，预计到2030年，将需要投资65亿欧元，用于升级、扩大欧洲港口基础设施。

5月28日，欧盟委员会发布《蓝色经济可持续性标准》，从环境、经济、社会和治理四个方面提出包括生态影响、能源效率、经济效益、经济可行性、金融可行性、利益攸关方接受程度、风险管理和创新水平等在内的多项指标。

6月9日，美国商务部、美国国家海洋与大气管理局和美国经济分析局(BEA)公布了首个海洋经济卫星官方账户。

6月14日，柬埔寨《柬华日报》报道称，柬埔寨环境部部长赛桑奥表示，柬埔寨正在努力将西哈努克省打造成蓝色经济开发区，通过发展西哈努克省的道路基础设施，推动深水港建设、清洁水和能源供应、污水和垃圾处理工作等。

6月15日，21世纪可再生能源政策发布《可再生能源全球状况报告(2021)》，总结了2020年可再生能源市场、政策和技术趋势的发展状况。报告显示，截至2020年，15个G20国家尚未制定任何可再生能源目标。

6月17日，联合国可持续蓝色经济金融倡议(UNEP FI)认识到健康海洋对实现联合国可持续发展目标的重要性，发布了面向金融机构的实用投资指南《扭转趋势：排除建议》，指导金融机构引领可持续蓝色经济复苏。

6月23日，法国可再生能源协会组织召开"第七届法国海洋可再生能源大会"，聚焦法国海洋可再生能源领域，议题包括海洋可再生能源未来重要进展、为制定法国2050年的海洋可再生能源发展战略而需开展的变革行动。

6月25日，挪威海洋研究与考察船舶组织发布《实践中的蓝色经济——提升生活和生计》报告，分析了70多个全球案例，介绍了各国政府和机构为蓝色经济做出的贡献，确定了蓝色经济发展进程。

6月25日，世界自然保护联盟(IUCN)与肯尼亚相关机构联合发布《蓝色经济研究》报告，对肯尼亚的海藻、海参和鱼类养殖等蓝色经济领域进行了分析，明确了需要国家干预的具体领域，为利益攸关方参与蓝色经济领域活动提供指导，协助可再生蓝色经济部门制定可持续商业解决方案。

7月2日，澳大利亚海洋科学研究所发布《2020年海洋产业指数》报告，基于澳大利亚2017—2018年海洋产业数据，指出该国全年海洋产业产值为812亿澳元(约合人民币3955亿元)，较2015—2016年，增幅超过25%。

7月6日，美国能源部公布了一项2700万美元的研发项目融资计划，推动波浪能技术走向可行的商业化道路。

7月7日，欧洲议会以压倒性多数通过决议，同意在欧盟2021—2027年长期预算框架下建立欧洲海洋、渔业和水产养殖基金(EMFAF)的监管规则。

7月9日，法国海洋与航海网报道称，西班牙生态转型部公布了海上风电和海洋能源路线图，计划大规模投资浮动风力发电，希望到2030年将海上浮动风电装机容量提高到1吉瓦至3吉瓦。

7 月 12 日，联合国开发计划署全球环境基金与斐济苏瓦直辖市政府签署协议，为苏瓦市纳夫卡武蓝色经济区建设提供资金支持，助力斐济政府发展可持续蓝色经济的目标。

7 月 13 日，加拿大交通部长宣布，国家贸易走廊基金将获得 19 亿加元的额外资金，确保加拿大的交通系统吸引更多私营部门投资，减少贸易壁垒，帮助企业增长，创造就业机会，并在新冠病毒大流行的恢复期保持竞争力。

7 月 13—14 日，太平洋岛国论坛经济部长会议在线召开，澳大利亚、新西兰、斐济、巴布亚新几内亚等 17 个国家和地区的代表谈及制定蓝色太平洋经济战略，积极促进蓝色经济的可持续发展，并推出蓝色债券、绿色债券、森林碳汇基金、珊瑚礁基金、碳排放税等创新融资模式。

7 月 16 日，美洲开发银行与联合国全球契约组织发布《加速拉丁美洲和加勒比地区蓝色债券发行》报告称，蓝色经济的可持续发展对当地经济建设具有重要意义，蓝色债券具有扶持拉丁美洲和加勒比地区的可持续商业发展的巨大潜力。

7 月 16 日，法国可持续发展总委员会起草了《蓝色金融报告》，旨在为海洋部提供行动建议。

7 月 26 日，G20 环境部长会议上发布了《G20 环境公报》，强调“蓝色”和“绿色”金融的重要性，指出需要“增加可持续发展的资金流动，包括自然、生物多样性和生态系统的资金流动”。

7 月 27 日，俄罗斯 pro-北极网报道称，俄罗斯政府打算将北方海航道的年过境量从 2020 年的 130 万吨增加到 2030 年的 3000 万吨。

7 月 29 日，欧盟委员会通过了首个针对希腊 2021—2027 年规划期的伙伴关系协议，将为希腊提供约 210 亿欧元资金，支持其绿色和数字转型。

8 月 18 日，全球第二大市场研究机构“MarketsandMarkets”最新报告《海上风电市场》显示，全球海上风电市场规模将从 2021 年的 318 亿美元增长到 2026 年的 568 亿美元，亚太地区有望引领海上风电市场。

8 月 19 日，日本笹川和平基金会海洋政策研究所的学者 Nagisa Shiiba 在其研究文章中对蓝色融资这一新兴概念进行解释，并探讨了如何应用现有的法律和机制来增加海洋开发计划的融资潜力。

8 月 24 日，荷兰海上风能网报道称，世界上最大的海上浮式风电场

Kincardine的安装工作现已完成。该电场位于苏格兰阿伯丁郡东南海岸约15千米处，水深60~80米。

9月9日，全球风能理事会(GWEC)《2021全球海上风电报告》显示，2020年全球海上风电装机容量保持稳定增长势头，新增装机容量为6.1吉瓦，比2019年的6.24吉瓦略有降低。

9月15日，韩国编制《远洋渔业竞争力强化方案》，到2026年将投入4万亿韩元培育远洋企业。

9月15—16日，英国阿伯丁召开了2021浮式海上风电大会，三家英国海上可再生能源推进机构ORE CATAPULT、“可再生英国”及“可再生苏格兰”联合发布了报告《行业领先者：解锁英国浮式风能潜力》。

9月23日，国际能源署-海洋能源系统(IEA-OES)发布《海洋能源替代市场》报告，整理了对印度、美国、中国、西班牙、意大利的6位海洋能源领域关键参与者的深度访谈。

10月13日，美国内政部长宣布，海洋能源管理局计划到2025年新建7个大型海上风电场，投资120亿美元，选址分别位于缅因湾、纽约湾、墨西哥湾、大西洋中部海岸、北卡罗来纳州、加利福尼亚州和俄勒冈州附近水域。

10月14日，世界自然基金会(WWF)发布《明确海洋领域风险：全球蓝色经济的价值风险》(Navigating Ocean Risk：Value at Risk in the Global Blue Economy)，利用新金融模型量化了物理环境和政策变化如何影响与蓝色经济相关的资产和收益。

10月15日，澳大利亚地球科学局发布《澳大利亚海底地形测绘数据对蓝色经济的价值》报告称，2018—2019年，测绘工作直接贡献了5100万澳元(约合人民币2.4亿元)的经济产值，创造了500个工作岗位；测绘数据应用直接贡献了90亿澳元(约合人民币430亿元)的经济产值及70亿澳元(约合人民币334亿元)的间接附加值，创造了5.6万个工作岗位，推动了商业捕捞和海上能源发电等诸多海洋产业的发展。

10月20日，海洋风险与复原力行动联盟(ORRAA)发布的三份研究报告《蓝色加速：风险与机遇并存的海洋》《从性别维度审视小岛屿发展中国家和沿海最不发达国家的海洋风险与复原力》《小岛屿发展中国家和最不发达国家的海洋风险》。

10月27日，海洋风险与复原力行动联盟发布《海洋金融承诺》(Ocean Finance Commitment)，倡导蓝色金融理念，呼吁全球金融行业采取切实行动支持海洋可持续发展，推动向健康和可持续的海洋过渡。

10月28日，来自46个国家的近300名科学家联名签署致WTO的信函，敦促WTO成员国取消可导致过度捕捞的有害渔业补贴。

11月11日，荷兰海洋能源公司(Oceans of Energy)及其合作伙伴宣布，将世界首个海上太阳能发电场系统升级20倍，并将其扩大至1兆瓦。

11月17日，作为全球首个并网浮式海上风电场的开发商，挪威国家石油公司与韩国国有发电企业EWP签署了一项合作协议，将在韩国开发首个商业浮式海上风电场，共同推动韩国能源转型和海上风电产业的发展。

11月19日，联合国贸易和发展会议(UNCTAD)发布《2021年海运回顾》显示，2020年海上贸易缩减了3.8%，尽管2020年新冠病毒对海上贸易的影响没有预期严重，但暴露了现有供应链的脆弱性，凸显了加强航运业应对气候适应性和复原力的必要性，迫切需要脱碳和寻找替代燃料。

11月24日，美国内政部宣布批准罗得岛州近海South Fork风电项目的建设和运营，这是美国批准的第二项商业海上风电项目。

11月24日，美国海事执行杂志称，在太阳能和海上风能开发取得重大进展后，英国政府正在加大对潮汐能开发的财政支持，作为每年3.8亿美元可再生能源资助项目总体计划的一部分，每年将资助约2700万美元用于潮汐发电项目。

11月29日，在韩国第四次氢能经济委员会会议上，海洋水产部提出氢能港口建设方案和海上制氢计划，即到2040年建设14个具备氢能生产、运输、销售功能的氢能港口；到2040年实现海上制氢12万吨，占氢总供给量的10%。

12月7日，美国国家海洋与大气管理局发布《美国海洋企业报告》(U.S. Ocean Enterprise Report)显示，2015—2020年间，海洋企业数量从500家增至800家，这些海洋企业总营收为80亿美元，为全球蓝色经济提供了必要的支持。

12月8日，美国清洁能源协会(ACP)发布《美国海洋能源管理局(BOEM)海上风电租赁的财政收益和经济影响》报告指出，执行BOEM制定的海上风电租赁2021—2025年路线图，可为美国政府带来45亿美元(约合人民币286.4亿元)的收入，创造7.3万至12.8万个就业岗位，并带来1200亿美元(约合人民币7637.8亿元)的清洁能源投资。

12月16日，西印度洋海洋科学协会、联合国人类住区规划署和内罗毕公约秘书处联合发布《西印度洋地区沿海城市蓝色经济发展现状》《西印度洋地区沿海城市蓝色经济发展案例研究》和《西印度洋地区沿海城市蓝色经济发展路线图》。

12月16日，欧洲风能协会官网报道称，西班牙政府发布首份海上风电发展路线图，包括到2030年实现海上风电装机容量达3吉瓦、海上浮式风电装机容量超1吉瓦等20条行动路线。

12月17日，海洋基金会(The Ocean Foundation，TOF)主席马克·斯伯丁发文称，已成立洛克菲勒瑞士信贷海洋参与基金，以满足发展蓝色经济的投资需求。

12月20日，孟加拉国和泰国签署协议，通过加强两国在孟加拉湾的海上互联互通来促进贸易。

12月21日，亚洲开发银行发布新报告《为东南亚海洋恢复健康进行融资：推动蓝色金融发展的方法》指出，如果将海洋视为一个国家，它是世界第七大经济体，估值为2.5万亿美元，融资是充分发挥蓝色经济潜力的关键。

12月22日，日本经济产业省决定，将限制稀土资源开采，以保护日本专属经济区内的矿藏。今后，只有获得日本经济产业省许可的采矿商才能开采稀土。

12月22日，英国与欧盟宣布已就共享渔业资源达成了一项渔业协议，恢复了2020年法国和英国之间的贸易协议，并为彼此水域约100个共享鱼类种群设定了捕捞配额和权利。

12月23日，全球知名风险管理公司DNV发布《海洋未来2050：蓝色经济行业及区域发展预测》报告指出，到2050年，海上风电将超过油气行业，占据蓝色经济中最大的投资份额；全球蓝色经济将由亚洲主导；海水养殖和能源开发的海洋空间需求将增加9倍；海水养殖产量将增加一倍以上。

12月27日，英国政府宣布投资7500万英镑用于促进渔业基础设施升级改造，推动港口和加工设施现代化，提高沿岸社区渔业捕捞水平，以便打造更强大的供应链及创造就业机会。

12月29日，美国海事执行杂志指出，德国新政府高度重视海上风能和太阳能等可再生能源的开发，计划到2030年实现30吉瓦的海上风电开发目标，这比上届政府的目标高出了50%。

海洋科学技术大事记

1月19日，德国明镜在线发布消息称，以德国基尔海洋研究中心研究人员为首的6个国家的科学家团队首次创建了全球近海地下淡水资源清单。

1月21日，印度《德干先驱报》消息称，英国南安普敦大学和爱丁堡大学的研究小组发布了一款以“海月水母”外形和水下动作为灵感的机器人，利用基于共振系统小型喷水器推动，用于安全地探索濒临灭绝的珊瑚礁。

2月3日，欧洲海事和渔业总局官网称，欧洲海洋观测数据网络(EMODnet)最近发布了“水下数字地形模型”的升级新版本，提升了测深数据的质量和可操作性，将广泛应用于海洋科学、可持续海洋治理和蓝色经济活动等。

2月10日，美国诺特丹大学的研究人员称，研发了一种新的离子液体溶剂，可用作定向溶剂萃取脱盐(directional solvent extraction desalination)，可利用低温热能从盐水源中分离出淡水。

2月24日，美国史蒂文斯理工学院称，已开发了新的机器学习驱动平台——OC-SMART，其处理卫星图像中海洋水色数据的速度比世界领先平台快10倍，可以处理全球沿海和开放海洋区域水色数据，以揭示海洋健康状况和气候变化的影响。

3月9日，英国《简氏防务周刊》发布消息称，英国国家海洋学中心和国防科技实验室联合开发了新的雷达测深软件，可应用于两栖作战中侦测海岸未知地形等需要对海底情况进行快速评估的情境。

3月10日，世界自然保护联盟称，其全球海洋和极地项目与苏黎世联邦理工学院环境物理研究小组，共同开发一个全球海洋浮游生物可视化网络工具，可实现未来海洋浮游生物多样性在时间和区域等方面变化的可视化。

3 月 31 日，美国科学促进会官网称，夏威夷大学马诺阿分校研发出一种探测海底和海表面淡水羽状流的新方法，实现了对夏威夷岛以西大量淡水羽状流的首次成像。

4 月 8 日，国际北极研究中心发布《白令海科学》报告，分享了从气候趋势到鱼类、海洋哺乳动物和海鸟的广泛信息数据，并包括了一些新的信息，如帮助深入了解正在发生的灰鲸异常死亡事件的新发现。

4 月 14 日，美国国家海洋与大气管理局发布《2020 年美国国家海洋与大气管理局科学报告》，精选了 60 多个代表 2020 年该机构研究和开发成就的实例。

4 月 20 日，印度《德干先驱报》消息称，印度理工学院古瓦哈提分校研究人员提出了一种通过微过滤工艺去除海水中的微塑料，以防止海水中提取的食用盐包含塑料残留物的新技术。

5 月 3 日，国际北极科学委员会（IASC）发布《2020 年“北极科学峰会周”科学总结报告》。

5 月 5 日，第九届欧洲海洋观测系统（EuroGOOS）国际线上会议宣布启动《EuroGOOS 2030 年战略》，并配套发布《EuroGOOS 政策简介——对联合国“海洋科学促进可持续发展十年”的建议》。

5 月 27 日，美国国家海洋与大气管理局首次推出国家裂流预测模型，可以预测 6 天内美国海岸每小时的裂流发生概率，旨在拯救全国各地海滩游客的生命。

6 月 7 日，沙特阿卜杜拉国王科技大学官网称，其科学家研发出一种从海水中提取高纯度锂的经济可行的方法。

6 月 8 日，俄罗斯研究团队在《当代生物学》上发表论文称，其成功“复活”了在西伯利亚永久冻土层中已被冻结约 2.4 万年的微生物“蛭形轮虫”并实现了繁殖。

7 月 2 日，美国国家环境信息中心发布全球首个微塑料数据库，整理了全球各地的微塑料数据，为科学家和研究人员更好地了解微塑料对人类和海洋健康以及经济的影响提供支持。

7 月 7 日，韩国每日经济网消息称，韩国电力公司研发出世界上第一个 10 天完成海上风电装备的技术，该技术不但将海上风电装备的布放时间从 90 天缩短到 10 天，还不会产生海底噪声、震动和悬浮泥沙扩散，具有良好的环保效果。

7月20日，韩联社消息称，韩国海洋科学技术院(KIOST)开发了利用海水发电的同时，可对海水进行消毒、中和的设备。经该设备处理的海水，可用于养殖场和水族馆，也可作为压舱水使用，以解决外来物种入侵问题。

8月17日，国际海洋碳协调计划官网称，全球海洋数据分析项目(GLODAP)发布最新版本数据产品GLODAPv2.2021，新功能包括增加了43条新航次的数据，包含氧、硝酸盐、溶解无机碳和磷酸盐等多种核心要素。

9月1日，英国南极调查局和阿兰·图灵研究所领导的国际研究团队发布了新型人工智能工具IceNet，基于深度学习，从可用数据中提取更多深层次信息，预测未来两个月的海冰变化，准确率达95%。

9月21日，海洋愿景联盟发布《海洋碳封存研发路线图》，指明了行动优先事项，概述了CDR技术、当前面临的主要技术障碍以及加速其开发的首要任务。

10月13日，世界自然保护联盟官网称，其全球海洋和极地项目(IUCN GMPP)与苏黎世联邦理工学院环境物理研究小组合作，开发出针对海洋浮游生物多样性变化的可视化工具——MAPMAKER。

10月18日，联合国教科文组织(UNESCO)启动全球环境DNA(eDNA)项目，运用eDNA技术来研究海洋世界遗产地丰富的生物多样性。该项目将帮助衡量气候变化对海洋生物多样性的冲击以及对海洋世界遗产地海洋生物分布和迁徙模式的影响。

10月20日，海洋经济论坛官网称，荷兰建成世界上最大的海上浮动办公楼——“鹿特丹浮动办公楼”(FOR)，以应对海平面上升、洪灾和土地流失而设计建造的海上建筑。

11月5日，国际海洋碳协调计划(IOCCP)官网发布《2021全球碳收支》报告，介绍了城市和区域在碳排放领域的努力和全球碳收支具体数据以及未来发展趋势，涉及全球三种主要温室气体(二氧化碳、甲烷和一氧化二氮)。

11月30日，联合国教科文组织政府间海洋学委员会(IOC-UNESCO)官网称，UNESCO出版社编印《海洋科学与国际合作——历史回顾和个人回忆》一书，回顾海洋科学的合作历史。

12月7日，全球海事新闻网发布消息称，为加速对近海可再生能源的研究，荷兰多家研究机构成立可再生能源研究联盟。该联盟由荷兰海洋能源中心(DMEC)领导，成员包括：荷兰三角洲研究院(Deltares)、荷兰海洋研究所(MARIN)、赫兹应用科学大学、荷兰皇家海洋研究所(NIOZ)、荷兰航空航天中心(NLR)、德荷风洞(DNW)、代尔夫特理工大学、瓦赫宁根大学和荷兰应用科学研究组织(TNO)。

12月20日，联合国“海洋科学促进可持续发展十年”官网称，首个“联合国海洋科学促进可持续发展十年技术与创新非正式工作组”启动，将推动尖端领域技术发展，包括：自主和无人系统、高级数据处理技术(如机器学习和人工智能)、水下声学和成像、虚拟现实技术、经济型和小型传感器、深海探索、海洋可再生能源和海上运输等。

海洋气候变化和防灾减灾大事记

1月4日，美国罗格斯大学领导的研究通过对比分析夏威夷石珊瑚对热应激的反应来识别由此产生的化学指标(代谢物)，进而评估珊瑚礁健康状况，从而确定保护修复珊瑚礁的最佳干预措施。

1月6日，由德国阿尔弗雷德·韦格纳研究所亥姆霍兹极地和海洋研究中心(AWI)领导的25位专家，对南极洲及其周围“南大洋”的现状和未来进行了全面评估，发现南极水域很可能会因气候变化而变暖。

1月6日，奥地利维也纳大学古生物学研究所研究员Paolo Albano领导的最新研究显示，过去的几十年地中海东部多种生物的数量锐减，海洋生物多样性遭到严重破坏。

1月11日，葡萄牙学者Eduardo Sampaio(爱德华多·桑帕约)等通过模型分析认为，与变暖和酸化相比，海洋缺氧对于海洋生物的生存率、种群丰度、新陈代谢、生长率和繁殖率等方面产生更为持久的负面影响。

1月12日，世界自然保护联盟(IUCN)发布的《坦桑尼亚和莫桑比克的沿海蓝碳储量》报告指出沿海生态系统是最有效的天然碳汇之一。

1月13日，来自世界各地13个研究所的20名科学家发表在《大气科学进展》上的研究称，2020年海洋表层至2000米深范围的海水温度打破记录，成为自 1955 年以来最热的一年。

1 月 13 日，丹麦技术大学国家空间研究所科研人员卡斯滕·安克耶·路德维格森（Carsten Ankjær Ludwigsen）领导的研究表明，近年来，丹麦的地平面以每年 0.3~0.6 毫米的速度上升，可抵消 20%~40%因北极冰川融化导致的海平面上升。

1 月 14 日，英国南极调查局学者 Rachel D. Cavanagh 和澳大利亚塔斯马尼亚大学学者 Jess Melbourne-Thomas 等发表文章《气候变化下“南大洋”生态系统服务的未来风险》，评估了“南大洋”海洋生态系统的现状和气候变化影响下的未来。

1 月 19 日，世界资源研究所发布《加强国家自主贡献：基于海洋的气候行动机会》报告，提出海洋领域的解决方案可以有效减少碳排放。

1 月 19 日，来自全球的 8 万多名科学家和 111 家水生科学界研究机构联合发布了一份“人为气候变化如何影响海洋和淡水生态系统的声明”。

1 月 21 日，英国纽卡斯尔大学研究人员发表在《气候风险管理》上的研究分析了全球 1.4 万多个机场的位置及其在当前和未来海平面上升时受风暴潮影响的情况。

1 月 25 日，由英国利兹大学领导的研究首次利用卫星数据对全球冰损失进行了调查，发现在过去 30 年里地球上冰损失的速度显著增加。

1 月 25 日，巴西圣保罗州启动海上垃圾监控评估战略计划，以监测圣保罗附近海域的垃圾并为之绘制地图。

1 月 26 日，中国科研人员在《地质学》杂志发表最新研究，提出关于南海西北部海底峡谷中深海塑料垃圾分布模式和分散机制的新发现，海底峡谷中塑料垃圾的运输和沉积很可能受浊流控制。

1 月 27 日，突尼斯大学学者阿卜杜拉乌夫·赫萨米（Abderraouf Hzami）与美国南加利福尼亚大学学者埃萨姆·海吉（Essam Heggy）等绘制了“海岸带脆弱性指数”。

2 月 1 日，《地球物理研究通信》最新研究表明，南极冰川融化并不完全与科学家预期一致，或意味着科学家用来预测海平面上升的模型需要调整。

2 月 2 日，哥本哈根大学尼尔斯·玻尔研究所发表在《海洋科学》上的研究发现海平面上升速度可能会比以前预期的快。

2月3日，俄罗斯政府副总理维多利亚·阿布拉姆琴科办公室发布消息称，俄政府将向俄国家杜马提交一项关于禁止在所有内水和领海区域（除港口外），通过船对船方式转运有害和危险物的草案。

2月4日，国际研究团队在《科学》杂志发表文章，指出海洋噪声是一个日益严重的长期国际性问题，各种人类行为带来的噪声污染问题已不容忽视。

2月5日，联合国环境规划署下设的环境影响评估小组（EEAP）发布了最新调查报告，揭示臭氧消耗和紫外线辐射对全球生态环境的影响。

2月5日，英国国家级海洋科学战略推进组织“海洋科学协调委员会”（MSCC）发布题为《气候变化中的海洋》特别声明，揭示气候变化对海洋的负面影响。

2月11日，澳大利亚气候建模研究人员利用澳大利亚国家计算基础设施（NCI）的超级计算能力创建模型，以更深入地了解南极冰架下面融化的微观过程。

2月11日，瓦努阿图气象和地质灾害部宣布，已从绿色气候基金（Green Climate Fund）处获得投资，用于建设国家海洋及气候观测网络。

2月16日，大自然保护协会、美国国际开发署等机构联合发布《海岸恢复力蓝色指南》，提出将基于自然的解决方案纳入减少灾害风险（DRR）规划。

2月25日，中国清华大学地球系统科学系林光辉等在英国生态学会期刊《功能生态学》上发表的最新研究称，丰富的物种多样性可增加红树林生物量和碳储存。

3月4日，芬兰气象研究所的专家表示，过去20~30年里，波罗的海深水温度上升了2~3摄氏度，与前一年冬天异常温暖、波罗的海水体运动及气候变化有关。

3月5日，全球平均海平面趋势地图显示，不同区域海平面上升的幅度存在差异。

3月8日，世界自然基金会（WWF）智利分会海洋生物多样性领域科研负责人耶奎琳·蒙特西诺斯（Yacqueline Montecinos）表示，除塑料垃圾、废弃渔网、气候变化外，船舶水下噪声也会对鲸类的生存环境构成威胁。

3月10日，英国东英吉利大学发表在《自然·气候变化》的论文首次将全球海平面上升与陆地沉降的测量数据结合起来进行分析，结果显示，过去20年沿海地区海平面上升速度是全球平均水平的四倍。

3月12日，智利南极研究所研究发现，部分南极企鹅感染尖沙眼-禽流感病毒（AoaV-1），多集中于亚南极北部和南极北部地区。

3月17日，由26位科学家组成的跨国团队在《自然》发表论文，首次绘制了一份海洋特定区域优先保护地图，有助于解决21世纪所面临的三大全球挑战：气候变化、粮食短缺和生物多样性危机。

3月17日，智利外交部、科学技术与知识创新部、环境部、国防运输部和电信部联合启动气候变化观测站建设工作，旨在为全球应对气候变化做出贡献。

3月18日，美国佛蒙特大学领衔发表在《美国国家科学院院刊》的研究显示，格陵兰岛的冰在过去100万年中至少出现过一次完全融化。

3月22日，美国国家航空航天局（NASA）推进与印度空间研究组织（ISRO）的联合任务NISAR，旨在通过追踪地球表面的细微变化，提供火山爆发预警信号、帮助监测地下水、跟踪冰盖的融化速度与海平面上升、观测全球植被分布变化等。

3月26日，欧洲议会敦促欧盟制订行动计划，以减少捕捞和水产养殖过程中产生的海洋垃圾，特别是塑料垃圾，并指出80%的海洋垃圾源自陆地。

3月26日，世界银行宣布出资1.45亿美元（约合人民币9.48亿元），协助斐济从热带气旋等海洋灾害中尽快恢复，并提升斐济应对海洋灾害的综合能力。

3月29日，欧盟推出MER-CLUB项目旨在利用海洋微生物的生物修复功能，消除海洋汞污染。

3月30日，意大利马尔凯理工大学学者Cinzia Corinaldesi等的最新文章发现微塑料能够对构成海洋栖息地的物种造成死亡威胁。

4月5日，《美国国家科学院院刊》刊文显示，截至2010年的40年里，全球热带海洋开放水域物种总数下降约一半，热带的海洋表面温度上升了近0.2摄氏度。

4月8日，《地球物理研究快报》刊载英国雷丁大学最新研究显示，如果全球气温比工业化前水平高出4摄氏度，超过1/3的南极冰架可能坍塌入海。如果升温保持在2摄氏度左右，则受威胁的冰川将减少15%~17%。

4月19日，世界气象组织（WMO）发布《2020年全球气候状况》报告，记录了温室气体浓度、不断上升的陆地和海洋温度、海平面上升、冰川消融以及极端天气等气候系统各项指标的变化。

4月21日，德国亥姆霍兹基尔海洋研究中心研究人员在《自然·通信》上发表的研究成果表明，即使低浓度的微塑料也可能对海洋生态系统造成严重影响。

4月22日，美国国家海洋与大气管理局国家海洋保护区办公室正在调查各个海洋保护区受到的气候变化影响，并发布《国家海洋保护区气候变化影响概况系列报告》。

4月26日，欧盟哥白尼气候变化服务中心（C3S）发布《2020年欧洲气候报告》，重点介绍了冰川及冰盖融化造成的海平面上升对沿海地区的影响，凸显了海岸线的脆弱性及采取应对措施的紧迫性。

5月12日，英国环境署发布《2021年洪水和沿海侵蚀风险管理战略行动计划》，对政府现有的洪水和沿岸侵蚀风险抵御措施的完成情况进行了评估。

5月18日，美国战略风险委员会气候与安全中心发布《温度升高、紧张局势加剧：北极安全与气候风险》报告，分析气候变化和永久冻土融化对北极地区国防基础设施及安全行动的重大影响。

5月18日，美国史蒂文斯理工学院的科学家发表在《自然·通讯》上的研究发现，2012年飓风“桑迪”造成的经济损失高达627亿美元，其中13%（81亿美元）是由人类活动导致的海平面上升引起的。

5月31日，海洋危机组织发布《海洋环境中的微塑料：来源、影响及建议》报告，分析了海洋微塑料对环境与气候的影响，并提出从源头防控微塑料污染的解决方案。

6月2日，来自日本、韩国和美国科学家组成的国际研究团队发现，大气环流模式环北极波（CAW）可能是近年西伯利亚及北美副极地地区森林火灾和欧洲热浪同时发生的驱动因素。

6月16日，《联合国气候变化框架公约》（UNFCCC）秘书处与多家合作机构共同编写发布了《实施国家适应计划（NAPs）的沿海适应气候变化和基于自然的解决方案：制定绿色气候基金（GCF）提案的考虑因素》。

6月24日，马里兰大学研究显示，在全球变暖的气候模式影响下，北极冬季低温天气正变得越来越频繁和极端，其结果可能会加剧臭氧的损失。

7月1日，发表在《地球的未来》杂志的研究发现，1979—2016年，受气候变化影响，全球冰冻圈平均每年缩减约8.7万平方千米。

7月7日，英国普利茅斯大学开发出海岸演化预测(ForCE)模型，使用过去和现在的海滩测量数据以及显示海岸物理特性的数据评估海岸线应对侵蚀和洪水的恢复能力，预测风暴的短期影响(数天到数年)以及海岸长期演变(几十年)。

7月26日，由意大利生态转型部牵头，日本环境省和全球环境战略研究所共同参与编制的《G20海洋塑料垃圾行动报告》正式发布。

8月2日，发表在《美国国家科学院院刊》上的一项新研究显示，随着气温升高，位于北极和西伯利亚的永久冻土层融化可能会释放出灾难性的甲烷。

8月2日，英国牛津布鲁克斯大学新研究显示，海平面的变化会导致火山岛喷发。研究人员首次发现，海平面大幅下降会增加该岛火山活动的可能性。

8月6日，联合国政府间气候变化专门委员会(IPCC)第六次评估报告(AR6)第一工作组报告《2021年气候变化：自然科学基础》获批，并于8月9日正式发布。

8月10日，澳大利亚弗林德斯大学和荷兰代尔夫特理工大学联合研究发现，海平面上升影响海岸沙丘和海滩移动。

8月17日，世界气象组织(WMO)发布《2020年拉丁美洲和加勒比地区气候状况》报告称，气候变化与极端天气正在威胁着拉丁美洲和加勒比地区的人类健康和安全、水和能源安全以及环境。

9月13日，美国陆军工程兵团(USACE)发布关于利用“自然和基于自然的地貌”(Natural and Nature Based Features，NNBF)以降低洪水和海岸侵蚀风险的国际指南。

9月15日，世界气象组织发布《2021团结在科学之中》的报告称，全球温度上升正推动世界各地发生毁灭性极端天气，对经济和社会产生巨大影响。

9 月 16 日，大自然保护协会(TNC)和美国加利福尼亚大学圣巴巴拉分校等机构的科学家开展研究，首次对工业捕鱼活动造成的海洋塑料污染进行了全面评估。结果显示，每年有超过 10 万吨的渔具形成海洋塑料污染。

9 月 20 日，荷兰三角洲研究院(Deltares)与乌得勒支大学等机构的研究人员研究发现，在高排放情境下，若海平面上升 0.75 米(以 2020 年为基准)，到 2080 年全球面临百年一遇洪灾风险的人口数量将翻倍。

9 月 22 日，世界气象组织(WMO)发布最新报告《气候指标和可持续发展：论证相互联系》，强调可能影响多个可持续发展目标的七个气候指标：海洋酸化、海洋热含量、海冰范围、二氧化碳浓度、温度、冰川质量平衡和海平面上升。

10 月 4 日，美国伍兹霍尔海洋研究所、美国国家海洋与大气管理局西北渔业科学中心等联合发表在《美国国家科学院院刊》的研究表明，北极地区气候变暖带来了潜在的新威胁——有毒藻类大面积繁殖的可能性增加。

10 月 5 日，由联合国环境规划署资助的全球珊瑚礁监测网络发布了第六版《世界珊瑚礁现状报告(2020 年)》，指出 2009—2018 年间，海洋温度的持续上升导致全球 14%的珊瑚礁遭破坏。

10 月 20 日，马尔代夫环境、气候变化和技术部长阿米纳特·肖纳(Aminath Shauna)表示，由于海平面上升和强风暴，马尔代夫所有淡水资源均被污染。

11 月 10 日，世界气象组织(WMO)发布《2020 年西南太平洋气候状况》，简要介绍了海表面温度、海平面上升、海洋酸化和极端天气状况及其对地区经济、社会和环境带来的风险和影响。

11 月 11 日，荷兰三角洲研究院(Deltares)、荷兰代尔夫特理工大学(TU Delft)和西班牙加的斯大学(University of Cádiz)等研究人员推测全球植被的存在可减少 3200 亿美元的沿海基础设施建设成本，指出将植被纳入防浪设施可大幅降低全球海岸保护成本。

11 月 22 日，俄罗斯科学院西伯利亚分院克拉斯诺亚尔斯克科学中心的专家表示，气候变化引起北极火灾数量增加，可能会使北极地区由碳汇转变为碳源。

11 月 23 日，科学家发表在《碳简报》的报告显示，格陵兰冰盖冰损失量已经连续25年多于增加量，原因包括降雨的侵袭以及与温暖海水交汇处的冰川融化。

11月30日，美国斯克里普斯海洋研究所的研究人员发现，由于全球变暖，南极附近的极地环流速度加大。

12月13日，美国地球物理联盟年度会议上，研究人员展示近期拍摄的卫星图像表明，支撑南极洲西部思韦茨冰川的重要冰架或在3～5年内断裂。

海洋生态环境保护大事记

1月21日，帕劳新任总统萨兰格尔·惠普斯(Surangel Whipps, Jr.)宣誓就职，承诺将维持该国海洋保护区面积，即帕劳专属经济区面积的80%。

2月2日，大自然保护协会、美国国际开发署等机构联合发布《海岸恢复力蓝色指南》，提出将基于自然的解决方案纳入减少灾害风险(DRR)规划，利用沿海生态系统的防护效益降低气候灾害风险，帮助DRR规划者评估特定地点的环境、风险和基于自然的解决方案以及实施成本和成功所需的条件。

3月10—11日，联合国教科文组织(UNESCO)召开了关于执行《保护水下文化遗产公约》的非洲区域研讨会。与会者探讨了如何提高人们对保护非洲地区水下文化遗产紧迫性的认识，提出通过加强区域和国家层面的合作，将海洋历史和水下文化遗产纳入全球保护和可持续利用以及联合国“海洋科学促进可持续发展十年”的国际合作中。

3月12日，地中海湿地倡议(MedWet)、地中海保护区网络(MedPan)、地中海小岛屿倡议(PIM)、瓦拉之塔湿地保护研究中心(Tour du Valat)、国际地中海森林协会(AIFM)和IUCN地中海合作中心(IUCN-Med)签署谅解备忘录，成立地中海生物多样性保护联盟，旨在应对地中海自然保护的环境和融资挑战。

3月17日，联合国全球契约组织、劳合社基金会与法国国家科学研究中心共同发起了一项全球性运动——海藻安全联盟(Safe Seaweed Coalition)，以保护海藻资源安全和支持海藻生产者，并推动海藻在粮食安全、减缓气候变化等领域发挥更大作用。

3 月 22—28 日，海洋与气候平台和摩纳哥科学中心将联合举办第四届摩纳哥海洋周，主题为“从海洋科学到可持续海洋治理”，旨在探讨为改善海洋管理而提出的科学行动倡议和主张，以实现可持续的海洋保护和海洋治理。

3 月 30 日，美国国家冰雪数据中心(NSIDC)表示，北极海冰的结冰季节已经过去，海冰开始了一年一度的融化。本年度海冰最大面积与 2007 年度持平。

4 月 6 日，比利时皇家自然科学研究所年度报告称，利用飞机内置的嗅探器可测量船舶排放中的污染物。作为比利时国家空中观测方案的一部分，该研究所 2020 年在北海上空进行了 158 小时的飞行，以执行海岸警卫队任务，包括污染和渔业监测任务等。

4 月 13 日，日本政府正式决定，将福岛核电站 100 万吨经过处理但仍具有放射性的核污水倾倒入海。日本当局和科学专家保证，核污水不会对人类健康和环境造成危害；国际原子能机构也认为，这一解决办法“符合”全世界“既定”做法。但这一决定受到其他国家、非政府组织和当地渔民的强烈质疑。

4 月 21 日，联合国发布《第二次全球海洋综合评估》，这是继 2015 年《第一次全球海洋综合评估》之后联合国再度发布的世界海洋状况评估报告，全球数百位科学家参与报告编制。报告认为，海洋对气候的诸多调节作用正日益受到人类活动的破坏，人类活动持续对海洋造成危害，破坏红树林和珊瑚礁等重要栖息地。

4 月 29 日，“海上运输脱碳全球合作生态系统倡议”(NEXTGEN)举行首届会议，汇集了来自全球航运领域和海事相关利益攸关方，讨论海事领域脱碳及数字化相关议题，促进海洋和能源供应链协作行动。

5 月 20 日，北极理事会黑碳和甲烷专家组发布了 2021 年进展摘要和建议。这是自 2017 年以来关于北极国家黑碳和甲烷排放状况的第三份报告，也是首次将所有北极国家纳入集体排放估算和预测中。

5 月 26 日，美国拜登政府在一份法庭文件中对康菲石油公司在阿拉斯加北极地区拟建的石油开发项目表示支持，遭到了环保组织的谴责。环境组织地球正义表示，石油开发项目与拜登政府的气候政策严重不符。阿拉斯加荒野联盟表示，拜登的决定忽视了对原住民社区的担忧，令人十分失望。

7月1日，澳大利亚国家科学院珊瑚研究中心的 Ove Hoegh-Guldberg、Terry Hughes，国际珊瑚协会的 Andrea Grottoli，德国波茨坦气候影响研究所的 Johan Rockstroem，美国海洋生物学家 Sylvia Earle 联名致信联合国教科文组织，支持其将澳大利亚大堡礁列入濒危计划。

7月19—23日，第十四届国际珊瑚礁研讨会(ICRS 2021)以线上形式举办。该会议是珊瑚礁科学、保护和管理的主要国际会议，旨在实现珊瑚礁的恢复和可持续利用，制定以科学为基础的解决方案以应对珊瑚礁目前和未来面临的挑战。

8月14日，格陵兰岛冰盖最高点(海拔3216米)出现降雨，这是有记载以来当地降水首次以雨的形态出现，0摄氏度以上气温持续约9个小时。

8月23—27日，斯德哥尔摩国际水学会召开“以更快速度建立应变能力”大型在线会议，强调水的重要性以及水、气候变化、生物多样性、粮食系统和全球健康之间的联系，呼吁对社会进行大规模变革，来自世界各地的与会者将在一周内制定相应解决方案。

9月3日，由世界自然保护联盟(IUCN)和法国政府联合举办的世界自然保护大会在法国马赛开幕，主题包括“为自然和人类管理景观和领土”“保护淡水以保护生命”“恢复海洋健康”“采取缓解和适应措施以应对气候变化”“保障权利并确保有效和公平的治理”“优化经济和金融体系，促进可持续性”“推进知识、学习、创新和技术”。

9月13日，由美国国家海洋与大气管理局和迈阿密大学罗森斯蒂尔海洋与大气科学学院领导的研究团队启程，乘坐美国国家海洋与大气管理局“罗纳德·H. 布朗”号船，将对墨西哥湾进行迄今为止最全面的海洋酸化取样与研究。该研究有助于提高对世界各地海洋酸化的认识。

10月17日，英国威廉王子及凯特王妃共同宣布，由于在植树造林与生态系统恢复方面付出巨大努力，哥斯达黎加赢得了“为地球奋斗奖”的“保护和恢复自然奖”并获得100万英镑奖金。

10月27日，巴西“生物量地图”(Mapbiomas)项目公布监测数据显示，1985—2020年间，巴西的海岸沙丘、海滩与沙地共损失了约7000公顷土地，占全国该类区域总面积的15%，其中里约热内卢州是缩减最快的州，该州海岸带面积已缩减 49%。

11 月 17—19 日，欧洲海洋数据与观测网络(EMODnet)化学工作组召开“联合国海洋科学促进可持续发展十年实验室——清洁海洋”研讨会，主题为“清洁海洋：综合海洋垃圾监测系统”，旨在解决与欧洲乃至全球海洋垃圾污染相关的重点问题。

11 月 29 日，葡萄牙马德拉群岛地区政府宣布，将扩大其海洋保护区范围，以建立欧洲和北大西洋地区面积最大的海洋保护区，实现对塞尔瓦任斯群岛 12 海里内所有海洋物种的完全保护，使其免受捕捞或开采活动的影响。

12 月 1—7 日，中西太平洋渔业委员会(WCPFC)会议将审议改善地区金枪鱼渔业管理的提案，推动金枪鱼管理现代化。WCPFC 还须建立对话小组，并重点保护太平洋蓝鳍金枪鱼。

12 月 15 日，《拉姆萨尔湿地公约》秘书处发布《全球湿地展望：2021 年特刊》(Global Wetland Outlook：Special Edition 2021)，更新 2018 年发布的首份《全球湿地展望》，介绍全球湿地状况和有关湿地价值的新发现。

极地大事记

1 月 5 日，印度第 40 次南极科学考察从果阿邦的莫尔穆冈港出发前往南极。

1 月 5 日，印度发布新北极政策的草案，以确定该国可持续参与北极事务的路线图。

1 月 6 日，美国战略与国际问题研究中心发布《北极的战略稳定与竞争》简报，指出气温升高从根本上改变了北极的安全和经济格局，导致美、中、俄在北极的竞争日益加剧。

1 月 13 日，美国国土安全部发布《北极国土安全战略方针》。

1 月 18—21 日，智利召开第六届“麦哲伦未来大会”，聚焦南极生物多样性。

1 月 19 日，英国发布“斯科舍(Scotia)硬币”南极纪念版硬币，以纪念苏格兰国家南极探险队领导者威廉 · 斯皮尔斯 · 布鲁斯(William Speirs Bruce)诞辰 100 周年。

1月20日，美国总统拜登签署《关于保护公众健康和环境并恢复科学以应对气候危机的行政令》，要求暂停北极国家野生动物保护区的油气租赁项目。

1月21日，俄“费多罗夫院士”号科考船开始第66次俄南极科考活动。

1月28日，爱沙尼亚启动“北极月”活动以支持其申请北极理事会观察员资格。

2月3日，俄诺瓦泰克公司加入北极经济理事会。

2月4日，丹麦启动“格陵兰综合观测系统”项目，旨在收集有关北极地区空气、冰、陆地和海洋等气候变化的相关数据。

2月22日，阿根廷南极洲日庆祝奥尔卡达斯站成立117周年。

2月24日，美国和加拿大联合发布《更新美加伙伴关系路线图》，致力于扩大北极合作。

2月28日，俄罗斯发射首颗“北极-M”水文气象卫星。

3月9日，俄MegaFon通信公司加入北极经济理事会。

3月16日，澳大利亚邮政集团发行南极领地主题纪念邮票。

3月16日，美国陆军发布《重获北极主导权》战略。

3月16—18日，北极理事会召开“第三届北极高级官员全体会议”。

3月17日，美国跨部门北极研究政策委员会发布《北极研究计划（2022—2026）》草案。

3月25日，韩国极地研究委员会负责人金礼东成为南极研究科学委员会的首位亚洲主席。

3月30日，由丹麦海洋研究中心领衔的国际工作组制订的《联合国海洋科学促进可持续发展十年——北极行动计划》草案发布。

3月31日，荷兰外交部发布《极地战略2021—2025》。

4月3日，俄罗斯政府批准《北极地区社会经济发展国家计划》。

4月7日，澳大利亚政府任命菲利普·克拉克·AO（Philip Clark AO）为南极科学理事会新任主席。

4月8日，英国南极地名委员会批准了以英国阿伯丁大学地质学家Malcolm Hole（马尔科姆·霍尔）的名字命名罗思柴尔德岛的部分地区，以表彰其在该岛连续七年的工作贡献。

4月9日，哥伦比亚国家南极计划正式纳入国家南极局局长理事会

(COMNAP)观察员计划。

4 月 12 日，澳大利亚南极科学基金会发布《2020 年年度报告》。

4 月 12—14 日，北极理事会紧急、预防、准备和反应工作组(EPPR)和北极海岸警卫队论坛(ACGF)开展“北极卫士 2021”联合在线应急演习。

4 月 20 日，美国国家冰雪数据中心宣布加入“50×30”联盟。

4 月 22 日，澳大利亚南极局、澳大利亚联邦科学与工业研究组织、澳大利亚塔斯马尼亚大学共同签署谅解备忘录，决议组建“南极和‘南大洋’技术中心”，以有效维护国家在南极的诸多科研利益。

4 月 28 日，澳大利亚等国发布关于南极海洋保护区划设的部长级联合宣言。

5 月 7 日，美国总统拜登签署行政令，决议成立气候变化支持办公室。

5 月 20 日，极地生物多样性监测计划(CBMP)发布《北极陆地状况最新研究报告》。

5 月 20 日，第十二届北极理事会部长级会议在冰岛成功召开。

6 月 8 日，美国国家地理学会正式承认“南大洋”为世界第五大洋。

6 月 14—24 日，第四十三届南极条约协商会议(ATCM)和第二十三届环境保护委员会会议(CEP)以线上方式召开。

6 月 25 日，《预防中北冰洋不管制公海渔业协定》正式生效。

6 月 30 日，俄政府批准《南极活动发展战略实施行动计划》。

7 月 6 日，智利南极政策委员会批准《国家南极战略计划 2021—2025》。

7 月 15 日，国家南极局局长理事会(COMNAP)举行第三十三届年度大会。

7 月 16 日，美海岸警卫队“希利”号破冰船启航执行北极任务，以支持北极战略。

7 月 16 日，美俄发布联合声明，就北极气候变化问题开展合作。

7 月 22 日，韩俄召开第十届北方经济合作委员会会议。

7 月 27 日，美国兰德公司发布《探究北极治理问题：冲突的潜在来源与减缓措施》北极治理报告。

8 月 3 日，智利社会发展部批准在蓬塔阿雷纳斯建造一座国际南极中心。

8 月 3 日至 9 月 12 日，加拿大武装部队与美国海岸警卫队一起参加

“2021 纳努克行动”，以加强合作和增强互操作性。

8 月 5 日，俄启动“北极-2021”国际科考活动。

8 月 12—13 日，南极洲埃克斯托姆冰架上的一座冰山断裂。这座冰山还未正式命名，但根据国际法规可能会被命名为#A77。该冰山长约 53 千米，面积约为 370 平方千米。

8 月 17 日，澳大利亚南极局公开发布首次完全应用 GIS 技术绘制的南极洲及“南大洋”的新版地图。

8 月 28 日，丹麦广播公司报道称，丹麦研究团队在格陵兰岛附近发现世界最北端岛屿。

9 月 2—4 日，第六届东方经济论坛在俄罗斯符拉迪沃斯托克(海参崴)举行，期间，俄远东和北极发展部与俄企签订大北方海航道项目协议。

9 月 7—8 日，俄罗斯紧急情况部在北极地区进行大规模演习，以检验俄紧急情况部及俄北极地区统一预防和消除紧急情况体系方面的有效性。

9 月 9 日，“南森海盆和阿蒙森海盆观测系统”(NABOS)第十三次北极联合科学考察活动正式启动。

9 月 9 日，芬兰发布《2021 年国防报告》，关注北极地区的战略重要性。

9 月 12 日，北冰洋的海冰面积达到 2021 年最小值，为 481 万平方千米。比之前 2012 年的最小海冰面积多出约 150 万平方千米(2012 年海冰面积最小值为 327 万平方千米)。

9 月 15 日，国家南极局局长理事会(COMNAP)更新《南极遥控航空器系统(RPAS)操作员手册》。

9 月 15 日，美国国际开发署宣布向格陵兰岛提供 1000 万美元的一揽子援助计划，以协助格陵兰岛发展采矿业和旅游业。

9 月 17 日，俄召开纪念北极理事会成立 25 周年圆桌会议。

9 月 20 日，澳大利亚政府完成《1980 年南极条约(环境保护)法》修订工作。

9 月 22 日，俄召开“俄罗斯北极及大陆架油气资源开发国际会议及展览”(RAO/CIS Offshore 2021)，强调科技在北极的作用。

9 月 23 日，冰岛和格陵兰签署加强北极合作的联合声明。

9 月 28 日，挪威、瑞典和丹麦三国国防部长签署一项加强三国在北极和波罗的海安全合作的协议。

10 月 5—8 日，北极海岸警卫队论坛（ACGF）在俄罗斯举行。

10 月 11—15 日，“第四十届南极海洋生物资源养护科学委员会会议”召开。

10 月 14 日，新西兰批准《斯科特基地重建综合环境评价》报告。

10 月 14—17 日，北极圈大会在雷克雅未克举行。

10 月 18—25 日，南极海洋生物资源保护委员会（CCAMLR）举行会议，探讨“南大洋”保护措施。

10 月 26 日，马来西亚与乌克兰签署谅解备忘录，以加强南极研究合作。

10 月 26—28 日，俄罗斯组织召开北极理事会可持续发展工作会议。

10 月 28 日，澳大利亚正式开启 2021—2022 年南极科考活动。

10 月 29 日，南极海洋生物资源养护委员会（CCAMLR）第四十届会议闭幕。

11 月 1 日，俄罗斯开始第 67 次南极考察。

11 月 3—4 日，俄罗斯和韩国在蔚山举行区域间合作论坛，俄罗斯远东和北极发展部部长切昆科夫与韩国外交部第一副部长崔钟建讨论了扩大俄韩在远东和北极地区经贸及投资合作的前景。

11 月 10 日，韩国召开 2021 年北极论坛。

11 月 10 日，德国国防部主办北极安全部队圆桌会议。

11 月 12 日，俄罗斯召开第六届“北极——对话的区域”国际北极论坛组委会第一次会议。

11 月 16 日，英国新极地考察船“戴维 · 阿滕伯勒爵士”号开启前往南极洲的首航。

11 月 20 日，美国众议院外交事务委员会欧洲、能源、环境和网络小组委员会举行“北极气候变化对国家安全的影响”听证会。

11 月 22—26 日，国际海事组织海洋环境保护委员第七十七届会议召开，会议公布解决黑碳问题的决议以及船舶排放污染性微粒导致北极冰层加速融化问题的解决方案。

11 月 23 日，芬兰议会批准在北极拉普兰地区建立 Sallatunturi 国家公园。

11 月 26 日，英国南极领地政府发行三组南极主题邮票。

11 月 26 日，澳大利亚南极局官网报道称，南极研究科学委员会(SCAR)发布《南极地名命名国际原则及程序》报告。该报告将有助于各国统一其在南极地图上的命名，为潜在的国际搜救合作和国际科考计划提供便利。

12 月 1—2 日，北极理事会高级官员会议在俄罗斯萨列哈尔德举行，这是俄罗斯担任北极理事会轮值主席国期间首次召开该会议。

12 月 2—4 日，俄罗斯举办第十一届“北极：现在与未来”国际论坛。

12 月 5 日，美国白宫科学技术政策办公室发布《2022—2026 年北极研究计划》。

12 月 8 日，韩国与丹麦签署极地科技合作谅解备忘录。

12 月 8 日，澳大利亚南极局确定百万年冰芯项目钻探地点位于东南极洲小冰穹 C 地区。

12 月 10 日，英国将南极西部海冰命名为“格拉斯哥冰川”，以纪念今年在格拉斯哥主办的 COP26 会议。

12 月 14 日，美国国家海洋与大气管理局发布《2021 年北极报告卡》。

12 月 15 日，智利宣布将提出南极外大陆架划界申请。

12 月 23 日，澳大利亚南极局新破冰船“南极光”号开启首次南极航行。

深海大洋大事记

1 月 8 日，英国和德国等多国人员组成的国际科研团队在大西洋水域开展深海生物多样性调查，使用水声技术绘制从冰岛到亚速尔群岛的海底地图，并收集该区域内 4000~5000 米水深的生物样本，从而了解当地的深海生物群系。

1 月 13 日，美国科罗拉多大学法学院研究人员表示《美国地表采矿控制与复垦法》可供深海采矿借鉴。

1 月 13 日，澳大利亚政府、帕劳政府、帕劳贝劳海底电缆公司三方共同签署了关于海底光缆建设项目的合作协议。

2 月 3 日，印度财长宣布“深海任务”以开发大量战略金属资源。

2 月 3 日，法国《政府公报》公布新法令正式将其海底区域扩大约 15 万平方千米。

2 月 10 日，世界自然基金会（WWF）发布报告《深入研究：深海海底采矿的已知和未知领域》呼吁暂停深海采矿。

2 月 18 日，德国可持续发展高级研究所（IASS）发布关于《深海采矿支付机制的综合方法》的政策简报。

2 月 18 日，德国研究所呼吁深海采矿“金融机制”应考虑潜在的环境和社会经济危害。

2 月 19 日，库克群岛总理对即将开展的深海矿产资源勘探活动进行走访调研。

2 月 24 日，印度中央海洋渔业研究所（CMFRI）与海产品出口发展局和印度渔业调查局联合启动深海巡航开展专属经济区海洋哺乳动物种群调查。

2 月 18—24 日，联合国教科文组织政府间海洋学委员会（IOC）与日本财团共同推动 2030 年前全面完成非洲海底制图目标。

2 月 25 日，《科学》杂志提出利用海底光纤电缆探测海洋波浪和地震以改善海啸预警系统。

3 月 8 日，塞浦路斯、以色列、希腊三国能源部长签署关于“欧亚互联互通”项目的谅解备忘录，将合作建设世界上最长、最深的海底电缆。

3 月 10 日，日本财团与 GEBCO 的“海底 2030”项目与美国加利福尼亚大学圣迭戈分校斯克里普斯海洋研究所签署谅解备忘录，开展新合作拟完成全球海床地图绘制。

3 月 17 日，库克群岛政府称已收到三份关于勘探该国深海矿产资源的申请。

3 月 22 日，英国利兹大学领衔发表在《美国国家科学院院刊》上的研究表明深海海底营养物质在全球食物链中至关重要。

3 月 23 日，俄罗斯北极发展问题国家委员会副主席弗拉基米尔·帕诺夫表示俄将在 2024 年前完成北方海航道海底地貌测绘工作。

3 月 24 日，由中国、美国、英国、日本等国人员组成的科研团队在太平洋海底发现新型岩石。

3 月 25 日，南太平洋地区掀起了“反对全球深海采矿”民间运动。

4 月 8 日，国际海底管理局（ISA）发布《“区域”内矿产资源开发规章草案》的附加标准和准则草案。

4月12日，俄罗斯扩大对北冰洋海底的主权要求引争议。

4月12日，美国桑迪亚国家实验室的研究人员使用新型水下技术采集北冰洋海底数据。

4月15日，中国自然资源部第二海洋研究所、上海交通大学和中国科学院海洋研究所组成的科学家团队发现的深海海星新物种“派大星”背板海星(*Astrolirus patricki*)入选2020年十大海洋新物种。

4月15日，澳大利亚国家气象局提议修建全球首条连接南极洲的海底光缆。

4月20日，世界经济论坛(WEF)发布题为《深海矿物：为何需要制造商和市场参与其中》报告，呼吁建立负责任的深海矿物采购标准。

4月22日，国际海底管理局(ISA)与牙买加蓝色矿业有限公司(BMJ)签署了一份为期15年的勘探合同，将在太平洋的克拉里翁-克利珀顿区(CCZ)勘探多金属结核。

4月26日，由深海研究人员Antje Boetius领导的国际团队在北极深海发现海绵行动路径。

4月28日，由亚利桑那州立大学和伍兹霍尔海洋研究所领导的跨学科研究团队发现深海微生物或将极大影响深海碳循环。

5月6日，太平洋岛国非政府组织协会和太平洋教会理事会等多个南太区域组织发起“反对深海采矿”运动，并发布“太平洋蓝色界线”(The Pacific Blue Line)声明，向世界各国领导人发出禁止深海采矿的呼吁。

5月12日，绿色和平组织称，美军工武器巨头借他国子公司身份获得的深海勘探许可证可能非法。

5月12日，最新科学发现鲨鱼和鳐鱼体内含有大量碳，在它们自然死亡后，碳会随之沉入海洋深处，存储数千至数百万年，具有重要的碳储存作用。世界自然基金会(WWF)呼吁采取紧急措施，保护并恢复具有储碳作用的鲨鱼和鳐鱼种群。

6月9日，谷歌表示将建设一条连接美国、巴西、乌拉圭和阿根廷的新海底电缆，该条电缆将成为世界上最长的海底电缆。

6月16日，印度联邦内阁批准了一项提议，展开“深海任务”以寻找资源及开发深海技术。

6月22日，由法国、摩纳哥和意大利科学家组成的国际团队首次在地中海深海分析海洋塑料。

6 月 25 日，瑙鲁要求国际海底管理局(ISA)依规制定国际海底区域采矿规章。

6 月 29 日，美国皮尤慈善信托基金会发布《深海采矿环境影响评估：国际和国内环境影响评估程序借鉴》报告，评估海底采矿环境影响。

6 月 30 日，报道称澳大利亚将首次对圣诞岛、科科斯群岛等印度洋领地的海底情况进行调查，科研人员将利用多波束声呐绘制当地海底地貌结构图，并探索上述偏远水域的生物多样性，从而为政府近期提出的海洋公园划设方案提供科学支撑。

6 月 30 日，一项由国际研究团队发表在《海洋科学前沿》的最新研究提出建立大西洋和地中海深海保护区可行性网络。

7 月 5 日，美国皮尤慈善信托基金会(PEW)发布“PEW 敦促国际海底管理局(ISA)在考虑其他规章前进一步制定采矿规章草案”。继瑙鲁要求国际海底管理局(ISA)依规制定国际海底区域采矿规章后，又一太平洋岛国库克群岛也对制定规章做出了支持的表态。

7 月 9 日，美国施密特海洋研究所研究人员对菲尼克斯群岛附近超过 3 万平方千米的海底进行了高分辨率测绘，科学家发现深海海底生物或可用于研制癌症疫苗。

7 月 13 日，“海底 2030”项目和海洋勘探信托基金建立伙伴关系以绘制世界海床地图。

7 月 15 日，加拿大达尔豪斯大学海洋学家大卫 · 巴克莱(David Barclay)的研究团队人员成功将着陆器降至马里亚纳海沟底部并获取数据。

7 月 19 日，美国国家科学基金会组织召开了南极海底光缆专题研讨会，计划重启南极海底光缆铺设方案。

7 月 20 日，新西兰签署了一项全球海底测绘项目——“海底 2030”项目，该项目计划到 2030 年绘制全世界海底地图，新西兰成为第一个签署国。

7 月 23 日，俄罗斯摩尔曼斯克-符拉迪沃斯托克(海参崴)地区“极地快车”项目的深海通信光缆在北极开工建设。

7 月 26—29 日，国际海底管理局与联合国经济和社会事务部联合举办了“蓝色增长深海倡议”框架下的第四次研讨会。

7 月 28 日至 8 月 3 日，南太平洋区域环境署召开年度会议，以审议最新制订的《太平洋区域海洋物种计划 2022—2026》。

7 月 29 日，由美国国家科学基金会资助、发表在《美国国家科学院院刊》上的文章以太平洋戈达海岭扩张中心的深海热液喷口为例，研究深海微生物对碳循环的作用。

7 月 29 日，英国埃克塞特大学和绿色和平研究实验室等在《海洋科学前沿》上撰文质疑深海海底采矿的必要性，并强调商业采矿活动可能对生态系统和生物多样性造成威胁。

8 月 9 日，美国施密特海洋研究所对海底倾倒区及潜在深海采矿区域进行科考。

8 月 9 日，美国国家海洋与大气管理局渔业局研究小组在阿拉斯加开展深海珊瑚和海绵调查研究。

8 月 9 日，国际海底管理局（ISA）称将与韩国合作召开会议以推进深海分类学研究。

8 月 16 日，谷歌与 Facebook 公布了连接新加坡、日本、关岛、菲律宾和印度尼西亚等的新海底电缆计划。这条名为 Apricot 的电缆项目长约 12 000 千米，将于 2024 年建成并启用。

8 月 17 日，俄罗斯塔斯社专栏作家德米特里·利托夫金撰文称，俄罗斯开发海底无人航行器的水下“加油站”项目。

8 月 19 日，国际海底管理局（ISA）和联合国教科文组织政府间海洋学委员会（IOC）成功举办了“联合制订能力建设计划研讨会：深海”，讨论制订热带西大西洋和热带东太平洋地区深海研究计划。

9 月 3 日，澳洲希望之声报道称，密克罗尼西亚联邦（FSM）将从《美国救援计划》（American Rescue Plan）中获得约 1400 万美元的资金支持，用于建造一条太平洋海底通信电缆。

9 月 6 日，联合国“加强公海区域海洋治理”项目发布题为《区域合作在加强公海治理中的作用：概念框架及主要建议》政策简报，概述了全球海洋治理的主要概念，如国家管辖范围以外区域（ABNJ）和国家管辖范围以外区域海洋生物多样性（BBNJ）。

9 月 9 日，第三十届南太平洋区域环境署部长级会议谈及深海采矿等多项海洋事务。

9月13日，美国大西洋理事会发布《海底网络防御：海底电缆安全的地缘政治》报告，阐明海底电缆的地缘政治重要性。

9月17日，澳大利亚南极局与澳大利亚海床项目(AusSeabed)达成协议，将为“海底2030”项目提供“南大洋”海底数据及地形图。

9月20日，在世界自然保护大会(WCC)上，各国投票通过了世界自然基金会(WWF)提出的“暂停深海采矿，保护深海生态系统和生物多样性”议案。

9月24日，西北大西洋渔业组织(NAFO)第四十三届年会通过了对公海深海生态系统保护的新措施。

9月27日，“海底2030”项目和美国伍兹霍尔海洋研究所(WHOI)等多家机构签署协议绘制全球海底地图。

9月30日，德国开展海底颗粒有机碳研究项目。

10月2日，英国国家电网宣布，连接英国和挪威的450英里(约720千米)海底电缆已开始商业运行。这条世界最长的海底电缆初始最大容量为700兆瓦，在三个月内逐渐增加到1400兆瓦，可提供足够140万户家庭使用的清洁电力。

10月7日，德国不来梅大学海洋环境科学中心研究称潮汐是海底甲烷泄漏强度变化的原因之一，同时海底甲烷泄漏的时间和地点差异很大，仅根据观测时间和地点测量甲烷流量并不准确。

10月12日，法国总统马克龙公布了“法国2030”投资计划，并表示深海勘探是投资计划的优先事项，是了解深海生物体和获取稀有金属的重要举措。

10月15日，“海底2030”项目开展的一项全球调查活动，明确需加强的海底测绘优先领域。

10月18日，印度科技部部长辛格高度评价了莫迪提出的“深海任务”计划，表示该计划充分发挥了印度的海洋资源优势，大大推进了“蓝色经济”发展，为海洋资源勘探、深海技术发展及海洋资源可持续利用做出重大贡献。

10月18日，澳大利亚“海底地形图测绘”(AusSeabed)计划发布《2021—2022年工作计划》，为2022年设定了四大重点工作任务。

10月29日，欧洲海洋观测和数据网(EMODnet)发布了最新版本的欧洲大比例尺海底栖息地地图(EUSeaMap 2021)。新地图填补了此前不完整的栖息地信息空白，有助于估计由于东北大西洋人类活动对海床造成的潜在影响。

11月3日，美国蒙特雷湾水族馆研究所利用水下机器人长期监测深海碳循环和气候变化。

11月4日，德国多家机构组成的科学家团队针对海底物种开展新的深海研究项目。

11月15日，美国国家海洋与大气管理局调查船“海洋探索”号完成了200万平方千米海底地图绘制。

11月16日，欧盟渔业咨询委员会向欧盟委员会和欧盟成员国发布了关于国际海底区域采矿的报告，呼吁在充分了解深海采矿对海洋环境、生物多样性和人类活动的影响之前，禁止在国际海底区域开采矿物，并呼吁欧盟委员会停止资助深海采矿技术。

11月17日，国际海底管理局(ISA)发布系列研究报告《最不发达国家与〈联合国海洋法公约〉：海洋机遇》《内陆发展中国家与〈联合国海洋法公约〉：海洋机遇》《小岛屿发展中国家与〈联合国海洋法公约〉：海洋机遇》。

11月18日，智利总统计划建海底电缆向中国输送光伏电能。

11月22日，墨西哥和美国的研究人员在加利福尼亚湾发现新的深海热泉和未知物种。

11月23日，新西兰海事局发布《海底电缆和管道指南》，以确保开展海上活动的人员了解海底电缆和管道保护区(CPAs)。

11月30日，智利政府拟向亚南极和南极地区铺设海底光缆。

12月2日，美国海军研究办公室(ONR)和美国陆军发展司令部(DEVCOM)共同发起国际研究计划，研究μ粒子水下定位用于极地深海导航。

12月2日，国际海底管理局(ISA)秘书处发布《ISA对实现2030年可持续发展议程的贡献》报告，强调ISA调整计划和活动，为实现可持续发展目标做出重要贡献。

12月3日，德国亥姆霍兹基尔海洋研究中心(GEOMAR)开展人造光对海底生物的影响研究。

12月9日，德国阿尔弗雷德瓦格纳研究所领导的国际研究小组发现南极磷虾减少会导致南极深海碳储量下降。

12 月 9 日，由国际航道测量组织(IHO)和联合国教科文组织政府间海洋学委员会(IOC)共同支持下的全球大洋水深制图计划(GEBCO)指导委员会空缺席位提名工作启动。

12 月 10 日，海洋危机组织发布《深海采矿：噪声污染》报告。

12 月 13 日，英国女王大学的研究人员研究表明，深海采矿可能导致物种灭绝。

12 月 21 日，中国北京大学领衔发表在《美国国家科学院院刊》的研究表明，汞在深海海沟大量积聚。

12 月 21 日，芬兰电信公司 Cinia 与北美电信公司 Far North Digital 签署协议启动北极西北航道海底光缆新合作。

12 月 30 日，澳大利亚新破冰船“南极光”号首次完成“南大洋”海底山脉的测绘工作。

参考文献

白佳玉，2017. 中国参与北极事务的国际法战略. 政法论坛(06).

蔡鑫，2015. 碳捕获与封存海洋环境保护国际公约的规制. 法制与社会(03)：251-254.

常欣，2021. 欧盟参与北极理事会的实践探析. 学术探索(06)：61-73.

晁译，2015. 美国对《联合国海洋法公约》的态度. 国际法研究(03)：18-42.

陈清潮，2003. 对中国海洋生物多样性研究的一些建议. 科技前沿与学术评论，20(3)：90-91.

陈曦，王泺，2021. 生物多样性国际发展援助作用、现状与中国行动思考：基于 CBD 履约视角. 生物多样性，29(2)：247-258.

程鑫，郝志鹏，2021. “长赐”号货轮苏伊士运河搁浅引发的司法问题解析. 人民法院报，2021-06-04(008).

邓佳轩，2014. 我国海洋生物资源保护国际合作研究. 中国地质大学.

樊妙，陈奎英，邢喆，等，2012. 国际海底地形命名规则研究. 海洋通报，31(06)：661-666.

房艳，2008.《生物多样性公约》与中国海洋生物多样性保护. 中国海洋大学.

付玉，2010. 美国与《联合国海洋法公约》. 太平洋学报，18(08)：88-95.

傅梦孜，2021. 论多元航线的现实选择——苏伊士运河堵塞的警示. 一带一路报道(中英文)(03)：88-90.

傅聪聪，王佳微，许瀚艺，2021. 南海争端视域下马菲两国领土主权纠纷：陆海联动与潜在风险. 印度洋经济体研究(03)：108-130，155.

关春子，吴昊，2016. 小型离网潮汐能制氢装置. 科技与创新(19)：79.

贺鉴，王雪，2020. 全球海洋治理进程中的联合国：作用、困境与出路. 国际问题研究(03)：92-106.

黄伟捷，江岳文，2022. 远海风电输电和制氢经济可行性分析. 中国电力，55(01)：91-100.

霍传林，李官保，潘建明，等，2014. 我国开展 CO_2 海底封存的利弊分析和对策建议. 海洋环境科学，33(01)：138-143.

李博一，黄德凯，2021. 新形势下的国际治理：区域转向与中国方略. 印度洋经济体研究(06)：71-96，152.

李建林，梁忠豪，李光辉，等，2022. 太阳能制氢关键技术研究. 太阳能学报，43

(03)：2-11.

李洛丹，刘妮，刘道平，2008. 二氧化碳海洋封存的研究进展. 能源与环境(06)：11-12，24.

李四海，2015. 通用大洋水深制图(GEBCO)的发展与启示. 海洋信息(02)：1-5.

李宗录，2011. 海洋公约框架下 CO_2 封存的可行性分析. 河南社会科学(04)：190-194.

廖圣瑄，陈可仁，2021. 能源岛：深远海域海上风电破局关键. 能源(05)：46-49.

刘仁厚，丁明磊，王书华，2022. 格拉斯哥峰会及对中国应对气候变化的思考. 中外能源，27(05)：10-16.

苗蓓蕾，2018. 美国未加入《联合国海洋法公约》之原因探析. 西部学刊(06)：64-66.

宁津生，王正涛，2017. 从测绘学向地理空间信息学演变历程. 测绘学报，46(10)：1213-1218.

阮建平，等，2019. 北极原住民：中国深度参与北极治理的路径选择. 河北学刊，39(06)：201-206.

申家双，王耿峰，陈长林，2017. 海洋环境装备体系建设现状及发展策略. 海洋测绘，37(4)：33-39.

孙鹤旭，李争，陈爱兵，等，2019. 风电制氢技术现状及发展趋势. 电工技术学报，34(19)：4071-4083.

孙玉景，周立发，李越，2018. CO_2 海洋封存的发展现状. 地质科技情报(04)：212-218.

田甜，李怡雪，黄磊，等，2021. 海上风电制氢技术经济性对比分析. 电力建设，42(12)：136-144.

万晶晶，张军，王友转，等，2022. 海水制氢技术发展现状与展望. 世界科技研究与发展，44(02)：172-184.

万夏林，邹玥屿，王茜璐，等，2020.《生物多样性公约》第十五次缔约方大会与生态文明理念的国际传播. 环境保护，48(22)：55-58.

王江海，孙贤贤，徐小明，等，2015. 海洋碳封存技术：现状、问题与未来. 地球科学进展，30(01)：17-25.

王谋，吉治璇，陈迎，2022. 格拉斯哥会议后全球气候治理格局、特征与趋势——兼议对我国气候治理的影响及其策略选择. 治理现代化研究，38(02)：89-96.

王小林，2010. 二氧化碳海底封存与国际海洋环境保护法. 学术论坛，33(11)：152-156.

王云鹏，2022. 论《巴黎协定》下碳交易的全球协同. 国际法研究(03)：91-109.

吴白乙，张一飞，2021. 全球治理困境与国家“再现”的最终逻辑. 学术月刊，53(01)：80-92.

吴慧，2012. 美国批准加入《联合国海洋法公约》的影响. 世界经济与政治论坛(05)：1-13.

吴瑾，焦文强，田倩，等，2021. 海洋氢能发展现状综述. 科技风(19)：129-131.

吴雷钊，2021. 北极地缘政治和安全态势及我国参与的北极治理. 世界知识(01)：22-23.

吴益民，2014. 二氧化碳海洋封存的国际法问题探析. 法学(02)：133-142.

吴自银，2017. 高分辨率海底地形地貌. 北京：科学出版社.

魏伟，申小莉，刘忆南，2021. 2020 年后生物多样性保护需要建立新的资金机制. 生物多样性，29(2)：259-268.

肖兰兰，孙晓凤，2022. 格拉斯哥气候大会对全球气候治理的影响及中国应对. 阅江学刊，14(03)：39-50，173.

萧河，2019. 我国应大力推进 CCUS 规模化发展. 中国石化(07)：64.

徐龙，2021. 海上风电推动能源转型的战略选择分析. 质量与市场(11)：145-147.

薛达元，2017.《生物多样性公约》履约新进展. 生物多样性，25(11)：1145-1146.

闫岩，2020. 法律的边界：谈美国海岸警卫队来南海“执法”. 中国南海研究院，2020-12-26.

杨启明，华建，李丹，2013. 基于直线电机波浪能发电的制氢设计研究. 可再生能源，31(03)：121-124.

余碧莹，赵光普，安润颖，等，2021. 碳中和目标下中国碳排放路径研究. 北京理工大学学报(社会科学版)(02)：17-24.

余楠，2013. 美国是否加入《联合国海洋法公约》论辩之解析. 大连海事大学学报(社会科学版)(02)：41-45，116.

余童璐，马行知，2018. 海底地形命名的国际法分析——以 SCUFN 海底地形命名为出发点. 五邑大学学报(社会科学版)，20(03)：66-69，74，95.

翟国君，黄谟涛，2017. 海洋测量技术研究进展与展望. 测绘学报，46(10)：1752-1759.

张博，李蕙竹，仲冰，等，2022. 中国甲烷控排面临的形势、问题与对策. 中国矿业，31(02)：1-10.

张慧智，邢梦如，2022. 后巴黎时代的全球气候治理：新挑战、新思路与中国方案. 国际观察(02)：99-127.

赵建虎，陆振波，王爱学，2017. 海洋测绘技术发展现状. 测绘地理信息(6)：1-10.

赵建虎，欧阳永忠，王爱学，2017. 海底地形测量技术现状及发展趋势. 测绘学报，46(10)：1786-1794.

周定国，2003. 南极探险和南极洲地名. 地图(01)：13-17.

卓成刚，刘秀慧，2017. CO_2 海洋封存技术国内外研究进展与启示. 安全与环境工程（05）：84-89.

邹洁. 探索绿色转型之路 煤炭供需将保持基本平衡态势. 中国工业报，2022-04-28（001）.

ALMOGHAYER M A，WOOLF D K，KERR S，et al，2022. Integration of tidal energy into an island energy system–A case study of Orkney islands. Energy，242：122547.

ASPEN INSTITUTE，2021. Guidance for Ocean-Based Carbon Dioxide Removal Projects Report. https://www.aspeninstitute.org/publications/ocean-carbon-dioxide-removal.

ASPEN INSTITUTE，2022. The Need for a National Maritime Decarbonization Strategy：A Letter to the U.S. House of Representatives. https://www.aspeninstitute.org/blog-posts/sdi-letter-to-congress/.

BLLOMBERG，2021. What Is the Suez Canal and Why Is It So Important. https://www.bloomberg.com/news/articles/2021-03-26/what-is-the-suez-canal-and-why-is-it-so-important-quicktake#：~：text = The%20Suez%20Canal%2C%20which%20cuts%20through%20Egypt%20to，over%20it%20since%20it%20was%20completed%20in%201869.

BLUE SOLUTIONS，2021. You want to implement your blue NDCs. https://news.bluesolutions.info/you-want-to-implement-your-blue-ndcsnbsp.

BRAD ACK，2022. How to Reverse the Ocean–Climate Crisis. PEW. https://www.pewtrusts.org/en/trend/archive/winter-2022/how-to-reverse-the-ocean-climate-crisis.

CALADO G，CASTRO R，2021. Hydrogen Production from Offshore Wind Parks：Current Situation and Future Perspectives. Applied Sciences，11(12)：5561.

DANISH CENTER FOR MARINE RESEARCH AND IOC-UNESCO，2021. Ocean Decade-Arctic Action Plan. http://www.oceandecade.org.

DENMARK NATIONAL INSTITUTE OF AQUATIC RESOURCES，2020. Nine recommendations to limit ghost nets in the sea. https://www.aqua.dtu.dk/english/news/2020/05/recommendations-to-limit-ghost-nets-in-the-sea? id = 2f304e1d-cdb2-45f0-8717-1d5d920207f9

ECO WATCH，2021. Biden Admin Plans Major Offshore Wind Expansion. https://www.ecowatch.com/biden-offshore-wind-2655297870.html.

GUO Y，LI G，ZHOU J，et al.，2019. Comparison between hydrogen production by alkaline water electrolysis and hydrogen production by PEM electrolysis. IOP Conference Series：EArth And EnvironmentAl Science，371(4)：042022.

INTERGOVERNMENTAL PANEL ON CLIMATE，2021. Change Climate Change 2021：The

Physical Science Basis. https://www.ipcc.ch/report/ar6/wg1/.

INTERNATIONAL CORAL REEF INITIATIVE PLATFORM, 2021. Global Coral R&D Accelerator Platform initiates plan to save coral reefs. https://www.icriforum.org/global-coral-rd-accelerator-platform-initiates-plan-to-save-coral-reefs/.

INTERNATIONAL MARITIME ORGANIZATION, 2020. Fourth Greenhouse Gas Study 2020. https://www.imo.org/en/OurWork/Environment/Pages/Fourth-IMO-Greenhouse-Gas-Study-2020.aspx.

IOC-UNESCO, 2021. Ocean Knowledge for a Sustainable Ocean Economy. http://unesdoc.unesco.org.

IOC-UNESCO, 2021. Decade Collaborative Centres and Decade Implementing Partners. http://unesdoc.unesco.org.

IOC-UNESCO, 2021. A Framework for Action. http://unesdoc.unesco.org.

IOC-UNESCO, 2021. List of endorsed programmes. http://unesdoc.unesco.org.

IOC-UNESCO, 2021. National Decade Committees Operational Guideline. http://unesdoc.unesco.org.

JIN S, GREAVES D, 2021. Wave energy in the UK: Status review and future perspectives. Renew. Sust. Energ. Rev., 143: 110932.

KEITH D A, FERRER-PARIS J R, NICHOLSON E, et al., 2020. The IUCN Global Ecosystem Typology 2.0: Descriptive profiles for biomes and ecosystem functional groups. Gland, Switzerland: IUCN.

MER ET MARINE, 2021. Le New Jersey attribue deux parcs éoliens pour un total de près de 2.7 GW. https://www.meretmarine.com/fr/content/le-new-jersey-attribue-deux-parcs-pour-un-total-de-pres-de-27-gw.

NAIDA HAKIREVIC PREVLJAK, 2022. China, US to create world's 1st transpacific green shipping corridor. https://www.offshore-energy.biz/china-us-to-create-worlds-first-transpacific-green-shipping-corridor/.

NATIONAL ACADEMIES OF SCIENCE ENGINEERING AND MEDICINE, 2021. New Report Assesses the Feasibility, Cost, and Potential Impacts of Ocean-Based Carbon Dioxide Removal Approaches; Recommends U. S. Research Program. https://www.nationalacademies.org/news/2021/12/new-report-assesses-the-feasibility-cost-and-potential-impacts-of-ocean-based-carbon-dioxide-removal-approaches-recommends-u-s-research-program.

NOAA, 2021. NOAA FY 2022 budget advances America's response to the climate crisis. https://www.noaa.gov/budget-finance-performance/news-release/noaa-fy-2022-

budget-advances-americas-response-to-climate-crisis.

NOAA, 2021. NOAA and NFWF grant $39.5 million for national coastal resilience projects. https://www.noaa.gov/news-release/noaa-and-nfwf-grant-395-million-for-national-coastal-resilience-projects.

NOAA, 2021. Report: The 10-year plan for conserving and restoring America the Beautiful. https://www.noaa.gov/news/report-10-year-plan-for-conserving-and-restoring-america-beautiful.

NOAA, 2021. NOAA expands Flower Garden Banks National Marine Sanctuary in the Gulf of Mexico. https://www.noaa.gov/media-release/noaa-expands-flower-garden-banks-national-marine-sanctuary-in-gulf-of-mexico.

NOAA, 2021. NOAA designates new national marine sanctuary in Wisconsin's Lake Michigan. https://www.noaa.gov/news-release/noaa-designates-new-national-marine-sanctuary-in-wisconsin-s-lake-michigan.

NOAA, 2021. NOAA announces process to designate national marine sanctuary off central California. https://www.noaa.gov/news-release/noaa-announces-process-to-designate-national-marine-sanctuary-off-central-california.

NOAA, 2021. New global partnership to elevate marine protected areas as tool in climate response. https://www.noaa.gov/news-release/new-global-partnership-to-elevate-marine-protected-areas-as-tool-in-climate-response.

NOAA FISHERIES, 2019. Looking Back At The Blob: Record Warming Drives Unprecedented Ocean Change. https://www.fisheries.noaa.gov/feature-story/looking-back-blob-record-warming-drives-unprecedented-ocean-change.

NOAA FISHERIES, 2019. New Marine Heatwave Emerges off West Coast, Resembles "the Blob". https://www.fisheries.noaa.gov/feature-story/new-marine-heatwave-emerges-west-coast-resembles-blob.

OCEAN AND CLIMATE, 2021. Coastal and Marine Ecosystems as Nature-based Solutions in New or Updated Nationally Determined Contributions. https://ocean-climate.org/wp-content/uploads/2021/06/coastal-and-marine-ecosystem-2806.pdf.

OFFICE OF THE PACIFIC OCEAN COMMISSIONER, 2021. Funding marine protection at scale. http://www.opocbluepacific.net/.

OFFICE OF THE PACIFIC OCEAN COMMISSIONER, 2021. Analysis of taxes and subsidies relevant to pacific ocean health. http://www.opocbluepacific.net/.

OFFICE OF THE PACIFIC OCEAN COMMISSIONER, 2021. Analysis and development of a replicable community managed marine area finance mechanism. http://www.opocbluepacific.net/.

OFFICE OF THE PACIFIC OCEAN COMMISSIONER, 2021. Pofp fellowship program (2019-2020). http://www.opocbluepacific.net/.

OFFICE OF THE PACIFIC OCEAN COMMISSIONER, 2021. Pacific Ocean Finance Program Insurance. http://www.opocbluepacific.net/.

OFFICE OF THE PACIFIC OCEAN COMMISSIONER, 2021. Pacific Ocean Finance Conference. http://www.opocbluepacific.net/.

OFFICE OF THE PACIFIC OCEAN COMMISSIONER, 2021. Analysis & Development of a Pacific Ocean Bond. http://www.opocbluepacific.net/.

OUR OCEAN PALAU, 2022. Our Ocean Conference Closes in Palau with more than 400 Commitments to Protect Ocean Health and Security. https://ourocean2022.pw/our-ocean-conference-closes-in-palau-with-more-than-400-commitments-to-protect-ocean-health-and-security/.

REYNARD LOKI, 2021. COP26: Will humanity's "last and best chance" to save earth's climate succeed? Nation of Change. https://www.nationofchange.org/2021/11/04/cop26-will-humanitys-last-and-best-chance-to-save-earths-climate-succeed/.

SACHIA J, TRAVING, COLLEEN T E KELLOGG, et al., 2021. Prokaryotic responses to a warm temperature anomaly in northeast subarctic Pacific waters. Communications Biology.

SALLY BENSON, 2022. The Next Energy Revolution Begins Now. The White House. https://www.whitehouse.gov/ostp/news-updates/2022/03/31/the-next-energy-revolution-begins-now-2/.

SCMP, 2022. Indonesia, Malaysia, Philippines praise zero kidnapping anti-piracy naval patrols. https://www.scmp.com/week-asia/article/3172185/indonesia-malaysia-philippines-praise-zero-kidnapping-anti-piracy-naval.

SERNA Á, TADEO F, 2014. Offshore hydrogen production from wave energy. Int. J. Hydrogen Energy, 39(3): 1549-1557.

STOP ILLEGAL FISHING, 2017. Africa Maritime Law Enforcement Partnership (AMLEP) Program. https://stopillegalfishing.com/press-links/africa-maritime-law-enforcement-partnership-amlep-program.

TIMOTHY GARDNER, 2021. Marine ecologist Lubchenco to lead climate in White House science office. https://www.thechronicleherald.ca/news/world/marine-ecologist-lubchenco-to-lead-climate-in-white-house-science-office-565934/.

UK GOVERNMENT, 2021. Global Ocean Alliance: 30by30 initiative. https://www.gov.uk/government/topical-events/global-ocean-alliance-30by30-initiative/about.

UK GOVERNMENT, 2022. COP 26: Clydebank Declaration for green shipping corridors. https://www.gov.uk/government/publications/cop-26-clydebank-declaration-for-green-shipping-corridors/cop-26-clydebank-declaration-for-green-shipping-corridors.

UNEP FI, 2021. Rising Tide: Mapping Ocean Finance for a New Decade. http://www.unepfi.org.

UNEP FI, 2021. Turning the Tide: How to finance a sustainable ocean recovery. http://www.unepfi.org.

UNEP FI, 2021. Turning the Tide: Recommended exclusions. http://www.unepfi.org.

UNEP FI, 2022. Sustainable Blue Economy Finance Initiative. http://www.unepfi.org.

UNEP FI, 2022. The Sustainable Blue Economy Finance Principles. http://www.unepfi.org.

U.S. DEPARTMENT OF THE INTERIOR, 2021. BOEM and USACE Collaborate to Meet Offshore Wind Goals. https://www.boem.gov/boem-and-usace-collaborate-meet-offshore-wind-goals.

U.S. DEPARTMENT OF THE INTERIOR, 2021. Interior Department Approves Second Major Offshore Wind Project in U. S. Federal Waters. https://www. doi. gov/pressreleases/interior-department-approves-second-major-offshore-wind-project-us-federal-waters.

U.S. DEPARTMENT OF THE INTERIOR, 2021. Interior Joins Government-Wide Effort to Advance Offshore Wind. https://www. doi. gov/news/interior-joins-government-wide-effort-advance-offshore-wind.

U.S. DEPARTMENT OF STATE, 2022. Our Ocean Conference Keynote Remarks by Special Presidential Envoy for Climate John Kerry. https://www.state.gov/our-ocean-conference-keynote-remarks-by-special-presidential-envoy-for-climate-john-kerry.

US GOVERNMENT PUBLISHING OFFICE, 2021. Congressional Bills 113th Congress. https://www. govinfo. gov/content/pkg/BILLS-113sres288rs/html/BILLS-113sres288rs.htm.

WHITE HOUSE, 2021. Executive Order on the Establishment of the Climate Change Support Office. https://www.whitehouse.gov/briefing-room/presidential-actions/2021/05/07/executive-order-on-the-establishment-of-the-climate-change-support-office/.

WHITE HOUSE, 2021. Readout of the First Ocean Policy Committee Meeting. https://www.whitehouse.gov/ostp/newsupdates/2021/10/29/readout-of-the-first-ocean-policy-committee-meeting/.

WHITE HOUSE, 2021. Executive Order on Protecting Public Health and the Environment and Restoring Science to Tackle the Climate Crisis. https://www. whitehouse. gov/briefing-room/presidential actions/2021/01/20/executive-order-protecting-public-health-and-environment-and-restoring-science-to-tackle-climate-crisis/.

WHITE HOUSE, 2021. FACT SHEET: Biden Administration Opens Pacific Coast to New Jobs and Clean Energy Production with Offshore Wind Development. https://www.whitehouse.gov/briefing-room/statements-releases/2021/05/25/fact sheet-biden-administration-opens-pacific-coast-to-new-jobs-and-clean-energy-production-with-offshore-wind-development/https://www.doi.gov/pressreleases/biden-harris-administration-advances-offshore-wind-pacific.

WHITE HOUSE, 2022. Statement by Dr. Alondra Nelson on the Intergovernmental Panel on Climate Change's Working Group III Report. https://www.whitehouse.gov/ostp/news-updates/2022/03/31/the-next-energy-revolution-begins-now-2/.

WORLD RESOURCE INSTITUTE, 2021. Enhancing Nationally Determined Contributions: Opportunities for Ocean-Based Climate Action. https://www.wri.org/research/enhancing-nationally-determined-contributions.

ZOU X, QIU R, YUAN M, et al., 2021. Sustainable offshore oil and gas fields development: Techno-economic feasibility analysis of wind-hydrogen-natural gas nexus. Energy Reports, 7: 4470-4482.